Medizinische Informatik und Statistik

Herausgeber: S. Koller, P. L. Reichertz und K. Überla

51

Leopold Gutjahr
Georg Ferber

Mit einem Vorwort von Helmut Künkel

Neurographische Normalwerte

Methodik, Ergebnisse und Folgerungen

Springer-Verlag
Berlin Heidelberg New York Tokyo 1984

Reihenherausgeber
S. Koller P. L. Reichertz K. Überla

Mitherausgeber
J. Anderson G. Goos F. Gremy H.-J. Jesdinsky H.-J. Lange
B. Schneider G. Segmüller G. Wagner

Autoren

Leopold Gutjahr
Krankenhaus Am Urban, Neurologische Klinik
Funktionsbereich Klinische Neurophysiologie
Dieffenbachstraße 1, 1000 Berlin 61

Georg Ferber
Sandoz AG, Klinische Forschung
CH-4002 Basel

Wir danken
Herrn Prof. Dr. med. H. Künkel und
Herrn Prof. Dr. med. P. L. Reichertz, Hannover, für Rat und Hilfe,
Frau G. Korona, Herrn Dr. N. Mai, Herrn Dr. Pocklington
und Herrn A. Furian, Hannover, für das Schreiben und Zeichnen,
den Probanden und zahlreichen helfenden Händen und Köpfen für ihre Mitarbeit,
unseren Frauen Kristina und Rosa für ihre Geduld.

ISBN-13:978-3-540-13334-6   e-ISBN-13:978-3-642-82265-0
DOI: 10.1007/978-3-642-82265-0

2145/3140 − 5 4 3 2 1 0

<u>Geleitwort</u>

Viele diagnostische Entscheidungsschritte in der Medizin beruhen
darauf, dass erhobene Befunde mit sogenannten "Normalwerten" oder
"Referenz-Standards" verglichen werden. Erst dadurch erhalten sie
ihren Stellenwert im diagnostischen Prozess; hieraus leitet sich
aber auch die besondere Bedeutung her, die der sorgfältigen, nach
den Methoden deskriptiver Statistik vorgenommenen Definition dieser Standards beizumessen ist.
Ein Schwerpunkt dieser Studie liegt darin, solche "Referenz-Standards" mit möglichster Sorgfalt, vor allem aber auch unter Berücksichtigung einer Anzahl von wichtigen Einflussgrössen heraus-
zuarbeiten. Diese Aufgabe ist im Bereich der Neurographie und mit
dieser Zielsetzung bislang nur unvollständig gelöst worden. Hieraus ergibt sich indessen der praktisch-diagnostische Nutzen der
vorgestellten Ergebnisse, indem für die Beurteilung von individuellen Messwerten nunmehr eine methodisch wohldefinierte Grundlage
zur Verfügung gestellt wird. Im Fortschritt der zugrunde liegenden Untersuchungen ergaben sich jedoch zunehmend differenziertere
und häufig überraschende Einblicke in die Effekte von Einflussgrössen auf neurographische Messwerte. Sie haben schliesslich ein
komplexes Gefüge von Strukturbeziehungen erkennen lassen, aus dem
neue und interessante Hypothesen und damit auch neue Impulse für
die klinisch-neurophysiologische Grundlagenforschung hergeleitet
werden. Die Bedeutung dieser Monographie reicht daher noch wesentlich über den Rahmen einer Erstellung von statistisch fun-
dierten Standardwerten neurographischer Messgrössen heraus. Sie
ist gleichzeitig ein gutes Beispiel für die fruchtbare Zusammen-

arbeit zwischen dem von der Klinik herkommenden, klinisch-neuro-
physiologisch arbeitenden Arzt und dem in der Biostatistik erfah-
renen Mathematiker.

Die Einführung dieses sehr guten und notwendigen Werkes übernehme
ich aus mehreren Gründen mit grosser Freude: einerseits als ehemaliger Lehrer, der mit Anerkennung die Entwicklung des jüngeren
Fachkollegen registriert, andererseits als jemand, der das Zusam-
menwirken von klinisch-neurophysiologischen Methoden mit denen
der Biostatistik stets für unabdingbar notwendig gehalten und
nach Vermögen gefördert hat; schliesslich auch als Vertreter eines Fachgebietes, in dem sich die Spezialdisziplin der Neurographie einen zunehmend anerkannten und gesicherten Platz gesichert
hat.

Es war immer anregend, mitunter auch aufregend, die Entstehung
dieses Werkes aus den Anfängen der ersten, bescheideneren Ziel-
setzungen bis hin zu den jetzt sich ergebenden weiteren Perspektiven zu verfolgen. Ich möchte ihm wie auch den Autoren ein
fruchtbares Weiterwirken zum Nutzen der klinischen Neurophysiologie wünschen.

Helmut Künkel.

INHALTSVERZEICHNIS

Abkürzungen und Zeichen:

NP	Neurographischer Parameter
NLG	Nervenleitgeschwindigkeit
NLG S1	sensible NLG mit Latenzmessung zur positiven Spitze
NLG S2	sensible NLG mit Latenzmessung zur negativen Spitze
NAP	Nervenaktionspotential (Summenpotential)
MOT. SP	motorisches Summationspotential
OE	Oberflächenelektroden
MR	multiple Regression
RK	Regressionskoeffizient
part. RK	partieller Regressionskoeffizient
EG	Einflußgrößen
X,Y	Meßgrößen (Zufallsvariable)
X_i, Y_i	Einzelmessungen
X_i	Einflußgrößen bei der multiplen Regression
N	Stichprobenumfang
μ	Erwartungswert
$\bar{X}$, M	Mittelwert, Schätzer für μ
σ	Streuung
SD	Standardabweichung, Schätzer für σ
SE_M	Standardabweichung des Mittelwerts
$TG^u_{1-\alpha}$	untere
$TG^o_{1-\alpha}$	obere $\Big\}$ Toleranzgrenze zur Wahrscheinlichkeit α
K	Anzahl der Einflußgrößen bei der multiplen Regression
ε	Residuum bei der Regression
SE^2	Varianz des Residuums oder des Restfehlers
A	Regressionskonstante (intercept)
B	Regressionskoffizient (RK)
B_i	partielle Regressionskoeffizienten (part. RK)
S_{XX}, S_{YY}	Schätzer für die Varianz von X bzw. Y
S_{XY}	Schätzer für die Kovarianz
R	Schätzer für die einfache bzw. multiple Korrelation
n	Anzahl der Einflußgrößen
$t_{k,1-\alpha}$	α-Wert der Studentverteilung mit k Freiheitsgraden
Y'	Prädiktionswert bei der Regression
β, β_i	β-Gewichte

1 EINLEITUNG

Diese Arbeit dient der Erstellung neurographischer Normalwerte. Es soll aber auch gezeigt werden, daß die Durcharbeitung empirischer Daten aus der Neurographie zu Fragen an grundlegende Konzepte in der Neurophysiologie führt.
Im neurographischen Bereich fehlt es bisher an allgemein anerkannten Normalwerten. Weshalb? Wir meinen, daß es an einer falschen Einschätzung empirischer Methoden liegt, die ein ständiges Wechseln, ein Springen in der zentralen Tendenz der Forschungsrichtung mit sich bringt. Langfristiges Forschen sucht nach einem Inhalt und dauerhaften Ergebnissen, in der Empirie steht das Ereignis im Vordergrund. Wird dieses Element die alleinige Stütze, so ist der Forscher der Magie des Erfolges ausgeliefert und steht kurz über lang wieder am Beginn.
Die für Arzt und Patient entscheidende Frage, wie man einen neurographischen Meßwert beurteilen soll, droht vom reißenden Strudel des Fortschrittes verschlungen zu werden. Durch Aufzeigen der Zusammenhänge zwischen Natur und anwendungsorientierter Wissenschaft hoffen wir, dieser gefährlichen Lage zu entkommen.
Hinterfragt man, wie die "laboreigenen Normalwerte" aussehen, so findet man häufig, daß sie von einem kleinen Kollektiv stammen, daß die Auswahl nach Geschlecht und Alter nicht zufällig getroffen wurde, daß auf die Körpergröße gar nicht geachtet wurde und daß die Kontrolle der Temperaturen mangelhaft war. Insgesamt zeigt sich, daß ohne genauere statistische Kenntnisse eine repräsentative Stichprobe gar nicht erhoben werden kann und daß es in kleineren Labors aus Zeitmangel nicht möglich ist, repräsentative Stichproben neben der Routinearbeit zu bekommen. Daraus ergeben sich aber die Aspekte, die in diesem Buch aufgezeigt werden sollen, nämlich die Erstellung von Normalwerten unter kontrollierten Bedingungen. Das bedeutet: Standardisierung der Untersuchungstechnik und statistische Kontrolle der Wirkung von variablen Einflußgrößen. Dies widerspricht keinesfalls dem Konzept, daß in manchen Labors Laboreigenes vorherrscht; Meßwerte können für verschiedene Meßtechniken standardisiert werden. Sind Normalwerte für verschiedene Techniken bekannt, so können sie - ggf. unter Informationsverlust - ineinander transformiert werden. Im Gegensatz zu den einer kritischen Prüfung selten zugänglichen laboreigenen Normalwerten ist es durch standardisierte Untersuchungserhebungen möglich, die Wertigkeit jeder Untersuchungsmethode abzuschätzen.
Es gibt also viele Argumente für eine Standardisierung der Untersuchungstechnik und wenig dagegen. Die vorliegende Arbeit beruht auf der Untersuchung eines relativ großen Kollektivs, in dem auf die Repräsentativität der Ergebnisse geachtet wurde. Es soll aber nicht verschwiegen werden, daß auch eine größere Anzahl von Problemen auftauchte, insbesondere bei Ausreißerwerten, die immer wieder von neuem die Frage nach der Repräsentativität der Ergebnisse stellen ließ. Im Prinzip ist dieser Sachverhalt nur durch eine Dokumentation mit sehr genauen Angaben über die einzelnen Untersuchungsschritte zu beherrschen. Da mit der Erhebung der Daten ein Lernprozeß eingeleitet wurde, stehen die Autoren am Ende der Untersuchung mit anderer Erfahrung da als zu Beginn. Nun kann man

sagen, daß eine Kontrolluntersuchung im großen Rahmen anzustreben ist, daß weitere Einflußgrößen berücksichtigt werden sollen. Unter anderem ist zu vermuten, daß sich neurographische Meßwerte im Laufe des Jahres, aber auch möglicherweise über mehrere Jahre hinweg, systematisch ändern. Daraus ergibt sich die Forderung nach einer kontinuierlichen Kontrolle neurographischer Meßwerte.

Die Messung der NLG durch HELMHOLTZ (1849) steht am Beginn unseres technisch-medizinischen Zeitalters, in dem die geisteswissenschaftliche Einstellung in der Physiologie, vertreten durch Johannes MÜLLER, zurückgedrängt wurde. Ein Vierteljahrhundert früher äußerte sich Johannes MÜLLER klar über die Nachteile einer Überbewertung empirischer Ergebnisse. Er sagte, daß der Sinn nicht das empirische Forschen an sich sein kann, sondern das gedankliche Aufgreifen der Experimente zu einer besseren Einordnung und zu einem besseren Verständnis der Vorgänge in unserer Welt. Wenn der Physiologie als der Lehre vom Leben eine zentrale Bedeutung zukommt, so muß sie die Vorgänge der Natur nicht nur beschreiben, sondern sie begreifbar machen, in der Hoffnung, zu der Vernunft zu finden, die bei der empirischen Forschung verlorenzugehen droht. Die Lösung vom "egozentrischen Standpunkt" (J. von UEXKÜLL, 1947) des Betrachters von Meßergebnissen halten wir für einen wesentlichen Teil dieser Arbeit. Nur die Bemühungen zur Erklärung der negativen Korrelation zwischen Körpergröße und NLG können diesen Zusammenhang verständlich machen. Sie sind zumindest ein Zugang zum Sinn gewisser biologischer Phänomene, die derjenige zu leugnen geneigt ist, der sie nicht versteht, und zwar auch dann nicht, wenn klare Daten dafür vorliegen.

So hoffen wir, daß sich diese Arbeit, die sich über ein Jahrzehnt hinzog, Eingang und Verständnis vor allem in der klinischen Neurophysiologie verschafft, obwohl und weil die hier aufgezählten Befunde und Gedanken so vergänglich sind wie ihre Basis, nämlich unzählige Daten.

Zum Aufbau des Buches: Im ersten Teil - Methodik - wird zunächst aus geschichtlicher Sicht erklärt, wie man sich die Impulsfortpflanzung vorstellt. Unter Berücksichtigung eigener Befunde wurde eine ergänzende Hypothese zur Impulsfortleitung, die serielle Impulsfortpflanzung gebracht. Im Kapitel 4 wird untersucht, welcher Zusammenhang zwischen den Strukturen vom Nerv und Muskel und dem Reizpotential besteht. Im 5. Kapitel wird die klinische Entwicklung der Neurographie dargestellt. Im 6. Kapitel werden einige aktuelle Probleme besprochen. Im 7. Kapitel wird die Methodik im engeren Sinn besprochen. Wie soll man neurographische Normalwerte erheben und welche Nachteile haben die bisherigen Verfahren zur Beurteilung von sog. Normalwerten? Es werden die Fehlerquellen bei neurographischen Untersuchungen besprochen und die statistischen Grundlagen mitgeteilt, die dem Leser verständlich machen, warum und wie man die Wirkung von (mehreren) Einflußgrößen auf neurographische Parameter erfaßt.

Im 2. Teil werden die Ergebnisse einer Querschnittstudie mit einer ausführlichen Darstellung von Material und Methode behandelt. Im 13. Kapitel werden die neurographischen Meßgrößen der Untersuchungseinheiten im einzelnen dargestellt. Die Befunde sind anhand von Tabellen und Abbildungen belegt. Eine exemplarische Beschreibung findet man für die

motorischen Meßgrößen des N. ulnaris an der Hand. Diese Beschreibung dient dem Verständnis der übrigen Tabellen und Abbildungen, auf die nur bezüglich einiger Besonderheiten im einzelnen eingegangen wird.
Im Kapitel 14 werden Mittelwerte und Streuungen der verschiedenen neurographischen Parameter untereinander verglichen. Dies ist möglich, da alle Meßwerte vom gleichen Kollektiv stammen. Das Kapitel 15 handelt von den Einflußgrößen. Der Einfluß der Temperatur, des Alters, der Körpergröße, des Geschlechts und der Meßstrecke auf NLG, Amplitude und Dauer des Potentials werden ausführlich besprochen und, ebenso wie im vorangegangenen Kapitel, eine Reihe hypothetischer Erklärungen für die beobachteten und interessierenden Phänomene angeboten. Das Kapitel 16 handelt von der Prüfung der Zuverlässigkeit der Prädiktionswerte, Kapitel 17 von den Korrelationen der NLG-Meßwerte ohne Seitenvergleiche, Kapitel 18 über Seitenvergleiche von Korrelationen und von Mittelwerten.

Im 3. Teil werden einige Ergebnisse der Längsschnittstudie in komprimierter Form dargestellt. Im besonderen wird eine Verlaufsbeobachtung von Extremwerten geschildert, es wird auf die Mittelwerte und auf die inter- und intraindividuellen Varianzkomponenten der NLG-Meßgrößen eingegangen. Es werden inter- und intraindividuellen Unterschiede der Wirkungen der Einflußgrößen gezeigt. Die Mittelwerte der NLG der Längs- und der Querschnittstudie werden verglichen. Es kann gezeigt werden, daß die Einflußgrößen, und zwar insbesondere die Meßstrecke, systematische Abweichungen zwischen Quer- und Längsschnittstudie bewirken. Im Kapitel 24 wird ausführlich auf die Struktur der NLG-Werte eingegangen und gezeigt, daß sie bei jedem Probanden verschieden ist. Im Kapitel 25 wird insbesondere auf die intraindividuelle Korrelation von NLG-Größen eingegangen; es werden typische Unterschiede im Vergleich zu den interindividuellen Korrelationen aufgezeigt.
Im 4. Teil (Kapitel 26) wird in knapper Form die Bedeutung der Diskriminanzanalyse für die Erkennung von Polyneuropathien gezeigt. Im Gegensatz zu den Befunden aus der Querschnittstudie, die Aussagen für Einzelmessungen ermöglichen, kann aufgrund einer gleichzeitigen Betrachtung mehrerer neurographischer Meßwerte zur Frage einer allgemeinen neurogenen Schädigung Stellung genommen werden.
Das Kapitel 27 ist eine ausführliche Zusammenfassung, unterteilt nach Methodik, Ergebnisse und Folgerungen.

I   ALLGEMEINER TEIL

2   Neurophysiologische Grundlagen aus der Sicht der geschichtlichen Entwicklung.

2.1   Die Impulsfortpflanzung:

HELMHOLTZ (1850) erwähnte, daß die Erregung wie eine elektrische Welle den Nerv entlang
wandern müsse. Tatsächlich war aber damals der Nachweis des Nervenimpulses mit den zur
Verfügung stehenden Meßinstrumenten schwierig. MATTEUCCI (1841) und DU BOIS-REYMOND
(1849) stellten als erste ein vorübergehend auftretendes Potential am Nerv und am Muskel nach dessen Stimulation fest. BERNSTEIN (1871) nahm an, daß sich die elektrische
Welle am Nerv mit der Geschwindigkeit der Nerventätigkeit fortbewege. HERMANN (1879)
formulierte die Theorie der lokalen Ströme. Er zeigte an einem graphischen Modell,
einem Vorläufer des Kernleitermodells (LILLIE, 1920), daß durch Stromfluß in aktiven
Nerventeilen notwendig ruhende Nerventeile aktiviert würden. Die Bedeutung des lokalen
Stromkreises wurde, 50 Jahre nach Formulierung dieser Theorie, von OSTERNHUT und HILL
(1930) an Pflanzenzellen (Nitella) bestätigt. Die Impulsfortleitung war unterbrochen,
wenn die Salzlösung an der Außenseite der Zelle entfernt wurde. Diese Beobachtung wurde
an isolierten, nicht myelinisierten Nervenfasern durch HODGKIN (1939) und durch TASAKI
(1939), der die Fortleitung an myelinisierten Nervenfasern bei hohem äußeren Widerstand
(manchmal) unterbrechen konnte, im wesentlichen bestätigt.
Auf die chemische Natur der Ausbreitung des Nervenimpulses wies vor allem DU BOIS-
REYMOND (1887) hin. "Die negative Schwankung ist vielleicht das Mittel, durch welches
eine Querscheibe der Nervenfasern auf die nächstfolgende wirkt; ... Sie kann ebensogut
nur äußeres Merkmal der Molekularveränderung sein". Und HELMHOLTZ über DU BOIS-REYMOND
(1850): "Gegenwärtig wissen wir ... über elektromotorische Eigenschaften der Nerven von
DU BOIS-REYMOND, daß die ... Tätigkeit (der Nerven) ... mit einer veränderten Anordnung
ihrer Moleküle mindestens eng verbunden, vielleicht sogar durch sie bedingt ist".
Ein weiterer Ansatz, der beitrug, den biochemischen Vorgängen größere Beachtung zu
schenken, war die von LUCAS 1909 mitgeteilte Beobachtung über die Temperaturabhängigkeit der NLG. Mit Anstieg von 10 Grad C verdoppele sich die NLG. Nach LUCAS gilt dasselbe für die Fortleitung des Muskelaktionspotentials.
Der direkte Nachweis chemischer Prozesse gelang TASHIRO (1913), PARKER (1925), FENN
(1927) sowie GERARD (1932). Die Autoren beobachteten in Zusammenhang mit der Nerventätigkeit eine CO_2-Zunahme und Sauerstoffverbrauch.

2.2   Zur Impulsauslösung:

Neben den Fragen der elektrischen und chemischen Phänomene der Impulsfortleitung war
die Impulsauslösung Gegenstand eines langen, verwirrenden Untersuchungsablaufes, wie
sich TASAKI ausdrückte, dessen Vorstellungen hier wiedergegeben werden: 1871 fand
BODWITCH, daß sich der Herzmuskel unabhängig von der Stromstärke in einem konstanten
Ausmaß kontrahiert. Eine ähnliche Beobachtung machte LUCAS (1908) an einem Nervmus-
kelpräparat. ADRIAN (1912) und LUCAS (1917), ursprünglich bestrebt, die Reizantworten

als nerveneigene Reaktion darzustellen, trugen entscheidend zur Formulierung des "Alles oder Nichts"-Gesetzes bei. Sie konnten zeigen, daß die Stärke der Reizantwort einzelner Nervenfasern unabhängig von der Art und der Stärke des Reizimpulses war. Über unterschwellige Reizantworten berichtete erstmals RUSHTON (1937); HODGKIN wies sie 1938 nach.

2.3 Das Membranpotential:

Die umfangreichsten Arbeiten, die für das biologische Wissen allgemeine Bedeutung bekamen, entstanden über die Funktion der Nervenmembran. Nachdem NERNST 1889 über die elektromotorische Wirksamkeit der Ionen und 1900 die nach ihm benannte Gleichung über das Diffusionspotential zweier Konzentrationen auf zwei Seiten einer Membran mitgeteilt hatte, veröffentlichte BERNSTEIN (1902) seine Membrantheorie. Die Bernstein'sche Membrantheorie besagt, daß das hohe Ruhepotential durch die Semipermeabilität der Zellmembran bedingt ist und daß die Selektivität für die Kaliumpermeabilität bei Erregung verlorengeht. Durch diese Theorie läßt sich die Existenz des Ruhepotentials und die negative Membranladung erklären. Erst 1939 konnten HODGKIN und HUXLEY nachweisen, daß während der Erregung nicht nur eine Membrandepolarisation, sondern sogar eine Potentialumkehr auftrat. COLE und CURTIS (1939) wiesen nach, daß der Widerstand der Membran während der Erregung auf etwa ein Zweihundertstel des Ruhepotentials fiel. HODGKIN und KATZ (1949) postulierten, daß das Membranpotential während der Erregung vom Natriumkonzentrationsgradienten beiderseits der Membran verursacht würde. Schließlich formulierten HODGKIN und HUXLEY 1952 in einer Reihe von Arbeiten die heute gültige Ansicht über das Entstehen des Aktionspotentials:
Die Membranleitfähigkeit beruht auf einer spezifischen Erhöhung der Permeabilität für Natriumionen. Bis zum Auftreten des "Entzündungspunktes" (ein Vergleich, den schon HELMHOLTZ verwendete!), wird der Na^+-Einstrom durch den Ka^+-Ausstrom und Cl'-Einstrom kompensiert. Wenn Na^+-Ionen einströmen, wird die Membran depolarisiert und der Na^+-Ioneneinstrom nimmt weiter zu. Eine Depolarisation über ein bestimmtes Ausmaß führt durch den Na^+-Einstrom zu einer überschwelligen Depolarisation, die einen vermehrten Na^+-Einstrom ermöglicht und dadurch zu einer weiteren Depolarisation führt. Dieser Vorgang (Veränderung der Membranpotentialdifferenz) hört auf, wenn ein Konzentrationsgleichgewicht für Natriumionen entsprechend der Nernst'schen Formel erreicht ist. Allerdings strömt Natrium entgegen dem entstehenden positiven Potential in die Zelle ein. Mit einer Verzögerung tritt ein erhöhter Kaliumionenausstrom auf, der im wesentlichen innerhalb von 1 bis 3 msec (bei Körpertemperatur) wieder zum negativen Membran-Ruhepotential führt.
Der Beweis der Natriumtheorie wurde durch die Methode der Spannungsklammer von HODGKIN et al. (1949) eingeführt. Bei Fehlen von Natriumionen im Außenmedium konnte kein Impuls ausgelöst werden. Die quantitativen Aussagen der intrazellulären Elektrolytverschiebungen wurde durch Isotopenversuche geprüft (KEYNES und LEWIS, 1951). Eine weittragende Entdeckung mittels Isotopenversuche gelang HODGKIN und KEYNES (1955). Sie zeigten, daß der Na^+-Transport aus der Zelle durch Stoffwechselgifte gehemmt werden konnte. Der

Natriumtransport aus der Zelle, der im nicht erregten Zustand des Nervs bei Vorliegen des Ruhepotentials abläuft, hängt wiederum von der Kaliumkonzentration im Außenmedium ab. Dadurch kam man zur Vorstellung, daß der Na^+-Ausstrom und der Ka^+-Einstrom ein miteinander gekoppelter Vorgang sei, der von der Aktivität energiereicher Phosphate abhängt (Natriumpumpe).

2.4   Die Beziehungen zwischen Durchmesser, internodalen Abständen und NLG unter Berücksichtigung von Wachstumsvorgängen:

Nachdem FORBES und THATCHER die Verwendung eines Vakuumröhrenverstärkers in die Physiologie einführten, konnten GASSER und ERLANGER (1922) erstmals Reizantworten der Nerven mit einem Katodenstrahloszillographen registrieren. ERLANGER und GASSER gelang 1927 die Entdeckung der Beziehung zwischen Nervenfaserdurchmesser und NLG: Die NLG nimmt mit dem Durchmesser der Nervenfaser zu. In der Folgezeit knüpften sich (an meist kleine Datenmaterialien) zahlreiche Spekulationen über das Ausmaß der Linearität der Beziehung zwischen Nervenfaserdurchmesser und NLG. Gute prädiktive Schätzungen der NLG anhand histometrischer Parameter liegen auch heute noch nicht vor. Das liegt zum Teil daran, daß Einzelfaserpräparationen schwierig sind. BLAIR und ERLANGER (1933), aber auch GASSER und GRUNDFEST (1939) teilten mit, daß sie selten mehr als 15 bis 20 Fasern eines Präparates untersuchen konnten. Weitere Einschränkungen ergeben sich aus einer Reihe von meßtechnischen Schwierigkeiten (BEMENT & OLSON 1977). Die Feststellung eines repräsentativen Faserdurchmessers ist alleine schon deshalb schwierig, weil bei einer einzelnen Faser mit einem modalen Faserdurchmesser von 6,5 μ nach HURSH (1939) die Standardabweichung 0,47 u beträgt. BEMENT & OLSON (1977) fanden für Fasern derselben Dicke einen ganz ähnlichen Betrag der Standardabweichung. Die Mittelwerte des Faserdurchmessers verändern sich durch Schrumpfung bei Entwässerung des histologischen Präparates. ARNELL (1936) und HURSH (1939) fanden bei normaler Fixierung und Entwässerung eines Präparates eine Schrumpfung von über 20 %. Wurden die Fasern ohne umgebendes Bindegewebe fixiert und entwässert, so betrug die Schrumpfung 10 %.
Zu diesen zahlreichen methodisch bedingten Meßfehlern kommt eine durch die geringe Anzahl untersuchter Fasern bedingte statistische Unsicherheit, weshalb sich ein Einsatz komplexerer prädiktiver Methoden verbietet.
Obwohl also der Schätzung der Beziehung zwischen Nervenfaserdurchmesser und NLG eher eine qualitative als quantitative Bedeutung zukommt, wurden verschiedentlich sogenannte Konversionsfaktoren (Regressionskoeffizient) nach dem Modell:

$$NLG = k \,.x \text{ Faserdurchmesser} + d$$

angegeben. HURSH fand bei Katzen einen Konversionsfaktor von 6,0; das bedeutet, daß die NLG pro μ Faserdurchmesser jeweils um das 6fache zunimmt. RUSHTON (1951) kam aufgrund der Analyse der Daten von HURSH (1939) zum Ergebnis, daß die NLG myelinisierter Fasern ungefähr linear proportional zu dem Faserdurchmesser und etwas genauer linear proportional zu den internodalen Abständen ist. Die NLG nicht myelinisierter Fasern nimmt mit

der Wurzel aus dem Faserdurchmesser zu (RUSHTON 1951, KATZ 1966). Nicht myelinisierte Fasern mit einem Faserdurchmesser von weniger als 1 μ sollen unter Berücksichtigung dieser Beziehung rascher leiten als myelinisierte Fasern der gleichen Größe. Tatsächlich zeigte DUNCAN (1934), daß ein Faserdurchmesser von 1 μ oder etwas mehr jener kritische Wert ist, oberhalb dessen alle Fasern myelinisiert sind.
RUSHTON wirft in der Diskussion seiner Arbeit die Frage auf, ob die Nervenfasern so gebaut sind, daß sie so rasch wie möglich leiten. Er meinte, einige Anhaltspunkte dafür gefunden zu haben, daß das Erreichen einer maximalen Geschwindigkeit die Kontrollgröße für die Evolution der Nervenstruktur war. Die Beziehungen zwischen Faserdurchmesser und internodalem Abstand wurden unter Berücksichtigung des Wachstums erstmals von BOYCOTT (1904) an Fröschen untersucht. Die Anzahl der Ranvier'schen Schnürringe ist bei jungen und ausgewachsenen Tieren annähernd gleich. Die Länge der internodalen Abstände ist der Körperlänge ebenso wie der Gesamtlänge des untersuchten N. ischiadicus direkt proportional. Einen ganz ähnlichen Sachverhalt zeigte P.K. THOMAS (1955) bei Fischen: Bei jungen Fischen (Lachse) fanden sich kürzere internodale Abstände als bei großen Fischen. Anhand von Mittelwerten der internodalen Länge bei 16 untersuchten Fischen war eine lineare Beziehung zwischen Körperlänge und internodalem Abstand zu erkennen. THOMAS diskutiert auch allerdings eine nicht lineare Beziehung. Entsprechende Anpassungen lassen sich auch für die von BOYCOTT bei Fröschen erhobenen Befunde zeigen. Der wesentliche Befund besagt, daß die Beziehung zwischen internodalen Abständen und Körperlänge annähernd linear ist und daß eine konstante absolute Anzahl von Internodi unabhängig von der Körperlänge vorzuliegen scheint.

Nach den Untersuchungen von VIZOSO (1950) liegt beim Menschen eine weitgehend lineare Beziehung zwischen internodalen Abständen und Durchmesser vor. Mit zunehmendem Alter tritt eine Vermehrung kurzer internodaler Abstände auf, der Zusammenhang wird weniger streng und weniger linear. Das heißt: Durch Alterungsprozesse wird die lineare Beziehung zwischen Faserdurchmesser und internodalem Abstand undeutlicher, während des Wachstums und beim jungen Erwachsenen kann ohne groben Fehler eine lineare Beziehung zwischen internodalem Abstand und Faserdurchmesser angenommen werden. Überträgt man die von BOYCOTT (1904) und THOMAS (1955) gemachten Beobachtungen bezüglich der Beziehungen zwischen internodalem Abstand und Körperlänge auf den Menschen, so ergäbe sich im wesentlichen daraus, daß die Anzahl der Internodi unabhängig von der Körpergröße ist, während die internodalen Abstände direkt zur Körpergröße korreliert sind. VIZOSO (1950) präzisierte diese Befunde: Die Zunahme der Länge der größten Internodi des N. peronaeus, des N. ulnaris und des N. facialis waren annähernd proportional zum Wachstum der entsprechenden Körperteile. Diese Beziehung wurde bereits von RANVIER (1875) erkannt, der die Länge der internodalen Segmente eines neugeborenen und eines alten Hundes verglich; er fand eine (mittlere) Zunahme der internodalen Abstände von 0,3 mm auf 1,3 mm. Daraus folgerte er, daß durch das Längenwachstum des Nervs eine zunehmende Verlängerung der internodalen Segmente zustande kommt. Diese Beobachtungen wurden im wesentlichen durch YOUNG (1945) und durch VIZOSO und YOUNG (1948) bestätigt. Die beiden letztgenannten Autoren folgerten im weiteren aus ihren Beobachtungen, daß mit der Längenzunahme der internodalen Segmente auch der Durchmesser zunimmt. Da nach Abschluß der Myelinisierung die Anzahl der internodalen Segmente konstant bleibt und eine lineare Beziehung zwischen internodaler Länge und Faserdurchmesser im Erwachsenenalter vorliegt, muß angenommen werden, daß die dicksten Fasern (im Erwachsenenalter) während der Entwicklung als erste myelinisiert wurden.

Was besagen diese Beobachtungen in bezug auf die Nervenleitgeschwindigkeit? Geht man von der Annahme aus, daß der Zeitpunkt der Myelinisierung unabhängig von der später erreichten Körpergröße ist, oder, was das gleiche bedeuten soll, davon, daß ein bestimmter Nerv, z. B. der N. peronaeus zum Zeitpunkt der Myelinisierung bei den verschiedenen Individuen gleich lang ist, so wäre daraus zu folgern, daß bei Erwachsenen unterschiedlicher Körpergröße im Mittel die Anzahl der Internodi gleich groß wäre, daß die internodalen Abstände aber bei kleinen Personen kurz und bei großen Personen lang wären.
Geht man im weiteren von LILLIE's Modell aus, nach dem der Impuls von einem Internodus zum nächsten springt, so müßte die NLG bei großen Personen höher als bei kleinen sein. Der Großteil der Zeit wird ja zum Aufbau des Membranpotentials und nur ein geringer Zeitanteil für die Längsstromausbreitung des Potentials gebraucht. Würde man aber annehmen, daß die später erreichte Körpergröße bereits zum Zeitpunkt der Myelinisierung in entsprechenden Proportionen der internodalen Abstände festgelegt wäre, so wären die Leitgeschwindigkeiten bei großen und bei kleinen Personen gleich groß.
Nach den Untersuchungen von LANG und BJÖRQVIST (1971) sind aber die Leitgeschwindigkeiten bei großen Personen geringer als bei kleinen Personen. Die eigenen Untersuchungen bestätigen vollauf dieses Ergebnis (wie noch zu zeigen ist). Dieser Sachverhalt gab den Anstoß, erneut über die Impulsfortleitung nachzudenken.

2.5   Der Einfluß des Myelinisierungsprozesses auf die Nervenfunktion:

Neben dem Nervenwachstum ist sicherlich der Zeitpunkt der Myelinisierung ein zumindest partiell vom Wachstum unabhängiger lokaler und nervenartspezifischer Faktor, der sich auf die Nervenleitgeschwindigkeit nach Abschluß des Wachstums auswirkt. Die Bedeutung der Myelinisierung für die Nervenleitgeschwindigkeit im Erwachsenenalter kann aber nur sehr schwer unabhängig von den allgemeinen Wachstumsvorgängen geschätzt werden. REXED (1944) trug wesentlich zur Kenntnis über die postnatale Entwicklung des peripheren Nervensystems bei. Zur Zeit der Geburt zeigen alle motorischen Hirnnerven und die ventralen Wurzeln einen ungefähr gleichen Entwicklungsstand: Das Kaliberspektrum hat einen Gipfel zwischen 3 und 5 μ, die größten Faserdurchmesser liegen zwischen 7 und 9 μ. Die sensiblen Hirnnerven und die dorsalen Wurzeln haben eine große Anzahl dünner Fasern mit einem Maximum zwischen 2 und 3 μ. Regionale Unterschiede zwischen den Wurzeln finden sich bei den Neugeborenen nicht. Nach der Geburt ist die Entwicklung der Nervenwurzeln nicht einheitlich. Die vorderen Wurzeln zeigen eine frühere Wachstumsbeendigung als die dorsalen Wurzeln. Die dicken Nervenfasern im cervicalen und lumbosacralen Bereich errei-

chen als erste das Aussehen wie bei erwachsenen Personen, und zwar zwischen dem 2. und
5. Lebensjahr. Im thorakalen Bereich kommt es zu einer Größenzunahme der dünnen Fasern
bis zum 5. bis 9. Lebensjahr. Zur Zeit der Geburt ist ein großer Teil der Fasern, insbesondere der dorsalen Wurzeln unmyelinisiert. Nach REXED werden daraus später dünne Fasern, die wiederum ventral früher reifen als dorsal. REXED sah ebenfalls eine enge Verbindung zwischen histologischen und physiologischen Vorgängen an den Nervenfasern, die
an einer exakten zeitlichen Abstimmung der Impulse zum und vom zentralen Nervensystem
ausgerichtet sein sollen. Allein die unterschiedliche Struktur der verschiedenen Nervenfasern bedingt, daß die Impulse von und zum ZNS in einer bestimmten Weise geordnet
sind. Während der Entwicklung könnte jedes Subsystem von Nervenfasern sowohl struktu-
rell als auch wahrscheinlich funktionell variabel sein. Ist aber einmal der Reifungsprozeß abgeschlossen, so kann zwar aufgrund der strukturellen Besonderheiten eine Funktion
variabel realisiert werden, die Funktion selbst ist aber festgelegt. Zum Beispiel kann
die Rekrutierung motorischer Einheiten verschieden stark sein; die Abfolge der Rekrutierung ist - infolge der unterschiedlichen Myelinisierung und somit der "spezifischen"
NLG jeder Nervenfaser einer motorischen Einheit - weitgehend konstant. Das heißt, daß
die strukturellen Besonderheiten der Nervenfasern ihren funktionellen Aufgaben angepaßt
sind, die Funktion bleibt aber zeitlebens nach Festlegung während der Entwicklung konstant. Somit ist die scheinbare Variabilität der Nervenfasern mit einer viel größeren
Genauigkeit festgelegt als man aufgrund von Untersuchungen annimmt, die alleine histologische oder alleine physiologische Resultate ergeben. Die Myelinisierungsprozesse, gesteuert von weitgehend unbekannten Faktoren, teleologisch unterschiedlich interpretiert, bestimmen jedoch den Wahrnehmungs- und Aktionsraum, der beim erwachsenen Menschen alleine durch die Koppelung von Funktion und Struktur des peripheren Nervensystems erschreckend exakt festgelegt sein könnte.

3   Eine ergänzende Hypothese zur Impulsfortleitung

Die Grundlagen über die Entstehung des Nervenaktionspotentials wurden bereits im wesentlichen den Ausführungen von TASAKI (1959) und KATZ (1971) folgend, dargestellt.
Es soll folgendes angenommen werden: Ein biologisch entstandenes Nervenaktionspotential
einer einzelnen myelinisierten Faser mit einem Durchmesser von 10 bis 12 u soll bei Körpertemperatur eine Gesamtdauer von 0,4 bis 0,5 msec haben. Die Entstehungszeit des
spike soll 0,1 bis 0,2 msec betragen. Die kürzeste von PAINTAL gemessene Gesamtspike-
dauer betrug 0,32 msec. Dieses Potential breitet sich nun durch Längsstrom elektro-
tonisch aus und soll nach der gängigen Anschauung über die saltatorische Leitung am
nächstfolgenden Internodus wieder das Auftreten eines Nervenaktionspotentials verursachen, das seinerseits durch Kabelleitung bis zum nächsten Schnürring fortgeleitet wird,
durch überschwellige Erregung das Auftreten des Nervenaktionspotentials verursacht usw.
Nach KATZ (1971) und TASAKI (1959, 1953) hat das NAP einen sogenannten Sicherheitsfaktor von 5 bis 7. Das bedeutet, daß die Spikespitze eine Spannung hat, die 5 bis 7mal
höher ist, als die zur Auslösung eines Nervenaktionspotentials mindestens erforderliche

Spannung. Trotz des Spannungsabfalles entlang der Nervenfaser infolge des Leckstroms
ist der Spannungsverlust in einer myelinisierten Faser zwischen benachbarten Ranvier'-
schen Ringen so gering, daß (infolge des Sicherheitsfaktors) ein Nervenaktionspotential
am nächsten Schnürring wieder aufgebaut werden kann. TASAKI konnte zeigen, daß es auch
bei voller Ausschaltung eines Nervenaktionspotentials durch ein Lokalanästhetikum eines
Schnürrings nicht gelingt, die Entstehung eines Nervenaktionspotentials am übernächsten
Ring zu unterdrücken. Ein bis zwei Ringe können bei voller Lokalanästhesie übersprungen
werden. Nun hat die Myelinschicht einen wesentlich höheren Widerstand als die Membran
im Ruhezustand. Der Membranwiderstand beträgt etwa 4 000 bis 7 000 Ohm, TASAKI gibt für
die Myelinschicht einen Widerstand von 100 000 Ohm an. Für eine 12 μ starke myelinisierte Faser folgt daraus, daß die Längenkonstante, also die Strecke, auf der die Ausgangs-
spannung auf 1/e abfällt, nicht wie bei einer nichtmyelinisierten Faser von 30 u Durchmesser 2 bis 3 mm beträgt. Nach KATZ wird die Längenkonstante aus folgender Beziehung
berechnet:

$$V = V_0 \, \exp \frac{-x}{\sqrt{R_m/R_i}} \,) \qquad R_m = \frac{\varrho_m}{2 \, \Pi \, a} \,) \qquad R_i = \frac{\varrho_i}{\Pi \, a^2}$$

Die Längenkonstante beträgt: $\left(\dfrac{a \ast \varrho_m}{2 \, \varrho_i} \right)^{1/2}$

(ϱ_m = Membranwiderstand; ϱ_i = Widerstand des Axoplasmas, a = Nervenfaserradius).

Der Membranwiderstand der myelinisierten Faser kann aber (unter Außerachtlassung der
Ranvier'schen Schnürringe) näherungsweise gegen den Widerstand des Myelins ausgetauscht
werden. Demnach beträgt die Längenkonstante

$$\text{Längenkonstante} = \left(\frac{0.0006 \, (\text{cm}) \ast 10^5 (\Omega \, \text{cm}^2)}{2 \ast 50 \, (\Omega \, \text{cm})} \right)^{1/2} = 7.8 \text{ mm}$$

Daraus wäre allerdings zu schließen, daß in der myelinisierten Faser die (passive)
Längsstromausbreitung eine viel größere Bedeutung hat, als allgemein angenommen wird.
Die Strömchentheorie alleine besagt zwar lediglich, daß die passive Stromausbreitung
entsprechend dem Modell von LILLIE von Schürring zu Schnürring springt, man scheint
aber von der Annahme ausgegangen zu sein, daß jeweils am nächstfolgenden Ranvier'schen
Schnürring sämtliche Stromschleifen austreten, obwohl im (zunächst noch nicht depolarisierten) Membranbereich der Widerstand im Vergleich zum Längswiderstand noch immer hun-
dertmal so hoch ist. Daher werden die lokalen Ströme im (engen) Stromkanal des Axons
sich noch weiter ausbreiten, wenn auch ein etwas größerer Spannungsverlust im Bereich
des Schnürringes als im Bereich des myelinisierten Axons auftritt. Der Leckstrom am Ranvier'schen Schnürring ist wahrscheinlich nicht so bedeutsam für die Längsstromausbreitung, da die Membranfläche in diesem Bereich sehr gering ist. Die Ranvier'schen Schnürringe haben eine Längsausdehnung von 1 bis 2 u, der Membranwiderstand beträgt in diesem
Bereich im nicht depolarisierten Zustand 10 bis 20 Ohm cm^2. Dadurch entstehen zwar Stu-

fen im Spannungsabfall der Längsstromausbreitung an den Schnürringen; infolge der kurzen Strecke tritt aber kein so weitgehender Spannungsverlust ein, daß selbst bei Erhöhung des Außenwiderstandes auf 20 Megohm die Auslösung eines Aktionspotentials am nachfolgenden Schnürring unterdrückt werden kann (TASAKI). Dies bedeutet aber, daß nahezu in der Geschwindigkeit der Längsstromausbreitung, von einem Ranvier'schen Schnürring ausgehend, eine Reihe von Nervenaktionspotentialen an den nächstfolgenden Schnürringen entstehen. Vernachlässigt man die Geschwindigkeit der Längsstromausbreitung, so ergibt sich eine Verzögerung in der Entstehung der NAP durch den Spannungsabfall des Längsstromes. Die weiter entfernt auftretenden NAP treten deshalb etwas später auf, weil der Übergang von der lokalen Reizantwort zum Aktionspotential von der Stromstärke abhängt, also die Reizreaktionszeit infolge abnehmender Reizstärke zunimmt.

Anhand folgender Überlegungen soll erklärt werden, warum diese Annahmen erforderlich sind. Wie gesagt: Die Spikeentstehungszeit beträgt bei Körpertemperatur 0,1 bis 0,15 msec (je nach Faserdicke); nimmt man an, daß die Ranvier'schen Schnürringe in Abständen von je 1 mm liegen, so würde unter Zugrundelegung einer Längenkonstanten von 7 bis 8 mm der Spannungsabfall für den 1. mm ca. 15 % betragen. Das bedeutet aber, daß (bei Annahme eines 5fachen Sicherheitsfaktors, unter Außerachtlassung der Längsstromausbreitung und einer Nutzungszeit) frühestens 0,02 bis 0,03 msec später am darauffolgenden Ring eine depolarisationsfähige Spannung auftritt. Zu diesem Zeitpunkt hat die Anstiegsflanke des Spikes am vorausgehenden Ring eine Spannung von 20 bis 30 mV erreicht. Da aber eine so niedrige Reizspannung eine wesentlich längere Zeit zur Überwindung der lokalen Reizantwort braucht, bis es zum Auftreten des NAP kommt, wird diese angenommene langsame Depolarisation von der rasch zunehmenden Reizspannung des auslösenden Spikes eingeholt. Somit dauert es mindestens 0,02 msec, bis ein Spike an einem bestimmten Ranvier'schen Schnürring jene Spannung erreicht hat, die unter Berücksichtigung des Längsstromspannungsabfalles am nächstfolgenden Schnürring durch einen überschwelligen Reiz das Auftreten eines Aktionspotentials verursacht. Daraus ergibt sich, daß - unter Außerachtlassung der Zeit für die Längsstromausbreitung und einer Nutzungszeit - in dem angenommenen Axon mit internodalen Abschnitten von 1 mm die maximal mögliche NLG 50 m/sec oder weniger betragen muß. Nun kommt noch hinzu, daß nach den Untersuchungen von VIZOSO (1950) sich beim Menschen am N. ulnaris oder am N. peronaeus nur vereinzelt internodale Abstände von 1 mm oder mehr finden. Nach den Darstellungen von VIZOSO (1950) sind 2 von 68 internodalen Abständen beim N. ulnaris am Handgelenk 1 bzw. 1,1 mm weit entfernt, alle anderen liegen unter 1 mm. Da aber sowohl die motorische als auch die sensible NLG des N. ulnaris am Unterarm nach den Untersuchungen von 15 verschiedenen Autoren (Abb. 1) mehr als 52 m/sec beträgt, ist es schwer vorstellbar, daß der Impuls tatsächlich nur von einem Schnürring zum nächsten Schnürring springt, ohne andere Ausbreitungsmöglichkeiten zu haben.

Es gibt weitere Argumente, die für einen anderen Ausbreitungsmodus sprechen. Wenn nämlich, was anhand experimenteller Beobachtungen belegt ist, der Längsstrom, der von einem NAP ausgeht, ausreicht, um an mehreren Schnürringen hintereinander NAP auszulösen

(TASAKI 1953, 1959), so sind die weiter entfernten Schnürringe für das Auftreten eines nachfolgenden NAP refraktär. Es besteht kein Zweifel, daß die Refraktärzeit weit länger dauert, als ein Impuls braucht, um von einem Schnürring zum nächsten zu gelangen. Daraus kann man schließen, daß zwar an allen Schnürringen NAP auftreten können, daß aber nicht alle an den Internodi entstandenen NAP für die Fortleitung des Impulses erforderlich sind. Dies heißt im weiteren, daß das saltatorische Prinzip der Impulsausbreitung noch ausgeprägter ist, als LILLIE anhand seines Kernleitermodells annahm. Jene NAP, die den Impuls fortleiten, überspringen jeweils eine variable Anzahl von Schnürringen. Der Impuls wird an mehreren Internodi fortgeleitet, an denen jeweils eine Depolarisation auftritt. Das am weitesten entfernte, neu entstandene NAP löst wieder eine Serie von Depolarisationen aus. Dadurch müßten an hintereinander liegenden Schnürringen Serien von NAP mit geringer zeitlicher Verzögerung, gefolgt von einem NAP mit größerem Zeitsprung auftreten. Die Abb. 7 aus der Arbeit von HUXLEY & STÄMPFLI (1949) scheint diese Annahme zu bestätigen. Wenn der Längsstrom nicht mehr zur Depolarisation einer Membran an einem Ranvier'schen Schnürring ausreicht, so findet das nächstankommende NAP die Membran bereits partiell depolarisiert (im Zustand der unterschwelligen Reizantwort); die Impulsauslösung kann dadurch kürzer sein. Man wird an allen Schnürringen NAP finden, wovon jene, die fast synchron auftreten, die eigentliche Auswirkung des angenommenen Sicherheitsfaktors sind. Die Impulsausbreitung erfolgt dann in relativ großen Sprüngen, an dickkalibrigen Nervenfasern vielleicht sogar in Zentimeterabständen. Eine genauere Abschätzung müßte experimentell erfolgen. Die grobe Schätzung zeigt jedenfalls folgendes: wenn Serien von NAP in einer mittleren Entfernung von 6 mm in mittleren zeitlichen Abständen von 0,1 msec entlang eines Nervs auftreten, so kann man eine NLG von 60 m/sec erwarten; die oben erwähnten extremen Annahmen über die Bedeutung der Entwicklung der Spikedauer, das Außerachtlassen einer Nutzungszeit und der Zeit der Längsstromausbreitung sind nicht mehr erforderlich. Der sog. Sicherheitsfaktor wirkt demnach nicht nur bei einem besonderen Umstand, sondern ist durch gleichzeitiges Entstehen mehrerer NAP verwirklicht. Er wirkt also bei jeder Impulsausbreitung. Tatsächlich war der Gedanke des Sicherheitsfaktors bisher nur unvollständig durchdacht worden, da alleine die Annahme des Vorliegens eines Sicherheitsfaktors notwendig das Auftreten mehrerer NAP hintereinander beinhaltet.

KATZ (1971) trug ebenfalls Argumente für die Impulsausbreitung an nicht myelinisierten Fasern vor, die nicht mehr Ausdruck der einfachen Strömchentheorie sind. HILL (1932) zeigte anhand der "Initialwärme des Nervs", daß nur ein paar verstreute Molekülplätze beteiligt sein können, falls ein chemischer Prozeß zur Impulsfortleitung stattfindet. Ähnlich zeigten COLE und CURTIS (1939), daß die Hauptmasse der Membran ihre dielektrische Eigenschaft während der Erregung beibehält. Die Änderungen der Ionenleitfähigkeit, die für das Auftreten des NAP notwendig sind, findet an verstreuten Orten statt, die nicht mehr als 1 % der Axonoberfläche einnehmen. Falls spezielle Trägermoleküle an der Membrandepolarisation beteiligt werden, so würden die aktiven Prozesse an noch weniger Orten stattfinden.

Noch ein Argument, das gegen die Impulsfortleitung von Schnürring zu Schnürring als Ursache der beobachteten maximalen NLG spricht, ist der Ablauf des chemischen Prozesses an der Membran. Da die Änderung der Membranleitfähigkeit von einer Wärmeentwicklung begleitet ist, muß man davon ausgehen, daß die Depolarisation mit chemischen Veränderungen zusammenhängt. Zur Initialisierung vergeht eine bestimmte Zeit, ähnlich wie in einem explodierenden Gemisch von Substanzen Zeit vergeht, bis der sich selbst verstärkende Verbrennungsvorgang einsetzt. Diese Zeit wird im allgemeinen Nutzungszeit genannt und ist jene Zeit, die vergeht, bis die Schleusen für den Natriumeinstrom geöffnet werden. Sie wird auf etwa 0,05 msec geschätzt (MAVOR und LIBMAN 1962, KUFFLER 1948, HUNT 1954). Bei Einzelfaseruntersuchungen ist der Begriff Nutzungszeit kaum anzufinden. Hier wird jene Zeit als Nutzungszeit bezeichnet, die vergeht, bis die ansteigende Flanke des Spikes auftritt. Es dürfte schwierig sein, sie zu messen, weil die ansteigende Flanke sich nicht scharf, sondern gleitend von der Grundlinie abhebt und entsprechend die Membrandepolarisierung biologisch nicht plötzlich (wie etwa durch einen Rechteckstrom), sondern allmählich eintritt. Diese Zeit "setting up a nerve impulse" wurde von den oben erwähnten Autoren bei 24 Grad C auf mindestens 0,1 msec geschätzt. BLAIR und ERLANGER (1933) schätzten die kürzeste gemessene Latenz zwischen Induktionsschock und Auftreten eines Spikes auf 0,06 msec. ERLANGER und GASSER gaben ebenfalls 0,06 msec an; BISHOP (1927) nahm eine Nutzungszeit von 0,06 bis 0,1 msec an. Würde man so eine lange Nutzungszeit auch für die biologischen Impulse annehmen, so käme man unter der klassischen Annahme einer Impulsfortleitung von Schnürring zu Schnürring mit einer mittleren Entfernung von 1 mm aufgrund der Nutzungszeit alleine zu einer NLG, die 27 m/sec beträgt.

Beide Annahmen zusammen, Nutzungszeit (für das biologisch entstandene Potential) und saltatorische Impulsfortpflanzung (von einem zum nächsten Schnürring) sind mit den maximal gemessenen NLG nicht vereinbar. Die in letzter Zeit erfolgten Literaturangaben über die Impulsausbreitung bei myelinisierten Nervenfasern sind widersprüchlich. Die durch Computersimulation errechneten NLG weichen zum Teil erheblich von den experimentellen Befunden ab (HARDY 1973). MOORE et al. (1978) konnten zeigen, daß die Impulsausbreitung relativ unabhängig vom Areal des Ranvier'schen Schnürringes und der Länge des Internodus ist, dafür aber deutlicher von der Myelinkapazität und der axoplasmatischen Leitfähigkeit abhängt. Die letztgenannten Befunde sind mit der Hypothese einer seriellen Impulsfortpflanzung gut vereinbar.

4   Das Summenpotential: Einleitung und klinisch-physiologische Korrelate

Entsprechend den experimentellen Untersuchungen über das unipolar abgeleitete Summationspotential des Nervs erfolgten mehrere Einteilungsversuche, bei denen sich neurophysiologische und histologische Aspekte überschnitten. Die Unterteilung in drei Fasergruppen geht im wesentlichen auf BISHOP und HEINBECKER (1930) und auf ERLANGER und GASSER (1937) zurück. Es werden A-, B- und C-Fasern unterschieden. Die A-Fasern werden in weitere Untergruppen (Alpha, Beta, Gamma, Delta) unterteilt. Damit werden alle Nerven klassifiziert, obwohl A Alpha-Fasern z. B. in Hautnerven nicht vorkommen (ERLANGER 1927). Die B-Fasern, etwa 25 bis 50 m/sec rasch leitende Nervenfasern des autonomen Nervensystems sollen entgegen den ursprünglichen Annahmen von GASSER und GRUNDFEST keine eigene elektrophysiologsich abgrenzbare Fasergruppe sein (PAINTAL 1966). An die sicherlich theoretische Vorstellung, daß es A-Alpha-Fasern in Hautnerven nicht gäbe, hielten sich eine Reihe namhafter Untersucher nicht (BUCHTHAL und ROSENFALCK 1966, DYCK und LAMBERT 1971). So gaben DYCK et al. (1971) und DYCK und LAMBERT (1966) folgende Charakteristika des zusammengesetzten Nervenaktionspotentials des N. suralis bei gesunden Personen an: Neuriten, die die Alpha-Potentiale bilden, haben eine NLG zwischen 49 und 60 m/sec, die Fasern der Delta-Potentiale eine NLG zwischen 9 und 22 m/sec; Fasern der C-Potentiale weisen eine Geschwindigkeit von 1,2 bis 1,4 m/sec auf. Der initiale Peak der Alpha-Potentiale, der nach ERLANGER und GASSER (1927) bei sensiblen Nerven der Gruppe der A-Beta-Fasern entspricht, weist eine Amplitude von 1 300 μV bis 2 900 μV auf. Die Amplitude der C-Potentiale liegt zwischen 41 und 110 μV. Die Amplitude der A-Delta-Fasern ist etwas höher als die der C-Fasern und beträgt im Mittel 180 μV (DYCK et al. 1971). Diese Befunde gelten für Untersuchungen bei Temperaturen von 37 Grad C. Da diese Einteilungen insbesondere für Histologen unbefriedigend waren, schlug LLOYD (1943) eine Einteilung nach Faserdurchmesser in Gruppe 1 (12 bis 20 μ), Gruppe 2 (4 bis 12 μ) und Gruppe 3 (2 bis 4 μ) vor. Die nicht myelinisierten Fasern entsprechen der Gruppe 4. GRANIT (1966) teilte die efferenten Muskelnerven in die bekannten A-Alpha-, A-Beta- und A-Gamma-Gruppen ein; die afferenten Muskelnerven sollen in zwei Gruppen, 1a und 2 eingeteilt werden.

Die Untersuchungen von COLLINS et al. (1960) und die wegen der ersten Beschreibung einer quantitativen Sensibiltätsmessung besonders erwähnenswerte Arbeit von DYCK, LAMBERT und NICHOLS (1971) lassen über die Funktion der sensiblen Nervenfasern folgende Annahmen zu: A-Beta-Fasern (bei Dyck et al. als A-Alpha-Fasern bezeichnet) leiten Berührung und Druck; sie sind die schnellstleitenden und dickkalibrigsten sensiblen Fasern. DYCK et al. schildern bei einem Patienten mit einer hereditären Amyloidose den Verlust von Schmerz- und Temperaturempfindung bei erhaltener Berührungs- und Druckempfindung. Im zusammengesetzten Summationspotential fehlten die Komponenten der A-Delta- und C-Fasern, was auch histologisch bestätigt wurde. COLLINS et al. untersuchten 11 Patienten, die einer Chordotomie unterzogen wurden. Unipolare Reizantworten wurden intravital von dem freigelegten N. suralis registriert, der 10 - 12 cm proximal vom Ort der Registrierung stimuliert wurde. Die Patienten machten durchwegs übereinstimmende Angaben über die empfundenen Sinnesqualitäten bei den stufenweise verstärkten Nervenstimulationen. Bei Reizung von A-Beta-Fasern, also von raschleitenden Fasern, wurde Kribbeln, Klopfen und ähnliches angegeben; die repetitive (schmerzfreie) Reizung empfand zum Beispiel ein Patient, als ob eine Raupe über seinen Fuß liefe. Bei Verstärkung der Reizung verbreiterte sich das Reizantwortpotential, das als Ausdruck der Reizung von A-Beta-Gamma-Fasern aufgefaßt wurde. Die Patienten gaben ein stärkeres Klopfen an; Schmerzen traten aber erst bei Zunahme der Reizstärke auf etwa das Dreifache auf. Nun bemerkten die Pa-

tienten neben den anderen Empfindungen ein unangenehmes Stechen oder Brennen. Nur 2 von
9 so untersuchten Patienten meinten präoperativ, daß sie diesen Schmerz über längere
Zeit aushalten könnten. Bei weiterer Zunahme der Reizstärke schien sich die Schmerzkom-
ponente der Gefühlswahrnehmung nur zu verstärken, ohne daß eine Qualitätsänderung der
Wahrnehmung angegeben wurde. Neurographisch sah man das Auftreten der A-Delta-Welle.
Nach der Chordotomie klagte keiner der Patienten bei gleicher Reizstärke und Auftreten
von A-Delta-Wellen über Schmerzen, die Patienten meinten jedoch, daß die Wahrnehmung
unangenehm sei. Bei der präoperativen Stimulation der langsam leitenden C-Fasern mit
sehr hohen Reizstärken gaben alle Patienten unerträglich starke Schmerzen an. Nach
Chordotomie konnte dieselbe Stimulationsstärke für die Reizung von C-Fasern gut ertra-
gen werden; die Stromstöße wurden nur noch als "unangenehm" empfunden. Die Autoren
stellten zur Diskussion, ob die C-Fasern tatsächlich das unerträgliche Ausmaß der
Schmerzen bedingen oder ob die zunehmende Reizstärke zu einer quantitativ vollständigen
Reizung von A-Delta-Fasern führt und dadurch das Auftreten der als unerträglich geschil-
derten Schmerzqualität verursacht sei.

Zusammenfassend ergibt sich aus diesen Befunden, daß Druck- und Oberflächenempfindung
über schnell leitende, dickkalibrige, durch geringe Reizstärken stimulierbare Nervenfasern geleitet werden, daß Schmerzen hingegen durch dünnkalibrige, langsam leitende Fasern geleitet werden, die sicher zum Teil zur A-Delta- Gruppe gehören.
LUDIN und TACKMANN (1979) verglichen neurographische und histometrische Messungen. Eine
genaue Zuordnung der einzelnen Komponenten des NAP ist bei Rekonstruktion des Summenpotentials aus Einzelfaserableitungen nicht möglich, da von den Tausenden histometrisch
ausmessbaren Fasern neurophysiologisch aus technischen Gründen nur eine geringe Anzahl
von Einzelfasern untersucht werden kann. GASSER und GRUNDFEST (1939) verwendeten für
ihre Rekonstruktionsversuche des Summationspotentials höchstens 30 Einzelfaserableitungen; histologisch hatten aber dieselben Nerven eine Gesamtanzahl von 500 und 2 600 Fasern; die Rekonstruktion des Summenpotentials führte im weiteren zu Annahmen über die
Spikedauer von Einzelfasern, die ebenfalls umstritten sind (PAINTAL 1965).
Noch schwieriger als die Rekonstruktion des Summenpotentials ist die Erstellung von Beziehungen zwischen histometrischen und neurophysiologischen Meßgrößen unter Zuhilfenahme von Umrechnungsfaktoren. Die experimentell gefundenen Umrechnungsfaktoren sind bei
Kalt- und Warmblütlern sehr verschieden. So fand TASAKI für den Ischiadicus des Frosches eine Zunahme der NLG von 2,5 m/sec/μ Faserdurchmesser, aber HURSH bei Katzen
einen Konversionsfaktor von 6,0 m/sec/μ Faserdurchmesser. Der Konversionsfaktor scheint
auch bei verschiedenen Nerven eines Individuums unterschiedlich zu sein. Nach den Untersuchungen von TACKMANN et al. (1976) und von BEHSE et al. (1975) muß man davon ausgehen, daß der von HURSH angegebene Konversionsfaktor von 6,0 m/sec/μ Faserdurchmesser
für den Menschen zu hoch geschätzt ist; die beiden Autorengruppen fanden Konversionsfaktoren zwischen 4,4 und 4,7 m/sec/μ Faserdurchmesser für N. suralis und N. radialis.
Konversionsfaktoren wurden bisher kaum für die Schätzung morphologischer Veränderungen

anhand veränderter neurophysiologischer Meßgrößen angewendet. Für die Annahme einer linearen Beziehung zwischen NLG und Faserdurchmesser gilt, daß zumindest die Abstände zwischen den internodalen Schnürringen in einem konstanten Verhältnis zum Faserdurchmesser stehen (RUSHTON 1951). Dies ist aber wieder im höheren Lebensalter (VIZOSO 1950) noch bei Neuropathien der Fall. Ein genaueres Verständnis der Zusammenhänge zwischen neurographischen und histologischen Parametern ist durch die Analyse vollständigerer Datensätze, als sie bisher erhoben werden konnten, zu erwarten.

5   Die Neurographie als klinische Untersuchungsmethode

Es ist erstaunlich, daß es nahezu 100 Jahre dauerte, bis die klinische Relevanz neurographischer Meßgrößen erkannt wurde. HELMHOLTZ und BAXT zeigten bereits 1868, daß man erfolgreich am Menschen die NLG bestimmen kann und daß der Meßfehler in der Bestimmung der NLG relativ klein ist. Aus älteren Mitteilungen läßt sich entnehmen, daß man sich der Möglichkeiten neurophysiologischer Untersuchungen im klinischen Bereich bewußt war. EICHLER (1937), der als erster percutan Nervenaktionspotentiale registrierte, wies eindringlich auf die Vorteile einer atraumatischen Untersuchungstechnik hin. Derartige Angebote an die Klinik blieben aber ohne Resonanz. Erst als HARVEY und MASLAND (1941) die repetitive Stimulation zur Diagnose der Myasthenia gravis anwandten, sah man einen praktischen Bezug zwischen neurophysiologischen Untersuchungsmethoden und klinischen Fragestellungen. Das Kriterium für die klinische Anwendung dieser und anderer Methoden ist deren diagnostische Bedeutung oder zumindest die Erwartung der Bedeutung einer Untersuchungsmethode, die man aufgrund (meist) aktueller Erkenntnisse als erfolgreich vermutet. Die Einführung der repetitiven Stimulation in die Klinik geschah kurz nachdem Endplattenpotentiale erstmals beschrieben wurden (GÖPERT und SCHAEFER 1938, ECCLES und O'CONNOR 1939), fünf Jahre nach Einführung von Acetylcholinesterase-Hemmstoffen in die Klinik. Aus pharmokologischer, klinischer und neurophysiologischer Sicht arbeitete man mit erhöhter Aufmerksamkeit an den Substraten der Nerv-Muskelverbindung. Es wirkt daher wie eine besondere Konstellation, wenn ein später klinisch orientierter Forscher und ein im wesentlichen experimentell arbeitender Neurophysiologe anhand aktueller klinischer Erfahrung und neurophysiologischer Untersuchungen eine Methode einführten, die von vielen als der Beginn der klinischen Elektromyographie und Neurographie angesehen wird.

1944 veröffentlichen HARVEY und KUFFLER eine Arbeit über motorische Nervenfunktionen bei peripheren neurogenen Läsionen. Obwohl diese Autoren jene Ableitemethodik festlegten, die auch heute noch für die Bestimmung der motorischen NLG verwendet wird, fand erst die Arbeit von HODES, LARRABEE und GERMAN (1948) die entscheidende Anerkennung bei den Klinikern. Die Autoren beschrieben - beispielhaft für die Zukunft - percutane Reiz- und Ableitemethoden, wiesen auf eine Reihe von Fehlerquellen hin (Bedeutung der supramaximalen Reizstärke!) und konnten vor allem durch die klinische Interpretation auf die Bedeutung ihrer Untersuchungsmethode hinweisen: verzögerte Latenz - regenerierende Nervenfasern; Amplitudenerniedrigung - Verminderung der Anzahl innervierter Nervenfasern.

Die Autoren erhoben ihre Befunde an gesunden Probanden und an Patienten mit Poliomye-
litis, bei denen Möglichkeiten zu prognostischen Aussagen damals von großer Bedeutung
waren.

Ähnlich wie bei der Bestimmung und Auswertung der motorischen NLG wurde die Untersuchung der sensiblen NLG erst dann eine Routinemethode, als deren diagnostische Bedeutung erkannt wurde. Voraussetzung war allerdings, daß die technischen Untersuchungsmög-
lichkeiten gegeben waren. Helmholtz machte bereits Untersuchungen zur Feststellung der
sensiblen NLG. Er reizte den N. medianus an zwei verschiedenen Stellen. Die Testperso-
nen mußten einen Knopf drücken, wenn sie den Reiz wahrnahmen. Die mittlere Zeitdiffe-
renz wurde zur Berechnung der sensiblen NLG verwendet: 60 m/sec, ein erstaunliche genauer Wert, den spätere Untersucher mit der gleichen Methode nicht mehr erhielten.
SCHAEFER (1922) versuchte als erster ohne subjektive Angaben über die Auslösung des
H-Reflexes an zwei Nervenstellen die sensible NLG zu ermitteln. EICHLER (1937) verwendete als erster eine direkte Methode zur percutanen Registrierung von Nervenaktionspotentialen, eine Arbeit, die, wie oben erwähnt, wohl auch deshalb kein Echo fand, weil man
die diagnostischen Möglichkeiten nicht zu nutzen wußte. 12 Jahre später, 1949 veröffentlichen DAWSON und SCOTT eine Arbeit über die percutane Registrierung von Nervenaktionspotentialen des N. medianus am Ellenbogen bei Reizung am Handgelenk; die Arbeit von
EICHLER war den Autoren offensichtlich nicht bekannt.
DAWSON leitete durch die Einführung des Mittelwertbildners in der gesamten klinischen
Neurophysiologie umwälzende Veränderungen ein. 1951 und 1954 berichtete er über die Entwicklung und Anwendung von Mittelwertbildnern. In einer Bank von Kondensatoren addier-
ten sich die Eingangssignale; das Signal wurde über einen Multikontaktschalter verteilt, der synchron mit dem Kippstrahl rotierte. Dadurch erreichte DAWSON, daß auch biologische Signale erkannt werden konnten, die im Bereich des Rauschpegels der Verstärker
lagen.
DAWSON interessierte sich für die Fragen der Sinnesphysiologie; im besonderen stellte
er sich die Frage, welche Sinnesqualitäten zu spezifischen corticalen Reizantworten
führten. Die von DAWSON 1956 eingeführte Darstellung sensibler Potentiale durch Reizung
des Zeigefingers und Ableitung am Handgelenk und in der Ellenbeuge sollte denn auch nur
die Vorstellung belegen, daß bei Reizung sensibler Nervenfasern solange ein cerebral
evoziertes Potential zu sehen ist, als auch ein evoziertes Potential am peripheren Nerven beobachtet werden kann.
GILLIATT und SEARS wendeten 1958 die von DAWSON beschriebene Untersuchungsmethode an,
hatten aber noch keinen Mittelwertbildner und waren daher auf die Registrierung mit
Superposition angewiesen. Die beiden Autoren erkannten den hohen Wert der Bestimmung
der sensiblen NLG in der Diagnostik des Carpaltunnelsyndroms. Die Nachfrage nach neurophysiologischen Untersuchungsmethoden nahm zu, was sich auf die Entwicklung adäquater
Registriergeräte auswirkte.
BUCHTHAL und ROSENFALCK veröffentlichen 1966 die grundlegende Arbeit für die Untersuchung sensibler neurographischer Parameter. Die von BUCHTHAL und ROSENFALCK eingeführ-

ten Untersuchungsmethoden werden von LUDIN und TACKMANN (1979) als Standardmethodik angesehen. Die eigenen Untersuchungen sensibler NP wurden nach den Empfehlungen von BUCHTHAL und ROSENFALCK durchgeführt. Der einzige Unterschied bestand in der Registriertechnik; darauf wird im folgenden Kapitel eingegangen.

Eine Reihe wichtiger Beiträge zur methodischen Entwicklung in der klinischen Neurographie bleiben ungenannt. Nahezu allen bisherigen Untersuchungen ist gemeinsam, daß sie statistisch nur deskriptiv verarbeitet wurden. Wegen der Bedeutung der Datenanalyse soll daher auf die bisherige Entwicklung und die damit verbundenen Probleme eingegangen werden.

> "Es ist nichts leichter, als eine Menge sogenannter interessanter Versuche zu machen. Man darf die Natur nur auf irgendeine Weise gewaltsam versuchen, sie wird immer in ihrer Not eine leidende Antwort geben. Nichts ist schwieriger, als sie deuten, nichts ist schwieriger als der gültige physiologische Versuch; und dieses zu zeigen und klar einzusehen halten wir für die erste Aufgabe der jetzigen Physiologie."
>
> Johannes Müller, 1826

6 Aktuelle Probleme der neurographischen Forschung

6.1 Datenanalyse:

Die Bedeutung der Datenanalyse in der Neurographie ergibt sich daraus, daß die Wirkungen von mehreren Einflußgrößen auf eine abhängige Größe (NLG) für die Erstellung von diagnostisch wichtigen Schätzwerten nur rechnerisch bewältigt werden kann. KEMBLE (1967) war der erste, der auf neurographischem Gebiet den Einfluß mehrerer Größen auf eine abhängige Meßgröße zeigen konnte; er fand unterschiedliche Altersveränderungen der NLG bei Männern und Frauen. LANG und BJÖRQVIST (1971) erkannten erst anhand von Partialkorrelationen den negativen Einfluß der Körpergröße auf die NLG. Die Frage nach einer Datenanalyse im Sinne POPPERS, daß nämlich aus den Projektionen der Daten selbst Erkenntnisse zu erwarten sind, ist auf neurographischem Sektor bisher nicht gestellt worden. Die Beantwortung der Prüfhypothese sollte genügen. Die statistische Datenanalyse ermöglicht Deutung und Überprüfung der Gültigkeit der Versuche. Johannes MÜLLER nahm zur Beweisführung eines physiologischen Versuches bereits vor eineinhalb Jahrhunderten Stellung, wie aus obigem Zitat hervorgeht. Die Möglichkeiten dazu haben sich geändert, die Aufgabe ist jedoch geblieben.

6.2 Registriertechnik:

BUCHTHAL und ROSENFALCK (1966) verwendeten Nadelelektroden zur Registrierung von NAP. Sie begründeten die Verwendung von Nadelelektroden damit, daß das Signalrauschverhältnis dreimal besser sei als bei Verwendung von Oberflächenelektroden, vorausgesetzt, daß die Nadelspitze sehr nahe am Nerven liegt (3 mm von der Nervenmitte entfernt). LUDIN und TACKMANN (1979) nannten mehrere Gründe für die Ableitung mit Nadelelektroden.

Die eigenen Untersuchungen erfolgten mit Oberflächenelektroden. Hierfür gibt es folgende Gründe, die zugleich die Argumente von LUDIN und TACKMANN für die Verwendung von Nadelelektroden entkräften sollen. LUDIN und TACKMANN behaupten, (1.) daß man in vielen Fällen nur mit Nadelelektroden Nervenaktionspotentiale registrieren könne. In der vorliegenden eigenen Untersuchung ergaben sich bei 1 563 sensiblen Messungen an insgesamt 212 Probanden im Alter zwischen 13 und 72 Jahren bei 57 Fällen bzw. in 3,6 % Meßungenauigkeiten aufgrund mangelhafter Formqualität des Signals (Tab. 6). Für Vergleiche mit Registrierungen durch Nadelelektroden fehlen in der Literatur entsprechende Angaben. Die Meßungenauigkeit liegt bei der Latenzmessung zur negativen Spitze in der gleichen Größenordnung. Sie beruht vor allem darauf, daß die in größerer Entfernung vom Reizort registrierten NAP durch die zeitliche Dispersion der Einzelpotentiale breitere und manchmal auch mehrgipfelige intiale Phasenumkehrpunkte aufweisen. Diesem "Nachteil" der Registrierung mit Oberflächenelektroden kann aber durch Registrierung mit Nadelelektroden häufig nur zum Schein abgeholfen werden, da die Doppelgipfel durch Registrierung mit Nadelelektroden nicht verschwinden. Hier können nur Meßvorschriften weiterhelfen.

Nach eigener Erfahrung können Nervenaktionspotentiale von Hautnerven mit Oberflächenelektroden, die einen Durchmesser von 1 cm haben, genauso gut abgeleitet werden wie mit Nadelelektroden, was sich physikalisch aus der Beziehung zwischen Nerv und Elektrode einerseits und der Größe der Registrierelektrode andererseits erklären läßt. Man kann die percutane Registrierung wesentlich verbessern, wenn man die Registrierelektrode mit einem Gummiband mäßig fest an der Extremität anpreßt und so die Elektrode näher an den Nerv bringt.

Trotz dieser Argumente für eine Oberflächenregistrierung ist nicht zu bestreiten, daß manchmal Nadelableitungen von Nervenaktionspotentialen erforderlich sind. Dies gilt insbesondere für die Ableitung von tiefliegenden Nerven. Bei den eigenen Untersuchungen traten diesbezügliche Schwierigkeiten nur bei der Registrierung des NAP des N. ulnaris distal vom Sulcus auf, da die Unschärfe des registrierten Potentials durch den zwischen der Registrierelektrode und dem Nerven liegenden M. flexor carpi ulnaris bedingt war. Nadelelektroden können schon deshalb nicht allgemein verwendet werden, weil sie bei Patienten, die gerinnungshemmende Medikamente einnehmen (z. B. Dialysepatienten), nicht eingestochen werden dürfen. Nur in speziellen Fällen, bei denen die qualitative Beurteilung des NAP im Vordergrund steht, z. B. bei Reinnervation, ist die Verwendung von Nadelelektroden erforderlich.

Das zweite von LUDIN und TACKMANN aufgeführte Argument lautet: In den Fällen, in denen NAP mit Oberflächenelektroden abgeleitet werden können, sei die erste positive Spitze nicht ausreichend erkennbar. Dies hätte zur Folge, daß das NAP zur ersten negativen Spitze ausgemessen werden müsse. Nach den eigenen Untersuchungen liegt die Meßungenauigkeit bei der Latenzmessung zur negativen Spitze in der gleichen Größenordnung wie bei der Messung zur positiven Spitze. Der initial positive Meßpunkt ist gegenüber dem initial negativen Meßpunkt dann schlechter zu registrieren, wenn bipolare Ableitungen vorliegen. Bei den hintereinander über einem Nerven angebrachten Elektroden (z. B. mit

einem Interelektrodenabstand von 3 cm) tritt eine Art Differenzierungseffekt auf: Beide
Elektroden registrieren das NAP mit umgekehrten Vorzeichen in geringer zeitlicher Verzögerung. Dadurch tritt besonders rasch eine positiv-negative Potentialdifferenz zwischen
erster positiver und negativer Spitze auf. Die erste positive Spitze ist dann häufig
schwerer zu erkennen, weil sie sich schlechter von der Grundlinie abhebt. Somit sollte
obiger Einwand auf bipolare Registrierungen, und zwar unabhängig davon, ob Oberflächen-
oder Nadelelektroden verwendet werden, beschränkt bleiben.

Das dritte Argument von LUDIN und TACKMANN lautet: Außer der Latenzzeit könne man mit
Oberflächenelektroden keine anderen neurographischen Parameter beurteilen. Aus den eigenen Untersuchungen   m i t   Oberflächenelektroden geht hervor, daß die Dauer der NAP
nach geeigneter Transformation einen Variationskoeffizienten aufweisen, der unter dem
mancher NLG-Größe liegt (Tab. 55). Somit ist die Potentialdauer ein interessanter neurographischer Parameter, dessen diagnostische Valenz noch viel zu wenig bekannt ist. Die
perkutan registrierten Amplituden der NAP streuen allerdings etwas stärker als bei
Nadelregistrierung (vergleiche dazu LUDIN und TACKMANN, 1979).

Das wesentliche Argument für die Registrierung mit Oberflächenelektroden muß aber in
einem anderen Sachverhalt gesehen werden. Es ist praktisch schwierig, eine große Anzahl
freiwilliger Probanden zu bekommen, die sich wie zum Beispiel in der vorliegenden Querschnittstudie an 9 Meßstrecken mit jeweils insgesamt 18 Nadeleinstichen untersuchen lassen, wovon 9 Nadeln mit einem Durchmesser von 0,7 mm möglichst nahe am Nerv liegen sollen. Solchen Wünschen weichen freiwillige Probanden eher als Patienten aus, was zur Folge hat, daß man bisher kaum zu einem großen und ausreichend einheitlich untersuchten
Normalkollektiv gekommen ist. Die Festlegung auf die relativ umständliche Technik
bringt den weiteren Nachteil mit sich, daß nur schwer eine größere Anzahl stets gleicher Nervenstrecken an dem Probanden untersucht werden kann. Damit entfällt die Möglichkeit, in sogenannten Blöcken zu untersuchen, was als ein Verstoß gegen ein Grundprinzip
der Versuchsplanung angesehen werden kann (SACHS 1973). Vergleiche neurographischer
Parameter untereinander sind ohne Blockbildung kaum möglich. Die Mittelwerte verschiedener NLG, die jeweils in anderen Kollektiven erhoben wurden, können kaum miteinander verglichen werden. Ausdruck dieses Sachverhaltes ist zum Beispiel, daß bis heute nur wenig
über die physiologischen Unterschiede zwischen N. ulnaris und N. medianus bekannt ist.

7   Erstellung neurographischer Normalwerte

7.1 Diagnostik:

Neurographische Normalwerte werden im wesentlichen für die Routineuntersuchung gebraucht. Neurographische Untersuchungen erfolgen meist im zeitlichen und örtlichen Zusammenhang mit elektromyographischen Befunderhebungen. Die Folgerungen aus neurographischen und elektromyographischen Untersuchungen ergänzen sich gegenseitig.

Ein wesentlicher Unterschied zwischen elektromyographischen und neurographischen Befunden besteht zur Zeit in deren Beurteilungsgrundlage. Elektromyographische Befunde wer-

den aufgrund qualitativer Kriterien ad hoc beurteilt; Die Beurteilung neurographischer Meßgrößen erfolgt jedoch (meist) erst _nach_ einem Vergleich mit anderen Messungen: Der Meßwert einer NLG liegt innerhalb bzw. über oder unter der Toleranzgrenze der repräsentativen Stichprobe. Die Beurteilung von EMG-Befunden entspricht eher dem vertrauten diagnostischen Prozeß. Neurographische Befunde können ebenso wie klinisch-chemische Befunde erst nach statistischer Prüfung weiterverarbeitet werden.

Der diagnostische Prozeß, geprägt von Erfahrung, Assoziationen und Intuition, wird bei der Meßdatenerhebung nicht gebraucht. Er muß vor der statistischen Prüfung unterbleiben. Die Diagnostik ist notwendig individuumbezogen (HARTMANN 1977). Demgegenüber sind statistische Schätzungen populationsbezogene Wahrscheinlichkeitsrechnungen. Der Betrag einer Größe kann erst dann in den prognostischen Prozeß eingehen, wenn anhand seiner Lage in der der zugehörigen Verteilung die Wahrscheinlichkeit seines Auftretens bestimmt wurde.

7.1.1 Die diagnostische Situation in der Neurographie:

Obwohl keine Zweifel darüber bestehen, daß die Wahrscheinlichkeitsaussage, ob ein neurographischer Meßwert normal oder nicht normal ist, aufgrund einer statistischen Prüfung erfolgen muß, wurden allgemein gültige Normalwerte für neurographische Meßgrößen bisher nicht erstellt. Bei Überprüfung der in der Literatur angegebenen und für Vergleichszwecke ausreichend spezifizierten Stichproben verschiedener NLG-Meßgrößen ist ein weites Auseinanderklaffen der entsprechenden Mittelwerte festzustellen (Tab. 1). Diese Situation hat sich in den letzten Jahren nicht verbessert; die zusätzlichen Angaben über Altersregressionen sind ebenfalls sehr uneinheitlich (LUDIN und TACKMANN, 1979). Wegen des Fehlens von neurographischen Parametern, die von ausreichend repräsentativen Stichproben stammen, werden in den verschiedenen klinisch-neurophysiologischen Labors meist eigene "Normal"-Werte verwendet, für die es zur Zeit keine allgemein anerkannten Kontrollen irgendeiner Art gibt.

Im folgenden soll anhand von Problemen, die in der Diagnostik auftreten können, klargemacht werden, welche Bedeutung einer vollständigen Befunderhebung zukommt. Im weiteren kann dann gezeigt werden, daß die aufgestellten Forderungen auch für neurographische Meßerhebungen gültig sind.

7.1.2 Die Bedeutung der standardisierten Befunderhebung:

Bestehen nun keine Vorschriften über das Sammeln der Befunde, so hängt es von der subjektiven Einschätzung des Untersuchers ab, wieviele Befunde zu sammeln sind. Die Einschätzung ist aber wiederum von einer Reihe von Faktoren abhängig, die den Untersucher beeinflussen: Zeit, Motivation, Art der Anforderung oder Kenntnisse, um einige Punkte zu nennen. Wenn nun Befunde in nicht standardisierter Form erhoben werden und - in der Vielfächermedizin - von einer Stelle zur anderen transferiert werden, so kann ein entscheidender Informationsverlust auftreten, nämlich: das Wissen, unter welcher Bedingung die Befunde erhoben wurden. Ohne ein einheitliches Dokumentations- und Informations-

LITERATURANGABEN ÜBER EINIGE MOTORISCHE NLG-GRÖSSEN				
N. ULNARIS, UNTERARM:				
A U T O R E N		N	M	SD	SE
CORBAT	(1961)	50	52.3	5.1	0.72
WIESENDANGER et al.	(1962)	20	53.3	6.5	1.45
POLONI u. SALA	(1962)	80	54.3	5.9	0.66
JOHNSON u. OLSEN	(1960)	67	55.1	6.4	0.78
TROJABORG	(1962)	66	56.0	5.0	0.62
THOMAS et al.	(1959)	46	56.2	4.2	0.62
TROJABORG	(1964)	30	56.4	4.8	0.88
NEUNDÖRFER u. ADLER	(1972)	25	56.9	6.5	1.30
KAESER	(1966)	120	58.0	5.2	0.48
WAGMAN u. LESSE	(1952)	35	58.4	4.3	0.72
MAWDSLEY u. MAYER	(1966)	74	58.9	2.6	0.30
THOMAS u. LAMBERT	(1960)	188	60.0	5.8	0.42
GUTJAHR	(1981)	183	60.9	7.5	0.56
ABRAMSON et al.	(1970)	10	61.8	6.2	1.96
GAMSTORP	(1963)	32	63.2	6.4	1.13
G E S A M T :		1028	58.07	6.42	0.20

N. MEDIANUS, UNTERARM:					
JOHNSON u. OLSEN	(1966)	68	53.0	6.4	0.78
WIESENDANGER et al.	(1962)	20	53.8	5.3	1.19
POLONI u. SALA	(1962)	80	54.2	5.9	0.66
NEUNDÖRFER u. ADLER	(1972)	25	55.6	5.4	1.08
KAESER	(1966)	120	56.0	4.2	0.39
TROJABORG	(1964)	36	56.1	5.3	0.88
GUTJAHR	(1981)	194	56.6	7.4	0.53
THOMAS et al.	(1959)	25	57.2	4.2	0.84
ABRAMSON et al.	(1970)	10	58.5	3.3	1.04
MAWDSLEY u. MAYER	(1966)	74	58.7	2.6	0.30
JEBSEN u. TENCKHOFF	(1969)	31	59.0	4.2	0.75
GAMSTORP	(1963)	32	63.0	5.6	0.99
G E S A M T :		715	56.38	6.04	0.23

N. PERONÄUS, UNTERSCHENKEL:					
YAP u. HIROTA	(1967)	30	45.5	3.2	0.58
GASSEL u. TROJABORG	(1964)	17	46.0	4.3	1.04
LOVELACE et al.	(1973)	6	47.4	4.4	1.80
GUTJAHR	(1981)	161	47.5	4.7	0.37
MAWDSLEY u. MAYER	(1966)	74	48.8	4.6	0.53
NEUNDÖRFER u. ADLER	(1972)	25	49.2	4.6	0.92
TROJABORG	(1964)	22	49.6	4.2	0.90
THOMAS et al.	(1959)	30	49.7	7.1	1.30
KAESER	(1966)	118	50.0	5.1	0.47
JOHNSON u. OLSEN	(1960)	67	50.1	7.2	0.88
WIESENDANGER et al.	(1962)	20	51.5	5.7	1.17
GAMSTORP	(1963)	23	56.0	5.2	1.08
G E S A M T :		594	49.03	5.53	0.23

N. TIBIALIS, UNTERSCHENKEL:					
THOMAS et al.	(1959)	30	43.2	4.9	0.89
ARRIGO et al.	(1962)	34	43.3	3.3	0.57
YAP u. HIROTA	(1967)	30	43.4	3.1	0.57
SKORPIL u. KOLMAN	(1961)	16	43.8	2.0	0.51
LOVELACE et al.	(1973)	10	45.5	5.6	1.73
MAWDSLEY u. MAYER	(1966)	74	45.8	3.4	0.40
GUTJAHR	(1981)	144	45.9	5.9	0.49
KAESER	(1966)	49	46.0	4.7	0.67
NEUNDÖRFER u. ADLER	(1972)	25	46.6	3.9	0.78
MAVOR u. ATCHESON	(1966)	14	48.7	3.5	0.94
JOHNSON u. OLSEN	(1960)	20	50.2	9.3	2.08
G E S A M T :		446	45.62	5.10	0.25

Tab. 1

system besteht die Gefahr, daß man trotz wertvoller Einzelergebnisse in der Vielfächermedizin zu einem weniger vollständigen Verständnis eines Krankheitsbildes kommt als zum
Beispiel in der althergebrachten Einmannpraxis, in der nur eine Person, die nur mit
ihrer eigenen Fehlerbreite belastet ist, Befunde zu einem Gesamtbild zusammenstellt und
beurteilt.

7.1.3 Anwendung ungeprüfter Methoden:

Durch den fast ungebremsten Einzug technischer Untersuchungsverfahren fällt eine Daten-
flut an, die eine Verlagerung eines beträchtlichen Teils der Aktivität eines Arztes auf
die Verarbeitung von Information bedingten müßte (MÖHR 1977). Diese Notwendigkeit wird
jedoch von dem subjektiven Bedürfnis nach einer geschlossenen Vorstellung der zu behan-
delnden Erkrankung gesteuert. Zu häufig wird der Einzelbefund ohne Kenntnis oder ohne
Berücksichtigung der Art der Befunderhebung am Patienten angewendet. Daß dieser Sachverhalt nicht neu ist, zeigt die vor fast 100 Jahren von PASTEUR klar formulierte Kritik
an der Anwendung ungeprüfter Methoden in der Medizin. Der allgemeine Mangel wie auch
das fehlende Instrumentarium zur Beseitigung dieser Unkenntnis sind wesentliche Merkmale des "error of omission" (MÖHR 1977), jenes Fehlers nämlich, der durch fehlende Vereinbarung auftritt.
Der Diagnostikprozeß wird sich also als unvollständig und fehlerhaft erweisen, wenn
nicht alle wichtigen Symptome im Rahmen der Informationsselektion abgehandelt werden.
Bei Unvollständigkeit der untersuchten Symptome besteht die Gefahr, daß Hypothesen
fälschlich angenommen oder verworfen werden, daß also das Risiko der falschen Aussage
und somit auch der falschen Behandlung größer ist.
Überträgt man "unvollständige Erfassung von Symptomen" auf "nicht ausreichend validier-
te Meßwerte", so kann man erkennen, daß derartig verarbeitete Meßwerte im Rahmen eines
diagnostischen Prozesses einen Unsicherheitsfaktor darstellen.

In der Neurographie ist man über vorläufige Berichte zu einer einheitlichen Termino-
logie und Meßtechnik nicht hinausgekommen (GULD et al. 1970). Dementsprechend finden
sich weder in der älteren noch in der neueren Literatur einheitliche Meßbereiche für
die wichtigsten neurographischen Parameter (Tab. 1). Da in der Zwischenzeit ein Teil
der Untersucher die Untersuchungstechnik standardisiert hat und trotzdem erneut diskrepante Ergebnisse auftreten, müssen weitere Faktoren wirksam sein, wie etwa Unterschiede
in den untersuchten Populationen mit verschiedenen Alters- und Geschlechtsverteilungen,
usw. eben solcher Kriterien, für die Vereinbarungen fehlen. Hier ist die Bedeutung des
Fehlens von Untersuchungsvereinbarungen, die MÖHR im "error of omission" zusammenfaßte,
deutlich zu erkennen.

7.2 Einfache Statistik und ihre Implikation für die Untersuchungsplanung:

7.2.1 Qualitätskontrolle:

Die uneinheitlichen Untersuchungsergebnisse in der klinischen Neurophysiologie sind kei-

neswegs überraschend; in der klinischen Chemie wurde bei einem der ersten Ringversuche
von WOOTTON (1954) festgestellt, daß der Mittelwert für Gesamteiweiß in ca. 100 kana-
dischen Labors um mehr als 100 % differierte. Nach Bekanntwerden dieser Ergebnisse wurden Qualitätsuntersuchungen im medizinisch-klinischen Labors eingeführt. Sie beruhen
auf einer von SHEWART in den zwanziger Jahren eingeführten statistischen Qualitätskontrolle mit dem Ziel, systematische Fehler aufzudecken, um die Konstanz zufälliger Fehler zu überwachen. Durch Ringversuche, die über längere Zeiträume durchgeführt wurden,
stellt ELDJARN (1973) fest, daß eine Verbesserung der Zuverlässigkeit von Messungen erreicht werden kann.

7.2.2 Stichprobenauswahl:

Die folgenden Anrisse der statistischen Aspekte beschränken sich auf ein Minimum. Der
interessierte Leser wird dringend auf die einschlägige Literatur verwiesen.
Um einen einzelnen Meßwert beurteilen zu können, muß man ihn mit einer Meßwertgesamt-
heit vergleichen können. Repräsentant dieser Gesamtheit ist die Stichprobe. Bei ihrer
Auswahl entsteht zunächst die Frage, wen sie repräsentieren soll. Man kann einerseits,
wie es in der klinischen Psychologie zunehmend gemacht wird (BECKMANN und RICHTER,
1972; SCHAEFER, G.) versuchen, die gesamte Bevölkerung zu repräsentieren und die Stichprobenauswahl von demoskopischen Instituten durchführen zu lassen. Andererseits kann
man versuchen die Klientel der Klinik zu repräsentieren (GASSER 1978). Wichtig ist, daß
die Stichprobe unverzerrt ist, da jede Verzerrung durch die Auswahl der Probanden eine
potentielle Verzerrung der Ergebnisse darstellt. Daher ist eine Auswahl innerhalb der
durch die kontrollierten Größen gesetzten Grenzen zufällig zu treffen. Die Praxis
zeigt, daß zur Repräsentation für klinische Zwecke ein Stichprobenumfang von 100 Probanden nicht unterschritten werden soll.
Die Forderungen, die für die Untersuchung neurographischer Normwerte bezüglich der
Stichprobe zu stellen sind, lauten: Ein repräsentatives Probandenkollektiv soll der klinischen Klientel vergleichbar sein; die Probanden müssen unter klinischen Gesichtspunkten gesund sein und dürfen keine Medikamente einnehmen, die die Nervenleitgeschwindigkeit systematisch beeinflussen (z. B. Phenhydan, HOPF 1968). Dem ist hinzuzufügen, daß
möglichst viele neurographische Parameter an ein und demselben Probandenkollektiv erhoben werden sollen, um die Möglichkeiten von Blockuntersuchungen auszunutzen. Wenn
mehrere Parameter am selben Kollektiv erhoben werden, insbesondere wenn Relationen zwischen den Parametern berücksichtigt werden sollen, muß auch das Kollektiv vergrößert
werden. Schätzungen hierzu geben AITCHISON und DUNSMORE (1975) an.

7.2.3 Erwartungswert, Toleranzgrenzen und Variabilitätsmaße:

Um einen Meßwert mit normalen Werten zu vergleichen, kann man aus der Stichprobe Toleranzgrenzen ableiten. Die untere (obere) Toleranzgrenze zu einer vorgegebenen Wahrscheinlichkeit α ist der Wert $TG_{1-\alpha}$, von dem gilt: Die Wahrscheinlichkeit, daß ein
normaler Meßwert unterhalb (oberhalb) von $TG_{1-\alpha}$ liegt, ist α. Der Bereich, der von

der unteren und der oberen Toleranzgrenze zum Wert $\alpha/2$ eingeschlossen wird, heißt zweiseitiger Toleranzbereich. Für die neurographischen Parameter interessiert nur der einseitige Toleranzbereich, da nur die erniedrigten Werte der NLG und der Amplitude sowie erhöhte Werte der Dauer der sensiblen Potentiale von pathognostischer Bedeutung sind. Wählt man z. B. α = 5 % und nimmt von Meßwerten unterhalb der unteren Toleranzgrenzen an, sie pathologisch sind, so wird man nur geringe Fehler machen.

Will man nicht einzelne Meßwerte vergleichen, sondern Aussagen über die Gesamtheit aller Meßwerte machen, so sind der Erwartungswert u als zentraler Lageparameter und die Streuung σ und ihr Quadrat, die Varianz (variance) als Maß für die Variationsbreite der Einzelmeßwerte von besonderem Interesse. Sie sind fast immer unbekannt und müssen aus Stichproben geschätzt werden.

Die Statistik kennt folgende Kriterien zur Beurteilung eines Schätzers:
1. Erwartungstreue, d. h., der Erwartungswert des Schätzers muß mit dem zu schätzenden Wert übereinstimmen. Das ist meist nicht der Fall, wenn Meßwerte nur aufgrund ihrer extremen Lage ausgeschlossen werden.
2. Konsistenz: Darunter versteht man, daß mit zunehmender Größe der Stichprobe der Schätzer gegen den zu schätzenden Wert strebt.
3. Effizienz bedeutet, daß der Schätzer innerhalb der betrachteten Klasse von Schätzern bei vorgegebener Stichprobengröße eine minimale Varianz hat.

Ein effizienter und erwartungstreuer Schätzer garantiert bei vorgegebener Stichprobengröße eine möglichst genaue Schätzung. Die Qualität der Schätzung kann darüber hinaus nur durch Vergrößern der Stichprobe erhöht werden.

Gute Schätzer für den Erwartungswert μ und die Streuung σ sind der Mittelwert (mean)

$$M = \bar{X} = \frac{1}{N} \sum_{i=1}^{N} X_i$$

und die Standardabweichung (Standarddeviation)

$$SD = \sqrt{\frac{1}{N-1} \sum_{i=1}^{N} (X_i - \bar{X})^2}$$

Die Streuung des Mittelwertes ist

$$\sigma_{\bar{X}} = \frac{1}{N} \sqrt{\sum_{i=1}^{N} (X_i - \mu)^2}$$

Ihre wirksamste (asymptotisch biasfreie) Schätzung ist $\quad SE_M = \dfrac{SD}{\sqrt{N}}$

Sind die Meßwerte normal verteilt - dies ist im Einzelfall zu prüfen - so liegt die Toleranzgrenze zu Wahrscheinlichkeit α um ein festes, nur von α abhängiges Vielfaches der Streuung unter oder über dem Erwartungswert. Für α = 5 %, lautet die untere Toleranzgrenze

$$TG^u_{0,95} = \mu - 1{,}655\,\sigma$$

und die obere Toleranzgrenze $\quad TG^o_{0,95} = \mu + 1,655\sigma$

Ersetzt man μ und σ durch ihre Schätzer, so muß man der Unsicherheit der letzteren Rechnung tragen und den Faktor für die Streuung entsprechend vergrößern (Studentverteilung, vgl. SACHS oder wissenschaftliche Tabellen der DOCUMENTA GEIGY). Mit Vergrößern der Stichprobe nähert sich die Toleranzgrenze dem zuvor angegebenen Wert, kann ihn aber nicht überschreiten. Die asymptotische Größe des Toleranzbereiches (bzw. der Standardabweichung) gibt die Variabilität des Einzelwertes wieder und kann daher nicht durch Manipulation der Stichprobe verändert werden. Die Tab. 1 zeigt den geschätzten Mittelwert und seine Standardabweichung für eine Reihe motorischer NLG-Größen. Man sieht, daß die Unterschiede zwischen den Mittelwerten nicht mehr durch deren Streuung erklärt werden können. Daher müssen andere Einflüsse wirksam sein, deren Abklärung für die Interpretation der Ergebnisse unbedingt erforderlich ist.

Auf zwei weitere Größen, die Schiefe (skewness)

$$\frac{1}{N-1} \sum_{i=1}^{N} (\frac{X_i - \mu}{\sigma})^3$$

und den Exzeß oder Wölbung (curtosis)

$$\frac{1}{N-1} \sum_{i=1}^{N} (\frac{X_i - \mu}{\sigma})^4 - 3$$

soll in diesem Zusammenhang eingegangen werden. Beide Größen haben für die Normalverteilung den Erwartungswert Null. Die Schiefe gibt, wie der Name sagt, ein Maß für die Asymmetrie der Verteilung an. Sie ist positiv oder rechtsschief, wenn die Meßwerte im oberen Bereich der Verteilung gehäuft sind, also die rechte Flanke der Verteilung weniger steil ist als die linke Flanke. Umgekehrt ist es bei einer linksschiefen Verteilung (negative Schiefe). Der Exzeß ist ein Maß für die Überspitzung (positiver Exzeß) oder Abflachung (negativer Exzeß) der Verteilung. Schiefe und Exzeß können nach den Tabellen von PEARSON und HARTLEY (1954) geprüft werden und liefern im folgenden Aussagen über die Abweichung von der Normalverteilung.

7.3   Fehlerquellen bei der neurographischen Untersuchung:

Um die unterschiedlichen Ergebnisse verschiedener Autoren (s. Tab. 1) beurteilen zu können, wollen wir die verschiedenen Einflüsse auf die Meßwerte und die daraus abgeleiteten Größen untersuchen.

Die untersuchte Größe, hier ein neurographischer Parameter, wird im folgenden Zielgröße genannt. HEINECKE et al. (1976) haben die Abhängigkeit der Zielgröße wie folgt dargestellt: Die Zielgröße ist abhängig von Einflußgrößen.

Die Einflußgrößen können in Faktoren und Störgrößen gegliedert werden.

Die Störgrößen werden in systematische und zufällige Fehler gegliedert. Unter die Restvarianz, die dem zufälligen Fehler zugeschrieben wird, fällt auch jene Variabilität, die jedem biologischen System eigen ist. Sie kann weder kontrolliert werden, noch durch Berücksichtigung einer noch so großen Anzahl von Einflußgrößen erfaßt werden.

Unter Faktoren werden hier Einflußgrößen im engeren Sinn wie Alter, Gewicht, Geschlecht verstanden.

7.3.1 Fehlerdefinition der medizinischen Informatik (nach MÖHR 1977):

Man kann Fehler, die die medizinische Datenverarbeitung betreffen und die bereits vorliegen können, bevor Daten überhaupt dokumentiert werden, in zwei Typen einteilen:

1. Fehler durch Auslassen ("error of omission") und
2. Fehler durch falsche Angaben ("error of commission").

Beide Fehlerarten treten jeweils mit einem unterschiedlichen Gewicht auf dem Wege von der Erhebung der Daten bis zu deren Interpretation auf. Fehlen von Feststellungen oder von Festlegungen machen sich besonders nachteilig in der Konzeptphase eines Dokumentationssystems bemerkbar. Dies kann man sich anhand des Auslassens wichtiger Fakten leicht vorstellen. Die Fehlbestimmung, auf der anderen Seite, hängt weitgehend von psychischen Faktoren ab (HAMPTON et al. 1975). Die Einstellung zur Datenerhebung ist für die Genauigkeit von Beobachtungsdaten von wesentlicher Bedeutung; die Erhebung der Daten selbst ist davon weniger abhängig.
Um die Fehler in ihrer Gesamtheit zu vermindern, können in Parallele zu den genannten Fehlertypen zwei Maßnahmen getroffen werden:
1. Standardisierung und
2. Übung.
Übung bewirkt eine Verbesserung der Wahrnehmung und der begrifflichen Verarbeitung, wobei Beschreibung, Benennung und Interpretation nach FEINSTEIN (1967) auseinandergehalten werden müssen. Die Standardisierung der Dokumentation ist hingegen eine wertvolle Hilfe zur Vermeidung oder Verminderung von Fehlern, die durch fehlende Angaben bedingt sind.

7.3.2 Irrtumsmöglichkeiten in der Bestimmung der Zielgröße:

Man kann darunter einen groben Fehler verstehen, der sich darin audrückt, daß nicht das untersucht wird, was man untersuchen will: Man will zum Beispiel die NLG des N. medianus bestimmen, bestimmt in Wirklichkeit jedoch die NLG des N. ulnaris. GASSEL (1964) stellte eine geradezu klassische Trias zusammen, deren Nichtbeachtung zu Fehlinterpretationen führen kann:
Innervationsanomalien, Stimulationsausbreitung und Volumensleitung.
Das Tückische dieser drei "Irrtumsgrößen" ist ihre wechselseitige Abhängigkeit: Erhält man keine Reizantwort, so wird die Reizspannung oder der Reizstrom verstärkt, unbeabsichtigt wird ein benachbarter Nerv stimuliert, und es kann evtl. ein fortgeleitetes Reizantwortpotential auftreten oder ein direktes Reizantwortpotential durch eine Innervationsanomalie zustande kommen. Jedem klinischen Neurophysiologen sind derartige Beobachtungen geläufig. Es ist daher wichtig, an diese Irrtumsmöglichkeiten zu denken und durch entsprechende Untersuchungstechniken das Auftreten einer Stimulationsausbreitung

zu vermeiden und Innervationsanomalien, notfalls mit einer Blockade durch ein Lokalanästhetikum nachzuweisen (ROWNTREE 1949, GASSEL 1964, HOPF und HENZE 1975). Fortgelei-
tete Potentiale können durch eine geeignete Ableitetechnik erkannt werden. Hierzu müssen allerdings manchmal Nadelableitungen verwendet werden.

7.3.3 Systematische Fehler

Die Messung einer falschen Zielgröße kann durch den Untersucher selbst beeinflußt werden. Im Gegensatz dazu sind die systematischen Fehler im engeren Sinne (Messungen mit
Bias) weit weniger von der aktuellen Untersuchungssituation abhängig. Ihre häufigste
Ursache ist eine nicht ausreichende Standardisierung der Untersuchungstechnik. Systematische Fehler können zum Teil nur durch statistische Qualitätskontrollen aufgedeckt
oder durch verbindliche Vereinbarungen vermieden werden. MAYNARD und STOLOV (1972)
stellten eine Reihe von Fehlerquellen übersichtlich zusammen, die sie in mögliche Fehler der Zeitmessung und mögliche Fehler der Entfernungsmessung einteilten.
Die in der Neurographie auftretenden systematischen Fehler kann man in der Reihenfolge
ordnen, in der die Untersuchung abläuft.

7.3.3.1 Fehler in der Gerätetechnik:

Nach dem 1969 verabschiedeten Eichgesetz, § 3 und § 4, müssen eine Reihe von medizi-
nisch-technischen Geräten regelmäßig überprüft werden. Die gesetzmäßige Kontrolle von
Kathodenstrahloszillographen ist jedoch im Rahmen des Eichgesetzes noch nicht vorgese-
hen. Für die Zeiteichung werden von den Firmen Toleranzen von 3 - 5 % angegeben. GULD,
ROSENFALCK und WILLISON (1970) machten in einem Statement ausdrücklich darauf aufmerk-
sam, daß die Zeiteichung spätestens alle 6 Monate mit Eichgeräten überpüft werden müßte.
In der Praxis wird wohl kaum regelmäßig eine halbjährige Kontrolle der Zeiteichung
durchgeführt. Sie ist aber insbesondere für alle Elektromyographiegeräte notwendig, bei
denen die Zeiteichung nicht quarzgesteuert ist. Die eigenen Untersuchungen bestätigen
die Beobachtungen von BAYLEY et al. (1968), die an zwei Geräten derselben Firma nachweisen konnten, daß systematische Zeitmeßfehler über 5 % auftraten.

7.3.3.2 Anmerkungen zur Reiztechnik:

Das Auftreten und die Ausprägung des Reizantwortpotentials (RAP) hängt von der Reizstärke ab. Die Latenz des mot. SP (motorischen Summenpotentials) nimmt bis zur supramaximalen Reizstärke ab, die Amplitude in ähnlicher Weise zu. Die Latenzen der sensiblen Reizantwortpotentiale ändern sich mit zunehmender Reizstärke hingegen nicht wesentlich; geringe Änderungen sind nach BUCHTHAL und ROSENFALCK (1966) durch Verlagerung des effekti-
ven Reizpunktes des Stromfeldes bei Änderung der Reizstärke bedingt. Gleiches gilt für
das mot. SP nach Erreichen der supramaximalen Reizstärke. Daraus ergibt sich, daß die
erforderliche Reizstärke am besten durch die Amplitude des Reizantwortpotentials kontrolliert wird. Das mot. SP soll daher mit jener Verstärkung registriert werden, die

ein Ausmessen der Amplitude ermöglicht. Zur Latenzmessung sollen höhere Verstärkungen verwendet werden (s. unten). Das sensible RAP wird ebenfalls, sofern bei Einzeldarstellungen erkennbar, anhand der Amplitude beurteilt. Nach Erreichen einer bestimmten Reizstärke ändert sich die Amplitude nicht mehr, die Dauer kann jedoch weiter zunehmen. Im allgemeinen wird die obere Grenze der Reizstärke zur Darstellung sensibler Reizantwortpotentiale durch die Schmerzschwelle bestimmt (s. Kapitel 4). Jene Potentialkomponenten, die durch Reizung von Schmerzfasern auftreten, können daher ohne weite Maßnahmen nicht dargestellt werden. Die Beurteilung langsam leitender Nervenfasern ist - bei klinischer Prüfung - nicht möglich, die ersten Komponenten des sensiblen RAP können jedoch bei guter Lagerung der Reizelektrode mit einer Reizstärke unter jener der Schmerzschwelle einwandfrei dargestellt werden.

7.3.3.3 Systematische Fehler der Registriertechnik:

MAYNARD und STOLOV (1972) belegten eindeutig, daß die distale motorische Latenz bei einer Verstärkung mit 5 mV/cm um etwa 0,5 msec länger ausgemessen wird als bei einer Verstärkung mit 200 μV/cm.
Dieses Ergebnis kann nur bestätigt werden, gleichgültig, ob mit Oberflächen- oder mit Nadelelektroden abgeleitet wurde (s. Abb. 1). HOPF (1972) wies darauf hin, daß die Amplituden und Latenzen der motorischen Reizantworten mit verschiedenen Verstärkungen registriert werden sollten.

7.3.3.4 Bipolare und unipolare Registrierung von Nervenaktionspotentialen:

Etwas umständlicher ist der Nachweis, daß zwischen bipolarer und unipolarer Registriertechnik evozierter Nervenaktionspotentiale (NAP) ein systematischer Unterschied besteht (Abb. 2, 3). GILLIATT et al. (1965) und BUCHTHAL und ROSENFALCK (1966) wiesen auf die Bedeutung dieser unterschiedlichen Registriertechniken hin. Bei bipolarer Registrierung wird das Potential zeitlich verschoben und mit umgekehrter Polarität von den beiden, hintereinander über dem Nerv liegenden Elektroden registriert.
Nach den Vorschlägen von BUCHTHAL und ROSENFALCK soll nur mehr eine sogenannte "unipolare" Registriertechnik verwendet werden. Diese Technik wurde auch vom Verfasser angewendet. Die "indifferente" Elektrode wird transversal zur Achse des Nervenverlaufes 3 - 5 cm entfernt von der "differenten" Elektrode angebracht. Das Potential wird zwar ebenfalls von der indifferenten Elektrode mit umgekehrter Polarität registriert, die Spitze-Spitze-Amplitude beträgt jedoch an der sogenannten indifferenten Elektrode bei dieser Registriertechnik nur 10 bis 20 % der unipolar registrierten Amplitude. Die Summe der registrierten Spannungen an differenter und indifferenter Elektrode ergeben (bei "pseudounipolarer" Registrierung s. Abb. 2, Bild 2a und 2b) eine im wesentlichen phasengleiche Darstellung wie die echte unipolare Registrierung, die durch einen ausreichend großen Abstand zwischen indifferenter und differenter Elektrode erreicht werden kann (Abb. 2, Bild 1a und 1b). Das pseudounipolar registrierte Potential i.st durch die mit umgekehrten Vorzeichen sich überlagernden Potentialregistrierungen an den beiden Elek-

ABHÄNGIGKEIT DER DISTALEN MOTORISCHEN LATENZ VON DER VERSTÄRKUNG (N. ULNARIS, RECHTS)

REIZUNG: BIPOLARE OBERFLÄCHENELEKTRODEN

ABLEITUNG: OBERFLÄCHENELEKTRODEN-
Differente Elektrode über Abductor Digiti Quinti

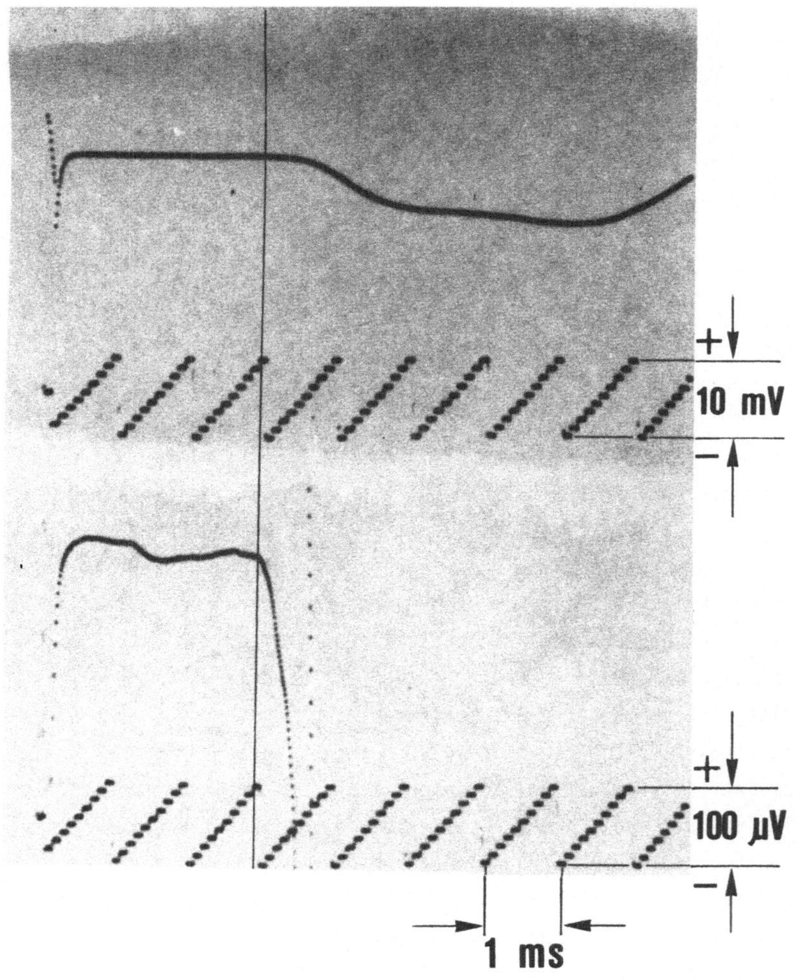

Abb. 1

Die Abhängigkeit der distalen motorischen Latenz beruht auf der nicht ausreichend präzisen Definition des Begriffs der ersten Auslenkung des motorischen Summenpotentials.

Vergleich
UNIPOLAR, „PSEUDO" UNIPOLAR UND BIPOLAR REGISTRIERTER NERVENAKTIONSPOTENTIALE
und
AKTIONSPOTENTIALE DER "REFERENZ" ELEKTRODEN*
des
Nervus Medianus, rechts, Handgelenk

REIZUNG: FINGERELEKTRODEN AM ZEIGEFINGER, REIZELEKTRODE PROXIMAL; SUPRAMAXIMALE REIZSPANNUNG; REIZDAUER 0,1 msec
ABLEITUNG: OBERFLÄCHENELEKTRODEN; LAGE siehe Zeichnung

Strahl mit hohem Rauschanteil: *Originalpotential*
glatter Strahl: *gemitteltes Potential*

***Referenzelektrode im strengen Sinn nur dann, wenn konstantes Potential vorliegt. Ist Vorraussetzung nicht** erfüllt: "Referenz"elektrode

UNIPOLAR

1 a

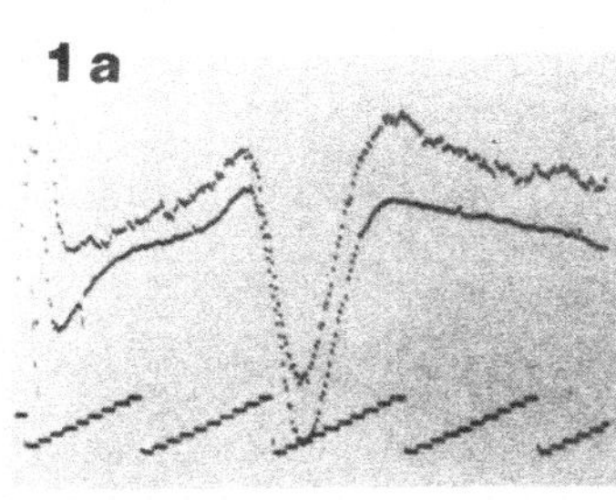

1 b

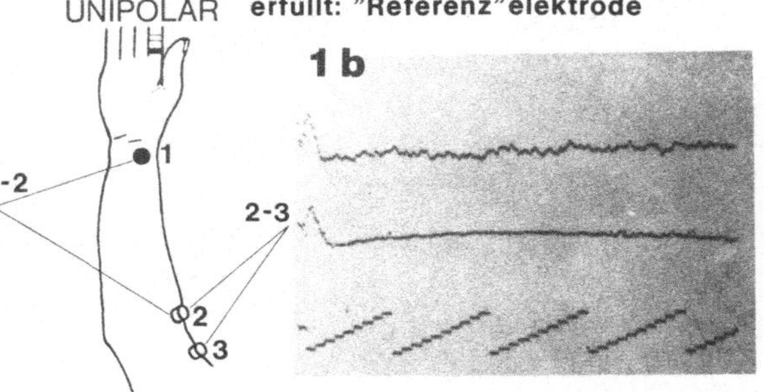

Referenz-Elektrode: ca 30 cm proximal
"wahres Potential"

Keine Aktivität der Referenzelektrode

PSEUDOUNIPOLAR

2 a

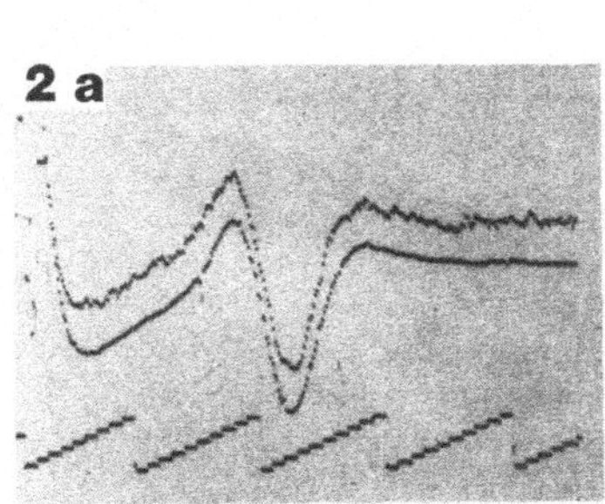

2 b

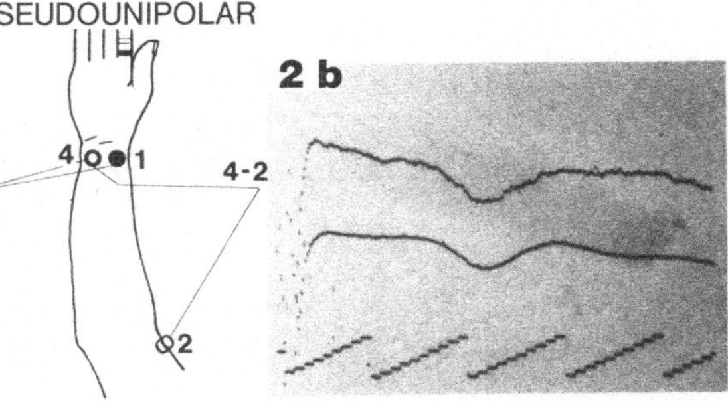

"Referenz"-Elektrode ca 4 cm lateral
Potential (2a) = Potential (1a)−Potential (2b)

Aktionspotential der "Referenz"-Elektrode
In Ableitung 2a ist Elektrode 4
umgekehrt gepolt.

BIPOLAR

3 a

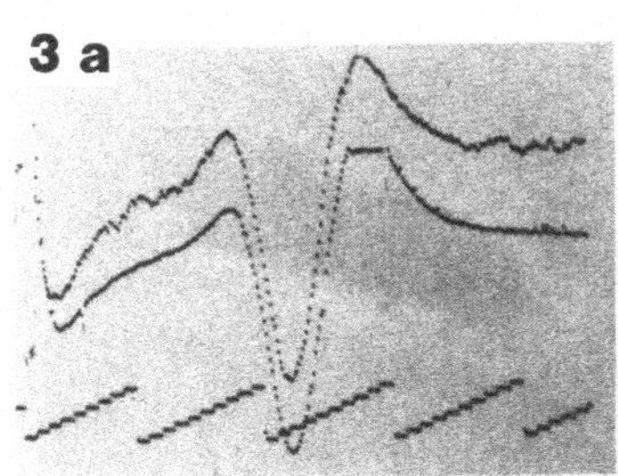

3 b

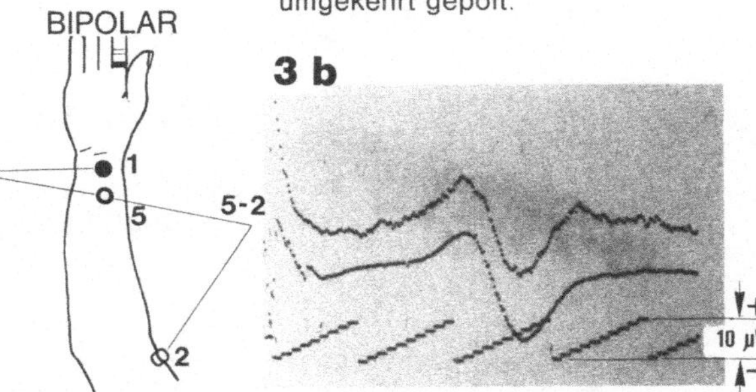

"Referenz"-Elektrode über N. Medianus, 3 cm proximal
Potential (3a) = Potential (1a)−Potential (3b)

Aktionspotential der "Referenz"-Elektrode
In Ableitung 3a ist Elektrode 5
umgekehrt gepolt.

Gemitteltes Potential abgeschnitten durch Überschreiten der Speicherkapazität.

Abb. 2

Bipolare und unipolare Registrierung von NAP

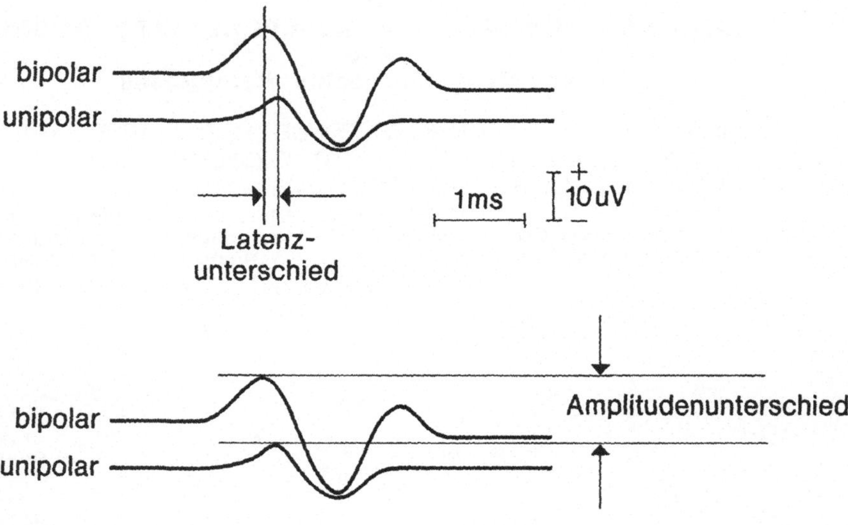

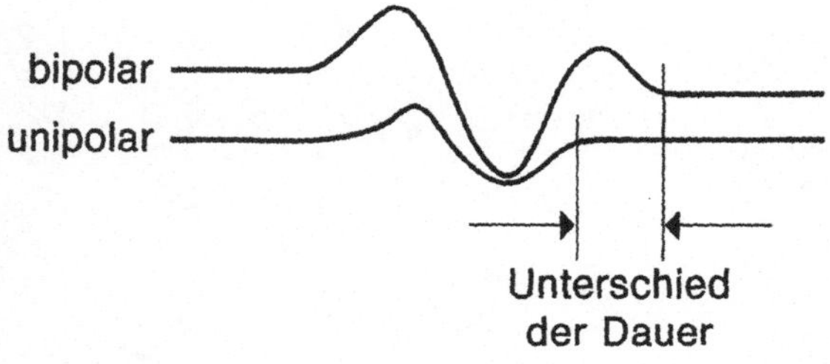

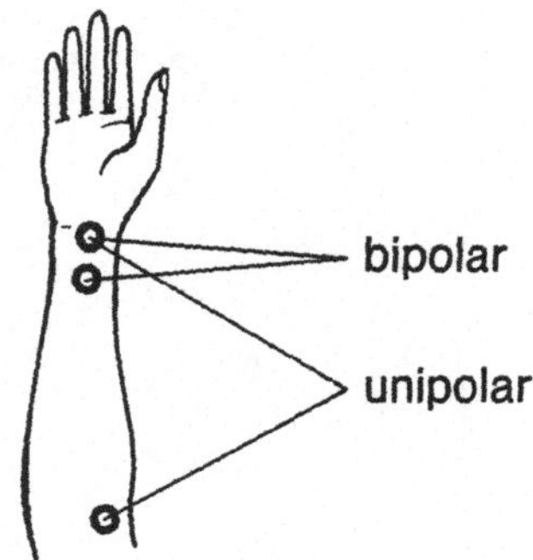

Abb. 3

Bei bipolarer Registrierung ist die Latenz kürzer, die Amplitude höher und die Dauer länger als bei unipolarer Registrierung.

troden niederamplitudiger als das unipolare Potential. Die Potentialform wird dadurch
etwas beeinflußt, daß die sogenannte indifferente Elektrode einen zeitlich größeren Anteil des vorbeilaufenden Signals mitregistriert: an der indifferenten Elektrode wird
anders als an der differenten Elektrode das NAP auch außerhalb der transversalen
Registrierebene durch seitliche Streuung registriert. Die späten Komponenten eines früher erregten Nervenstückes überlagern sich mit den frühen Komponenten des NAP in transversaler Registrierebene; dadurch scheint das von der "Referenz"-Elektrode registrierte
Potential häufig unipolar zu sein. Dies wirkt sich wiederum verstärkend auf die Darstellung der ersten Komponente, also auf die positive Spitze und abschwächend auf die zweite Komponente, also auf die negative Spitze des pseudounipolaren Potentials aus.

Bei bipolarer Registrierung liegen beide Elektroden über dem Nerv. Das Ausmaß der zeitlichen Verschiebung der Registrierungen an jeder der beiden bipolar angebrachten Elektroden macht man sich am besten anhand der jeweils unipolar abgeleiteten Potentiale
klar: die Latenzdifferenz hängt vom Elektrodenabstand und von der Geschwindigkeit der
Impulausbreitung ab. Das Summenpotential der Registrierungen von den Elektroden ergibt
dann das bipolare Potential, das durch eine besonders scharfe positiv-negative Flanke
(2. Potentialkomponente), durch eine höhere Amplitude und eine längere Dauer als das
unipolare Potential und manchmal durch eine zusätzliche Phase gekennzeichnet ist.
DAWSON (1956) hatte bereits festgestellt, daß wegen der Überlagerung der beiden Regi-
strierantworten nur die positive Spitze einen verwertbaren Referenzpunkt darstellte.
Wird nämlich - bei bipolarer Registrierung - die vom Reizpunkt weiter entfernte Elektrode (zweite Elektrode) an die vom Reizpunkt weniger weit entfernte Elektrode (erste
Elektrode) herangebracht, so wird die initial positive Auslenkung, die über der ersten
Elektrode entsteht, von der initial negativen Spitze, die an der zweiten Elektrode entsteht, überlagert. Die negative Spitze der zweiten Elektrode entspricht der positiven
Spitze der ersten Elektrode, hat aber eine umgekehrte Polarität. Von der zweiten Elektrode wird aber, wie gesagt, das Potential etwas später registriert als von der ersten
Elektrode. Dadurch ist die Reizantwort initial zwar positiv, es folgt jedoch ein rascher steiler negativer Potentialabbruch, der durch die etwas später auftretende
(erste) Negativität der zweiten Elektrode bedingt ist. Die positive Spitze, wie sie bei
rein unipolarer Registrierung zu sehen wäre, kommt nicht voll zur Darstellung, es
bleibt der Ansatz der positiven Potentialantwort bestehen. Die bipolar registrierte positive Spitze tritt also zeitlich etwas früher als die positive Spitze bei unipolarer
Registrierung auf.
Soll der erste Phasenablauf bei bipolarer Registrierung ausschließlich von der Registrierelektrode stammen, so müßte ein Mindestabstand zwischen den beiden über dem Nerv
liegenden Elektroden eingehalten werden. Wenn man, wie PODIVINSKY (1967) vorschlägt,
die bipolare Registrierung mit einem konstanten Interelektrodenabstand von 3 cm durch-
führt, so kann bei all jenen Messungen, bei denen die NLG und die Dauer von Potentialbeginn bis zur positiven Spitze über einem bestimmten Betrag liegt, eine systematische
Verkürzung der Latenz vorgetäuscht werden.

Die Bemühungen um eine optimale Beschreibung des Nervenaktionspotentials führten, wie aus der Literatur zu ersehen ist, zu Messungen an verschiedenen Referenzpunkten. Einige Autoren verzichteten auf die Verwendung des initial positiven Meßpunktes als Referenzpunkt, weil dieser insbesondere bei bipolarer Registrierung öfters nicht eindeutig scharf zu erkennen ist. TACKMANN und LEHMANN (1974) berichteten über bipolare Registrierungen der NLG, bei denen die Latenzen zur positiven und zur negativen Spitze gemessen wurden. NLG-Angaben für Latenzen zur negativen Spitze bewähren sich nach den eigenen Untersuchungen insbesondere für die Erkennung gering ausgeprägter Polyneuropathien, sie müssen aber kritisch betrachtet werden, wenn die Registrierung der Potentiale bipolar erfolgt. Der negative Referenzpunkt wird - bei bipolarer Registrierung - noch deutlicher als der postive von der Laufgeschwindigkeit des Impulses, also der NLG und dem Interelektrodenabstand beeinflußt.
Die Art der Registrierung wirkt sich auf die Amplitude, die Potentialdauer und die Form des Potentials noch stärker als auf die NLG aus. Die Spitze-Spitze-Amplitude ist bei bipolarer Ableitung höher als bei unipolarer Ableitung: die negative Komponente, die von der zum Reizpunkt näherliegenden Elektrode registriert wird, überlagert sich mit der etwas später registrierten ersten Komponente, die ja mit umgekehrter Polarität von der weiter entfernt liegenden Elektrode registriert wird. Dadurch hat das bipolare Potential in der Regel eine ausgeprägte negative Komponente. Die zweite positive Spitze des bipolaren Potentials ist meist höher als die erste, weil die zweite Komponente des NAP an der zweiten Elektrode positiv registriert wird. Dadurch sieht auch die Form des bipolar registrierten NAP anders als bei der unipolaren Registrierung aus (s. Abb. 3). Es liegen mindestens drei ausgeprägte Komponenten vor. Die Dauer des bipolar registrierten NAP ist durch die zeitlich sich verzögernd überlappenden Signale länger als bei unipolarer Registrierung.

7.3.3.5 Bipolare oder unipolare Messung des mot. SP:

Ähnlich wie bei der Registrierung von NAP ist die Amplitude des mot. SP dann am höchsten, wenn beide Ableiteelektroden über dem sich kontrahierenden Muskel liegen (Abb. 4). Das Summenpotential ist ein Parameter für die Kraft des Muskels. Der Unterschied zwischen bipolar und unipolar gemessener Amplitude beträgt im Beispiel der Abb. 4 3/2. Unsystematisches Anlegen der Ableiteelektrode kann daher zu diagnostisch bedeutsamen Meßfehlern führen.

7.3.3.6 Meßpunkt des motorischen Reizantwortpotentials:

Die Latenzbestimmung motorischer evozierter Potentiale ist von der gewählten Verstärkung abhängig (s. Abb. 1). Die Schwierigkeit unterschiedlicher Latenzbestimmungen läßt sich durch Einhalten einer einheitlichen Registrierverstärkung zur Bestimmung der Latenz umgehen. Die Frage nach dem idealen Referenzpunkt des motorischen Reizantwortpotentials ist aber bis heute nicht geklärt. HODES et al. (1948) empfahlen als Referenzpunkt die initial negative Deflexion zu verwenden. HENRIKSEN (1956) wählte diesen allge-

Abhängigkeit der Amplitude des motorischen Summenpotentials
von der Lage der Ableiteelektroden

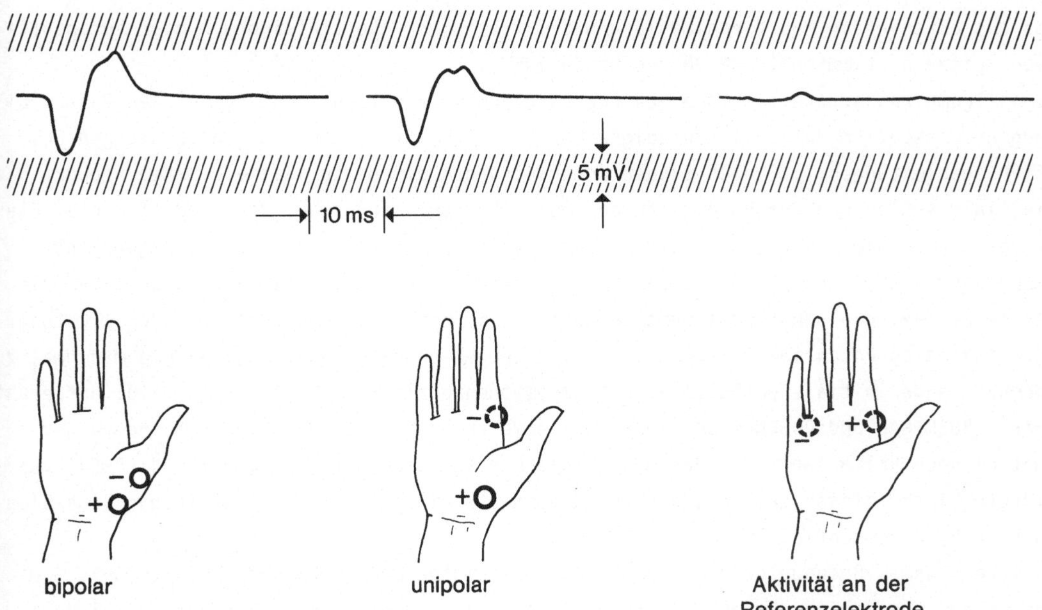

Abb. 4

Das registrierte Summenpotential setzt sich aus den Aktivitäten an beiden Elektroden zusammen.

mein üblichen Referenzpunkt und die initial negative Spitze. McQUILLEN und GORIN (1969) beobachteten eine stärkere Streuung der NLG bei Messung zum Potentialbeginn als bei Messung zur negativen Spitze. Die Unsicherheiten über den zu wählenden Referenzpunkt führten zum Teil dazu, daß manche Untersucher abwechselnd die motorischen Latenzen und die daraus errechneten NLG durch Messungen zum initialen Potentialeinbruch oder zur negativen Spitze bestimmten (JOHNSON und OLSEN 1960).

Im allgemeinen setzte sich die Messung zu einem Referenzpunkt durch, der den Potentialbeginn darstellen soll. Hierzu zeigte CARPENDALE (1956) anhand von kartenartigen Oberflächenableitungen, daß nach seinen Untersuchungen der beste initiale Referenzpunkt die initiale Auslenkung unabhängig von der Auslenkungsrichtung war. Die "indifferente" Elektrode wurde, wie üblich, über dem Sehnenansatz des untersuchten Muskels angebracht. HENRIKSEN (1956) und THOMAS et al. (1962) vertraten ebenfalls die Auffassung, daß die erste Deflexion als Referenzpunkt zu wählen sei, und zwar unabhängig von der Richtung der initialen Potentialauslenkung. Dem ist jedoch entgegenzuhalten, daß die manchmal zu beobachtende initiale positive Potentialkomponente als Nervenaktionspotential aufgefaßt wird. BUCHTHAL und ROSENFALCK (1966) beschrieben eine erste positive Komponente der motorischen Reizantwort als das motorische Nervenaktionspotential, SIMPSON (1964) vermutete hinter dieser ersten positiven Komponente ein antidrom fortgeleitetes sensibles Nervenaktionspotential.

Welches Ausmaß Beobachterunterschiede haben, zeigten McQUILLEN und GORIN (1969). Sie belegten anhand einer Graphik in ihrer Arbeit (allerdings ohne selbst darauf einzugehen), daß die mittleren Auswerterdifferenzen hochsignifikant sind. MAYNARD und STOLOV (1972) berechneten den Fehler bei Vergleichsmessungen zwischen verschiedenen Auswertern. Sie fanden dafür eine Standardabweichung von 0,2 msec. Dieser Wert stimmt gut mit den Beobachtungen von McQUILLEN und GORIN überein und entspricht den meisten subjektiven Schätzungen für die Meßgenauigkeit des Meßpunktes des motorischen Reizantwortpotentials (HOPF 1974).

Verschiedentlich untersuchte man, ob durch Ableitungen mit Nadelelektroden genaue Ergebnisse zu bekommen wären. GASSEL (1964) fand bei einer Untersuchung der motorischen NLG des N. ulnaris an 25 Probanden bei einer Ableitung mit drei verschiedenen Nadelelektroden aus einem Muskel eine mittlere Differenz der NLG der drei Antwortpotentiale von 3,5 m/sec. Das mit einer Nadelelektrode registrierte Potential täuscht also durch die Schärfe des initialen Meßpunktes nur eine größere Genauigkeit vor. Mittelwerte und Streuungen sind bei beiden Untersuchungstechniken vergleichbar (NEUNDÖRFER und ADLER 1972). HOPF (1973) hielt die Verwendung von Oberflächenelektroden für motorische Reizantworten deshalb für geeigneter als Nadelregistrierungen, weil die gesamte Reizantwort zu sehen sei und die Latenz der am schnellsten leitenden Fasern nur so mit ausreichender Sicherheit bestimmt werden könne. In einem anderen Zusammenhang wies er darauf hin, daß die Oberflächenelektroden stets so lange verlagert werden müssen, bis der negative Potentialeinbruch so gut wie möglich dargestellt wird. Hier können beide Forderungen nur unterstrichen werden. Zur Registrierung des motorischen Reizantwortpotentials kann ergänzend gesagt werden, daß ein Neuritenverlust anhand der Amplitudenverminderung bei Registrierung mit Oberflächenelektroden häufig erkannt werden kann, während die Amplitudenverminderung bei Nadelableitung gerade dann übersehen wird, wenn die Areale der motorischen Einheiten durch Umbauvorgänge größer geworden sind. Auf diesen Befund haben bereits HODES et al. (1948) hingewiesen.

7.3.3.7 Meßpunkte des Nervenaktionspotentials:

Obwohl EICHLER (1937) bereits auf die klinische Relevanz der Komponenten der sensiblen evozierten Potentiale hinwies, werden die sensiblen NLG meist nur zu einem Meßpunkt bestimmt. Die Wahl des geeigneten Meßpunktes bereitet insbesondere wegen der Registriertechnik Schwierigkeiten: Während DAWSON (1956) die Messung zum negativen Referenzpunkt bei bipolarer Ableitung als problematisch beschrieb und NLG-Messungen zur positiven Spitze und zur negativen Spitze angab, verwendeten GILLIATT und SEARS (1958) ursprünglich nur die negative Spitze als Meßpunkt für die sensible NLG. Dies mag daran gelegen haben, daß die negative Spitze bei der von ihnen verwendeten Ableitetechnik deutlicher erkennbar war. Diesem Beispiel folgten eine Reihe weiterer Untersucher: DOWNIE und NEWELL (1961), LIBERSON (1963), FINCHAM und van ALLEN (1964), GAMSTORF und SHELBURNE (1965), MELVIN et al. (1966), CHOPRA und HURVITZ (1968), LE QUESNE und CASEY (1974). LORENTE de NO (1947) teilte mit, daß der Schnittpunkt von der positiven zur negativen Spitze mit der Basislinie ein idealer Referenzpunkt für die NLG sei. Auch PODIVINSKI (1967) hielt diesen Meßpunkt bei unipolaren Registrierungen für geeignet. PODIVINSKI selbst verwendete aber eine bipolare Registriertechnik und empfahl die positive Spitze als den geeigneten Referenzpunkt für die Bestimmung der sensiblen NLG.
Seit der grundlegenden Arbeit von BUCHTHAL und ROSENFALCK (1966) ist ein großer Teil der Untersucher auf die von diesen Autoren angegebene unipolare Registriertechnik und Ausmessung der NLG zur ersten positiven Spitze übergegangen (LOWITSCH und HOPF 1972, LUDIN et al. 1977, LUDIN und TACKMANN 1979). Es sei nur am Rande erwähnt, daß die sensiblen NLG des N. medianus und des N. ulnaris an der Hand bei Messungen zur positiven und zur negativen Spitze eine Differenz von etwa 10 m/sec aufweisen. In den eigenen Untersuchungen werden beide Meßwerte angegeben. Die NLG, gemessen zur negativen Spitze, erweist sich insbesondere bei der Erkennung von Polyneuropathien als sehr nützlich.
Da trotz der dringenden Empfehlung von LUDIN und TACKMANN (1979) nicht erwartet werden kann, daß einheitliche Registrier- und Meßtechniken verwendet werden, muß auf die Notwendigkeit einer internationalen Standardisierung der Untersuchungstechnik nochmals hingewiesen werden.

7.3.4   Der Meßfehler:

7.3.4.1 Fehler in der Meßstreckenbestimmung:

Der Meßstreckenfehler ist im allgemeinen von wesentlich geringerer Bedeutung als der Fehler in der Latenzbestimmung. Darauf haben MAYNARD und STOLOV (1972) hingewiesen. In dem von ihnen angeführten Beispiel wurde der Fehler der Zeitmessung auf etwa 87 % des

Gesamtfehlers geschätzt.

Zunächst soll nur der Meßfehler besprochen werden, der durch unterschiedliches Messen mittels des Meßbandes an verschiedenen Strecken von verschiedenen Untersuchern auftritt. Hierzu wurde eine Untersuchung durchgeführt, deren wichtigstes Ergebnis auf der Tab. 2 dargestellt ist.

Drei Untersucher, die zugleich als Probanden dienten, bestimmten gegenseitig (unter Ausschluß der eigenen Person) die Entfernungen an 8 Meßstrecken durch 10maliges Messen. Bei jeder Meßrunde wurde nur ein Meßwert für eine Meßstrecke angegeben. Die Meßstrecken waren durch Punkte markiert. Die Daten wurden mit und ohne Korrektur der Entfernungen pro Proband und pro Meßstrecke varianzanalytisch untersucht. Die Korrekturen der Meßstrecken sollten den Vergleich zwischen Probanden und Meßstrecken erleichtern. Das Ergebnis der Varianzanalyse läßt an den Hauptwirkungen hochsignifikante Unterschiede für Untersucher und Probanden erkennen. Die verschiedenen Untersucher unterscheiden sich am deutlichsten.

Darüber hinaus finden sich in der Varianzanalyse durchwegs signifikante Wechselwirkungen: Jeder Untersucher mißt die untersuchte Person ebenso "individuell" wie die verschiedenen Meßstrecken.

Die Tab. 2 gibt im wesentlichen die Streuung der Entfernungsmessung für die verschiedenen Meßstrecken wieder. Durch den Ausgleich der Mittelwertunterschiede pro Proband und pro Meßstrecke bleibt nur mehr die Streuung der Meßstrecke übrig, wobei über die verschiedenen untersuchten Personen gemittelt wurde. Der geringste Fehler tritt bei den Messungen zwischen Capitulum fibulae und Fossa poplitea auf (ca 1 mm). Der größte Fehler findet sich bei der Messung der Entfernung zwischen Handgelenk und distalem Sulcusbereich (3,7 mm). Im Sulcusbereich beträgt der Meßfehler 2,2 mm. Vernachlässigt man die Unterschiede der Streuungen zwischen den verschiedenen Meßstrecken, so könnte man den mittleren Fehler der Meßstrecke mit ca. 2,4 mm angeben. Daraus läßt sich ein zweiseitiger 95 %-Toleranzbereich für Einzelmessungen mit ±4,7 mm ableiten. Dieser Wert stimmt gut mit der Schätzung von SIMPSON (1964) überein, der einen Meßstreckenfehler von etwa 1 cm annahm. Selbstverständlich gibt es weitere Fehlerquellen bei der Meßstreckenbestimmung, wie etwa die Verlagerung der Reizelektrode bei der Untersuchung und die Veränderung der Entfernung durch Veränderungen der Gelenkstellung. MAYNARD und STOLOV (1972) stellten die Fehler der Meßstreckenbestimmung übersichtlich zusammen und kamen letztlich zu dem Ergebnis, daß der mittlere Fehler durch verschiedene Auswerter 2,5 mm beträgt und somit weitgehend mit dem hier angegebenen mittleren Fehler der Meßstreckenbestimmung übereinstimmt.

7.3.4.2 Die Meßfehlerkomponenten:

Der eigentliche Meßfehler hängt von der gemessenen Zeit und von der gemessenen Strecke ab. Nach dem Gauß'schen Fehlerfortpflanzungsgesetz ist der Meßfehler keine konstante Größe. Er erreicht bei kurzen Zeitmessungen rasch sehr hohe Werte. Auf diesen Zusammenhang haben im neurographischen Bereich erstmals MAYNARD und STOLOV (1972) hingewiesen.

```
+-------------------------------------------------------------------+
|              STREUUNG DER ENFERNUNGSMESSUNG                        |
|                                                                   |
|      nach Berücksichtigung der Probanden-Unterschiede             |
+-------------------------------------------------------------------+
|                        STANDARD-   ABWEICHUNG VOM MITTEL          |
| Messtrecke          N  ABWEICHUNG   MINIMUM     MAXIMUM           |
|                                                                   |
| MEDIANUS HAND      60    1.54        -4.85        2.80            |
|    -    UNTERARM   60    2.83        -5.35        6.00            |
|    -    OBERARM    60    3.07        -6.80        7.40            |
| ULNARIS HAND       60    1.46        -3.05        2.95            |
|    -    UNTERARM   60    3.70        -9.65        7.35            |
|    -    SULCUS     60    2.20        -4.55        7.30            |
|    -    OBERARM    60    2.27        -6.30        4.20            |
| PERON. FIB-KNIEK.  60    0.83        -2.35        1.65            |
|                                                                   |
| GESAMT            480    2.39        -9.65        7.40            |
+-------------------------------------------------------------------+
| LEGENDE:  Die  Einheiten der  Messtrecken sind  mm.   Die        |
| Streuung entspricht dem mittleren Messfehler, der bei Aus-        |
| messen verschiedener Messtrecken mit einem flexiblen Mess-        |
| band auftritt.  Das Verhältnis  von maximaler zu minimaler       |
| Fehlervarianz (Quadrat  der Standard-Abweichung)  beträgt        |
| 19.9; die verschiedenen Messtrecken werden auch dann, wenn       |
| man sehr genau sein will, recht unterschiedlich gemessen.        |
| Der mittlere Fehler beträgt 2.4 mm.  Daraus ergibt sich im       |
| Mittel    ein   TOLERANZBEREICH   FÜR   95   PROZENT   DER        |
| EINZELMESSUNGEN von  4.8 mm.                                      |
+-------------------------------------------------------------------+
|                         Tab. 2                                    |
+-------------------------------------------------------------------+
```

Schätzung des durch die Zeitmessung bedingten Fehleranteils

motorische NLG des N. Ulnaris im Sulcus;
Annahme eines mittleren Fehlers der Zeitmessung von:
$\Delta t = 0,1\ \text{msec}$

$$\text{Fehleranteil} = \frac{\Delta t \cdot s}{t^2}$$

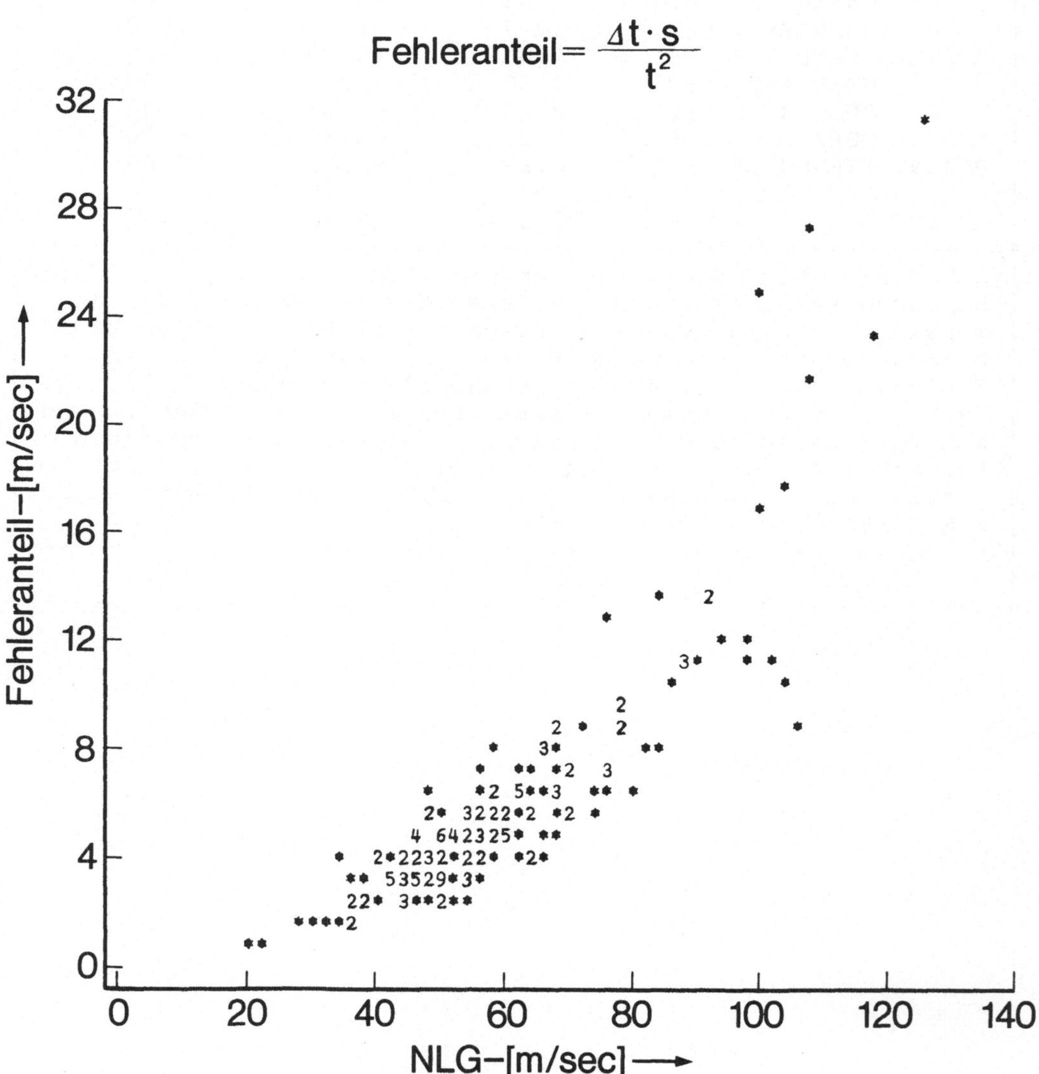

Abb. 5

Schätzung des durch die Wegmessung bedingten Fehleranteils

motorische NLG des N. Ulnaris im Sulcus; geschätzter mittlerer Fehler der Meßstrecke: Δs=2,5 mm

$$\text{Fehleranteil} = \frac{\Delta s}{t}$$

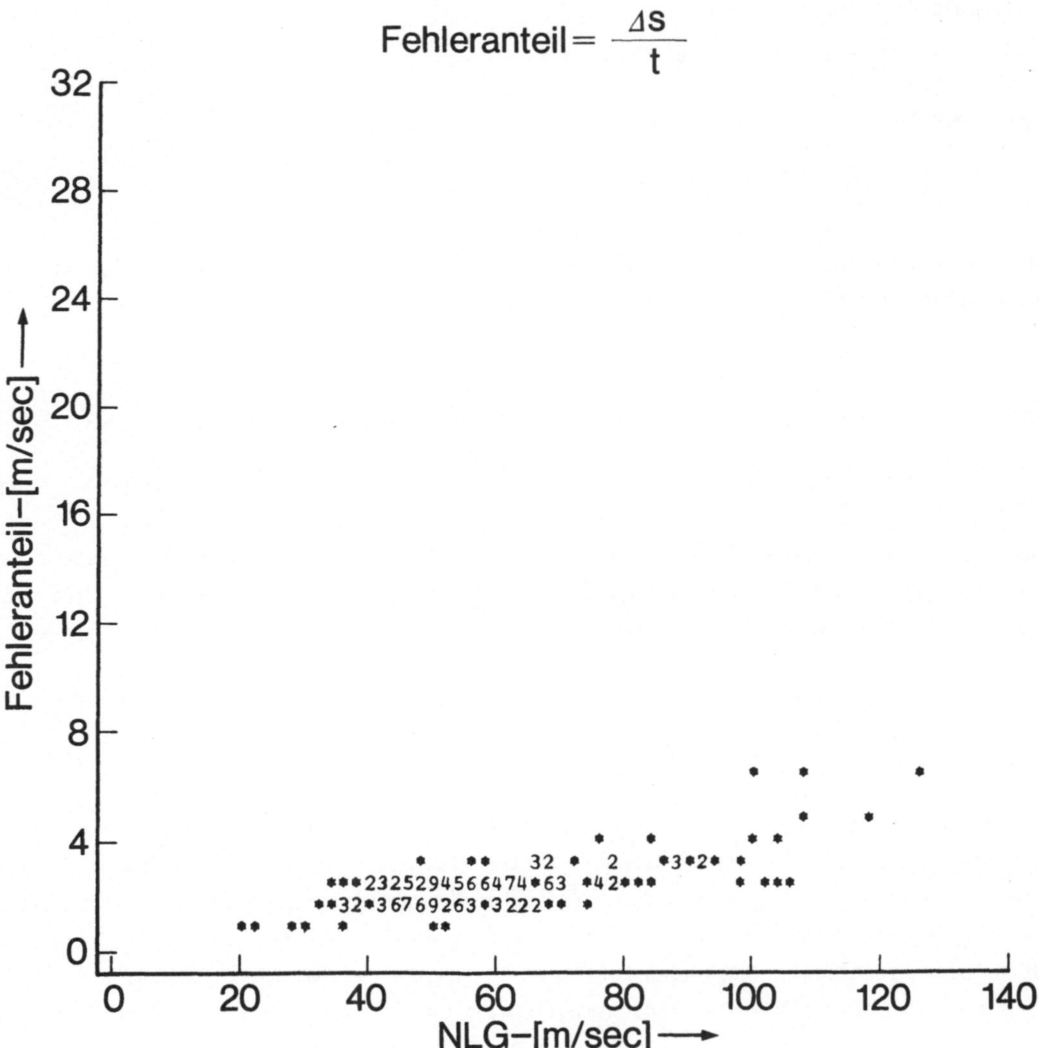

Abb. 6

Der Maßstab ist derselbe wie in Abb. 5. Man sieht deutlich, daß der durch die Zeitmessung verursachte Fehler vor allem bei höheren NLG-Werten den wesentlichen Anteil des Gesamtfehlers ausmacht.

Der mittlere Meßstreckenfehler spielt dabei eine ganz wesentlich geringere Rolle als
etwa ein angenommener mittlerer Zeitmeßfehler von 0,1 msec (Abb. 5 und 6).

Zum besseren Verständnis sei die Berechnung des Meßfehlers ganz einfach dargestellt:

$$v + \Delta v = \frac{s + \Delta s}{t + \Delta t} = \frac{s}{t} \cdot \frac{1}{1 + \frac{\Delta t}{t}} + \frac{\Delta s}{t} \cdot \frac{1}{1 + \frac{\Delta t}{t}}$$

Allgemein gilt für $|a| < 1$:

$$\frac{1}{1+a} = 1 - a + a^2 - a^3 + - \dots$$

Setzt man für $a = \frac{\Delta t}{t}$ ein, so ergibt sich:

$$v + \Delta v = \frac{s}{t} \left(1 - \frac{\Delta t}{t} + \frac{\Delta t^2}{t^2} - + \dots\right) + \frac{\Delta s}{t} \left(1 - \frac{\Delta t}{t} + \frac{\Delta t^2}{t^2} - + \dots\right)$$

Die nicht linearen Glieder der eingeklammerten Reihen und das Produkt $\Delta s \Delta t$ können vernachlässigt werden, weil sie sehr klein sind. Daraus ergibt sich:

$$v + \Delta v \approx \frac{s}{t} - \frac{s \cdot \Delta t}{t^2} + \frac{\Delta s}{t}$$

Da $v = s/t$ findet man für den Meßfehler der Geschwindigkeit bei Einzelmessungen

$$\Delta v \approx \frac{\Delta s}{t} - \frac{s \cdot \Delta t}{t^2} \leq v \left(\left| \frac{\Delta s}{s} \right| + \left| \frac{\Delta t}{t} \right| \right)$$

Wenn das Vorzeichen des Einzelfehlers unbekannt ist, so kann man nur noch mit der zuletzt angegebenen Abschätzung rechnen. Diese Beziehung wird von MAYNARD und STOLOV angegeben. Geht man von unabhängigen Meßfehlern von Zeit und Strecke aus, so kann man schärfer abschätzen:

$$\Delta v \approx \sqrt{\left(\frac{\Delta s}{t}\right)^2 + \left(\frac{s \cdot \Delta t}{t^2}\right)^2}$$

In der Tab. 3 werden Fehlerschätzungen unter Annahme eines mittleren Zeitfehlers von
0,1 msec und eines mittleren Meßstreckenfehlers von 2,5 mm angegeben. Geschwindigkeitsangabe und ihre Streuung werden durch Aufsuchen der entsprechenden Spalte für die Entfernung und der entsprechenden Zeile für die Zeitmessung bestimmt. Der zweiseitige
95 %-Toleranzbereich des gesamten Meßfehlers beträgt ± zweimal die Streuung.
An einem Beispiel soll die Anwendungsmöglichkeit der Tabellen für die klinische Routineuntersuchung erläutert werden. Häufig wird die Frage gestellt, ob eine NLG-Messung unter Berücksichtigung des Fehlers verwertet werden kann, wenn eine NLG-Messung an einer
kurzen Meßstrecke durchgeführt werden soll.
Gegeben sei eine Entfernung von 30 mm (etwa im Sulcus nervi ulnaris); in einem bestimmten Fall wird eine Latenz von 0,6 msec gemessen. Die NLG beträgt: 50 m/sec, die Streuung 9,3 m/sec (s. Tab. 3). Das bedeutet, daß bei Annahme eines Toleranzbereiches für

NLG UND IHR MESSFEHLER BEI EINZELMESSUNGEN

mm →

msec	30	40	50	60	70	80	90	100	150	200
0.5	60.0	80.0	100.0	120.0	140.0					
	13.0	16.8	20.6	24.5	28.4					
0.6	50.0	66.7	83.3	100.0	116.7	133.3				
	9.3	11.9	14.5	17.2	19.9	22.6				
0.7	42.9	57.1	71.4	85.7	100.0	114.3	128.6	142.9		
	7.1	8.9	10.8	12.8	14.7	16.7	18.7	20.7		
0.8	37.5	50.0	62.5	75.0	87.5	100.0	112.5	125.0		
	5.6	7.0	8.4	9.9	11.4	12.9	14.4	15.9		
0.9	33.3	44.4	55.6	66.7	77.8	88.9	100.0	111.1		
	4.6	5.7	6.8	7.9	9.1	10.3	11.5	12.7		
1.0	30.0	40.0	50.0	60.0	70.0	80.0	90.0	100.0		
	3.9	4.7	5.6	6.5	7.4	8.4	9.3	10.3		
1.1	27.3	36.4	45.5	54.5	63.6	72.7	81.8	90.9	136.4	
	3.4	4.0	4.7	5.5	6.2	7.0	7.8	8.6	12.6	
1.2	25.0	33.3	41.7	50.0	58.3	66.7	75.0	83.3	125.0	
	2.9	3.5	4.0	4.7	5.3	5.9	6.6	7.3	10.6	
1.3	23.1	30.8	38.5	46.2	53.8	61.5	69.2	76.9	115.4	
	2.6	3.0	3.5	4.0	4.6	5.1	5.7	6.2	9.1	
1.4	21.4	28.6	35.7	42.9	50.0	57.1	64.3	71.4	107.1	142.9
	2.4	2.7	3.1	3.5	4.0	4.5	4.9	5.4	7.9	10.4
1.5	20.0	26.7	33.3	40.0	46.7	53.3	60.0	66.7	100.0	133.3
	2.1	2.4	2.8	3.1	3.5	3.9	4.3	4.7	6.9	9.0
2.0	15.0	20.0	25.0	30.0	35.0	40.0	45.0	50.0	75.0	100.0
	1.5	1.6	1.8	2.0	2.2	2.4	2.6	2.8	4.0	5.2
2.5	12.0	16.0	20.0	24.0	28.0	32.0	36.0	40.0	60.0	80.0
	1.1	1.2	1.3	1.4	1.5	1.6	1.8	1.9	2.6	3.4
3.0	10.0	13.3	16.7	20.0	23.3	26.7	30.0	33.3	50.0	66.7
	0.9	0.9	1.0	1.1	1.1	1.2	1.3	1.4	1.9	2.4
3.5	8.6	11.4	14.3	17.1	20.0	22.9	25.7	28.6	42.9	57.1
	0.8	0.8	0.8	0.9	0.9	1.0	1.0	1.1	1.4	1.8
4.0	7.5	10.0	12.5	15.0	17.5	20.0	22.5	25.0	37.5	50.0
	0.7	0.7	0.7	0.7	0.8	0.8	0.8	0.9	1.1	1.4

oberer Wert: NLG (m/s), unterer Wert: Fehler (m/s);

Fehlerannahmen: Fehler der Meßstrecke: 2.5 mm, Fehler der Zeit: 0.1 ms

Tab. 3

95 % der Meßwerte die wahre NLG zwischen 34,7 m/sec und 65,3 m/sec liegt. Eine derartige Messung ist nicht verwertbar. In einem anderen Fall wird die gleiche Strecke
(30 mm) untersucht. Die Latenz beträgt 1,2 msec. Die NLG beträgt: 25 m/sec, die Streuung beträgt jedoch nur 2,9 m/sec. Demnach liegt die wahre NLG mit einer Wahrscheinlichkeit von 95 % zwischen 20 und 30 m/sec. Somit ist _trotz der kurzen Meßstrecke diese Messung ausreichend sicher als pathologisch verzögert_ zu bezeichnen.
Die beiden letzten Beispiele zeigen, daß NLG-Messungen vor allem wegen des Fehlers der
Zeitmessung eingeschränkt werden sollen und nicht so sehr wegen des Fehlers der Strek-
kenmessung. Gerade bei pathologischen Veränderungen können auf kurzen Strecken NLG-Bestimmungen durchgeführt werden, wenn der Toleranzbereich für den Fehler beachtet wird.
Die Abb. 5 und 6 geben die Anteile der Zeitfehler und Meßstreckenfehler für Messungen
der motorischen NLG des N. ulnaris im Sulcus nervi ulnaris wieder. Es läßt sich erkennen, daß die nicht lineare Zunahme des Gesamtfehlers mit zunehmender NLG vor allem
durch den Zeitfehler bedingt ist. Der Meßstreckenfehler hat als Varianzkomponente des
Gesamtfehlers eine wesentlich geringere Bedeutung.

7.3.4.3 Fehler durch die Diskretisierungsrate der Zeitmessung:

Der Zeitfehler wird vor allem durch die eingeschränkte zeitliche Auflösbarkeit des
Signals verursacht. Die eingeschränkte Auflösbarkeit des Signals ist biologisch und,
zum Teil, gerätetechnisch bedingt. Aus den biologischen Eigenschaften des Potentials,
ausgedrückt in der Präzision des Meßpunktes, ergibt sich, daß motorische Reizantworten
keine höhere zeitliche Auflösung als üblich brauchen. Die Zeitskalen der meisten EMG-Ge-
räte weisen als kleinste Diskretisierungsrate 0,1 msec auf. Der mittlere zeitliche Meßfehler der Latenz des motorischen Reizantwortpotentials beträgt aber 0,2 msec (MAYNARD
und STOLOV 1972, HOPF 1974). Nur bei sensiblen Potentialen, und da wiederum nur bei kurzen Latenzen, könnte eine kleinere Diskretisierungsrate als 0,1 msec von praktischer
Bedeutung sein. Messungen der sensiblen NLG zur positiven Spitze und zur negativen Spitze bei Reizung der Finger und Ableitung am Handgelenk sind aufgrund der deutlich ausgeprägten positiven und negativen Spitze genauer als in Schritten von 0,1 msec möglich.

7.3.4.4 Die Verringerung von Meßfehlern durch Mittelwertbildung:

Ein Verbesserung von Messungen mit hohen Fehlern kann bei vorgegebener zeitlicher Auflösung durch Meßwiederholungen erreicht werden, weil die Streuung des Mittelwertes mit
dem Faktor $1/\sqrt{N}$ abnimmt. Werden also vier Messungen durchgeführt, so verringert sich
der Meßfehler auf die Hälfte.

Meßwiederholungen haben sich aber auch für die Erkennung von Lese- und Registrierfeh-
lern bewährt. Diese Fehlerereignisse treten auf dem Weg von der Datenerhebung zur Daten-
auswertung auf und können zu späteren Interpretationsschwierigkeiten führen.

7.4 Dokumentationsfehler:

Eine erhebliche Fehlerquelle stellt die Dokumentation der Daten dar. Der Meßwert kann falsch abgelesen werden, er kann falsch auf einem Dokumentationsbogen eingetragen werden. Übertragungsfehler entstehen zum Beispiel dadurch, daß eine Person untersucht und die andere Person die Befunde dokumentiert: Es können Sprechfehler, Hörfehler und Flüchtigkeitsfehler auftreten. Fehler können aber auch durch die Datenaufbereitung selbst entstehen. Eine Dokumentation muß daher auf ihre Validität hin überprüft werden. Validität oder Gültigkeit werden nach WEYER (1973) durch die Reproduzierbarkeit der mit einem bestimmten Gerät erhobenen Meßwerte geprüft. Eine Möglichkeit der Überprüfung besteht darin, denselben Test mit einem gewissen zeitlichen Abstand zu wiederholen. Das Ausmaß der Übereinstimmung wird Stabilität oder Retestreliabilität genannt. In der Neurographie kann diese Methode durchaus empfohlen werden, da NLG-Messungen, die in kurzer zeitlicher Folge ohne Veränderung der Lage der Elektrode durchgeführt werden, nach den Untersuchungen von HONNET et al. (1968) eine hohe zeitliche Stabilität aufweisen. Ein anderes Vorgehen könnte darin bestehen, zwei streng vergleichbare Variable zu untersuchen. Diese Paralleltestmethode würde sich in der Neurographie bezüglich der Anwendung von mehr als einem kritischen Meßpunkt anbieten, wie PODIWINSKI (1967) zum Beispiel für die Ausmessung der sensiblen Nervenaktionspotentiale vorschlug. Nach den eigenen Untersuchungen betragen die Korrelationskoeffizienten für die sensiblen NLG an der Hand, etwa 0,95.

Falls Dokumentationsfehler nicht kontrolliert werden, müssen nachträgliche Überprüfungen durchgeführt werden. Derartige Prüfungen heben in der Regel auf logische Fehler ab und werden daher Plausibilitätsprüfungen genannt. Inhaltlich unrichtige Eintragungen können jedoch nur durch Validitätskontrollen erfaßt werden. Diesbezüglich ist ein Vorschlag von PRELLWITZ et al. (1973) erwähnenswert. Die Autoren schlugen eine multivariate Plausibilitätsprüfung für klinisch-chemische Laborbefunde anhand von unwahrscheinlichen Enzymmustern vor. KÜNKEL (1976) betonte die Bedeutung der Plausibilitätsprüfungen im Rahmen der visuellen EEG-Auswertung. Während ungeprüfte, visuell ausgewertete EEG in nahezu der Hälfte der Fälle Plausibilitätsverstöße (von seiten der Auswerter) aufwiesen, sank die Fehlerrate um etwa die Hälfte nach Einführung einer nachträglichen Plausibilitätskontrolle (GUTJAHR et al. 1975). Eine weitere Verbesserung war nicht möglich, wie langfristige Beobachtungen zeigten. Eine völlig plausible Eingabe von EEG-Befunden gelang erst durch eine direkte Befundung am Bildschirm (POCKLINGTON et al. 1978).

Da die Bedeutung der Validitätüberprüfung bei qualitativen Größen anders gelagert ist als bei quantitativen Meßdaten, können die Erfahrungen über die visuelle EEG-Auswertung nicht ohne weiteres auf die Dokumentation quantitativer Meßdaten übertragen werden. Bei einer Überprüfung auf Fehler in der eigenen Dokumentation, die mit einem Markierungsbogen durchgeführt wurde, fanden sich bei 14 355 Daten 60 eindeutige Fehler, entsprechend einer Fehlerrate von 4,2 o/oo. Diese Prüfung erfolgte an den Daten der Längsschnittstudie, die in Teil 3 dieser Arbeit eingehend besprochen wird. Eine Fehlerrate von weniger als einem halben Prozent kann aber nur als unterer Schätzwert für den gesamten Dokumentationsfehler angesehen werden, weil ja nur ausreichend eindeutige Fehler auffallen und dadurch im nachhinein identifiziert werden können. Die Daten der Querschnittstudie wurden inhaltlich anhand der Arztbriefausdrucke (s. Tab. 52, neue Fassung des Arztbriefes) am gleichen oder am folgenden Tag gesichtet und bei Auffälligkeiten mit den Filmaufzeichnungen verglichen.

Logische Fehler sind in der oben angegebenen Fehlerrate nicht enthalten. Unter einem logischen Fehler kann man zum Beispiel die falsche oder fehlende Kennzeichnung eines Datenfeldes verstehen. Durch das Plausibilitätsprogramm wurde der logische Fehler erkannt und die Weiterverarbeitung der Daten erst nach Korrektur des Fehlers zugelassen. Plausibilitäts- und Validitätsprüfungen können sich aber gegenseitig ergänzen. Zu Beginn der Untersuchung mußte ein relativ hoher Prozentsatz fehlerhaft eingetragener Patientendaten festgestellt werden. Daher wurde die Dokumentationsregel geändert, die Patientenkennzahl mußte in verschiedener Kodierung in zwei Feldern eingetragen werden. Unterschiede zwischen den Kennzahlen wurden vom Plausibilitätsprogramm erkannt und angemahnt. Der Wert dieser internen Validierung zeigte sich daran, daß nach Einführung dieses Dokumentationsverfahrens die Fehlerrate für Patientenkennzahlen rapide sank. Unterbleibt die Überprüfung logischer Fehler, so muß mit einer erheblichen zusätzlichen Fehlerrate gerechnet werden. Logische Fehler gehören zu der Gruppe des "error of commission". Sie können durch entsprechende Übung bzw. Kontrolle verringert oder vermieden werden. Der inhaltliche Datenfehler, genauer gesagt: Die Dokumentation eines falschen Meßwertes ist nicht so einfach zu beseitigen. Sowohl die Retestreliabilität als auch die Erstellung von Äquivalenzkoeffizienten durch eine Paralleltestmethode erfordert annähernd den doppelten Zeitaufwand und somit auch die doppelten Kosten. Im Hinblick auf die Datenqualität gibt es aber keine billigere Alternative.

7.5 Extremwerte:

Meßwerte, die durch ihre extreme Lage im Datenmaterial auffallen, stellen meist ein mehrschichtiges Problem dar, für das es in praxi eine einfache Lösung zu geben scheint: "Streichungen von Extremwerten sind sehr beliebt, erfolgen oft stillschweigend und ohne statistische Prüfung" (DOCUMENTA GEIGY).
In der neurographischen Literatur werden Extremwerte nicht erwähnt, obwohl sie nach SACHS (1974) zu etwa 3 bis 6 % in jedem Meßkollektiv zu erwarten sind.
Extremwerte können nach Festlegung auf eine bestimmte Toleranzgrenze mittels verschiedener Verfahren relativ einfach erfaßt werden. HAECKEL (1975) empfiehlt für klinisch-chemische Labors ein von YOUDEN angegebenes Verfahren. Danach sind Meßwerte, die jenseits von ± 3-Standardabweichungen liegen, als Extremwerte aufzufassen. In der vorliegenden Arbeit wurden die Extremwerte nach den Angaben in den Geigy-Tabellen für Signifikanzschranken von $2\alpha = 0,05$ bestimmt. Dies entspricht einem Bereich von $\pm 3,3$ x SD bis $\pm 3,5$ x SD für Fallzahlen zwischen 100 bis 200 Fällen.

Die Behandlung von Extremwerten ist selten oder nie frei von subjektiven Schätzungen. Nach der in den Documenta-Geigy vertretenen, strengen Auffassung ist die Streichung eines Extremwertes selbst nach korrekter statistischer Prüfung nur dann zulässig, wenn der Grund für die extreme Lage dieses Meßwertes gefunden wird. Weniger streng, jedoch genauso subjektiv ist der Vorschlag von SACHS (1974), nach dem ein als Ausreißer nachgewiesener Extremtwert nur dann gestrichen werden darf, wenn wahrscheinlich ist, daß die vorliegenden Werte angenähert normal verteilt sind. Nach dem Standpunkt, der in den DOCUMENTA GEIGY vertreten wird, muß also im nachhinein erkannt werden, weshalb ein Meßwert im Extrembereich liegt - was bekanntlich häufig nicht möglich ist; folgt man dem Vorschlag von SACHS, so muß man nicht nur die Verteilung der Grundgesamtheit seiner Meßwerte kennen, sondern auch wissen, daß diese normal verteilt sind. Diese Forderung ist weder empirisch noch theoretisch erfüllbar (s. TUKEY, 1960: "Normality is a myth; there never was, and never will be, a normal distribution"). Nach dem Vorschlag von AITCHISON und DUNSMORE (1975) kann anhand der Meßdaten geprüft werden, welche Dichtefunktion einer Verteilung die beste Schätzung für die vorliegenden Daten gibt. Biologische Meßgrößen weisen häufig eine logarithmische Normalverteilung auf (AITCHISON und BROWN 1957, HENGST 1967). Bei Annahme einer logarithmischen Verteilung der NLG liegen hohe NLG-Meßwerte innerhalb der erwartungsgemäßen Dichtefunktion. In der eigenen Untersuchung wurde die Abweichung von der Normalverteilung für die NLG-Größen anhand von Schiefe und Exzeß geprüft. Die Meßwerte der überwiegenden Zahl von Meßgrößen waren auch unter Einschluß von Extremwerten ausreichend gut einer Normalverteilung angepaßt. Die unter Zugrundelegung einer Normalverteilung als Ausreißer identifizierten Extremwerte wurden nach den Empfehlungen von TUKEY (1962) und DIXON und TUKEY (1968, 1970) entfernt. Im Gegensatz zu einem puristischen Standpunkt (dem man ohnmächtig gegenübersteht) unterstützt TUKEY mit Nachdruck eine derartiges Vorgehen.
Es liegt in der Natur der Beobachtung, daß Extremwerte für unglaubwürdig gehalten werden. Daher ist es wichtig, ihr Auftreten zu dokumentieren, auch wenn sie nicht für die Berechnung repräsentativer Stichproben herangezogen werden können. Über einen Befund, der das Vorliegen von Extremwerten belegt, für die offenbar weder Dokumentations- noch Meßfehler verantwortlich sind, wird noch zu berichten sein (Kap. 20).

7.6 Berücksichtigung der Wirkungen von Einflußgrößen auf neurographische Parameter:

Gemäß Kapitel 7.3 wird die Zielgröße außer von Störgrößen auch von Einflußgrößen bestimmt. Verwendet man ein Analysemodell, bei dem (wirksame) Einflußgrößen nicht berücksichtigt werden, so wird die biologische Varianz größer sein als in einem Modell, in dem diese Einflußgrößen rechnerisch oder durch Standardisierung wirksam erfaßt werden. Die unterschiedliche Berücksichtigung der Einflußgrößen kann, ebenso wie die systematischen Fehler, zu der schlechten Vergleichbarkeit elektrophysiologischer Befunde aus verschiedenen Laboratorien beitragen. So werden Alterseinflüsse von manchen Autoren durch Faktorstufenbildung berücksichtigt (MAYER 1963, MANKOVSKIJ und TIMKO 1973); von vielen Autoren werden Regressionskoeffizienten für das Alter angegeben (BUCHTHAL et al.

1975, LUDIN 1976), ohne die untersuchten Probandenkollektive näher zu spezifizieren.
Dies führt dazu, daß sich in der Literatur nicht nur uneinheitliche Mittelwerte der
NLG, sondern auch unterschiedliche Regressionskoeffizienten für das Alter finden, ohne
daß man ausreichende Informationen darüber bekommt, weshalb derartige Unterschiede vorliegen.

Die Berücksichtigung der Wirkung von mehr als einer Einflußgröße wurde auf rechne-
rischem Wege im neurographischen Bereich nur von einigen Autoren gezeigt (STERZEL und
GUTJAHR 1976, KUUSELA und LANG 1979). Den Einfluß der Temperatur versucht man, wenn
überhaupt, durch Anwärmeprozeduren konstant zu halten. BJÖRVIST et al. (1977) konnten
aber zeigen, daß keine signifikante Varianzverminderung durch derartige Prozeduren erreicht wird. Nach eigenen Untersuchungen (Abb. 33 und 34) nimmt die Varianz der NLG bei
höheren Temperaturen infolge altersuneinheitlicher Temperaturregressionskoeffizienten
zu. Das bedeutet, daß zwar die mittlere Lage der Meßwerte der NLG durch Anwärmeprozeduren geändert werden kann, die Streuungen der Messungen werden dadurch aber nicht beeinflußt.

Sollen nun noch weitere Faktoren neben der Temperatur und dem Alter Berücksichtigung
finden, so kommt man mit dem Modell einer einfachen Regression einschließlich dem Ver-
such der Standardisierung des Temperatureinflusses nicht aus.

7.6.1 Zwei Meßgrößen, die einfache Regression:

Die einfache Regression versucht die Abhängigkeit von einer Einflußgröße durch das
Modell

$$Y = BX + A + \mathcal{E}$$

zu beschreiben. Dabei stellt der Regressionswert

$$Y' = BX + A$$

den unter Berücksichtigung der Einflußgröße X zu erwartenden Wert dar. Das Residuum
repräsentiert die nach Berücksichtigung von X verbleibende Varianz. Schätzer für diese
Varianz sollen mit SE^2 bezeichnet werden.

Die Größen A und B sind unbekannt, sie müssen geschätzt werden. Dies gilt selbst dann,
wenn die Gültigkeit des Regressionsmodells a priori sichergestellt ist. Man kann den
Regressionskoeffizienten B und die Konstante (intercept) A so bestimmen, daß das Residuum den Mittelwert 0 und eine möglichst geringe Varianz hat. Man erhält dann die Schätzer

$$B = \frac{S_{XY}}{S_{XX}}$$

$$A = \bar{Y} - B\bar{X}$$

$$S_{XY} = \frac{1}{N-1} \sum_{i=1}^{N} (X_i - \bar{X})(Y_i - \bar{Y})$$

S_{XY} ist ein Schätzer für die Covarianz zwischen X und Y. Die Covarianz beschreibt die gemeinsame Variabilität der Größen X und Y, soweit sie durch einen linearen Zusammenhang beschreibbar ist. S_{XX} schätzt die Varianz von X. Bei der Abschätzung der Varianz des Restfehlers

$$Y - Y' = Y - BX - A$$

spielt die Korrelation eine wichtige Rolle. Sie wird durch

$$R = \frac{S_{XY}}{\sqrt{S_{XX}\,S_{YY}}}$$

geschätzt. Es besteht der Zusammenhang

$$SE^2 = (1 - R^2)\,S_{YY}$$

Daraus ergibt sich, daß R^2 jenen Anteil der Größe Y beschreibt, der durch das Regressionsmodell erklärt wird. R^2 ist somit eine wichtige Schätzgröße, die direkt die Varianzverminderung im Verhältnis zur gesamten Varianz der Größe Y angibt. Ein direkter Schätzer von SE^2 ist

$$SE^2 = \frac{1}{N-2} \sum_{i=1}^{N} (Y_i - BX_i - A)^2$$

Der Koeffizient B hat als geschätzte Größe wieder eine Streuung, die mit

$$\sqrt{\frac{\sum_{i=1}^{N} (Y_i - BX_i - A)^2}{(N-2) \sum_{i=1}^{N} (X_i - \bar{X})^2}}$$

geschätzt werden kann. Ob er signifikant von Null verschieden ist, kann mittels des Varianzverhältnisses

$$F = \frac{\sum_{i=1}^{N} (BX_i + A - \bar{Y})^2 / 1}{\sum_{i=1}^{N} (Y_i - BX_i - A)^2 / (N-2)}$$

überprüft werden.
Der standardisierte Regressionskoeffizient (ß-Gewicht)

$$\beta = B \sqrt{\frac{S_{XX}}{S_{YY}}}$$

gibt den linearen Einfluß der Größe X auf Y unabhängig von der Varianz der beiden Größen wieder. Bei der einfachen Regression stimmt er mit dem Korrelationskoeffizienten überein.

<u>Toleranzgrenzen</u>: Bei Zugrundelegung einer Normalverteilung kann man um die Regressionsgerade

$$y = Bx + A$$

engere Toleranzgrenzen legen als um den Mittelwert, als um den Mittelwert, wenn die Einflußgröße unberücksichtigt bleibt. Nun ist aber auch die Schätzung von B mit einer Unsicherheit behaftet. Man braucht sich nur vorzustellen, daß die Regressionsgerade wie eine Achse fixiert ist, und zwar an den Schnittpunkten der Mittelwerte $\bar{X}$ und $\bar{Y}$ (s. Abb. 7). Um diese Achse kann die Regressionsgerade innerhalb des Konfidenzbereiches "spielen", entsprechend sind die in Abb. 7 dargestellten Toleranzgrenzen um so weiter von der Regressionsgeraden entfernt, je weiter die Einflußgrößen von ihrem Mittelpunkt entfernt liegen. Für die untere Toleranzgrenze $TG_{1-\alpha}^{u}$ mit der Übertretungswahrscheinlichkeit gilt

$$TG_{1-\alpha}^{u}(x) = \bar{X} - SE \cdot t_{N-2,1-\alpha} \sqrt{1 + \frac{1}{N} + \frac{(x - \bar{X})^2}{\sum_{i=1}^{N}(X_i - \bar{X})^2}}$$

wobei $t_{(N-2),1-\alpha}$ der α-Wert der Studentverteilung mit (N-2) Freiheitsgraden ist.

7.6.2 Multiple Regression:

Bei mehreren, miteinander korrelierten Einflußgrößen reicht der einfache Regressionsansatz nicht aus. Er läßt sich jedoch verallgemeinern. Der Modellansatz für die multiple Regression lautet:

$$Y = A + X_1 B_1 + \ldots + X_K B_K + \varepsilon$$

mit der Zielgröße Y, den Einflußgrößen $X_1,\ldots,X_K$, den partiellen Regressionskoeffizienten $B_1,\ldots, B_K$ und der Konstanten A.

$$Y' = A + X_1 B_1 + \ldots + X_K B_K$$

kann als Prädiktionswert bezeichnet werden; $Y - Y' = \varepsilon$ ist der Restfehler oder das Residuum. Die Bestimmung der Koeffizienten und der Konstanten erfolgt wieder über die Forderung, die Quadratsumme der Restfehler der Stichprobe zu minimieren.
Die partiellen Regressionskoeffizienten sind im allgemeinen nicht mit den einfachen Regressionskoeffizienten identisch. Vielmehr spiegelt sich in einem einfachen Regressionskoeffizienten noch der Einfluß von unberücksichtigten Einflußgrößen wider, wenn diese mit der einzigen berücksichtigten Größe korreliert sind. Ein partieller Regressionskoeffizient (part. RK) gibt eine partielle Abhängigkeit etwa der NLG von einer Größe an.
Die Wirkung einer anderen Einflußgröße kommt in diesem part. RK nicht mehr zum Ausdruck.

Partielle Regressionskoeffizienten können von einer zur anderen Stichprobe erhebliche Fluktuationen aufweisen. Die Schwankungen sind Ausdruck dafür, daß bei stark untereinander korrelierten Einflußgrößen die den einzelnen Größen zuzuschreibenden Einflüsse nur sehr ungenau voneinander getrennt werden können. Daher sollten nach COOLEY und

Toleranzgrenzen

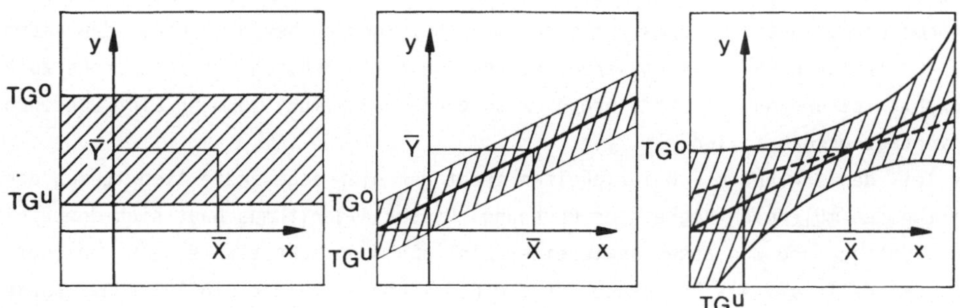

ohne Berücksichtigung der Einflußgröße X

bei bekannter Regressionsgeraden, die keinen Schätzfehler aufweist

unter Berücksichtigung des Schätzfehlers für den Parameter B.
gestrichelt: mit geschätztem B bestimmte Regressionsgerade (Beispiel).

Abb. 7

LOHNES (1971) die Beträge der part. RK nur dann als bedeutsam erachtet werden, wenn sie entweder von sehr großen und sehr repräsentativen Stichproben stammen, oder wenn ihre Gültigkeit durch Wiederholungsuntersuchungen bestätigt werden kann. Für die Erstellung von Normalwerten unter Berücksichtigung von Einflußgrößen bedeutet dies, daß repräsentative Werte nur dann erwartet werden können, wenn tatsächlich die Stichprobe zufällig ausgewählt ist und daß die Stichprobe um so größer sein muß, je mehr Einflußgrößen berücksichtigt werden sollen.

Einem Teil der erwähnten Schwierigkeiten trägt der hier angewandte Algorithmus der schrittweisen multiplen Regression Rechnung. Dieser Algorithmus baut sich durch Hinzufügen wichtiger und Weglassen unwichtiger Einflußgrößen schrittweise ein geeignetes Regressionsmodell auf. Als Prüfgröße für die Bedeutung einzelner Einflußgrößen wurde der F-Wert verwendet. Hohe Interkorrelationen von Einflußgrößen untereinander stören die Interpretation und sollten nur dann zugelassen werden, wenn man die Qualität des Datensatzes genau kennt. Die Berechnung der multiplen Regression ist einschließlich aller Optionen durch SPSS-Programme möglich.

Das Analogon zur einfachen Korrelation ist die multiple Korrelation. Ihr Schätzer wird wieder mit R bezeichnet. Sie kann Werte zwichen 0 und 1 annehmen. Für die Varianz des Restgliedes ξ gilt

$$SE^2 = (1 - R^2) \cdot S_{YY}$$

R^2 ist also wieder ein Maß für den Anteil der Variabilität, die mit dem Modell der multiplen Regression erklärt wird. Ein weiterer Schätzer für die multiple Korrelation wird in der Tab. 8 als "Adjusted R^2" ausgewiesen. Es gilt

$$R^2_{Adj} = R^2 - \frac{K-1}{N-K}(1 - R^2)$$

bei K Einflußgrößen und einer Stichprobengröße N.

Wie bei der einfachen Regression läßt sich durch Übergang vom part. RK zu seinem ß-Gewicht ein Maß gewinnen, das den Einfluß jeweils einer unabhängigen Größe auf die abhängige Größe unabhängig von den Varianzen wiedergibt:

$$\beta_i = B_i \sqrt{\frac{S_{X_i X_i}}{S_{YY}}}$$

7.6.3 Schätzung des Toleranzbereiches bei multipler Regression:

Wie bei der einfachen Regression wächst der Abstand der Toleranzgrenze vom Prädiktionswert, wenn man sich vom Schwerpunkt der Verteilung entfernt. Für die untere Toleranzgrenze mit der Übertretungswahrscheinlichkeit α gilt

$$TG^u_{1-\alpha}(x_1, \ldots ,x_K) = A + x_1 B_1 + \ldots + x_K B_K - t_{N-K-1,1-\alpha} \cdot SE \cdot f(x_1, \ldots, x_K)$$

Der Regressionswert

$$Y' = A + x_1 B_1 + \ldots + x_K B_K$$

ist der in Abhängigkeit von den Einflußgrößen zu erwartende Wert; der rechte Therm
trägt der Restvarianz und der Unsicherheit bei der Schätzung der part. RK Rechnung.
$t_{N-K-1,\alpha}$ ist wieder der α-Punkt der Studentverteilung. Die Berechnung des Korrekturfaktors f (AITCHISON UND DUNSMORE 1975; KUUSELA und LANG 1979) macht eine Matrizenrechnung
erforderlich:

$$f(x_1, \ldots, x_n) = \sqrt{1 + \frac{1}{N} + \sum_{i=1}^{K} \sum_{j=1}^{K} (x_i - \bar{X}_i)(x_j - \bar{X}_j)\, c_{ij}}$$

Die c_{ij} sind die Elemente der Matrix

$$A^{-1} = \begin{pmatrix} c_{11} & c_{12} & \cdots & c_{1K} \\ c_{21} & c_{22} & \cdots & c_{2K} \\ & & \cdots & \\ & & \cdots & \\ c_{K1} & c_{K2} & \cdots & c_{KK} \end{pmatrix}$$

die invers zur Matrix

$$A = \begin{pmatrix} a_{11} & \cdots & a_{1K} \\ & \cdots & \\ & \cdots & \\ a_{K1} & \cdots & a_{KK} \end{pmatrix}$$

mit den Matrixelementen

$$a_{ij} = \sum_{n=1}^{N} (X_{in} - \bar{X}_i)(X_{jn} - \bar{X}_j)$$

ist.

Die inversen Matrizen oder Kehrmatrizen A^{-1} (die den Elementen c_{ij} entsprechen) können
den Tabellen zur multiplen Regression entnommen werden. Das Matrizenprodukt läßt sich
in einer Zahl auflösen.
Der "Korrektur"-Faktor weicht bei einer großen Sichprobe erst dann merklich von 1 ab,
wenn die Meßwerte der Einflußgrößen in der Nähe des Extrembereiches liegen.
Die Erstellung des Korrekturfaktors ist relativ aufwendig und kann ohne groben Fehler
für den Großteil der Meßwerte unterbleiben (NIE et al., 1975). Für die gelegentlich im
oder nahe dem Extrembereich liegenden Werte der Einflußgrößen ist die Anwendung des Korrekturfaktors ratsam. Falls die Toleranzgrenzen maschinell erstellt werden, ist daher
die exakte Bestimmung zu bevorzugen.

7.6.4 Beispiel für die Berechnung der Toleranzgrenze anhand der Prädiktionswerte der multiplen Regression:

Es soll die Toleranzgrenze für die motorische NLG des N. medianus an der Hand bestimmt werden. Aus Tab. 26 entnimmt man $K = 3$ signifikanten Einflußgrößen sowie ihre Mittelwerte und die partiellen RK:

$$X_1 \; : \; \text{Meßstrecke/mm} \qquad\qquad \bar{X}_1 = 68,33 \quad B_1 = 0,1808$$
$$X_2 \; : \; \text{Geschlecht } (\vartheta \ldots 1, \varphi \ldots 2) \quad \bar{X}_2 = 1,379 \quad B_2 = 1,999$$
$$X_3 \; : \; \text{Hauttemperatur/}^\circ\text{C} \qquad\quad \bar{X}_3 = 31,22 \quad B_3 = 0,4418$$

Ferner entnimmt man der Tabelle $A = -10,62$, $SE = 2,771$ m/s und $n = 177$ sowie die Elemente c_{ij} der Kehrmatrix. Für $\alpha = 5\,\%$ gilt dann

$$TG^u_{0,95} = Y' - SE \cdot t_{173;0,95} \cdot f$$

mit $t_{173;\,0,95} = 1,654$.

Fall 1: Bei einem Mann soll die Hauttemperatur über der A. radialis 30°C und die Entfernung zwischen Reiz- und Ableiteelektrode 5,5 cm betragen.
Der Prädiktionswert beträgt

$$Y' = A + X_1 B_1 + X_2 B_2 + X_3 B_3 = -10,462 + 55{\cdot}0,1808 + 1{\cdot}1,999 + 30{\cdot}0,4418 = 14,74 \text{ m/s}$$

Für die Berechnung von f benötigt man

$$X_1 - \bar{X}_1 = \xi_1 = 55 - 68,33 = -13,33$$
$$X_2 - \bar{X}_2 = \xi_2 = 1 - 1,379 = -0,379$$
$$X_3 - \bar{X}_3 = \xi_3 = 30 - 31,22 = -1,22$$

damit ist

$$f = \left(1 + \frac{1}{N} + \xi_1(c_{11}\xi_1 + c_{12}\xi_2 + c_{13}\xi_3) + \xi_2(c_{21}\xi_1 + c_{22}\xi_2 + c_{23}\xi_3) + \xi_3(c_{31}\xi_1 + c_{32}\xi_2 + c_{33}\xi_3)\right)^{1/2}$$
$$= 1,018$$

Die Toleranzgrenze für 95 % der Meßwerte beträgt:

$$TG^u_{0,95} = 14,74 - 2,771 \cdot 1,654 \cdot 1,018 = 10,07 \text{ m/s}$$

Fall 2: Diesmal handelt es sich um eine Frau mit einer Hauttemperatur von 34°C über der A. radialis und einer Entfernung 80 mm zwischen Reiz- und Registrierelektrode.

$$Y' = -10,462 + 80 \cdot 0,1808 + 2 \cdot 1,999 + 34 \cdot 0,4418 = 23,02 \text{ m/s}$$
$$TG^u_{0,95} = 23,02 - 2,771 \cdot 1,654 \cdot 1,030 = 18,03 \text{ m/s}$$
$$TG^u_{0,99} = 16,38 \text{ m/s}$$

Der Vergleich zwischen obigen Beispielen zeigt, daß in Einzelfällen bei geringen Unterschieden in den Toleranzbreiten die Prädiktionswerte erheblich variieren können. So findet man im Fall 2 eine Toleranzgrenze für alpha = 0,01 von 16,4 m/sec, während in

Fall 1 der wahrscheinlichste Schätzwert, der Prädiktionswert 14,7 m/sec beträgt, ein
Wert, der beim anderen Fall hochsignifikant pathologisch wäre!

7.6.5 Zuverlässigkeit von Schätzern unter Berücksichtigung der Einflußgrößen:

In dem Kapitel "Vergleiche der Mittelwerte der Längsschnittstudie mit den Mittelwerten
der Querschnittstudie" werden eine Reihe von Feststellungen getroffen, die hier kurz
wiedergegeben werden:
Der Vergleich der Mittelwerte der beiden erwähnten Kollektive kann trotz ungleicher
Struktur der Stichproben als eine Methode zur Validierung der Meßergebnisse der Querschnittstudie aufgefaßt werden.

* Es finden sich einige signifikante Mittelwertunterschiede der NLG, die aber allein
* auf die unterschiedlichen Einflußgrößen oder genauer: auf die Unterschiede der zen-
* tralen Lagen der Einflußgrößen in den beiden Kollektiven zurückgeführt werden kön-
* nen. Werden die Erwartungswerte der Längsschnittstudie mit Hilfe der Regressions-
* gleichungen der Querschnittstudie berechnet, so liegen   k e i n e   signifikanten
* Unterschiede zwischen den Erwartungswerten und den Mittelwerten der Längsschnitt-
* studie vor (Tab. 69). Durch die partiellen Regressionskoeffizienten ist es mög-
* lich, die Summe der Einflüsse, die sich durch Unterschiede in den Kollektiven er-
* geben, weitgehend auszuschalten.

Die gute Übereinstimmung zwischen den Meßergebnissen der Längsschnittstudie mit den Meßergebnissen der Querschnittstudie kann daher als Beleg der Validität der Schätzungen
der Querschnittstudie angesehen werden.
Dieses (beruhigende) Untersuchungsergebnis läßt sich verallgemeinern: Vergleiche zwischen nicht standardisierten Kollektiven können Unterschiede erkennen lassen, die auf
der Verschiedenheit der Zusammensetzung oder auch auf scheinbar unbedeutenden Unterschieden der Untersuchungstechnik beruhen (Unterschiede in den Mittelwerten der Meßstrecken!). Andererseits können Unterschiede in zwei Vergleichskollektiven verschleiert
werden, indem ungleiche Einflußgrößen eine Annäherung der zentralen Lage der Prüfgrößen
bewirken können.

II. TEIL: DIE QUERSCHNITTSTUDIE

8   Das Probandenkollektiv und die untersuchten Größen

8.1 Ort und Zeit der Untersuchung:

Die Untersuchung der Probanden erfolgte in den Jahren 1973 und 1974 in der Abteilung
für klinische Neurophysiologie und experimentelle Neurologie (Leiter: Prof. Dr. med.
H. Künkel) der Medizinischen Hochschule Hannover. Die Datenaufbereitung und die statistischen Berechnungen wurden in der Abteilung für klinische Informatik der Medizinischen Hochschule Hannover durchgeführt (Leiter: Prof. Dr. med. P. L. Reichertz). Für
die Datenaufbereitung stand das von P. Pocklington entwickelte allgemeine Markierungs-
bogen-Auswertungsprogramm (AMAP) zur Verfügung. Die statistischen Berechnungen wurden
mit SPSS- und BMD-Programmen durchgeführt.

8.2 Das Probandenkollektiv:

Für die Erfassung von "Normalwerten der Nervenleitgeschwindigkeit" wurden 253 Probanden
untersucht. Ein großer Teil der Probanden waren Krankenpfleger und Krankenschwestern
der Neurologischen, der Neurochirurgischen und der Psychiatrischen Klinik der Medizinischen Hochschule Hannover. Ein kleiner Teil bestand aus Patienten, die überwiegend
die Neurologische Poliklinik aufsuchten. 41 Probanden mußten wegen Vorliegens von Allgemeinerkrankungen, der Einnahme von Medikamenten oder Nichterfüllung der Populationskriterien (weniger als 13 Jahre alt, unter 40 kg Körpergewicht oder unter einer Körpergröße von 140 cm) von den Auswertungen für die repräsentative Stichprobe ausgeschlossen
werden (Tab. 5). Somit verblieben 212 Probanden, 134 (63 %) Männer und 78 (37 %)
Frauen. Das Verhältnis der untersuchten Männer zu den untersuchten Frauen beträgt
1,7 : 1. Das mittlere Lebensalter betrug 34 Jahre, der jüngste Proband war 13 Jahre
alt, der älteste 72 Jahre alt. Die Altersaufteilung männlichen und weiblichen Geschlechtes war gleich, der Korrelationskoeffizient zwischen Alter und Geschlecht beträgt 0,007
(Tab. 4). Die mittlere Körpergröße betrug 171,7 cm (Tab. 4), sie lag zwischen 151 und
206 cm. Die negative Korrelation zwischen Körperlänge und Alter ist hochsignifikant
(R = -0,2) und entspricht etwa dem Akzelerationsausmaß der Gesamtbevölkerung. Frauen haben erwartungsgemäß eine geringere Körpergröße als Männer. Ähnlich signifikante Beziehungen finden sich zwischen Geschlecht und Armlänge, gemessen vom Dornfortsatz des
7. Halswirbels zur Mittelfingerspitze und zwischen Geschlecht und Beinlänge, gemessen
vom Tuberculum majus femoris zum Malleolus lateralis. Das Körpergewicht betrug im Mittel 69,4 kg und lag zwischen 45 und 108 kg. Das Körpergewicht ist bei Frauen hochsignifikant geringer als bei Männern, Körpergewicht und Körperlänge, Armlänge und Beinlänge
positiv korreliert. Alle bisher erwähnten Parameter sind bezüglich Schiefe und Exzeß
normal verteilt. Anders die orale Temperatur: Sie weist einen positiven Exzeß auf. Dies
besagt, daß mehr Meßwerte um den Mittelwert gruppiert sind, als man aufgrund einer Normalverteilung erwarten könnte. Bemerkenswert sind auch die Korrelationen zwischen der

```
+-----------------------------------------------------------------------+
|                        DIE EINFLUSSGRÖSSEN                            |
+-----------------------------------------------------------------------+
| KENNGRÖSSEN:                                                          |
|                                                                       |
|              N      M      SD     SE     Min    Max   Schiefe  Exzess |
|                                                                       |
| ALTER       212   34.14   13.21   0.91    13     72    0.90    0.09   |
| KÖRPERLÄNGE 206  171.75    8.30   0.58   151    206   -0.15    0.00   |
| GEWICHT     202   69.38   11.62   0.82    45    108    0.45    0.33   |
| ARMLÄNGE    197   96.43    5.61   0.40    80    110   -0.19   -0.09   |
| BEINLÄNGE   190   82.58    5.82   0.42    68     97    0.01   -0.06   |
| TEMPERATUR  172   36.44    0.49   0.04   35.4   37.8   0.59    2.54   |
|                                                                       |
| GESCHLECHT  212    (134 MÄNNER,   78 FRAUEN)                          |
+-----------------------------------------------------------------------+
| KORRELATIONEN ZWISCHEN DEN UNABHäNGIGEN GRÖSSEN:                      |
|                                                                       |
|              ALTER    GESCHL.   KÖRPER-  ARM-    BEIN-     GEWICHT    |
|                                 LÄNGE    LÄNGE   LÄNGE                |
|                                                                       |
| GESCHLECHT   0.0007                                                   |
| KÖRPERLÄNGE  -0.20**  -0.57***                                        |
| ARMLÄNGE     -0.05    -0.55***  0.77***                               |
| BEINLÄNGE    -0.02    -0.30***  0.65***  0.50***                      |
| GEWICHT      0.26***  -0.45***  0.52***  0.53***  0.38***             |
| TEMPERATUR   0.03      0.12    -0.15*   -0.19*   -0.18*    -0.05      |
+-----------------------------------------------------------------------+
+-----------------------------------------------------------------------+
| Einheiten der Grössen:    Alter:  Jahr;  Körperlänge:  cm;  Gewicht: kg; |
| Armlänge (processus  spinosus 7  - Mittelfingerspitze):  cm;  Beinlänge |
| (trochanter  major - malleolus  lateralis):  cm;   (orale)  Tempera-   |
| tur:  Grad C; Geschlecht: Mann 1, Frau 2;                             |
+-----------------------------------------------------------------------+
|                             Tab. 4                                    |
+-----------------------------------------------------------------------+
```

oralen Temperatur und den verschiedenen Körpermaßen. Sie sind durchweg signifikant negativ. Bei jedem Probanden wurden jeweils eine größere Anzahl von Messungen durchgeführt. Aus mehreren Gründen war es aber nicht möglich, stets alle Meßgrößen zu erfassen. So wurde die Körpergröße nur bei 206 Probanden der repräsentativen Stichprobe gemessen, das Körpergewicht wurde bei 202 Probanden festgestellt und die orale Temperatur nur bei 172 Probanden erfaßt. Die Händigkeit wurde bei 184 Probanden dokumentiert, von denen 168 Rechtshänder und 13 eindeutige Linkshänder waren. Bei 3 Probanden war die Händigkeit anhand der anamnestischen Angaben nicht genau festzustellen.

8.3. Auswahl und Anzahl der Messungen:

Insgesamt wurden 5640 motorische und sensible Leitgeschwindigkeiten gemessen (Tab. 5). In dieser Gesamtzahl sind 340 Wiederholungsuntersuchungen (6 %), 722 Messungen an der anderen Körperseite (12,8 %), 61 Messungen (1,1 %) bei Probanden mit nichterfüllten Populationskriterien und 671 Messungen (11,9 %) bei Probanden mit "Krankheiten" enthalten.
Einschließlich der allgemeinen Erkrankungen ergaben sich 15 Gruppen von Erkrankungen, die nach dem neurologisch-neurochirurgischen Diagnoseverzeichnis (SEITZ et al. 1973) verschlüsselt wurden. Die Diagnosen wurden dokumentiert und vom datenaufbereitenden System erkannt. Entsprechend den 15 Diagnosegruppen erfolgte eine vollständige, eine partielle oder keine Aussonderung von Messungen für die repräsentative Stichprobe.
Die Aussonderung von Untersuchungssegmenten wegen Vorliegens von Krankheiten erfolgte unter zwei Gesichtspunkten:
1. wurden Probanden, die an allgemeinen Erkrankungen litten oder die Medikamente einnahmen, ausgesondert. Dadurch reduzierte sich die Anzahl der Untersuchungseinheiten erheblich.
2. wurden jene Messungen ausgesondert, die im Bereich umschriebener Störungen erhoben wurden. So konnten etwa 20 Untersuchungen des N. ulnaris nicht in die repräsentative Stichprobe aufgenommen werden, weil der klinische Verdacht einer umschriebenen Ulnarisläsion im Sulcus nervi ulnaris bestand. Falls beidseitige Messungen vorlagen, wurden die Messungen beider Nn. ulnares ausgesondert. Ähnlich wurde bei Messungen an Probanden mit (möglichen) Carpaltunnelsyndromen vorgegangen.

8.4 Definition der "Untersuchungseinheit":

Laut Tab. 5 liegen insgesamt 3846 Messungen der motorischen und sensiblen NLG (NLG-S1) an klinisch unauffälligen Nervensegmenten vor. Außerdem enthält Tab. 5 Angaben über Anzahl und Selektion jeder einzelnen NLG-Größe. So findet man für die motorische NLG des N. ulnaris an der Hand eine Gesamtanzahl von 233 Messungen an 233 Probanden. Messungen an der anderen Körperseite sind in dieser Anzahl nicht enthalten. Sie dürfen ebensowenig wie Wiederholungsmessungen in eine repräsentative Stichprobe aufgenommen werden. Der Grund, weshalb nur eine Messung pro Proband und pro Untersuchungseinheit in einer repräsentativen Stichprobe vorliegen darf, liegt, vereinfacht ausgedrückt, in der hohen

	KLIN. UNAUFF. NERVEN-SEGMENTE	EXTREME STRECKENMESS. (mm)	EXTREME ZEITMESSWERTE (msec)	MESS-FEHLER >10m/s	EXTREME NLG-WERTE (m/sec)	REPRÄSENT. STICHPROBE		FEHLENDE DOK. Alter Grö3e Gew.	Haut-temp.	Uhr-zeit	STICHPROBE DER	
	N	N	N (unt., über)	N (unt.,üb.)	N	N (unt.,üb.)	N	Proz.	N	N	N	N	Proz.
N. ULNARIS:													
motorisch:													
Hand	233	195	4 (50, 100)	2 (1.5, 6.5)	0	0	189	97.0	7	8	5	169	86.7
U.arm	233	195	6 (165, 305)	1 (1,5, 7.5)	1	5 (35.5, 86.7)	183	93.3	7	12	5	159	81.1
Sulcus	226	192	3 (20, 150)	2 (0.6, 4.2)	24	1 (13.8, 94.2)	162	84.3	7	7	4	144	75.0
O.arm	225	189	3 (95, 235)	2 (0.9, 6.0)	0	1 (30.2, 96.7)	183	96.8	5	9	4	165	87.3
sensibel:													
Hand	238	200	4 (75, 185)	4 (1.5, 4.5)	0	2 (23.2, 76.9)	190	95.0	7	10	5	168	84.0
U.arm	233	197	2 (155, 305)	1 (1.5, 6.5)	2	3 (31.8, 97.9)	189	95.9	7	15	5	162	82.2
Sulcus	219	193	1 (20, 150)	2 (0.3, 5.0)	30	12 (5.4, 101.6)	148	76.7	7	5	3	133	69.0
O.arm	215	184	3 (95, 235)	4 (0.9, 7.0)	3	3 (14.7,116.0)	171	92.9	4	12	5	150	81.5
N. MEDIANUS:													
motorisch:													
Hand	241	202	3 (50, 100)	2 (2.5, 8.5)	0	1 (7.0, 29.6)	196	97.0	6	8	5	177	87.6
U.arm	236	199	0	1 (1.5, 7.5)	1	3 (30.9, 82.2)	194	97.5	6	10	5	173	86.9
O.arm	222	188	2 (95, 265)	2 (1.5, 7.5)	3	8 (34.8,104.1)	173	92.0	6	6	5	156	83.0
sensibel:													
Hand	245	206	5 (95, 185)	2 (1.7, 5.0)	0	1 (28.6, 71.3)	198	96.1	6	14	4	174	84.5
U.arm	240	202	4 (175, 305)	1 (2.5, 7.5)	1	0	196	97.0	6	15	4	171	84.6
O.arm	221	194	5 (95, 280)	1 (0.9,10.0)	6	3 (34.5, 117)	179	92.3	5	10	2	162	83.5
N. PERONÄUS:													
motorisch:													
Fuss	209	170	5 (50, 120)	2 (1.5,10.0)	0	1 (5.3, 28.3)	162	95.3	8	8	4	142	83.5
U.schenkel	208	169	0	3 (2.5,10.5)	2	3 (31.4, 63.5)	161	95.2	8	10	4	139	82.2
F.k.-Kniek.	200	163	0	0	1	4 (12.8, 85.3)	158	96.9	7	8	4	139	85.3
sensibel:													
U.schenkel	188	155	0	0	0	3 (32.2, 65.6)	152	98.1	8	15	4	125	80.6
N. TIBIALIS:													
motorisch:													
Fuss:	189	156	1 (80, 205)	2 (2.5,11.5)	0	1 (10.2, 41.3)	152	97.4	6	9	3	134	85.9
U.schenkel	185	154	2 (240, 520)	1 (2.5,12.5)	1	6 (25.9, 65.9)	144	93.5	5	8	3	128	83.1
N. SURALIS:													
U.schenkel	172	143	0	0	0	3 (33.3, 66.9)	140	97.9	7	14	3	116	81.1
INSGESAMT:	4578	3846	53	35	75	64	3620	94.1	135	218	86	3186	82.8

Tab. 5

Korrelation zwischen paarigen Untersuchungseinheiten der rechten und linken Körperseite
und einer ähnlich hohen Korrelation zwischen Wiederholungsuntersuchungen (s. Tab. 65).
Diese hohen Korrelationen sind Ausdruck dafür, daß die NLG der rechten und linken Körperseite eines Probanden voneinander nicht unabhängig sind.
Unter Untersuchungseinheit soll jene Gruppe von neurographischen Meßgrößen verstanden
werden, die bei der Untersuchung eines motorischen oder eines sensiblen Nervensegmentes
erfaßt werden. Auf diese Weise wurden 21 Untersuchungseinheiten zusammengestellt. Jede
dieser Untersuchungseinheiten umfaßt mehrere neurographische Meßgrößen (z. B. Zeit, Meßstrecke, Amplitude usw.) und die dazugehörigen Hauttemperaturen.
Ein bis zwei Hauttemperaturmessungen wurden jeder Untersuchungseinheit zugeordnet, wobei benachbarte Segmente auf die gleiche Temperaturmessung zugreifen können.
Die Untersuchung der motorischen Funktion, z. B. des N. ulnaris an der Hand wurde von
der Untersuchung der sensiblen Funktion des N. ulnaris an der Hand getrennt. Dementsprechend gibt es für das "Handsegment" des N. ulnaris zwei Untersuchungseinheiten, eine
motorische und eine sensible Untersuchungseinheit.

8.4.1 Die Unterschiede der Anzahl von Messungen pro Untersuchungseinheit:

Für die verschiedenen Untersuchungseinheiten finden sich unterschiedliche Anzahlen von
Messungen. Insgesamt wurden 253 Probanden untersucht. Die motorische NLG des N. ulnaris
an der Hand wurde laut Tab. 5 bei 233 Probanden jeweils mindestens einmal gemessen.
Eine etwas andere Gesamtanzahl von Messungen liegt für die motorische NLG des N. medianus an der Hand vor: Hier wurden 241 Probanden untersucht. Die Anzahl der Messungen verschiedener NLG an den Beinen ist deutlich geringer als an den Armen; so wurden insgesamt 188 Messungen der sensiblen NLG (NLG-S1) des N. peronaeus am Unterschenkel durchgeführt. Ein beträchtlicher Teil der 253 Probanden wurde also von vornherein an den Beinen nicht untersucht, sei es, daß es aus zeitlichen Gründen nicht möglich war, oder daß
etwa wegen des Vorliegens einer Wurzelschädigung auf die Untersuchung der Beinnerven
(im Rahmen dieser Untersuchung) verzichtet wurde.
Weitere Unterschiede in der Anzahl der NLG-Messungen pro Untersuchungseinheit sind
durch geringe Schwankungen der Anzahl von Krankheiten bedingt. Die nach einem einheitlichen Diagnosenschlüssel (SEITZ et al. 1973) zusammengefaßten Krankheitsgruppen traten
bei den verschiedenen Untersuchungseinheiten mit unterschiedlicher Häufigkeit auf. Die
Anzahl der durch Krankheiten insgesamt selektierten Fälle ist aber trotz unterschiedlicher Krankheitsursache für verschiedene Untersuchungseinheiten erstaunlich konstant.
Eine empfindlichere Einschränkung stellen die unterschiedlichen Untersuchungsanzahlen
für multivariate Schätzungen anhand der abhängigen Größen etwa für die Erkennung von
Polyneuropathien dar.
Die Anzahl der verbliebenen unauffälligen Nervensegmente ist ausreichend groß, die
Schätzungen der neurographischen Parameter der jeweiligen Untersuchungseinheiten können
als repräsentativ erachtet werden. Systematische Fehler sind bisher nicht aufgedeckt
worden.

Die unterschiedlichen Anzahlen der repräsentativen Messungen pro Untersuchungseinheit sind im weiteren durch Selektion von Extremwerten bedingt. Die Kriterien dieser "inneren" Selektion werden im Kapitel 11 besprochen. Durch diese Maßnahme verringert sich die Anzahl der Messungen an klinisch unauffälligen Segmenten um insgesamt 4,3 %, wenn die Messungen im Sulcus nervi ulnaris nicht berücksichtigt werden, und, mit deren Berücksichtigung, um 5,9 %. Die Anzahl der repräsentativen Messungen für die motorische NLG und die sensible NLG - positive Spitze beträgt 3620 und liegt für die verschiedenen Untersuchungseinheiten zwischen 198 (sensible NLG des N. medianus) und 140 (NLG-S1 des N. suralis am Unterschenkel).

Für die übrigen neurographischen Parameter (NLG-S2, Amplitude etc.) gelten diese Anzahlen nicht genau; so wurde laut Tab. 7 zum Beispiel 189mal die motorische NLG des N. ulnaris an der Hand gemessen, die Amplitude und die Dauer 192mal, die Anzahl der Phasen 182mal und das Integral nur 74mal bestimmt. Die Anzahl klinisch unauffälliger Nervensegmente gilt zwar für alle neurographischen Parameter, die innere Selektion erfolgt aber jeweils unterschiedlich für NLG, Amplitude, Dauer und Phasenanzahl. Die Gesamtanzahl der Messungen des Integrals ist deshalb bedeutend niedriger, weil der Integrator, ein Bauteil des Untersuchungsgerätes, längere Zeit ausfiel und zum Ende der Untersuchungen die Integration des motorischen Summationspotentials nicht mehr durchgeführt wurde.

8.5 Die untersuchten Nervenabschnitte:

Hier folgt eine zusammenhängende Darstellung der 21 untersuchten Nervenabschnitte. Jede Untersuchungseinheit wird noch im einzelnen beschrieben:
Die motorischen und sensiblen Segmente des N. ulnaris wurden an der Hand, am Unterarm, im Sulcus und am Oberarm untersucht. Der motorische Reizpunkt lag am Handgelenk etwas weiter proximal als der sensible Registrierpunkt, der über dem Sulcus carpeus medius (Restricta) lag. Die motorischen Parameter wurden vom M. abductor digiti quinti registriert. Sensible Reizantworten erhielt man durch Stimulation an der Grundphalanx des Kleinfingers. Motorischer Reizpunkt und sensibler Ableitepunkt für die Parameter des Unterarmes war eine Region etwa 3 bis 5 cm distal der Suclusmitte, für die Parameter des Sulcus etwa 2 bis 7 cm proximal der Sulcusmitte. Motorische Reizung und Registrierung der sensiblen Meßgrößen am Oberarm erfolgten etwa 3 bis 6 cm distal der Fossa axillaris.
Die motorischen und sensiblen neurographischen Parameter des N. medianus wurden an drei Segmenten untersucht: an der Hand, am Unterarm und am Oberarm. Die motorischen Meßgrößen wurden vom M. abductor pollicis brevis abgeleitet. Der motorische Reizpunkt am Handgelenk lag in der Regel etwas proximaler als der sensible Ableitepunkt, der über dem Sulcus carpeus medius (Restricta) lag. An der Ellenbeuge wurde in der Regel zwischen Lacertus fibrosus und Bicepssehne gereizt und registriert. Der proximale Reiz- und Registrierpunkt war ebenso wie bei der Untersuchung des N. ulnaris weniger genau festgelegt und lag in der Regel 3 bis 6 cm distal der Fossa axillaris.

Der N. peronaeus wurde motorisch an 3 Segmenten und sensibel an einem Segment untersucht. Die motorischen Segmente sind der Fuß, der Unterschenkel und die Strecke Fibulaköpfchen - Fossa poplitea; die sensiblen neurographischen Parameter wurden nur für Messungen am Unterschenkel erhoben. Der motorische Reizpunkt lag etwa in Höhe des Retinaculum musculorum extensorum superius, zwischen der Sehne des M. tibialis anterior und der
etwas breiteren und lateral liegenden Sehne des M. extensor digitorum longus; die weiteren Reizpunkte lagen dorsal vom Fibulaköpfchen und in der Fossa poplitea. Die Reizung
der sensiblen Fasern des N. peronaeus erfolgte etwa 1 bis 3 cm distal vom motorischen
Reizpunkt am Sprunggelenk, an jener Stelle, an der bei Dorsalextension der Zehen über
der gefächerten Sehne des M. extensor digitorum longus der N. cutaneus dorsalis medialis als rollender Strang tastbar war. Dieser Nerv entstammt dem N. peronaeus superficialis und ist entsprechend den Tastbefunden interindividuell und intraindividuell rechts
und links unterschiedlich ausgebildet. Manchmal ist er als relativ dicker Strang tastbar, manchmal finden sich jedoch nur einzelne Nervenfäserchen, so jedenfalls der Eindruck des Tastbefundes, und man hat dann auch in der Regel größere Schwierigkeiten, ein
ausreichend gut erkennbares Reizantwortsignal dorsal vom Fibulaköpfchen zu registrieren.

Der N. tibialis wurde nur motorisch am Fuß und am Unterschenkel untersucht. Die Ableitung erfolgte vom M. flexor digitorum brevis. Der Reizpunkt für den Fuß lag dorsal vom
medialen Knöchel, für den Unterschenkel in der Kniekehle.

Der N. suralis wurde an einem Meßsegment untersucht: Die Reizung erfolgte dorsal vom
lateralen Knöchel, Ableitung in der Kniekehle. Messungen für die Strecken lateraler
Knöchel - Wadenmitte oder Wadenmitte - Kniekehle werden hier nicht angegeben.

8.5.1 Die Anteile rechts- und linksseitiger Messungen:

Erhebliche Schwierigkeiten bereitete die Entscheidung, ob die Messungen getrennt für
jede Körperseite dargestellt werden sollten. Die überwiegende Anzahl der Messungen erfolgte auf der rechten Seite. Angaben für Messungen auf der linken Körperseite wären
von der Anzahl her allenfalls für Untersuchungen an den Beinen von Interesse. Die NLG
der Beine lassen aber keine bedeutsamen Seitenunterschiede erkennen. Die Anzahl der
rechtsseitigen Messungen an den Beinen ist bedeutend kleiner als an den Armen. Linksseitige und rechtsseitige Messungen wurden nur für die sensiblen NLG an der Hand für die
geplanten paarigen Vergleiche durchgeführt. Für die Erstellung der repräsentativen
Stichproben wurde folgendermaßen vorgegangen: bei Vorliegen von rechtsseitigen oder
beidseitigen Messungen wurden die Messungen an der rechten Körperseite verwendet. Wurden nur linksseitige, klinisch unauffällige Nervensegmente untersucht, fehlten also
rechtsseitige Messungen der entsprechenden Untersuchungseineinheiten eines Probanden,
so wurde die Messung an der linken Körperseite für die repräsentative Stichprobe genommen. Der Anteil linksseitiger Messungen beträgt an der oberen Extremität 2 bis 4 % und
an der unteren Extremität 5 bis 8 % je nach Untersuchungseinheit. Durch dieses Vorgehen

konnte insbesondere die Fallzahl der Messungen an den Beinen (die, wie gesagt, keine
wesentlichen Seitenunterschiede aufwiesen) erheblich erhöht werden.
Die paarigen Untersuchungen der sensiblen Nervenleitgeschwindigkeiten des N. ulnaris
und medianus an der Hand werden in den entsprechenden Kapiteln über Seitenvergleiche
und paarige Untersuchungen abgehandelt.

8.6   Beschreibung der Meßgrößen:

8.6.1 Allgemeine Größen:

An allgemeinen Größen wurden das Geburtsdatum, das Ableitedatum einschließlich Uhrzeit,
die orale Temperatur, Körperlänge und Körpergewicht gemessen. In Anlehnung an CLARK
(1956) wurden zwei anthropometrische Körpermaße für die Armlänge und die Beinlänge bestimmt: die Armlänge wurde als Entfernung zwischen Processus spinosus C7 bis Mittelfingerspitze bei Messung am anliegenden Arm über die Schulter definiert. Die Beinlänge
wird als Entfernung zwischen Trochanter major und Malleolus lateralis gemessen. Die Anzahl der fehlenden Meßwerte für die Armlänge, die Beinlänge und die orale Temperatur
ist relativ groß (Tab. 4); diese Meßgrößen wurden zu Beginn der Untersuchung nicht
regelmäßig erhoben.
Neben der oralen Temperatur wurden auch Hauttemperaturen an 11 verschiedenen Punkten
erhoben. Der Meßpunkt der Hauttemperatur proximal vom Sulcus wird nicht gebraucht. Der
Meßpunkt dorsal vom äußeren Knöchel wird nur für die Dauer des Nervenaktionspotentials
des N. suralis gebraucht. Somit verbleiben 9 Meßpunkte, die auf Abb. 8 wiedergegeben
sind: Die Hauttemperatur über der A. ulnaris wird für die Berechnung von Erwartungswerten der motorischen und sensiblen NLG an der Hand und für die motorische NLG am Unterarm, die Hauttemperatur distal vom Sulcus wird für die sensible NLG am Unterarm gebraucht. Der Meßpunkt der motorischen NLG des N. ulnaris am Oberarm liegt 3 bis 6 cm
distal der Fossa axillaris. Der Hauttemperaturmeßpunkt für die motorische und sensible
NLG des N. medianus an der Hand liegt über der A. radialis. Für die sensible NLG des
N. medianus am Unterarm braucht man zwei Meßpunkte: den Meßpunkt über der A. radialis
und einen Meßpunkt in der Ellenbeuge. Für die motorische NLG des N. medianus am Unterarm wird der Meßpunkt an der Ellenbeuge gebraucht, für die sensible NLG des N. medianus
am Oberarm werden wiederum 2 Meßpunkte benötigt: die Meßpunkte an der Ellenbeuge und im
Bereich der Axilla. Für die Schätzungen des Temperatureinflusses auf die NLG des N.
peronaeus sind 2 Temperaturmeßpunkte wichtig: Die motorische NLG am Fuß und die sensible NLG am Unterschenkel zeigen eine signifikante Abhängigkeit von der Hauttemperatur
über der A. dorsalis pedis am Sprunggelenk. Die motorische NLG des N. peronaeus am Unterschenkel ist vom Einfluß der Hauttemperatur über der A. dorsalis pedis abhängig,
aber auch mit der Hauttemperatur im Bereich des Fibulaköpfchens signifikant partiell
korreliert. Für die motorische NLG des N. tibialis am Fuß ist ein Temperaturmeßpunkt am
medialen Knöchel von Bedeutung, für die motorische NLG des N. tibialis am Unterschenkel
braucht man die Hauttemperatur im Bereich der Kniekehle.[1]

[1] siehe nächste Seite

MESSPUNKTE FÜR DIE HAUTTEMPERATUR *⁾

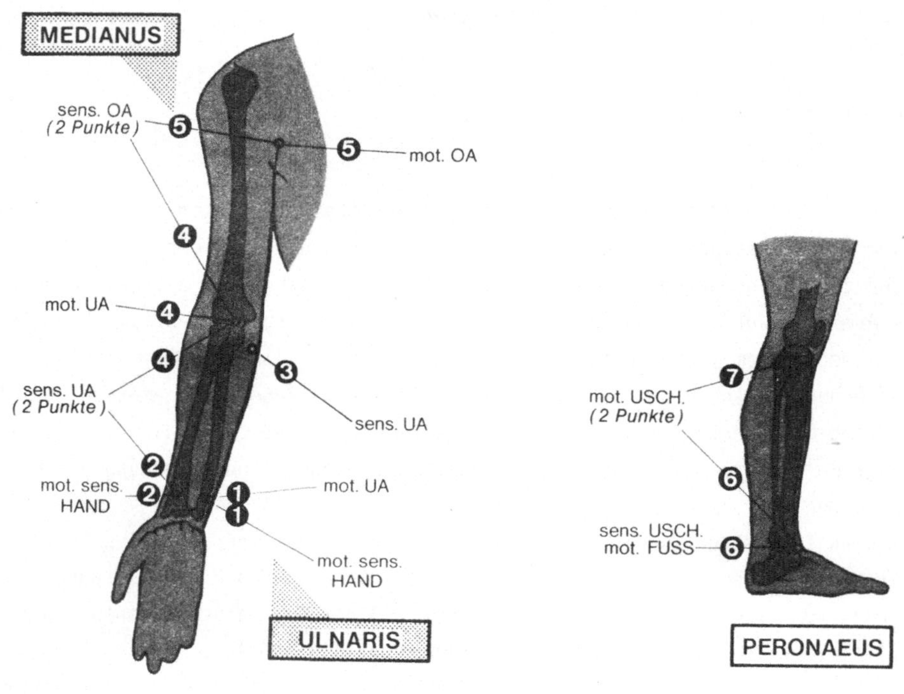

*⁾ **Stets Maximum nehmen**

Abb. 8

8.6.2 Die neurographischen Parameter:

Für die oben oder in Tab. 5 angegebenen Untersuchungseinheiten wurden die motorischen oder sensiblen NLG bestimmt. Außer der üblicherweise angegebenen distalen motorischen Latenz wird die distale motorische NLG angegeben.

Die motorischen NLG des N. ulnaris und des N. medianus an der Hand, des N. peronaeus und des N. tibialis am Fuß sind ausreichend gut normal verteilt, wie anhand von Schiefe und Exzeß zu erkennen ist (Tab. 7,25,36,43). Dies gilt aber nicht für die Latenz der distalen Segmente des N. ulnaris, medianus und peronaeus und schon gar nicht für die distale motorische Latenz pro 5 cm für die 4 untersuchten motorischen Nerven. Die distalen motorischen Latenzen pro 5 cm weisen einen extrem hohen Exzeß auf und sind zum Teil schief verteilt. Weitere statistische Berechnungen erfordern erhöhten Aufwand und machen diese Parameter wenig geeignet.

Die sensiblen NLG wurden orthodrom gemessen. Als Meßpunkte dienten die erste positive und die erste negative Spitze, es werden also zwei sensible NLG pro Untersuchungseinheit angegeben. Ausnahme: Die sensible NLG des N. ulnaris am Oberarm, hier erfolgt nur die Angabe der sensiblen NLG - gemessen zur positiven Spitze.

Folgende weitere motorischen Parameter werden für die jeweiligen distalen Untersuchungseinheiten, also bei Reizung am Handgelenk oder am Sprunggelenk, angegeben: Die Amplitude, gemessen von der ersten negativen bis zur ersten positiven Spitze, die Dauer, gemessen vom initialen Meßpunkt, bis das Potential wieder die Null-Linie erreicht, die Anzahl der Phasen und, in einem Teil der Fälle, das Integral des Summationspotentials. Amplitude, Dauer und Anzahl der Phasen werden für jede Untersuchungseinheit der sensiblen Nerven angegeben.

9 Untersuchungstechnik

9.1 Lagerung der Extremitäten:

Der Arm wurde am sitzenden Probanden untersucht. Bei Untersuchung des N. ulnaris war das Ellenbogengelenk auf etwa 135 Grad gebeugt; der Oberarm war im Schultergelenk seitlich abduziert und etwas nach außen rotiert. Der Unterarm lag radialseitig auf dem Untersuchungstisch. In dieser etwas unbequemen Lage waren die Reiz- und Registrierpunkte vom Untersucher ohne Lageveränderung des Armes erreichbar.

Der N. medianus wurde bei gestrecktem Ellbogengelenk und etwas nach außen rotiertem Unterarm untersucht. Der Oberarm wurde im Schultergelenk seitlich abduziert. Der gestreckte Arm wurde etwas distal vom Ellbogengelenk auf eine Stützrolle aufgelegt.

Die Untersuchung der Beinnerven erfolgte am liegenden Probanden. Der Fuß wurde ent-

---

1) Die Relevanz der Messungen von Hauttemperaturen wird sehr unterschiedlich eingeschätzt. Deshalb sei vorab mitgeteilt, daß 20 bis 30 % der Varianz einzelner NLG-Größen sich auf die Wirkung der Hauttemperatur zurückführen lassen. Die Ergebnisse der Längsschnittstudie zeigen aber, daß die individuellen Regressionskoeffizienten der Hauttemperatur für die NLG recht verschieden sein können - auch dann, wenn die Korrelationswerte vergleichbar sind (Tab. 70).

spannt gehalten und nahm so im oberen Sprunggelenk einen Winkel von etwa 120 Grad ein.
Die Untersuchung vom N. peronaeus und tibialis erfolgte bei dem am Rücken liegenden Probanden. Um die Kniekehle zu erreichen, wurde der Oberschenkel durch eine Rolle angeho-
ben. Die Untersuchung des N. suralis erfolgte entweder in Rückenlage mit Unterlagerung
des Oberschenkels etwas proximal vom Kniegelenk und Unterstützung des Unterschenkels
durch eine Rolle im Bereich der Achillessehne. Ein Teil der Untersuchungen des N. suralis und tibialis erfolgten in Bauchlage.

9.2 Stimulation:

Die Reizung der motorischen Nerven erfolgte mit bipolaren Oberflächenelektroden, distal
liegender Kathode und einem Elektrodenabstand von 20 mm. Reizpunkte, wie bereits beschrieben, für N. ulnaris am Handgelenk, distal vom Sulcus, proximal vom Sulcus und in
der Fossa axillaris, etwa 3 bis 6 cm distal von deren medialstem Punkt; für N. medianus
ebenfalls am Handgelenk, meist zwischen der Sehne des M. palmaris longus und flexor
carpi radialis, in der Ellenbeuge zwischen Bicepssehne und Lacertus fibrosus und am
Oberarm etwa 3 bis 6 cm distal der Fossa axillaris. Der distale Reizpunkt für N. peronaeus lag in Höhe des Retinaculum superius oder etwas proximal davon, die übrigen Reizpunkte lagen dorsal vom Fibulaköpfchen und in der Kniekehle. Der N. tibialis wurde dorsal vom medialen Knöchel und in der Kniekehle stimuliert.
Die sensiblen neurographischen Meßgrößen des N. medianus und ulnaris wurden durch Reizung des Mittelfingers und des Kleinfingers erfaßt. Die Kathode saß proximal an der Fin-
gerbasis, die Anode in der Mitte der mittleren Phalanx. Der N. cutaneus dorsalis medialis oder der N. cutaneus dorsalis intermedius, Äste des N. peronaeus superficialis, wurden im Bereich des Sprunggelenkes gereizt, wo der eine oder andere Nerv über der Sehne
des Extensor digitorum longus bei Dorsalextension der Zehen als rollender, selten als
aufgefächerter Strang tastbar war. Die Reizung des N. suralis erfolgte dorsal und meist
1 bis 2 cm proximal vom oberen Rand des lateralen Knöchels.
Die Reizstärke wurde durch die Reizspannung und die Reizdauer geregelt. Die Reizdauer
betrug am Arm 0,1 oder 0,2 msec, für die Reizung des N. peronaeus am Sprunggelenk wurde
gelegentlich eine Reizdauer von 0,5 msec angewendet. Die Reizstärke war stets supramaxi-
mal. Nach Auftreten des Amplitudenmaximums erfolgte für die Registrierung der motorischen Reizantworten eine Erhöhung der Reizspannung um 20 bis 30 %. Bei Untersuchungen
der motorischen Parameter des N. peronaeus lag die Reizschwelle gelegentlich oberhalb
der Schmerzgrenze. Die sensiblen Reizantworten wurden ebenfalls erst nach Auftreten
eines Amplitudenmaximums registriert. Da die Nervenaktionspotentiale der sensiblen Nerven der Beine meist erst nach Mittelwertbildung erkennbar wurden, konnte für diese Messungen nicht das Amplitudenmaximum als Kriterium herangezogen werden. Für die Begren-
zung der Reizstärke zur Untersuchung des sensiblen Astes des N. peronaeus war entscheidend, daß keine motorischen Fasern mitstimuliert wurden. Sämtliche sensiblen Messungen
erfolgten unterhalb von Reizspannungen, bei denen die Probanden das Auftreten von
Schmerzen angaben. Bei Auftreten von Schmerzen konnten sich die Probanden nicht mehr
ausreichend entspannen.

Für die Bestimmung der supramaximalen Reizantwort wird manchmal als Kriterium die Veränderung der Latenz mit zunehmender Reizstärke verwendet (Abb. 1). Die supramaximale sensible Reizantwort kann aber nicht durch die Latenz bestimmt werden, da keine wesentlichen Latenzänderungen des sensiblen Nervenaktionspotentials bei zunehmender Reizspannung zu beobachten sind (Abb. 2). Daher wurde die supramaximale Reizantwort, wie meist üblich, anhand der maximalen Spitze-Spitze-Amplitude der sensiblen oder motorischen Reizantwort bestimmt.

Bei Verwendung von Fingerelektroden, die aus einer Feder bestanden, die mit einer Gummimanschette an die jeweilige Fingerdicke angepaßt werden konnte, wurde der Kontakt durch Elektrodengelee verbessert. Schwitzten die Patienten stark, so wurde die Haut zwischen den Elektroden und auch manchmal gegen Ringe, die nicht abgezogen werden konnten, mit Zellstoff abgedeckt. Die Reizung der sensiblen Nerven an den Beinen erfolgte über die bipolare Reizelektrode, deren Pole mit Leinen überzogen waren. Die bipolare Reizelektrode wurde stets mit einer Salzlösung befeuchtet.

9.3 Registrierung:

Sämtliche Registrierungen erfolgten mittels chlorierter Oberflächenelektroden von 1 cm Durchmesser, die mittels Kleberingen befestigt werden konnten. Bei großer Hautfeuchtigkeit, insbesondere bei Anlegen der Elektrode über dem M. abductor digiti quinti wurden manchmal zusätzlich Gummibänder zur Befestigung verwendet.

Die <u>motorischen Reizantworten</u> des N. medianus wurden mit der differenten Elektrode (der Anode) über dem M. abductor pollicis brevis abgeleitet (Abb. 4). Die "Referenz"-Elektrode lag über dem Capitulum ossis metacarpalis II. Bei dieser Elektrodenanordnung kann man - im Gegensatz zur üblichen Belly-Tendon-Elektrodenanordnung - davon ausgehen, daß die registrierte Reizantwort weitgehend unipolar ist. Daher sind Amplitude und Dauer sowie Phasenanzahl und Integral der motorischen Reizantwort des N. medianus als weitgehend unabhängig von der Elektrodenanordnung zu sehen. Die Registrierung der motorischen Reizantwort des N. ulnaris erfolgte mit der "differenten" Elektrode über dem M. abductor digiti quinti; die indifferente Elektrode wurde über dem Capitulum ossis metacarpalis II belassen. Die Amplituden und die Dauer wurden durch diese Anordnung insgesamt weniger von dem Signal an der "Referenz"-Elektrode beeinflußt als bei der Belly-Tendon-Elektrodenlage; die Fortleitung der Reizantworten des M. interosseus I und des M. interosseus II mußten dafür hingenommen werden. Die Untersuchung wurde mit dieser Elektrodenanordnung begonnen und nicht geändert. Die motorischen Reizantworten des N. peronaeus wurden über den M. extensor digitorum brevis abgeleitet. Die indifferente Elektrode wurde über der Tuberositas ossis metatarsalis V angebracht. Dieser Referenzpunkt ist für die indifferente Elektrode fast ideal, da dort nahezu keine elektrische Aktivität auftritt. Der gleiche "Referenz"-Punkt diente für die Ableitung der motorischen Reizantworten des N. tibialis. Proximal der Zehengrundgelenke findet sich keine Stelle am Fuß, an der Potentiale unter 1 bis 2 mV bei Reizung des N. tibialis bei einem gesunden Probanden abzuleiten wären; daher wurde die "Referenz"-Elektrode über der

Tuberositas ossis metatarsalis V belassen. Bei der Untersuchung der N. tibialis bereitete die Auffindung des optimalen Registrierpunktes Schwierigkeiten. Bei Ableitung über
dem M. abductor hallucis fanden sich häufig initial positive Reizantworten. Ausreichend
initial negative Reizantworten waren aber über dem M. flexor digitorum brevis zu registrieren, wenn auch der negative Potentialbeginn häufig unschärfer als bei den anderen
Kennmuskeln war. Die Schwierigkeiten, gute Reizantworten von den Kennmuskeln des N.
tibialis zu bekommen, sind offenbar nicht nur eigene Erfahrungen. So verwendeten HOPF
et al. (1972) den M. flexor pollicis brevis als Kennmuskel. Die nach Abschluß dieser
Untersuchungsserie gemachten Beobachtungen über optimale Ableitebedingungen von den
Kennmuskeln des N. tibialis zeigten, daß die beste Ableitestelle vom M. abductor pollicis an der Medialseite des Fußes distal vom Knöchel, aber proximal vom Fußgewölbe
liegt. Der wesentliche Anteil des Summenpotentials geht an diesem Reizpunkt vom M. abductor pollicis aus, der späte Anteil, der die Dauer beeinflußt, kommt vom M. abductor
digiti quinti, wenn die Referenzelektrode über der Tuberositas ossis metatarsalis V
liegt. Die hier angegebenen Meßergebnisse gelten aber für Ableitungen vom M. flexor
digitorum brevis.
Die sensiblen Reizantworten des N. ulnaris wurden am Sulcus carpeus medius, also über
der mittleren Falte am Handgelenk in pseudounipolarer Elektrodenanordnung registriert.
Die "Referenz"-Elektrode lag über dem N. medianus. Diese Elektrodenanordnung erschien
optimal, weil nur durch Umstecken der Ableitekabel und Umlegung der Reizelektroden auf
den 3. Finger die Reizantworten des N. medianus registriert werden konnten. Da die Registrierung sensibler Reizantworten sehr von der Entspannung des Probanden abhängt, konnten die Referenzelektroden nicht routinemäßig so weit weg gelegt werden, wie in Abb. 2
und Abb. 3 für die unipolare Registrierung dargestellt wurde. Die "Referenz"-Elektroden
wurden stets in transversaler Richtung zur Nervenachse 3 bis 5 cm, entsprechend den Vorschlägen von BUCHTHAL und ROSENFALCK angebracht und beeinflußten systematisch die Amplituden, jedoch fast nicht die Dauer der registrierten sensiblen Potentiale. Die geringe
Beeinflussung der Dauer und der weitgehend unverfälschte negative Meßpunkt des Nervenaktionspotentials sind die wesentlichen Vorteile dieser pseudounipolaren Registrierung
gegenüber der bipolaren Registrierung.
Für alle übrigen Meßpunkte der sensiblen Nervenaktionspotentiale wurden die "Referenz"--
Elektroden in besonderen Lagen angelegt. Bei Registrierung des sensiblen Nervenaktionspotentials distal vom Sulcus lag die differente Elektrode 2 bis 5 cm distal von Sulcusmitte, meist über dem Ansatz des M. flexor carpi ulnaris, die "Referenz"-Elektrode über
dem Flexor carpi radialis, transversal zur Nervenachse. Zur Untersuchung des sensiblen
Sulcussegmentes des N. ulnaris wurde das Nervenaktionspotential 3 bis 7 cm proximal von
Sulcusmitte registriert; die indifferente Elektrode lag transversal dazu 3 bis 5 cm entfernt im Sulcus zwischen M. biceps und M. triceps brachii. Das Nervenaktionspotential
des N. ulnaris im Bereich des Oberarmes wurde 3 bis 6 cm distal der Axillamitte mit der
indifferenten Elektrode über dem distalen Ansatz des M. deltoideus registriert.
Die sensiblen Nervenaktionspotentiale des N. medianus wurden am Handgelenk, wie be-

schrieben, im Suclus carpeus medius mit indifferenter Elektrode über N. ulnaris, an der
Ellenbeuge zwischen Bicepssehne und Lacertus fibrosus mit indifferenter Elektrode über
dem Epicondylus medialis und am Oberarm 3 bis 6 cm distal des medialsten Punktes der
Axilla mit indifferenter Elektrode über dem Ansatz des M. deltoideus registriert. Die
Registrierungen erfolgten distal der Axilla, weil am tiefsten Punkt der Axilla die An-
bringung der Elektroden infolge Schwitzens Schwierigkeiten bereitet hätte. Unter Berücksichtigung der Erfordernisse in der klinischen Routine erscheint die Wahl der allerdings nur ungenau anatomisch beschreibbaren Meßpunkte am Oberarm gerechtfertigt zu sein.

Das sensible Reizantwortpotential des N. peronaeus superficialis wurde dorsal vom
Fibulaköpfchen gemessen. Die Referenzelektrode lag meist über der Tuberositas tibiae.
Die Behaarung wurde im Bereich der Registrierelektroden häufig entfernt, durch das Rasieren die Haut gleichzeitg aufgerauht, wodurch der sonst häufig hohe Hautwiderstand
erheblich gemindert werden konnte. Die Registrierung des sensiblen Reizantwortpotentials des N. suralis erfolgte genau in Kniekehlenmitte. Die indifferente Elektrode lag
über dem Condylus lateralis tibiae; die Behaarung mußte für das Anbringen der indifferenten Elektrode manchmal entfernt werden. Der von BUCHTHAL und ROSENFALCK angegebene
Meßpunkt etwas distal der Falte der Fossa poplitea an jener Stelle, an der der N. suralis den subcutanen Bereich verläßt, um sich mit dem N. tibialis zu vereinigen, ist nach
eigenen Beobachtungen für die Registrierung der Reizantworten des N. suralis weniger
geeignet als der Meßpunkt direkt in der Kniekehle über dem N. tibialis.

Die Silber-Silberchlorid-Elektroden wurden später gegen reine <u>Silber-Elektroden</u> von
gleichem Durchmesser ausgetauscht. Die Silber-Elektroden hatten den Vorteil, daß sie
blankgeputzt werden konnten und dadurch keine eingetrockneten Rückstände des Elektrodengelees aufwiesen. Vor Anbringen des Elektrodengelees wurden die Elektroden <u>jedesmal in
eine wäßrige Salzlösung</u> eingetaucht. Dadurch bildete sich jedesmal von neuem eine Sil-
ber-Silberchloridschicht, die den Elektrodenwiderstand in gleicher Weise für die Dauer
der Untersuchung minderte, wie eine elektrolytische Silberchloridbeschichtung, die über
längere Zeit halten soll. Dann wurden die Elektroden mit einer nicht zu großen und
nicht zu kleinen Menge von Elektrodengelee gefüllt und nach Aufbringen des Kleberinges
so angeklebt, daß die Kabelbuchsen zerrungsfrei an die Elektrodenstecker angeschlossen
werden konnten.
Zwischen Reiz- und Ableiteelektroden wurde eine Erdelektrode angebracht, die aus einem
geflochtenen Drahtband oder aus einer Bleilegierung bestand, mit einem Stoffbezug ver-
sehen war und selbsthaftend angelegt werden konnte. Es mußte nun darauf geachtet werden, daß zwischen Reizelektrode und Erde keine wäßrige Verbindung auftrat. Bei starkem
Schwitzen wurde nach vorherigem Trocknen zwischen Erde und Reizelektrode Zellstoff angebracht. Die Reizartefakte konnten dann bei ausreichender Befeuchtung der Erdelektrode
mit wäßriger Salzlösung unterdrückt werden. Bei Auftreten von Artefakten erwies es sich
als sinnvoll, das gesamte Registrier- und Ableitesystem zu überprüfen. Häufig fanden
sich schlechtleitende silberchlorierte Elektroden, manchmal zu wenig Elektrodengelee

und manchmal ein zu hoher Hautwiderstand als wahrscheinliche Ursache der Artefakte. Die
Verwendung von blankgeputzten Silber-Elektroden, die stets neu durch Eintauchen in eine
wäßrige Salzlösung chloriert wurden und das Aufrauhen der Haut durch Rasieren erwiesen
sich als die wesentlichsten Maßnahmen zur Unterdrückung von Artefakten.

9.4 Die Meßpunkte der registrierten Signale:

Die Probleme bezüglich der Meßpunktfestlegung für die Latenzen der motorischen und sensiblen Potentiale wurden im Kapitel über systematische Fehler besprochen. Siehe dazu
auch Abb. 1-4. Die Zeit der motorischen Reizantwort wurde zwischen Reizbeginn und jenem
Meßpunkt des Signals bestimmt, bei dem das Potential negativ wird. Dieser kann mit ausreichender Genauigkeit erst bei einer Verstärkung von mindestens 1 mV/cm bestimmt werden. Wird dieser Meßpunkt mit einer Verstärkung von 10 mV/cm bestimmt, so tritt er
scheinbar später auf, wie aus Abb. 1 hervorgeht. In der Abb. 1 bereitet die Bestimmung
des initial negativen Potentialabbruchs bei Verstärkungen von 100 uV/cm keine Schwierigkeiten. Häufig treten aber doch dadurch Schwierigkeiten auf, daß entweder eine positive, niederamplitudige Welle dem negativen Potentialeinbruch vorausgeht oder daß der
Potentialabbruch nicht sehr scharf dargestellt werden kann. Bei fehlender Schärfe der
Darstellung wurde die Latenz zu dem Meßpunkt ausgemessen, bei dem der stärkste Krüm-
mungsradius erkennbar war. Entgegen den Vorschlägen von CARPENDALE (1956) wurde nicht
zum Beginn des Potentials mit einer initialen positiven Welle, sondern stets im Bereich
des ersten negativen Potentialanteils gemessen. Wiesen Potentiale eine initial positive
Komponente auf, so wurde versucht, durch Verlagerung der Elektroden (der differenten
wie auch der "Referenz"-Elektrode!) eine ausreichend eindeutige initiale negative Reizantwort zu erhalten. Dies war aber nicht immer möglich. So geht aus Tab. 6 hervor, daß
nach der subjektiven Schätzung des Untersuchers zur Genauigkeit der Latenzmessung einmal im Bereich der Hand, fünfmal jedoch im Bereich des Oberarmes bei Messungen der motorischen NLG des N. ulnaris Schwierigkeiten auftraten. Bei Messung der motorischen NLG
des N. tibialis am Fuß traten in 6 von 152 Fällen (4 %) Schwierigkeiten infolge eines
ungenauen Meßpunktes auf.

Während die Latenzmessungen des motorischen evozierten Potentials bei einer Verstärkung
von 100 μV/cm durchgeführt wurden, erfolgten die Messungen der Amplitude bei einer Verstärkung von 10 mV/cm und die Messung der Dauer bei einer Verstärkung von 1 mV/cm. Für
die Messung der Dauer wurde die Kippgeschwindigkeit von 20 ms/cm auf 50 ms/cm verlangsamt.

Die sensiblen Nervenaktionspotentiale wurden routinemäßig mit einer Verstärkung von
10 μV/cm ausgemessen. Selten war es nötig, eine Verstärkung von 20 μV/cm zu verwenden.
Die Zeitmessungen erfolgten zur positiven Spitze und zur negativen Spitze. Die Amplituden wurden von der ersten positiven Spitze zur ersten negativen Spitze gemessen, die
Dauer unabhängig von der Phasenanzahl vom Potentialbeginn, also vom Beginn des anstei-
genden Potentialsschenkels bis zum Erreichen einer gedachten Null-Linie ausgemessen.
Die Ausmessung der Amplitude erfolgte mit einer Diskretisierung von 1 μV, die Ausmessung der Dauer mit einer Diskretisierung von 0,1 msec.

SUBJEKTIVE SCHÄTZUNG
des UNTERSUCHERS zur
GENAUIGKEIT der LATENZMESSUNG

		N	genau* N	ungenau N	(%)
N. ULNARIS					
motorisch	Hand	189	188	1	
	Unterarm	183	183	0	
	Sulcus	162	162	0	
	Oberarm	183	178	5	(3 %)
sensibel	Hand	190	189	1	
	Unterarm	189	174	15	(8 %)
	Sulcus	148	146	2	
	Oberarm	171	161	10	(6 %)
N. MEDIANUS					
motorisch	Hand	196	196	0	
	Unterarm	194	192	2	
	Oberarm	173	171	2	
sensibel	Hand	198	197	1	
	Unterarm	196	190	6	(3 %)
	Oberarm	179	170	9	(5 %)
N. PERONÄUS					
motorisch	Fuß	162	162	0	
	Unterschenkel	161	161	0	
	Fibulaköpfchen-Kniekehle	158	157	1	
sensibel	Unterschenkel	152	146	6	(4 %)
N. TIBIALIS					
motorisch	Fuß	152	146	6	(4 %)
	Unterschenkel	144	141	3	
N. SURALIS					
sensibel	Unterschenkel	140	133	7	(5 %)

* genau: Meßpunkt liegt innerhalb der Diskretisierungsrate (0.1 msec)

Tab. 6

9.5 Das Untersuchungsgerät:

Sämtliche Untersuchungen erfolgten mit einem Gerät der Firma Medelec. Die Verstärkungs-
bereiche lagen zwischen 5 uV/cm und 10 mV/cm, reichten also zur Erfassung für sensible
und motorische Potentiale aus. Die sensiblen Potentiale wurden bei einer Verstärkung
von 10 μV/cm und Kippgeschwindigkeiten von 5, 10 oder 20 msec/cm bei einer Reizfrequenz
von 1 oder 3/sec mittels Averager registriert. Meist wurden zwischen 30 und 100 Reizantworten gemittelt, selten war es notwendig, bis zu 500 Mittelungen durchzuführen. Die
motorischen Potentiale wurden bei 3 verschiedenen Amplitudenverstärkungen bei einer
Reizfrequenz von 1/sec registriert. Die untere Grenzfrequenz betrug 16 Hz, die obere
3200 oder 8000 Hz. Bereitete die Erkennung eines sensiblen Potentials Schwierigkeiten,
so wurde die Geschwindigkeit des Kippstrahls auf 50 msec/cm reduziert. So hob sich das
Potential besser von zufälligen Grundlinienschwankungen ab und das Anwachsen des Potentials konnte mit zunehmender Summation besser gesehen werden.
Zur Speicherkapazität kann folgendes, wiederum nur aus praktischer Erfahrung, gesagt
werden: Zu Beginn der Untersuchung schien eine Speicherkapazität von 200 Punkten durchaus ausreichend zu sein. In der klinischen Routine zeigte sich aber, daß die Speicher-
punkte sehr eng zusammengezogen werden müssen, wenn ein sehr niederamplitudiges Potential registriert werden soll. Die Anzahl von 1 000 Speicherplätzen ist daher für die
Registrierung besonders niederamplitudiger Potentiale erforderlich.

9.6 Die Messungen der Entfernungen:

Die Meßstrecken wurden bei oben angebener Lagerung der Extremitäten mit einem flexiblen
Meßband auf Millimeter genau bestimmt.

9.7 Temperaturmessungen:

Die Temperaturmessungen erfolgten mit einem Gerät der Firma ELLAB. Der Oberflächenther-
mistor wurde im Bereich des jeweiligen Areals der Hauttemperaturmessung solange verlagert, bis ein Punkt gefunden wurde, an dem die Temperatur während der Meßprozedur rascher als an den übrigen Meßpunkten anstieg. Der verzögerte Anstieg der Temperatur ist
durch die Trägheit des galvanischen Elementes bedingt, die Geschwindigkeit, mit der der
Temperaturanstieg während der Meßprozedur erfolgte, wurde als Hinweis auf die Temperatur des untersuchten Meßpunktes aufgefaßt. Jener Meßwert der Hauttemperatur wurde dokumentiert, der - nach unterschiedlich langer Zeit des Aufliegens des Oberflächenther-
mistors - etwa 15 Sekunden lang konstant blieb, also keine Änderungen mehr innerhalb
der Diskretisierungsrate von 0,1 Grad erkennen ließ.
Der Fehler der Temperaturmessung aufgrund von Meßungenauigkeiten kann als relativ gering erachtet werden gegen jenen Fehler, der durch mangelhafte Eichung des Meßgerätes
auftritt. Nur Messungen mit geeichten Meßgeräten wiesen gleiche Meßwerte im Wasserbad
auf; andere Geräte zeigten Temperaturabweichungen von meist mehr als 1°C. Durch solche
Fehler können die Schätzungen der Erwartungswerte unabhängig von der Meßgenauigkeit der
Temperaturmessung falsch werden.

10 Dokumentation

Die Reizantworten wurden direkt am Oszilloskop ausgemessen, zugleich jedoch auf licht-
empfindlichen Papier registriert. Die Daten wurden laut angesagt und von einem Dokumentationsassistenten in einem Markierungsbogen eingetragen. Die ausgefüllten Markierungsbögen wurden vom AMAP-System (POCKLINGTON 1973) weiterverarbeitet. Sie wurden zuerst
einer Plausibilitätskontrolle unterzogen. Dann wurden durch ein "Arztbrief"-Programm
die erhobenen Befunde und Daten in Form eines Arztbriefes nahezu vollständig ausge-
druckt.
Die weitere Datenaufbereitung wurde ebenfalls mit dem AMAP-System durchgeführt, wobei
große Programmteile des Briefausdruckes übernommen werden konnten. Es lassen sich die
folgenden wesentlichen Programmschritte unterscheiden: Umwandlung der Markierungsbogen-
information in Zahlenwerte; Erstellung eines Datensatzes, in dem die Fallzahl (Einheit
im Datensatz) die Untersuchungseinheit und nicht der Proband ist. Der nächste größere
Schritt bestand in der Erstellung zahlreicher SPSS-Dateien, die einen raschen Zugriff
für Berechnungen innerhalb des SPSS-Systems ermöglichten. (NIE et al. 1975, 1976).
Schließlich wurde ein patientenstrukturierter Datensatz erstellt, in dem die Datensatz-
einheit der Patient war. Dabei ist die Dateneinheit sehr groß und enthält über 500
Variable. Dieser große Basisdatensatz wurde nur einmal erstellt und dann auf die interessierenden Größen reduziert und in dieser Form für Korrelationen der Meßgrößen verschiedener Untersuchungseinheiten angewendet.

10.1 Benutzerfreundlichkeit des Dokumentationssystems:

Nach einer ein- bis zweitägigen Eingewöhnungszeit bereitet die Anwendung des Markie-
rungsbogens seitens der Dokumentationsassistenten keine Probleme mehr. Bei Anwendung
einer festgelegten Regel werden die eingetragenen Latenzen ohne Kopfrechnen automatisch
richtig für die entsprechenden Nervensegmente berechnet. Auch ohne Berücksichtigung der
Möglichkeit, individuelle Erwartungswerte zu erstellen, braucht man für die Eintragungen auf dem Markierungsbogen nicht mehr Zeit als für die Berechnungen "zu Fuß".
Da aber bei jeder Dokumentation Fehler auftreten, ist eine Kontrolle der eingegebenen
Daten erforderlich. Im Abschnitt 7.4 wurde bereits erwähnt, mit welcher Fehlerquote zu
rechnen ist. Im Rahmen der Längsschnittstudie wurden die Fehler bei der Datenerfassung
genauer studiert. Insgesamt wurden 332 Markierungsbögen eingelesen, 99 wurden beim
erstenmal wegen logischer Fehler nicht bearbeitet. Der Fehlerquotient der Markierungsbögen betrug demnach 30 %. Die Gesamtanzahl der logischen Fehler betrug 163 von insgesamt
16 930 Plausibilitätsprüfungen. Somit betrug die Fehlerquote der Plausibilitätsverstöße
nur 0,96 %.
Wenn also der Untersucher nur in einem von hundert Fällen einen Plausibilitätsverstoß
begeht, so bekommt er ein Drittel der Markierungsbögen (auch nach jahrelanger Anwendung) wieder zurück. Eine wesentliche Verbesserung eines derartigen Systems ist durch
die direkte Eingabe der Daten über ein Datensichtgerät zu erreichen.

11 Selektion

Die in Zusammenhang mit der unterschiedlichen Fallzahl der Untersuchungssegmente beschriebenen Kriterien zur Selektion der Meßdaten können wie folgt zusammengefaßt werden:

A. Unabhängigkeit der Untersuchungseinheiten: Aus Gründen der Unabhängigkeit der Untersuchungseinheiten wurde nur eine Messung jedes neurographischen Parameters pro Individuum zugelassen, vgl. Abschnitt 8.5.1.

B. Populationskriterien: Messungen von Probanden unter 13 Jahren, unter einer Körpergröße von 140 cm oder unter einem Gewicht von 40 kg wurden nicht für die repräsentative Stichprobe verwendet.

C. Erkrankungen: Messungen, die von Personen mit Allgemeinerkrankungen oder Personen, die Medikamente einnahmen, stammten, wurden ebenso ausgeschlossen wie Messungen von einzelnen Nervensegmenten mit partiellen neurogenen Läsionen.

Die nächsten vier Selektionskriterien ("Innere Selektion") sind in Tab. 5 zusammenfassend für alle 21 Untersuchungseinheiten zusammengestellt. Für die motorische NLG und die NLG S1 werden die Selektionskriterien bei der Beschreibung der Untersuchungseinheiten jeweils tabellarisch angegeben.

Bestimmung der Extremwerte:

Die Signifikanzgrenzen der standardisierten Extremabweichung für $\alpha = 0,05$ wurden anhand der Testquotienten

$$\frac{X_n - \bar{X}}{SD} \quad \text{und} \quad \frac{X_1 - \bar{X}}{SD}$$

bestimmt, wobei X_N der größte und X_1 der kleinste Wert der Stichprobe sind. Der Testquotient liegt für $\alpha = 0,05$ bei Stichprobengrößen zwischen 100 und 200 zwischen 3,283 und 3,474.

Die Selektion der Meßwerte erfolgte hierarchisch. Die höchste Priorität hatte die Selektion der extremen Streckenmeßwerte; dann folgte die Selektion der extremen Zeitmeßwerte. Danach wurden NLG-Meßwerte mit einem unten angegebenen geschätzten Meßfehler von mehr als 10 m/sec ausgesondert. Zuletzt wurden die Extremwerte der Geschwindigkeiten für die Erstellung der repräsentativen Stichproben entfernt.

11.1 Extreme Strecken- und Zeitmeßwerte:

Aus geometrischen Erwägungen heraus kann es sich bei Abständen unter 1 cm nur um Dokumentationsfehler handeln, Entsprechendes gilt für Zeitmeßwerte von 0,1 msec. Für die distalen motorischen Strecken wurde festgelegt, daß die Mindestentfernung zwischen Reiz- und Ableiteelektroden 50 mm betragen soll, um meßtechnische Schwierigkeiten zu vermeiden.

Die Meßstrecken im Sulcus nervi ulnaris und zwischen Fibulaköpfchen und Kniekehle wurden auf Messungen zwischen 30 und 150 mm eingeengt. Die auf diese Weise ausgesiebten

Messungen machten bei der motorischen und sensiblen NLG insgesamt 1,4 % der extremen
Meßwerte aus.

Extreme Zeitmeßwerte wurden vor allem aufgrund extremer Lagen einzelner Meßwerte ausgesondert. Die Verteilungseigenschaften der Zeitmessungen konnten nur bedingt als Prüfgrößen dienen, weil eine Anpassung an die Normalverteilung bei vielen Messungen nicht
erreicht werden konnte. Laut Tab. 12 wurden insgesamt 35 Zeitmessungen (0,9 %) ausgesondert.

11.2 Meßfehler der NLG:

Die Selektion von Meßwerten mit einer meßfehlerbedingten Streuung von <u>mehr als 10 m/sec</u>
erwies sich nach längerem Suchen eines geeigneten Selektionskriteriums als nahezu
ideal. Die Nervenleitgeschwindigkeiten, bei denen hohe Meßfehler zu erwarten waren, wie
etwa bei der motorischen und sensiblen NLG des N. ulnaris im Sulcus, wurden eingehender
untersucht. Der Meßfehler wurde je nach Betrag in Stufen eingeteilt: mittlerer Meßfehler von (gerundet) 1 m/sec, 2 m/sec usw. bis 20 m/sec und mehr. Dabei zeigte sich erwartungsgemäß, daß die in Untergruppen zusammengefaßten NLG-Werte bei niedrigen Meßfehlern
niedrige Mittelwerte der NLG hatten, während hohe NLG-Werte nahezu ausschließlich bei
hohen Fehlern auftraten. So fanden sich bei der motorischen NLG des N. ulnaris im Sulcus (unter der Annahme eines Wegefehlers von 2,5 mm und eines Zeitfehlers von 0,1 msec)
keine NLG-Meßwerte über 82 m/sec mit einem geschätzten Gesamtfehler von weniger als
9 m/sec. Kein NLG-Meßwert unter   76 m/sec hatte einen geschätzten Gesamtfehler von
10 m/sec oder mehr. Der Umstand, daß rasche NLG-Messungen nur ungenau zu bestimmen
sind, erlaubt aber nicht die Umkehrung dieses Zusammenhanges etwa in dem Sinn: Hohe NLG
können wegen ihres hohen Meßfehlers bezüglich ihres Auftretens überhaupt angezweifelt
werden. Unklar ist hingegen bis heute, worauf das Auftreten derartig hoher NLG-Meßwerte
beruht.

11.3 Extremwerte der NLG:

Trotz des nicht so seltenen Auftretens sehr hoher NLG-Werte, etwa im Sulcus nervi ulnaris oder beim N. medianus am Oberarm, werden die Extremwerte der NLG nicht für die repräsentativen Stichproben verwendet. Den Grund kann man sich anhand der Darstellung
sämtlicher Meßwerte der motorischen NLG im Sulcus anschaulich machen (Abb. 5 und 6).
Die Meßwerte der motorischen NLG im Sulcus sind offensichtlich nicht normal verteilt.
Der Median liegt etwa bei 55 m/sec, die eine Hälfte der Meßwerte liegt also zwischen
20 m/sec und 55 m/sec, die andere Hälfte zwischen 55 m/sec und 172 m/sec. Die Verteilung ist offensichtlich rechtsschief. Das widerspricht der Annahme einer normalverteilten Grundgesamtheit. Zudem zeigt sich, daß, wie vorhin besprochen, hohe Meßwerte infolge des hohen Fehlers nur ungenau bestimmt werden können. Werden nun jene Meßwerte,
die einen Meßfehler von mehr als 10 m/sec haben, die Meßwerte also bestenfalls mit
einer Genauigkeit von ±20 m/sec bestimmt werden können, entfernt (in diesem Beispiel:
24 Fälle, so erhält man eine Stichprobe, die durch diese Maßnahme einer Normalvertei-

lung bereits gut angepaßt ist. Entfernt man noch den verbliebenen Extremwert (1 Fall), so erhält man eine Stichprobe, die zwar nicht mehr dem ursprünglichen Datensatz entspricht, die aber für alle weiteren statistischen Schätzungen herangezogen werden kann. Wesentliche Nachteile erwachsen dem Untersucher, der so vorgeht, nicht, da er sich nur für eine untere Toleranzgrenze interessiert, die Korrekturen aber den oberen Bereich der Meßwerte betreffen.

Der pragmatische Aspekt der Selektionsprozeduren scheint daher ausreichend gerechtfertigt zu sein. Die Frage nach den Extremwerten ist jedoch inhaltlich damit nicht beantwortet.

Am Beispiel der motorischen NLG des N. ulnaris im Sulcus wurde festgestellt, daß die unselektierten Meßwerte der NLG rechtsschief verteilt sind. Schiefe und Exzeß der Verteilung können vorteilhaft durch eine logarithmische Transformation der Meßwerte beseitigt werden. Die logarithmische Verteilung der 187 Meßwerte der NLG des N. ulnaris im Sulcus, also aller klinisch unauffälligen Segmente ohne extreme Zeit- und Meßstreckenwerte, ist gut der Normalverteilung angepaßt. Der Median beträgt 1,757 = 57,15 m/sec. Der Mittelwert der logarithmischen Verteilung beträgt nach Rücktransformation nach den Angaben von AITCHISON und BROWN (1957) oder nach der Schätzung von SACHS (1973) 60 m/sec. Aufgrund der Schätzungen von NAEVE (1968) müßte insbesondere unter Berücksichtigung der niederen logarithmischen Standardabweichung von log SD = 0,137 der zentrale Schätzwert nahezu identisch mit dem Median sein. Für die Berechnung des Vertrauensbereiches geht SACHS vom Median aus. Entsprechend wird hier der Bereich der Standardabweichung und der Toleranzbereich angegeben. Der einfache Standardabweichungsbereich ist nach Rücktransformation asymmetrisch um den Median verteilt: Der untere Wert der einfachen Standardabweichung beträgt nach Rücktransformation $SD_{(u)}$ = 41,68 m/sec; der obere Wert beträgt $SD_{(o)}$ = 78,34 m/sec.

Die entsprechenden Werte der repräsentativen Stichprobe lauten: M = 54,0 m/sec, SD = 11,8 m/sec; M-SD = 42,2 m/sec, M+SD = 65,8 m/sec. Die rücktransformierten unteren Toleranzgrenzen für 95 % und 99 % der Meßwerte betragen 34,2 m/sec bzw. 27,2 m/sec; sie stimmen etwa mit den angegebenen Toleranzgrenzen der in Abb. 14 wiedergegebenen repräsentativen Stichprobe überein: 34,6 m/sec für 95 % der Meßwerte, bzw. 26,5 m/sec für 99 % der Meßwerte.

* Somit zeigt sich, daß die praktisch relevanten Prüfgrößen der nicht-selektierten,
* transformierten Verteilung oder der selektierten nicht-transformierten Verteilung
* etwa gleich sind, wenn auch die zentralen Tendenzen und Streuungen notwendiger-
* weise verschieden sind.

Zuletzt sei noch erlaubt, die Glaubwürdigkeit der dargestellten Meßergebnisse an einem Beispiel zu erläutern. Einige Leser werden sich fragen, ob die angegebenen Meßungenauigkeiten tatsächlich auf den dargestellten äußeren Bedingungen beruhen oder ob nur sehr ungenau gemessen wurde. Zur gleichen Zeit, zu der die Daten der Querschnittstudie erhoben wurden, wurde die Längsschnittstudie durchgeführt. Die Streuungsmaße der Quer- und der Längsschnittstudie können anhand der Tab. 68 und 69 verglichen werden. Das Ausmaß der Meßqualität läßt sich aber aus Tab. 67 ersehen. So beträgt zum Beispiel die Streuung der motorischen NLG des N. medianus am Unterarm in der Querschnittstudie 7,41 m/sec, in der Längsschnittstudie bei 13 bis 18 Wiederholungsmessungen an 10 Probanden insgesamt 5,37 m/sec, wobei die Streuungen pro Proband zwischen 2,69 m/sec und 7,93 m/sec liegen. Bei 6 Probanden beträgt die Streuung weniger als 4 m/sec. Dies mag als Beweis einer ausreichenden Meßgenauigkeit angesehen werden.

11.4 Selektion von Meßwerten der Amplitude und der Dauer:

Die Verteilungen der Amplituden und Dauer der sensiblen und motorischen Reizantworten wurden nur anhand von Schiefe und Exzeß beurteilt; lagen Meßwerte vor, die eine starke Abweichung von der Normalverteilung verursachten, so wurden sie entfernt.

11.5 Fehlende Meßwerte der unabhängigen Größen:

11,3 % der Fälle wiesen fehlende Werte der unabhängigen Größen auf. Entweder fehlten Angaben über das Geschlecht, die Körpergröße, das Gewicht, die Hauttemperaturen und die Tageszeiten oder es lagen extreme Hauttemperaturen z. B. am Hand- oder am Sprunggelenk mit Werten unter 24°C oder über 36°C oder die Untersuchungen erfolgten zu einer ungewöhnlichen Tageszeit vor 6.00 Uhr morgens oder nach 22.00 Uhr. Diese Fälle wurden ausgeschieden. Die genannten Größen stellen Einflußgrößen dar, deren Wirkung auf neurographische Parameter durch die multiple Regression berücksichtigt werden können. Fehlen Meßwerte, so kann die Stichprobengröße erheblich schrumpfen, wenn zur Bedingung gemacht wird, daß stets alle Meßgrößen dokumentiert sein müssen. Fehlt bei einem Probanden zum Beispiel nur ein einziger Meßwert, so können dann dessen Daten für die multiple Regression nicht verwendet werden. Dieses restriktive Vorgehen war deshalb möglich, weil die Datensätze ohne fehlende Meßwerte ("missing values") ausreichend groß waren, um die Ergebnisse der multiplen Regression als repräsentativ ansehen zu können. Zum zweiten wurde deshalb so vorgegangen, weil das Weglassen von Fällen mit fehlenden Werten einen kleineren Fehler mit sich bringt als Berechnungen an unvollständigen Datensätzen.

12 Auswahl der Einflußgrößen für die multiple Regression

12.1 Prädiktion bei Verwendung eines verkleinerten Satzes von Einflußgrößen:

Die Wirkung der unabhängigen Größen wird durch den F-Test (Kap. 7.6.1) geprüft. Solange der F-Wert über 1 liegt, wird durch die Einflußgröße eine Verringerung des Streuungsmaßes erreicht.
Die Berechnung der Prädiktionswerte kann auch nur mit einem Teil der Einflußgrößen erfolgen. Für die in den entsprechenden Tabellen zusammengestellten Prädiktionsgrößen wurden nur signifikant wirksame Einflußgrößen berücksichtigt, die untereinander nicht hoch interkorreliert waren. Es liegen 1 - 6 signifikante Einflußgrößen für die verschiedenen neurographischen Parameter vor. Bei der Berechnung der Toleranzgrenze der motorischen NLG des N. peronaeus zwischen Fibulaköpfchen und Kniekehle kann auf die Berücksichtigung der an der Signifikanzgrenze liegenden Wirkung einer Einflußgröße (Körperlänge) verzichtet werden.

12.2 Die multiple Regression mit transformierten abhängigen Größen:

Die Verteilungen der meisten NLG-Größen entsprechen weitgehend der Normalverteilung.
Dies gilt auch für jene Verteilungen, die durch die im Kapitel "Selektion" dargestellten Verfahren gewonnen wurden. Einige in der Neurographie verwendete Meßgrößen weisen
jedoch ungünstige Verteilungseigenschaften auf.
Die distale motorische Latenz, die häufig nach Umrechnung auf eine Entfernung von 5 cm
oder 6,5 cm als diagnostisch wichtige Meßgröße verwendet wird, weicht deutlich von der
Normalverteilung ab. Die distalen motorischen Latenzen des N. ulnaris, des N. medianus
und des N. peronaeus (Tab. 7,25,36) sind im Vergleich zur Normalverteilung überspitzt
und rechtsschief verteilt, wie anhand von Schiefe und Exzeß zu sehen ist. Ähnliches
gilt für die Latenzmessung ohne Korrektur auf einer Entfernung von 5 cm. Bei Berechnung
der NLG erhält man jedoch eine ausgezeichnet der Normalverteilung angepaßte Verteilung,
was die Schiefe angeht, der Exzeß weicht ebenfalls nicht signifikant von der Normalverteilung ab. Es spricht also alles für die Anwendung einer distalen motorischen NLG und
gegen die Anwendung einer distalen motorischen Latenz mit oder ohne Umrechnung auf eine
bestimmte Entfernung.
Die Amplituden und die Dauer der sensiblen und motorischen Reizantworten sind nur teilweise ausreichend der Normalverteilung angepaßt. Davon unabhängig zeigt sich, daß die
Variationskoeffizienten, die Quotienten aus Standardabweichung und Mittelwert, nach Wurzeltransformation der Meßwerte nur etwa halb so groß sind wie in den ursprünglichen Verteilungen der nichttransformierten Meßwerte (s. Tab. 54 und 55). Die logarithmischen
Transformationen erscheinen für die Dauer der NAP wenig geeignet zu sein, da ihre Variationskoeffizienten durch eine übermäßige "Stauchung" der Meßwerte größer als in den
nichttransformierten Verteilungen sind. Die Verteilungen der Dauer der motorischen Reizantworten können jedoch durch logarithmische Transformation noch etwas enger gemacht
werden als durch Wurzeltransformation, ihre Anpassung an die Normalverteilung ist insgesamt aber nicht ganz so gut wie nach Wurzeltransformation. Für die Amplituden gilt, daß
nach logarithmischen Transformationen durchweg schlechtere Anpassungen an die Normalverteilung auftreten als nach Wurzeltransformation, wie anhand von Schiefe und Exzeß
zu sehen ist. Fazit: Wurzeltransformationen werden sowohl für die Dauer als auch für
die Amplituden der sensiblen und motorischen Reizantworten verwendet. Die Dauer wird
durch die Transformation zu einem guten Maß; die Variationskoeffizienten liegen zwischen 0.085 und 0.178 und sind denen der NLG vergleichbar.
*   Nach Transformation ist die Streuung der Residualwerte insgesamt geringer, die
*   Verteilung symmetrischer, die Prädiktionswerte, sind im unteren Meßbereich, in dem
*   es auf die Beurteilung ankommt, stärker auseinandergezogen und somit günstiger
*   verteilt als die nichttransformierten Werte. Die Daten sind nach Transformation
*   insgesamt für die statistische Weiterverarbeitung besser geeignet als ohne Trans-
*   formation.

12.3 Die multiple Regression mit transformierten unabhängigen Größen:

Von vornherein erschien es sinnvoll, die Wirkung von Kehrwerten zu prüfen. Wenn neben einer linearen Abhängigkeit der NLG von einer Einflußgröße auch eine nichtlineare Einwirkung zu vermuten war, so deshalb, weil angenommen wurde, daß die Zeit, die im Quotienten $v = s/t$ im Nenner steht, mit der Einflußgröße stärker korreliert sein könnte als mit dem Weg. Dies erwies sich als zutreffend: ein erheblicher Teil der Einflußgrößen zeigte eine höhere Korrelation mit den untersuchten NP, wenn Kehrwerte statt nichttransformierter Meßwerte verwendet wurden.

Die gleichzeitige Verwendung mehrerer Funktionen einer Einflußgröße wurde nur für die Tageszeit zugelassen (FELDMANN 1979). Die Einflüsse für lineare, quadratische und kubische Funktionen der Zeit wurden berechnet. Wegen ihrer hohen Interkorrelation wird ihre Anwendung aufgrund der Ergebnisse aus dem vorliegenden Kollektiv nicht empfohlen. Für alle übrigen angegebenen part. RK der Einflußgrößen gilt, daß keine hohen Korrelationen der Einflußgrößen untereinander vorliegen.

13   Die neurographischen Meßgrößen der Untersuchungseinheiten

Die neurographischen Meßgrößen wurden aus den Meßwerten der repräsentativen Stichprobe
geschätzt und in Gruppen von 21 Untersuchungseinheiten zusammengefaßt (Kap. 8.4 und
Kap. 8.6). Eine Untersuchungseinheit besteht aus jenen Meßgrößen, die bei der Untersuchung eines motorischen oder sensiblen Nervenabschnittes gemessen werden. Die (geschätzten) Kenngrößen der neurographischen Meßwerte werden für jede Untersuchungseinheit in ähnlicher Weise dargestellt. Eine ausführliche Beschreibung erfolgt für die
motorischen Meßgrößen des N. ulnaris an der Hand.

13.1   N. ulnaris, motorisch, Hand:

Stimulation (Kap. 9.2): am Handgelenk; Registrierung (Kap. 9.3): mit differenter Elektrode über dem M. abductor digiti quinti, indifferente Elektrode über capitulum ossis
metacarpalis II. Die Entfernung zwischen Reiz- und Ableiteelektrode lag zwischen 50 bis
90 mm (s. Tab. 7). Der zugelassene Meßbereich lag zwischen 50 und 100 mm (s. Tab. 5,
4. Spaltengruppe). Die Hauttemperatur wurde über der A. ulnaris gemessen (s. Abb. 8);
der Mittelwert betrug 31,3°C.

13.1.1   Selektion (Tab. 5):

Die Selektionsmaßnahmen der NLG-Größen jeder Untersuchungseinheit sind in Tab. 5 dargestellt. Bei der motorischen NLG des N. ulnaris an der Hand lagen insgesamt 233 Messungen vor. In 35 Fällen bestanden Allgemeinerkrankungen oder umschriebene Nervenläsionen.
Bei 3 Probanden waren die Populationskriterien nicht erfüllt. Es lagen 195 Messungen
von klinisch unauffälligen Nervensegmenten vor (Tab. 5, Spalte 2). Darunter fanden sich
4 extreme Meßstreckenwerte unter 50 mm oder über 100 mm, zwei Zeitmessungen wurden wegen abnorm kurzer Zeit (unter 1,5 msec) und wegen einer extrem langen Zeitmessung ausgeschieden. Meßfehler oder extreme NLG-Meßwerte lagen nicht vor. Die repräsentative
Stichprobe für die NLG besteht aus 189 Messungen. Somit wurden 3 % der Messungen wegen
extremer Lage ausgesondert. Die Stichprobe der multiplen Regression enthält 169 Probanden; bei 20 Messungen war die Dokumentation der Einflußgrößen unvollständig, die Hauttemperaturen lagen unter 24°C oder über 36°C oder die Ableitungen erfolgten vor
6.00 Uhr morgens oder nach 22.00 Uhr.

13.1.2   Kennwerte und Verteilungen der NP (neurographischen Parameter):

NLG: M = 21,8 m/sec, SD = 4,1 m/sec, kleinster Meßwert 11,2 m/sec, höchster Meßwert
34,6 m/sec (Abb. 9). Die Verteilung der NLG ist zufriedenstellend der Normalverteilung
angepaßt. Sie ist deshalb gegenüber der Verwendung der distalen motorischen Latenz pro
5 cm oder der Zeitmessung ohne Entfernungsangabe vorzuziehen. Die beiden letztgenannten
Maße sind schiefverteilt mit einer Ballung von Meßwerten links vom Mittelwert und einer
größeren Anzahl von Meßwerten im rechten Extrembereich. Die Abweichungen der distalen
motorischen Latenz pro 5 cm und der Zeit von der Normalverteilung ist auch am positiven

DIE VERTEILUNG DER NLG DES
N. ULNARIS, MOTORISCH, HAND

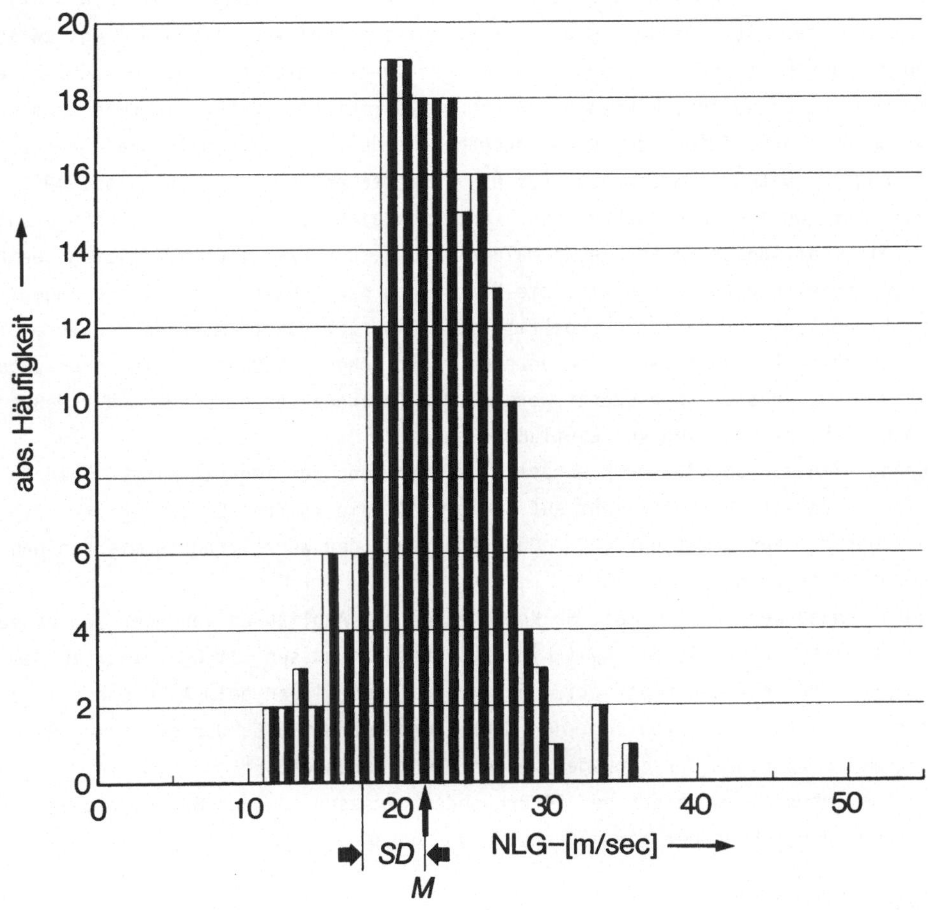

N: 189; M: 21,8; SD: 4,1; Min: 11,2; Max: 34,6; TG 95 %: 15,0
-99 %: 12,1

Abb. 9

Exzeß zu erkennen. Durch die schlechte Anpassung an die Normalverteilung kann die Toleranzgrenze der distalen motorischen Latenz nicht mit den für normal verteilte Meßgrößen üblichen Methoden berechnet werden. Die beiden Maße können erst nach Transformation oder durch eine andere Berechnungsart, am besten durch Überführung in die NLG statistisch weiter verarbeitet werden. Die Meßstrecke ist normal verteilt und liegt zwischen 50 und 90 mm, der Mittelwert beträgt 66,6 mm. Für Vergleichszwecke sollte man sich etwa an diesen Meßbereich halten. Werden die Wirkungen der Einflußgrößen nicht berücksichtigt, so können starre Toleranzgrenzen angegeben werden. Die untere Toleranzgrenze für 95 % der Meßwerte beträgt 15,5 m/sec, für 99 % der Meßwerte: 12,1 m/sec (Tab. 49).

Amplitude: Mittelwert, Standardabweichung, Extrembereich s. Tab. 7. Laut Schiefe und Exzeß ausreichende Anpassung an die Normalverteilung. Der Variationskoeffizient beträgt 0,29; durch Wurzeltransformation wird die Verteilung der Meßwerte wesentlich enger; laut Tab. 54 beträgt der Variationskoeffizient der wurzeltransformierten Meßwerte 0,15. Die Transformation können Meßwerte im unteren (kritischen!) Meßbereich in ihrer Lage zur Toleranzgrenze besser abgeschätzt werden. Die Toleranzgrenze für 95 % der Meßwerte beträgt ohen Berücksichtigung von Einflußgrößen 6 mV.

Dauer: Kenngrößen s. Tab. 7; durch Wurzeltransformation oder logarithmische Transformation sinkt der Variationskoeffizient auf weniger als die Hälfte. Er beträgt für die Dauer nach Wurzeltransformation 0,086. Gute Anpassung der wurzeltransformierten Dauer an die Normalverteilung (s. Tab. 55).

Phase: Unter Phase werden beim mot. SP Komponenten mit Amplituden von über 500 μV verstanden, die nicht notwendig die Null-Linie überkreuzen müssen. Im Gegensatz zu dem meist dreiphasigen Reizantwortpotential des N. medianus liegen beim N. ulnaris in der Regel mehr als vier Komponenten vor; der Mittelwert beträgt 4,5. Übrige Kenngrößen s. Tab. 7. Weiterführende Berechnungen wurden nicht durchgeführt.

Integral: Das Integral wurde nur bei 74 Probanden gemessen, Kenngrößen s. Tab. 7. Die Meßwerte sind ausreichend der Normalverteilung angepaßt.

13.1.3 Einfache Regressionen der NLG (Tab. 7):

Die Meßstrecke, das Geschlecht und die Hauttemperatur sind signifikant positiv, die Körperlänge signifikant negativ mit der NLG korreliert. Bei Verwendung einfacher Regressionen ist die Hauttemperatur der beste Schätzer: R^2 = 0,16, entsprechend einer Varianzverminderung um etwa 16 Prozent. Bei Frauen ist die NLG im Mittel um 2 m/sec höher. Laut einfacher Regression nimmt die NLG des N. ulnaris an der Hand um etwa 1m/sec je $^{\circ}$C zu. Die Körperlänge ist nach der Hauttemperatur der zweitbeste Schätzer zur Varianzverminderung: R^2 = 0,095. Mit zunehmender Körperlänge nimmt die NLG ab: pro 10 cm um 1,5 m/sec. Hierin kann man aber bereits eine Teilwirkung des Einflusses des Geschlechtes sehen: Frauen sind kleiner und haben höhere NLG!

13.1.4 Die multiple Regression der NLG (Tab. 8):

Die Varianzanalyse zeigt, daß die multiple Regression mit den 6 verwendeten Einfluß-

```
+-------------------------------------------------------------------------+
|                  NERVUS ULNARIS, MOTORISCH HAND                         |
+-------------------------------------------------------------------------+
| KENNGRÖSSEN:                                                            |
|                                                                         |
|              N      M      SD      SE     Min     Max    Schiefe  Exzess |
|                                                                         |
| NLG         189   21.77   4.14    0.30   11.18   34.55   -0.05    0.37   |
| DIST.LATENZ 189    2.39   0.53    0.04    1.45    4.47    1.47    2.87   |
|                                                                         |
| ZEIT        189    3.17   0.72    0.05    1.90    5.80    1.23    1.77   |
| STRECKE     189   66.59   8.20    0.60   50.00   90.00    0.05   -0.17   |
|                                                                         |
| AMPLITUDE   192   11.02   3.23    0.23    3.00   22.00    0.28    0.34   |
| DAUER       192   12.50   2.43    0.16    6.90   22.30    0.70    1.01   |
| PHASE       182    4.5    1.66    0.12    2       9        0.42   -0.26  |
| INTEGRAL     74   18.70   4.97    0.58   11.00   34.00    1.09    0.98   |
+-------------------------------------------------------------------------+
| EINFACHE REGRESSIONEN:                                                  |
|                                                                         |
|                Abhängige Grösse:   NLG                                  |
|                N : 169                                                  |
|                                                                         |
|                p      Regres.   Konst.   Korrel.  R-quad.               |
|                       koef.               koef.                         |
|                                                                         |
| STRECKE        0.001   0.121   13.73      0.24     0.06                 |
| ALTER          0.3                                                      |
| GESCHLECHT     0.003   1.866   19.24      0.23     0.05                 |
| KÖRPERLÄNGE   <0.001  -0.153   48.13     -0.31     0.10                 |
| GEWICHT        0.1                                                      |
| HAUTT. HANDGEL. 0.001  0.981   -8.84      0.40     0.16                 |
+-------------------------------------------------------------------------+
| KORRELATIONEN ZWISCHEN NEUROGRAPHISCHEN MESSGRÖSSEN:                    |
|                                                                         |
|              unkorrig. Grössen          korrig. Grössen                |
|              NLG      AMPL.   DAUER      NLG      AMPL.    DAUER         |
|                                                                         |
| AMPL.        0.08                        0.13*                          |
| DAUER       -0.14*   0.16*               0.03     0.09                  |
| INTEGRAL    -0.23*   0.35*** 0.34**     -0.19     0.33**   0.31**       |
+-------------------------------------------------------------------------+
| KORRELATIONEN ZWISCHEN KORRIG. UND UNKORRIG. GRÖSSEN:                   |
|                                                                         |
|    NLG: 0.79      DAUER: 0.88      AMPL.: 0.98      INTEGRAL: 0.95      |
+-------------------------------------------------------------------------+
| Einheiten der Messgrössen: NLG: m/s; Distale Latenz: ms/5cm;           |
| Amplitude: mV; Dauer: ms; Integral: mVs; Strecke: mm; Alter: Jahr;     |
| Geschlecht: Männer 1, Frauen 2; Körperlänge: cm;                       |
| Hauttemperatur: Grad C;                                                 |
| korrigiert:  nach Berücksichtigung der  Einflussgrössen durch Multiple |
| Regression;                                                             |
|     p > 0.05: *      p > 0.01: **      p > 0.001: ***                   |
+-------------------------------------------------------------------------+
|                            Tab. 7                                       |
+-------------------------------------------------------------------------+
```

```
+----------------------------------------------------------------------+
|              MULTIPLE REGRESSION DER DISTALEN NLG                     |
|                   DES N. ULNARIS AN DER HAND                          |
+----------------------------------------------------------------------+
|                                              N       M       SD       |
|                                                                       |
| ABHÄNGIGE GRÖSSE: distale mot. NLG (m/s)    169    21.83    4.00      |
|                                                                       |
| EINFLUSSGRÖSSEN:  Hauttemp., Handgelenk (Grad C)    31.27    1.65     |
|                   Geschlecht (1:männl.,2:weibl.)     1.39    0.49     |
|                   Messtrecke (mm)                   66.72    8.07     |
|                   Kehrwert der Körperlänge (1/cm)   0.0058  0.0003    |
|                   Kehrwert des Alters (1/Jahre)     0.0342  0.0121    |
|                   Tageszeit kubisch (Stunde**3/100) 27.80   15.72     |
+----------------------------------------------------------------------+
|                                                                       |
| R-QUADRAT: 0.383;   'ADJUSTED R-SQUARE': 0.36;   SE: 3.2 m/s;         |
|                                                                       |
| F-Wert der Varianzanalyse für 6,162 Freiheitsgrade: 16,7; p < 0.0001 |
|                                                                       |
+----------------------------------------------------------------------+
| EINFLUSSGRÖSSE     PART.RK   F-WERT   R-QUADRAT  R-QUADRAT  EINFACHER |
|                                                  ÄNDERUNG     RK      |
| Hauttemperatur     1.1423    50.3     0.163      0.163       0.404    |
| Geschlecht         2.0134     9.8     0.251      0.087       0.228    |
| Messtrecke         0.1618    27.2     0.345      0.094       0.245    |
| 1/Körperlänge      2489.8     5.0     0.363      0.018       0.315    |
| 1/Alter            37.990     3.1     0.371      0.008      -0.035    |
| Tageszeit, kub.   -0.02857    3.1     0.383      0.012      -0.048    |
| (Konstante)       -42.520                                            |
+----------------------------------------------------------------------+
| Abkürzungen:  SE:  Standard Error (Standardabweichung der Residuen);  |
| R-QUADRAT: Quadrat der  Multiplen Korrelation,  ein Mass  für jenen   |
| Varianzanteil  der  abhängigen Grösse,   der  durch  Einflussgrössen  |
| erklärt  wird.   Eine  schärfere  Abschätzung  davon  erfolgt  durch  |
| 'ADJUSTED R-SQUARE'.                                                  |
+----------------------------------------------------------------------+
|                              Tab. 8                                   |
+----------------------------------------------------------------------+
```

größen hochsignifikant ist. F = 16,7 für 6 und 162 Freiheitsgrade. R^2 = 0,38; im Vergleich zur einfachen Regression, bei der der höchste R^2-Betrag (für die Hauttemperatur) 0,16 betrug, kann mehr als ein Drittel der Gesamtvarianz durch die Einflußgrößen erklärt werden. SE = 3,2, der Variationskoeffizient aus SE/M beträgt 0,147 im Vergleich zum Variationskoeffizienten aus SD/M = 0,183. Das Verhältnis der Streuungsmaße beträgt 0,8; um diesen Faktor nimmt die Präzision der Messung zu, wenn Einflußgrößen berücksichtigt werden.

Von den Einflußgrößen sind die Hauttemperatur, das Geschlecht und die Meßstrecke am wichtigsten.

Die part. RK zeigen folgendes: Die NLG nimmt um 1,14 m/sec/$^{\circ}$C zu (Abb. 10). Bei Frauen ist die NLG um 2 m/sec höher als bei Männern (Abb. 28). Die Meßstrecke ist ein außerordentlich wichtiges Maß, sie erklärt 9,4 % der Varianz; die NLG nimmt pro cm um 1,6 m/sec zu (Abb. 11). Die Körperlänge ist auch ein signifikant wirksames Maß. Da ihre Wirkung nicht linear ist, wurden der Kehrwert der Körperlänge als Einflußgröße verwendet. Pro 10 cm mittlerer Körperlängenzunahme nimmt die NLG um etwa 0,8 m/sec ab; bei größeren Personen ist der Erwartungswert also niedriger als bei kleinen Personen. Die Varianzverminderung durch Berücksichtigung der Partialkorrelation der Körperlänge beträgt rund 2 %, ist also wesentlich niedriger als bei der einfachen Regression, bei der der Einfluß des Geschlechtes eine stärkere Wirkung der Körperlänge vortäuscht.

Alter, hier als Kehrwert verwendet, und die Tageszeit als kubische Funktion lassen eine Wirkung erkennen, die allerdings nicht signifikant ist.

Für die Kehrwerte ist ergänzend zu sagen, daß sie ein umgekehrtes Vorzeichen haben: Je größer das Verhältnis 1/Länge wird, je niedriger also der Wert der Einflußgröße ist, je kleiner die Person ist, desto höher wird die NLG.

13.1.5 Multiple Regression der Amplitude (nach Wurzeltransformation):

Die Varianzanalyse der MR ist für 3,169 Freiheitsgrade mit $p < 0,01$ signifikant. Es findet sich ein signifikanter Alterseinfluß und eine hochsignifikante lineare und kubische Wirkung der Tageszeit. Wegen hoher Interkollinearität zwischen linearer und kubischer Funktion der Tageszeit muß man mit der Interpretation der Wirkung der Tageszeit zurückhaltend sein. Morgens und abends finden sich höhere Amplituden als zu Mittag: So beträgt der Erwartungwert bei einem 30jährigen für 8.00 Uhr 12,8 mV, um 12.00 Uhr mittags 10,7 mV und um 18.00 Uhr abends wieder 12 mV.

13.1.6 Multiple Regression der Dauer (nach Wurzeltransformation):

R^2 = 0,2; der Variationskoeffizient SE/M beträgt 0,077 gegenüber SD/M = 0,087. Demnach ist die Dauer des mot. SP des N. ulnaris an der Hand nach Wurzeltransformation eine Meßgröße mit erstaunlich hoher Präzision. Von den Einflußgrößen ist die Hauttemperatur hochsignifikant und das Geschlecht mit $p = 0,05$ wirksam (Abb. 29). Bezogen auf nichttransformierte Werte nimmt die Dauer des Potentials um 0,55 msec/$^{\circ}$C ab; der Erwartungswert beträgt zum Beispiel bei einer Hauttemperatur von 29° 13,3 msec, für eine Hauttemperatur von 32° 11,6 msec.

NERVUS ULNARIS, MOTORISCH, HAND

PARTIELLE REGRESSION

zwischen der
von den übrigen Einflußgrössen teil-korrigierten
motorischen NLG (abhängig)
und
Hauttemperatur

N: 169 part. Regressionskoeffizient: 1,08 p<0,001

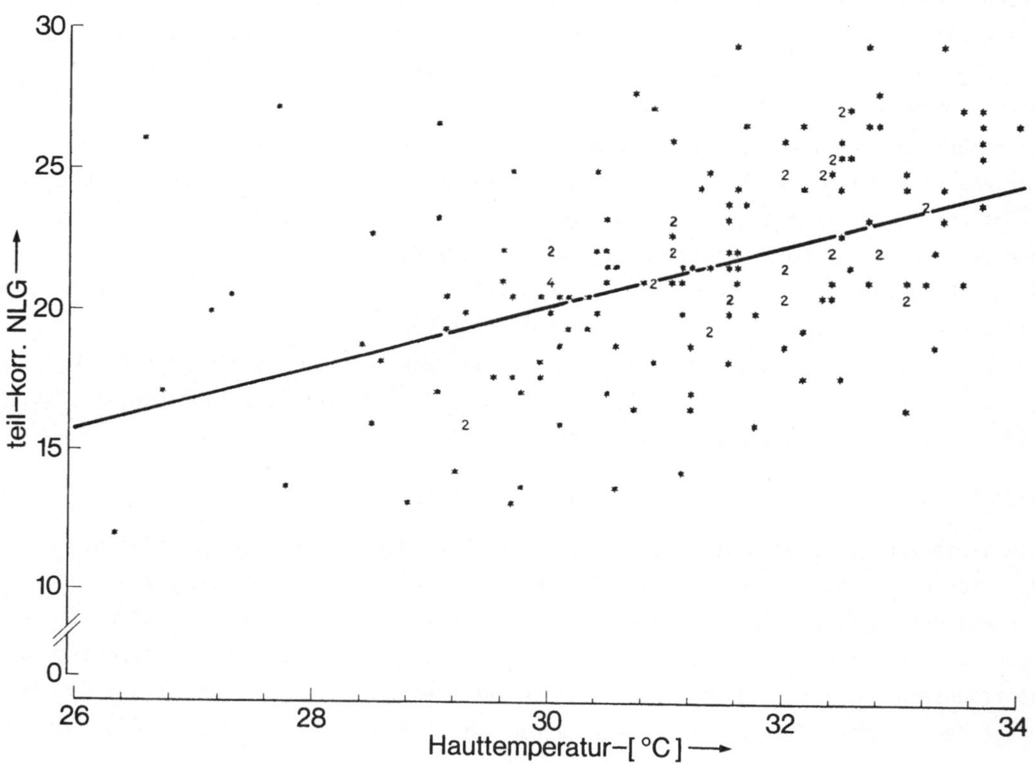

Abb. 10

NERVUS ULNARIS, MOTORISCH, HAND

PARTIELLE REGRESSION

zwischen der
von den übrigen Einflußgrössen teil-korrigierten
motorischen NLG (abhängig)
und
der Meßstrecke

N: 169 part. Regressionskoeffizient: 0,16 p<0,001

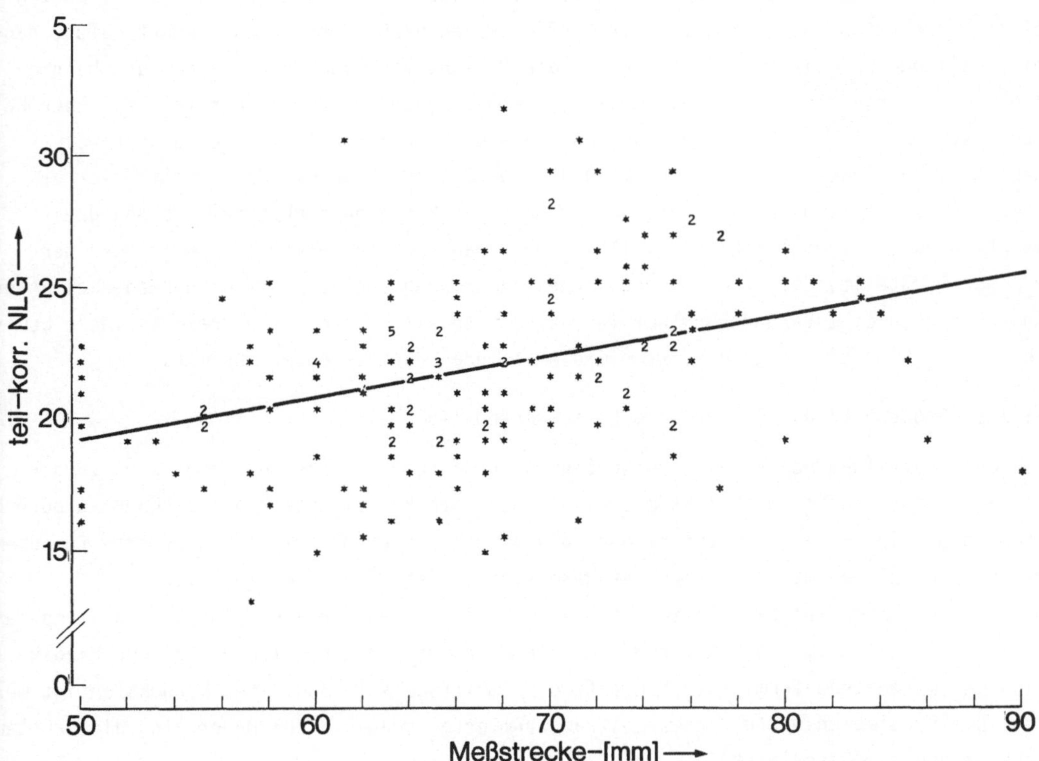

Abb. 11

13.1.7 Korrelationen nichtkorrigierter und korrigierter NP untereinander (Tab. 7):

Die nichtkorrigierte NLG läßt eine signifikante Korrelation mit der Dauer und dem Integral erkennen. Die korrigierte NLG ist hingegen mit der Dauer nicht mehr korreliert, die Korrelation mit dem Integral liegt an der Signifikanzgrenze (p = 0,06) und eine schwache Korrelation zwischen korrigierter NLG und korrigierter Amplitude kommt zum Vorschein. Die signifikante Korrelation zwischen nichtkorrigierter NLG und Dauer beruht offensichtlich auf der Wirkung von Einflußgrößen, wahrscheinlich auf einer Temperaturwirkung. Die Korrelation zwischen den korrigierten Größen der Amplitude und der NLG könnte Ausdruck einer biologischen Beziehung sein (je höher die NLG, desto dicker die Fasern, desto größer das versorgte Muskelareal).
Während Amplitude und Dauer unkorrigiert miteinander deutlich korreliert sind, besteht diese Korrelation nach Korrektur der Einflußgrößen nicht mehr. Dies spricht dafür, daß die Amplitude und die Dauer, ebenso wie die NLG und die Dauer voneinander unabhängig sind. Man könnte dies so interpretieren, daß die Dauer Ausdruck langsamer leitender Fasern ist, die sich nicht auf die NLG und auch nicht auf die Amplitude auswirken.
Amplitude und Dauer sind, korrigiert und unkorrigiert, hoch mit dem Integral korreliert. Dies ist auch zu erwarten, da für beide Größen eine funktionale Abhängigkeit besteht. Dies ist auch leicht vorstellbar, wenn man sich Meßpunkte auf der x- und der y-Achse vorstellt, die verschiedene, voneinander unabhängige Werte einnehmen, bei jeder Änderung aber eine Veränderung der von den Achsen eingeschlossenen Dreiecksfläche bewirken. Diese Fläche wird größer, wenn die Amplitude oder die Dauer zunimmt.

13.1.8 Größen für die Prüfung von Einzelwerten (Tab. 9):

Für die Erstellung von Prädiktionswerten zur Prüfung von Einzelmeßwerten wird vorgeschlagen, nur signifikant wirksame, nicht hoch interkorrelierte Einflußgrößen zu berücksichtigen. Die für die Berechnung der Toleranzgrenzen erforderlichen Prüfwerte für die motorischen NP des N. ulnaris an der Hand sind in Tab. 9 zusammengestellt.
Die Prädiktionsgrößen für die mot. NLG des N. ulnaris an der Hand sind die Hauttemperatur, das Geschlecht, die Meßstrecke und der Kehrwert der Körperlänge. Bei der Prädiktion der wurzeltransformierten Meßwerte der Amplitude soll das Alter berücksichtigt werden. Die Prädiktionswerte der wurzeltransformierten Meßwerte der Dauer sind die Hauttemperatur und das Geschlecht.

13.2 N. ulnaris, motorisch, Unterarm:

Die Stimulation erfolgte 3 bis 5 cm distal der Sulcusmitte, 172 bis 275 mm proximal vom Reizpunkt am Handgelenk.

Kennwerte und Verteilung der NLG (Tab. 10, Abb. 12):
Die Anpassung an die Normalverteilung ist bezüglich der Schiefe gut, es findet sich jedoch ein deutlich positiver Exzeß. Die Toleranzgrenzen liegen um etwa 4 m/sec höher als die der motorischen NLG des N. medianus am Unterarm (Tab. 49).

```
+----------------------------------------------------------------------+
|            PRÄDIKTIONSWERTE FÜR NEUROGRAPHISCHE MESSGRÖSSEN           |
|                  DES N. ULNARIS, MOTORISCH, HAND                      |
+----------------------------------------------------------------------+
| MOT. NLG:                                                            |
|                                                                      |
|  M = 21.83 m/sec; SD = 4.0004 m/sec; N = 169;  SE = 3.232 m/sec;     |
|                                                                      |
|  EINFLUSSGRÖSSEN              R-QUADRAT-    PART.RK       M (EG)       |
|                              ANTEIL                                   |
|  Hautt.(über a. ulnaris)     0.163         1.0840        31.27        |
|  Geschlecht                  0.087         1.909         1.391        |
|  Messtrecke                  0.095         0.1559        66.72        |
|  1/Körperlänge               0.017         2366.         0.0058       |
|  (Konstante)                               -38.931                    |
|            R-QUADRAT: 0.36                                            |
|  KEHRMATRIX:                                                         |
|        0.32677E 01 -0.91188E 00 -0.64471E 00 -0.14637E 01            |
|       -0.91188E 00  0.32114E 01 -0.11597E 01 -0.91396E 00            |
|       -0.64471E 00 -0.11597E 01  0.24032E 01 -0.16899E 00            |
|       -0.14637E 01 -0.91396E 00 -0.16899E 00  0.29163E 01            |
+----------------------------------------------------------------------+
| AMPLITUDE (nach Wurzeltransformation der Messwerte):                 |
|                                                                      |
|  M = 3.302 mVolt; SD = 0.5088 mVolt;  N = 173; SE = 0.5019 mVolt     |
|                                                                      |
|  EINFLUSSGRÖSSEN   R-QUADRAT   PART.RK      M (EG)    1/SUMME DER     |
|                                                       ABWEICHUNGSQUAD.|
|  Alter             0.022       -0.006244   33.41     1/29828.0       |
|  (Konstante)                   3.5347                                |
+----------------------------------------------------------------------+
| DAUER (nach Wurzeltransformation der Messwerte):                    |
|                                                                      |
|  M = 3.511 msec;  SD = 0.3044 msec;  N = 175;   SE = 0.2718 msec     |
|                                                                      |
|  EINFLUSSGRÖSSEN              R-QUADRAT-    PART.RK       M (EG)       |
|                              ANTEIL                                   |
|  Hautt.(über a. ulnaris)     0.184         -0.07260     31.20         |
|  Geschlecht                  0.025         0.09856      1.3943        |
|  (Konstante)                               5.6386                     |
|            R-QUADRAT: 0.209                                           |
|  KEHRMATRIX:                                                         |
|        0.19634E-02  0.77802E-03                                      |
|        0.77802E-03  0.24235E-01                                      |
+----------------------------------------------------------------------+
| Abkürzungen:  SE: Standard Error  (Standardabweichung der Residuen); |
| EG: Einflussgrössen;  R-QUADRAT: Quadrat der Multiplen Korrelation;  |
| Einheiten der unabhängigen Grössen:  Hauttemperatur (Hautt.): Grad C;|
| Alter: Jahre; Messtrecke: mm; Geschlecht: männlich (1), weiblich (2);|
+----------------------------------------------------------------------+
|                            Tab. 9                                     |
+----------------------------------------------------------------------+
```

DIE VERTEILUNG DER NLG DES
N. ULNARIS, MOTORISCH, UNTERARM

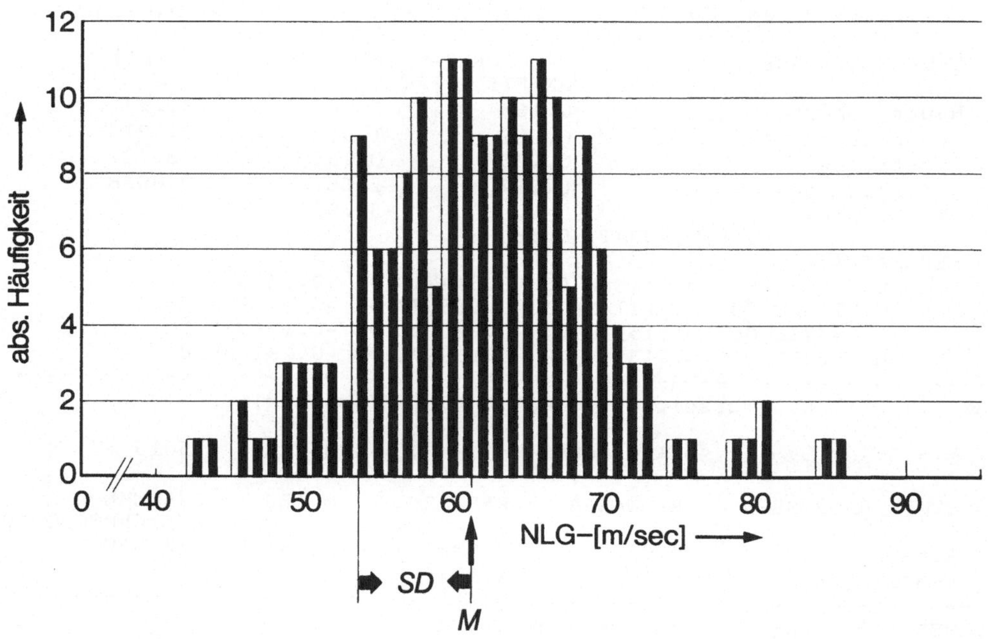

N: 183; M: 61,0; SD: 7,5; Min: 42,3 Max: 85,4; TG 95 %: 48,6
-99 %: 43,4

Abb. 12

```
+--------------------------------------------------------------------------+
|                   NERVUS ULNARIS, MOTORISCH UNTERARM                     |
+--------------------------------------------------------------------------+
| KENNGRÖSSEN:                                                              |
|                                                                          |
|              N      M      SD     SE     Min     Max    Schiefe  Exzess   |
|                                                                          |
| NLG         183   60.95   7.53   0.56   42.28   85.38    0.23    1.09     |
|                                                                          |
| ZEIT        183    3.73   0.56   0.04    2.30    5.70    0.45    1.14     |
| STRECKE     183  223.81  17.52   1.30  172.00  275.00   -0.14    1.23     |
+--------------------------------------------------------------------------+
| EINFACHE REGRESSIONEN:                                                    |
|                                                                          |
|              Abhängige Grösse:   NLG                                      |
|              N : 159                                                      |
|                                                                          |
|              p      Regres.   Konst.    Korrel.  R-quad.                  |
|                     koef.               koef.                            |
|                                                                          |
| STRECKE      0.9                                                          |
| ALTER        0.2                                                          |
| GESCHLECHT  <0.001   6.181    52.68      0.41     0.17                    |
| KÖRPERLÄNGE <0.001  -0.338   119.3      -0.37     0.18                    |
| GEWICHT      0.002  -0.151    71.87     -0.24     0.06                    |
| HAUTT. HANDGEL. 0.1                                                       |
|   -  SULC.DIST. 0.9                                                       |
+--------------------------------------------------------------------------+
| Einheiten der Messgrössen: NLG: m/s; Strecke: mm;                        |
| Geschlecht: Männer 1, Frauen 2; Körperlänge: cm; Gewicht: kg;           |
+--------------------------------------------------------------------------+
|                              Tab. 10                                      |
+--------------------------------------------------------------------------+
```

Einfache Regressionen (Tab. 10):

Geschlecht, Körperlänge und Gewicht zeigen einen hochsignifikanten Einfluß auf die NLG. Die maximal mögliche Varianzverminderung ist durch Berücksichtigung des Geschlechtes möglich: R^2 = 0.17. Der nächstwirksamste Faktor ist die Körperlänge: R^2 = 0.14; wird die Körperlänge alleine berücksichtigt, so nimmt die NLG pro Zunahme von 3 cm Körperlänge um 1 m/sec ab. Ein Teil der Wirkung des Geschlechtes ist aber in der Wirkung der Körperlänge enthalten. Das gleiche gilt für das Gewicht, das in diesem Falle hochsignifikant negativ mit der NLG korreliert ist.

Multiple Regression der NLG (Tab. 11, Abb. 13,28):

R^2 beträgt 0,28, entsprechend einer 28 %igen Varianzverminderung durch Berücksichtigung von fünf Einflußgrößen. Der Standardschätzfehler beträgt 6,4 m/sec im Vergleich zu einer Standardabweichung von 7,5 m/sec; der modifizierte Variationskoeffizient SE/M beträgt 0,105 im Vergleich zum Variationskoeffizienten SD/M = 0,12.

Von den 5 Einflußgrößen sind das Geschlecht (Abb. 28), die Körperlänge und die Meßstrecke (Abb. 13) hochsignifikant wirksam, die Hauttemperatur (gemessen am Handgelenk) und das Alter werden zur besseren Anpassung als Kehrwerte in die multiple Regression eingebracht und sind ebenfalls signifikant wirksam. Bei Frauen ist die NLG um 4,4 m/sec höher als bei Männern; die Körperlänge hat offenbar unabhängig vom Geschlechtseinfluß eine bedeutende Wirkung auf die NLG. Vergleicht man zwei Personengruppen beider Geschlechter mit einer mittleren Differenz der Körperlänge von 10 cm, so ist zu erwarten, daß die größere Personengruppe um etwa 2,8 m/sec niedrigere NLG des N. ulnaris am Unterarm hat als die kleinere Personengruppe. Diese Beziehung wurde von LANG und BJÖRQVIST 1970 entdeckt. Die Meßstrecke erweist sich wiederum als eine wichtige Einflußgröße, sie wirkt also nicht nur bei der distalen motorischen NLG, bei der wegen der zwei Komponenten der Reizfortpflanzung am Nerv und an der motorischen Endplatte dieser Einfluß erwartet werden kann. Tragfähige Hypothesen zur Erklärung dieses Phänomens liegen noch nicht vor, s. Kap. 15. Der Kehrwert des Alters ist signifikant positiv, das Alter also negativ mit der NLG korreliert. Der Kehrwert der Hauttemperatur, gemessen am Handgelenk, ist negativ, die Hauttemperatur demnach positiv mit der NLG korreliert. Die Hauttemperatur am Handgelenk ist ein Prädiktor von mäßigem Wert: 3 % der Varianz der NLG wird durch die partielle Korrelation der Hauttemperatur mit der NLG erklärt. Der Regressionskoeffizient für die Hauttemperatur beträgt ca. 0,7 m/sec je $^{\circ}$C, die Schätzung der (angenommenen) gesamten Temperaturwirkung auf die NLG ist durch die Hauttemperatur nur zu einem geringen Teil möglich. Nicht die Wirkung der Temperatur auf die NLG ist niedrig, sondern die Korrelation der Hauttemperatur mit der NLG des tief im Muskel liegenden Nervs ist niedrig.

Für die Erstellung des Prädiktionswertes der mot. NLG des N. ulnaris am Unterarm können alle oben besprochenen Einflußgrößen verwendet werden (Tab. 11).

```
+-------------------------------------------------------------------+
|              PRÄDIKTIONSWERTE FÜR DIE MOTORISCHE NLG              |
|                   DES N. ULNARIS AM UNTERARM                      |
+-------------------------------------------------------------------+
| MOT. NLG:                                                         |
|                                                                   |
|  M = 61.43 m/sec; SD = 7.461 m/sec;  N = 159;    SE = 6.445 m/sec |
|                                                                   |
|  EINFLUSSGRÖSSEN              R-QUADRAT-      PART.RK      M (EG)   |
|                              ANTEIL                               |
|  Geschlecht                  0.168           4.422        1.415    |
|  1/Hautt.(über a.ulnaris)    0.03            -719.2       0.0320   |
|  1/Alter                     0.023           102.3        0.0337   |
|  Körperlänge                 0.023           -0.2804      171.4    |
|  Messtrecke                  0.03            0.09047      223.7    |
|  (Konstante)                                 102.60               |
|              R-QUADRAT: 0.274                                     |
|  KEHRMATRIX:                                                      |
|    0.41018E-01 -0.19651E 01 -0.14302E 00  0.15765E-02 -0.95327E-04 |
|   -0.19651E 01  0.22188E 04 -0.72688E 02 -0.13623E 00  0.22880E-01 |
|   -0.14302E 00 -0.72688E 02  0.46939E 02 -0.90189E-02 -0.21603E-02 |
|    0.15765E-02 -0.13623E 00 -0.90189E-02  0.18848E-03 -0.33590E-04 |
|   -0.95327E-04  0.22880E-01 -0.21603E-02 -0.33590E-04  0.28829E-04 |
+-------------------------------------------------------------------+
| Abkürzungen:  SE:  Standard Error  (Standardabweichung der Residuen); |
| EG:  Einflussgrössen;  R-QUADRAT:  Quadrat der Multiplen Korrelation; |
| Einheiten der unabhängigen Grössen:  Hauttemperatur (Hautt.): Grad C; |
| Alter: Jahre;       Körperlänge: cm;     Messtrecke: mm;    Geschlecht: |
| männlich (1), weiblich (2);                                       |
+-------------------------------------------------------------------+
|                           Tab. 11                                 |
+-------------------------------------------------------------------+
```

NERVUS ULNARIS, MOTORISCH, UNTERARM

PARTIELLE REGRESSION

zwischen der
von den übrigen Einflußgrössen teil-korrigierten
motorischen NLG (abhängig)
und
der Meßstrecke

N: 159 part. Regressionskoeffizient: 0,090 p: 0,001

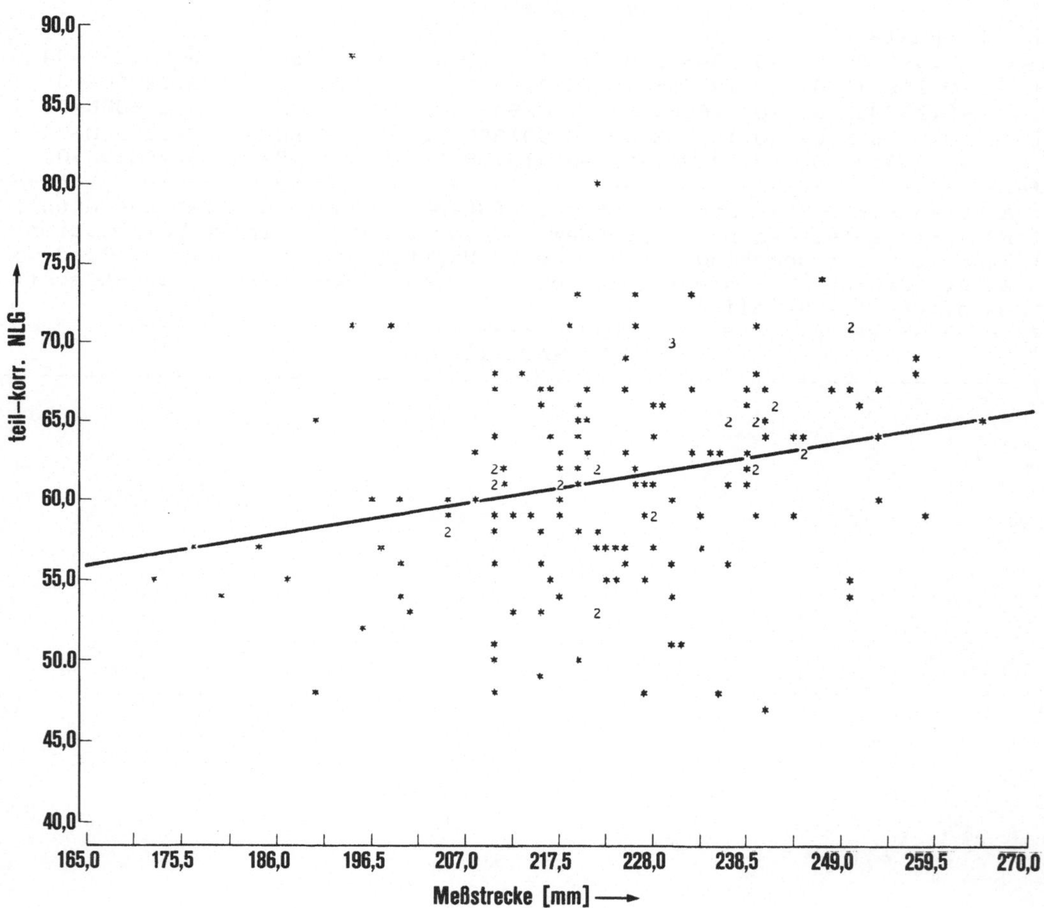

Abb. 13

13.3 Die motorische NLG des N. ulnaris im Sulcus:

Stimulation: ca. 3 bis 7 cm proximal von der Mitte des Sulcus. Zur Berechnung der NLG
im Sulcus wird von der Gesamtlatenz die Latenz bei Reizung distal vom Sulcus subtra-
hiert.

Selektion (Tab. 5, 12):
Die Varianz bzw. die Streuung der NLG wurde für verschiedene Gruppen von Meßstrecken
untersucht (Tab. 12). Bei Einteilung der Meßwerte in 8 Gruppen mit Entfernungen von
2,6 cm bis 3,5 cm, 3,6 cm bis 4,5 cm usw., 9,5 cm bis 10,5 cm zeigte sich zwar eine
signifikante Zunahme der Mittelwerte der NLG, jedoch keine systematischen Unterschiede
in den Standardabweichungen der Untergruppen. Daher wurden Messungen an kurzen Meßstrecken für die repräsentative Stichprobe zugelassen. Der tolerierte Meßstreckenbe-
reich lag zwischen 30 mm und 150 mm. Dies entspricht auch der klinischen Notwendigkeit,
da es manchmal wünschenswert ist, den Ort der Läsion im Sulcus genau einzugrenzen.
Extremwerte und Meßfehler über 10 m/sec lagen bei 30 von 192 klinisch unauffälligen Nervensegmenten vor. Die Begründung für eine derart einschneidende Auswahl der Meßwerte
wurde eingehend im Kapitel über Selektion dargelegt: Die Verteilung der unselektierten
Meßwerte ist nicht ausreichend der Normalverteilung angepaßt; weitere Berechnungen wären ohne Transformation der Meßwerte nicht möglich (s. Abschnitt 11.3, Abb. 5 und 6).

Kennwerte und Verteilung der NLG (Tab. 13, Abb. 14):
Durch Selektion gute Anpassung an die Normalverteilung. Toleranzgrenze für 95 % der Meßwerte 34,6 m/sec. Der Variationskoeffizient dieser Verteilung (N: 162) beträgt 0,22.
Der hohe Variationskoeffizient weist darauf hin, daß die Messung der NLG im Sulcus nur
mit niedriger Präzision möglich ist. Dementsprechend müssen die Beträge der Meßwerte
der NLG im Sulcus niedriger als an anderen Strecken sein, um eine signifikante Verzögerung im Sulcus nachweisen zu können.
Die Zeitmeßwerte (berechnet aus Latenzdifferenzen) liegen zwischen 0,7 und 2,7 msec.
Der Gesamtfehler der NLG wird im hohen Fehlerbereich fast ausschließlich durch die Zeitmessung bedingt (Abb. 5,6, Tab. 51). Der Fehler durch die Meßstrecke selbst ist von
untergeordneter Bedeutung. Kurze Zeitdifferenzen können auch auf längeren Meßstrecken
auftreten, wie sich aus Tab. 12 entnehmen läßt. Daher ist es angezeigt, Messungen mit
hohen NLG-Werten zu wiederholen. Der Meßfehler nimmt entsprechend der Beziehung SD/$\sqrt{N}$
mit der Anzahl der Messungen ab. Für weiterführende diagnostische Überlegungen kann es
zunächst einmal wichtig sein, zu belegen, daß ein hoher NLG-Wert in einem bestimmten
Abschnitt vorliegt ("Latenzsprung", s. Kap. 14). Bei abschnittsweiser Überprüfung der
NLG im Sulcus wird man bei Vorliegen eines "Latenzsprunges" häufig einen angrenzenden
Abschnitt finden, an dem NLG niedrig oder erniedrigt ist. Daher ist es wichtig a) durch
Wiederholungsmessungen das Vorliegen eines Latenzsprunges - also das Aneinanderliegen
rasch und langsam leitender Nervenabschnitte zu beweisen und b) die Erniedrigung der
NLG an einem Nervenabschnitt nachzuweisen. Dieser Nervenabschnitt muß nicht mehr als
30 mm betragen, ohne dadurch einen wesentlichen Meßfehler zu begehen. Die Möglichkeit

```
+-------------------------------------------------------------+
|     EINFLUSS DER MESSTRECKE IM SULCUS (2.5 - 10.5 cm)       |
|           AUF DIE MOT. NLG DES N. ULNARIS                   |
|           OHNE ENTFERNUNG VON EXTREMWERTEN                  |
+-------------------------------------------------------------+
```

ENTFERNUNG (cm)	N	M	SD	MIN	MAX
2.6 - 3.5	2	40.2	9.8	33	47
3.6 - 4.5	10	55.5	26.2	36	107
4.6 - 5.5	25	54.2	22.7	20	125
5.6 - 6.5	50	55.9	15.4	28	118
6.6 - 7.5	36	62.3	16.2	30	93
7.6 - 8.5	26	60.2	14.1	36	94
8.6 - 9.5	15	74.3	31.2	49	172
9.6 -10.5	6	71.2	19.7	48	103
GESAMT	171	59.6	19.9	20	172

```
+-------------------------------------------------------------+
| Einheiten der NLG: m/s;                                     |
|  Die Unterschiede  der mot.  NLG an  den verschiedenen      |
| Messtrecken sind signifikant (p = 0.02).    Der Zusam-      |
| menhang wurde ohne Ausschluss  von extremen Messwerten      |
| geprüft und spricht für  einen systematischen Einfluss      |
| der Entfernung zwischen Reiz- und Ableitepunkt auf die      |
| NLG.    Innerhalb des vorliegenden Messbereiches konnte     |
| keine signifikante Varianzabnahme mit zunehmender Mes-      |
| strecke festgestellt werden.                                |
+-------------------------------------------------------------+
|                        Tab. 12                              |
+-------------------------------------------------------------+
```

```
+-------------------------------------------------------------------------+
|                   NERVUS ULNARIS, MOTORISCH SULCUS                      |
+-------------------------------------------------------------------------+
| KENNGRÖSSEN:                                                            |
|                                                                         |
|              N      M      SD     SE     Min     Max   Schiefe  Exzess  |
|                                                                         |
| NLG         162   54.00  11.82   0.93   19.63   83.00   -0.01    0.12   |
|                                                                         |
| ZEIT        162    1.27   0.37   0.03    0.70    2.70    1.24    1.83   |
| STRECKE     162   66.47  16.37   1.29   30.00  114.00    0.60    0.14   |
+-------------------------------------------------------------------------+
| EINFACHE REGRESSIONEN:                                                  |
|                                                                         |
|                  Abhängige Grösse:   NLG                                |
|                  N : 144                                                |
|                                                                         |
|                  p        Regres.   Konst.    Korrel.  R-quad.          |
|                           koef.                koef.                    |
|                                                                         |
| STRECKE        <0.001    0.285     34.98      0.39     0.15            |
| ALTER           0.006   -0.202     60.68     -0.22     0.05            |
| GESCHLECHT      0.5                                                     |
| KÖRPERLÄNGE     0.2                                                     |
| GEWICHT         0.9                                                     |
| HTT.SULC.DIST.  0.09    -1.243     93.23     -0.14     0.02            |
|   - SULC.PROX.  0.1                                                     |
+-------------------------------------------------------------------------+
| Einheiten der Messgrössen: NLG: m/s; Alter: Jahr;                       |
| Hauttemperatur (HTT.): Grad C                                           |
+-------------------------------------------------------------------------+
|                             Tab. 13                                     |
+-------------------------------------------------------------------------+
```

```
PRÄDIKTIONSWERTE FÜR DIE MOTORISCHE NLG
         DES N. ULNARIS IM SULCUS
```

MOT. NLG:

M = 53.75 m/sec;   SD = 11.80 m/sec;   N = 144;   SE = 10.71 m/sec

EINFLUSSGRÖSSEN	R-QUADRAT-ANTEIL	PART.RK	M (EG)
Messtrecke	0.149	0.2709	65.89
1/Alter	0.039	204.3	0.0332
(Konstante)		29.131	

R-QUADRAT: 0.188

KEHRMATRIX:

```
0.27527E-04  -0.36465E-02
-0.36465E-02   0.53115E 02
```

Abkürzungen: SE: Standard Error (Standardabweichung der Residuen); EG: Einflussgrössen; R-QUADRAT: Quadrat der Multiplen Korrelation; Einheiten der unabhängigen Grössen: Alter: Jahre; Messtrecke: mm;

Tab. 14

```
NERVUS ULNARIS, MOTORISCH, OBERARM
```

KENNGRÖSSEN:

	N	M	SD	SE	Min	Max	Schiefe	Exzess
NLG	183	63.44	9.66	0.71	35.28	92.50	-0.14	0.75
ZEIT	183	2.37	0.53	0.04	1.30	4.50	0.88	1.44
STRECKE	183	147.57	26.27	1.94	95.00	233.00	0.40	0.08

EINFACHE REGRESSIONEN:

Abhängige Grösse: NLG
N : 165

	p	Regres. koef.	Konst.	Korrel. koef.	R-quad.
STRECKE	0.001	0.091	50.39	0.25	0.06
ALTER	0.9				
GESCHLECHT	0.006	4.145	57.92	0.21	0.05
KÖRPERLÄNGE	0.09	-0.153	89.91	-0.13	0.02
GEWICHT	0.7				
HTT.SULC.PROX.	0.8				
- AXILLA	0.7				

Einheiten der Messgrössen: NLG: m/s; Strecke: mm; Geschlecht: Männer 1, Frauen 2; Körperlänge: cm; Hauttemperatur (HTT.): Grad C

Tab. 15

```
+-------------------------------------------------------------------+
|             PRÄDIKTIONSWERTE FÜR DIE MOTORISCHE NLG               |
|                 DES N. ULNARIS AM OBERARM                         |
+-------------------------------------------------------------------+
| MOT. NLG:                                                         |
|                                                                   |
|  M = 63.75 m/sec;  SD = 9.563 m/sec;  N = 165;  SE = 9.13 m/sec   |
|                                                                   |
|  EINFLUSSGRÖSSEN            R-QUADRAT-     PART.RK        M (EG)    |
|                            ANTEIL                                 |
|  Messtrecke                 0.06           0.1006        147.6    |
|  Körperlänge                0.03          -0.2016        171.6    |
|  (Konstante)                              83.499                  |
|                 R-QUADRAT: 0.09                                   |
|   KEHRMATRIX:                                                     |
|       0.91603E-05 -0.44718E-05                                    |
|      -0.44718E-05  0.89382E-04                                    |
+-------------------------------------------------------------------+
| Abkürzungen:  SE:  Standard Error  (Standardabweichung der Residuen); |
| EG:  Einflussgrössen;  R-QUADRAT:  Quadrat der Multiplen Korrelation; |
| Einheiten der unabhängigen Grössen:  Körperlänge: cm; Messtrecke: mm; |
+-------------------------------------------------------------------+
|                          Tab. 16                                 |
+-------------------------------------------------------------------+
```

DIE VERTEILUNG DER NLG DES
N. ULNARIS, MOTORISCH, SULCUS

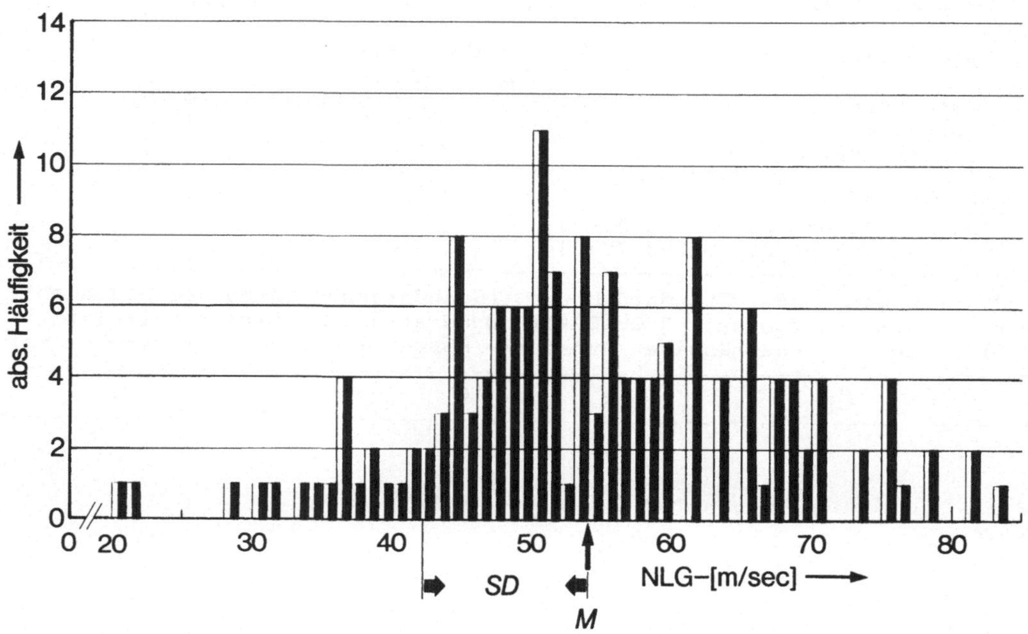

N: 162; M: 54,0; SD: 11,8; Min: 19,6; Max: 83,0; TG 95 %: 34,6
-99 %: 26,5

Abb. 14

zur Anwendung so kurzer Meßstrecken wurde im Kap. 7.3.4 nachgewiesen.

Einfache Regression der NLG (s. Tab. 13):
Die Meßstrecke und das Alter sind hochsignifikant mit der NLG korreliert.

Multiple Regression der NLG (Tab. 14):
R^2 = 0,19; von den Einflußgrößen ist, ebenso wie bei den einfachen Regressionen, die
Meßstrecke am deutlichsten wirksam: Die NLG nimmt pro cm um 2,7 m/sec zu. Das Alter,
in die MR wegen Nicht-Linearität als Kehrwert eingebracht, läßt auf eine mittlere Abnahme der NLG von 2,2 m/sec innerhalb von 10 Lebensjahren schließen.

13.4. Die motorische NLG des N. ulnaris am Oberarm:

Stimulation: am Oberarm, ca. 3 bis 6 cm distal der Fossa axillaris in einer Entfernung
von 95 bis 233 mm vom proximal des Sulcus gelegenen Reizpunkt. Mittelwerte der Hauttemperaturen: proximal vom Sulcus: 31,4^{o}C, Oberarm, 3 bis 6 cm distal der Axilla: 32,2^{o}C.
Selektion der Meßwerte s. Tab. 5.

Kennwerte und Verteilung der NLG (Tab. 15):
Die NLG des N. ulnaris am Oberarm ist nur gering höher, die Streuung deutlich höher als
am Unterarm. Die Verteilung ist ausreichend gut an die Normalverteilung angepaßt. - Die
Toleranzgrenzen für 95 % und 99 % der Meßwerte sind wegen der größeren Streuung der
NLG am Oberarm niedriger als bei der motorischen NLG am Unterarm: TG 95 % = 47,5 m/sec,
TG 99 %: 41 m/sec (Tab. 49).

Einfache Regressionen der NLG (Tab. 15):
Die Meßstrecke und das Geschlecht sind positiv mit der NLG korreliert; eine maximale
Varianzverminderung von 6 % ist durch Berücksichtigung der Meßstrecke möglich. Aufgrund
der Schätzung durch die einfache Regression ist die NLG bei Frauen im Mittel um
4,1 m/sec höher als bei Männern.

Multiple Regression der NLG (Tab. 16):
R^2 = 0,12, der Standardschätzfehler SE = 9,1 m/sec; SE/M = 0,14.
Von den Einflußgrößen sind die Meßstrecke und die Körperlänge signifikant wirksam. In
der MR ist das Geschlecht keine signifikant wirksame Größe, läßt aber gleichgerichtete
Unterschiede wie bei der einfachen Regression erkennen.

13.5 N. ulnaris, sensibel, Hand:

Stimulation: Ringelektroden am Kleinfinger, die Reizelektrode lag proximal im Bereich
der Falte des Fingergrundgelenkes; die zweite Elektrode lag in der Mitte des mittleren
Fingergliedes.
Registrierung: Pseudounipolare Oberflächenelektroden; die differente Elektrode lag über
dem Sulcus carpeus medius (Restricta). Mittlere Hauttemperatur über der A. ulnaris:
30,8^{o}C.

Kennwerte und Verteilungen der NP (Tab. 17):
Der Mittelwert der NLG S1 (M = 50,1 m/sec) ist um über 10 m/sec höher als jener der NLG
S2 (M = 39,4 m/sec). Dementsprechend sind deutliche Unterschiede für die Toleranzgrenzen dieser beiden Meßgrößen zu erwarten. Sie sind in der Tab. 49 für Messungen ohne Berücksichtigung von Einflußgrößen wiedergegeben. NLG S1 und NLG S2 sind gut an die Normalverteilung angepaßt. Der Variationskoeffizient der NLG S1 ist wie bei fast allen Messungen etwas größer als der der NLG S2 (s. Tab. 56).

Amplitude: Mäßig gute Anpassung an die Normalverteilung. Nach Wurzeltransformation Verkleinerung des Variationskoeffizienten auf das 0,52fache (Tab. 54), für die der multiplen Regression entsprechende Stichprobe beträgt der Variationskoeffizient der nichttransformierten Amplitude 0,48, nach Transformation 0,25. Die Wurzeltransformation bewirkt eine ausgezeichnete Anpassung an die Normalverteilung. Die logarithmisch transformierte Amplitude hat einen Variationskoeffizienten von 0,28, die Anpassung an die Normalverteilung ist jedoch nur mäßig gut.
Dauer: Der Variationskoeffizient beträgt 0,25, nach Wurzeltransformation 0,12. Gute Anpassung an die Normalverteilung. Bei logarithmischer Transformation wird der Variationskoeffizient größer als vor Transformation, die logarithmische Transformation kann daher
nicht empfohlen werden (s. Tab. 55).
Phase: M = 2,4; vereinzelt wurden monophasische Potentiale bei der Oberflächenregistrierung beobachtet; als positive Spitze wurde in so einem Fall der Beginn des negativen
Potentialschenkels bezeichnet.

Einfache Regressionen der sensiblen NLG (Tab. 17):
Die Hauttemperatur ist der weitaus wichtigste Schätzer der Einflußgrößen; etwa ein Drittel der Varianz der NLG S1 und NLG S2 kann durch die Hauttemperatur erfaßt werden. Der
RK beträgt bei der NLG S1 2 m/sec/^{o}C. Er ist bei der NLG S2 deutlich niedriger:
1,5 m/sec/^{o}C. Daraus ist zu entnehmen, daß die langsamer leitenden Neuriten durchaus
niedrige Regressionskoeffizienten bei hoher Korrelation haben können. Bei der Beziehung
der Hauttemperatur zur motorischen NLG des N. ulnaris am Unterarm lag aus einem anderen
Grund ein niedriger Regressionskoeffizient der Hauttemperatur für die NLG vor: Die Korrelation war schwach, wie an dem niedrigen R^2 zu sehen war (Kap. 15.1).
Von den übrigen Einflußgrößen kann man anhand der einfachen Regression nur noch eine
signifikante Wirkung der Meßstrecke auf die NLG S1 und NLG S2 erkennen.

Multiple Regression der NLG S1 (Tab. 18, Abb. 15-18):
Der R^2-Betrag von 0,51 gibt an, daß die Hälfte der Varianz der NLG S1 auf Einflußgrößen
zurückgeht. Der Standardschätzfehler beträgt 5,3 m/sec im Vergleich zur Standardabweichung (dieser Stichprobe) von 7,4 m/sec; die entsprechenden Variationskoeffizienten betragen 0,105 (SE/M) gegenüber 0,147 (SD/M).
Von den Einflußgrößen ist die Hauttemperatur (Abb. 15) die wichtigste Größe. Der partielle Regressionskoeffizient ist deutlich höher als der einfache Regressionskoeffizient, er beträgt 2,56 m/sec/^{o}C. Die Korrelation kann durch Verwendung des Kehrwertes
gering verbessert werden.

```
+--------------------------------------------------------------------------+
|                    NERVUS ULNARIS, SENSIBEL, HAND                        |
+--------------------------------------------------------------------------+
| KENNGRÖSSEN:                                                             |
|                                                                          |
|                N      M      SD     SE     Min     Max    Schiefe  Exzess |
|                                                                          |
| NLG S1        190   50.06   7.77   0.56   30.25   76.19    0.33    0.50   |
| NLG S2        186   39.36   5.86   0.43   26.22   59.26    0.42    0.21   |
|                                                                          |
| ZEIT S1       190    2.30   0.43   0.03    1.50    3.90    0.81    0.86   |
| ZEIT S2       186    2.92   0.52   0.02    1.90    4.50    0.60    0.29   |
| STRECKE       190  112.73  12.99   0.94   84.00  160.00    0.28    0.77   |
|                                                                          |
| AMPLITUDE     192    7.80   3.77   0.27    1.00   21.00    0.74    0.91   |
| DAUER         194    1.97   0.50   0.04    1.00    3.90    0.75    0.53   |
| PHASE         195    2.43   0.72   0.05    1       4       1.28    0.29   |
+--------------------------------------------------------------------------+
| EINFACHE REGRESSIONEN:                                                   |
|                                                                          |
|                    Abhängige Grössen:                                    |
|                    NLG S1 (N = 168):            NLG S2 (N = 164):        |
|                                                                          |
|                 Korrel.   Regres.  Konst.    Korrel.   Regres.  Konst.   |
|                 koef.     koef.               koef.                      |
|                                                                          |
| STRECKE         0.15*     0.090    40.23     0.17*     0.074    31.23    |
| ALTER           n.s.                         n.s.                        |
| GESCHLECHT      n.s.                         n.s.                        |
| KÖRPERLÄNGE     n.s.                         n.s.                        |
| GEWICHT         n.s.                         0.13      0.065    35.12    |
| HAUTT.HANDGEL.  0.55***   1.952   -9.93      0.57***   1.505   -6.91     |
+--------------------------------------------------------------------------+
| KORRELATIONEN ZWISCHEN NEUROGRAPHISCHEN MESSGRÖSSEN:                     |
|                                                                          |
|           unkorr. Grössen:              korr. Grössen:                   |
|           NLG-S1    NLG-S2    AMPL.      NLG-S1    NLG-S2    AMPL.        |
|                                                                          |
| NLG-S2    0.93***                        0.86***                         |
| AMPL.     0.05      0.07                  0.13*     0.17*                 |
| DAUER    -0.15*    -0.22**    0.25***     0.01     -0.08      0.05        |
+--------------------------------------------------------------------------+
| KORRELATIONEN ZWISCHEN KORRIG. UND UNKORRIG. GRÖSSEN:                    |
|                                                                          |
|       NLG-S1: 0.70   NLG-S2: 0.69   Ampl.: 0.83    DAUER: 0.86           |
+--------------------------------------------------------------------------+
| Einheiten der Messgrössen: NLG-S1, NLG-S2: m/s; Amplitude: mV;  Dauer:   |
| ms; Strecke: mm; Alter: Jahr; Gewicht: kg; Geschlecht: Männer 1,         |
| Frauen 2; Körperlänge: cm; Hauttemp.: Grad C                             |
| korrigiert: nach Berücksichtigung der Einflussgrössen durch Multiple     |
| Regression                                                               |
| p > 0.05: *      p > 0.01: **      p > 0.001: ***                        |
+--------------------------------------------------------------------------+
|                              Tab. 17                                     |
+--------------------------------------------------------------------------+
```

```
+------------------------------------------------------------------------+
|            PRÄDIKTIONSWERTE FÜR NEUROGRAPHISCHE MESSGRÖSSEN             |
|                   DES N. ULNARIS, SENSIBEL, HAND                       |
+------------------------------------------------------------------------+
| NLG S1: M = 50.36 m/sec;   SD = 7.408 m/sec;   N = 168;   SE = 5.30 m/sec
|
|  EINFLUSSGRÖSSEN               R-QUADRAT-      PART.RK        M (EG)
|                               ANTEIL
|  1/Hautt.(über a. ulnaris)    0.316          -2336.         0.0325
|  Messtrecke                   0.096           0.2280        112.0
|  Geschlecht                   0.049           3.342         1.411
|  Alter                        0.023          -0.140         33.80
|  Gewicht                      0.011           0.1232        68.9
|  1/Körperlänge                0.012           4038.         0.0059
|  (Konstante)                                  68.6905
|                R-QUADRAT: 0.507
|  KEHRMATRIX:
|      0.13645E 04 -0.55846E-01 -0.56007E 00  0.72896E-01  0.26752E-02 -0.70200E 03
|     -0.55846E-01  0.47733E-04 -0.27654E-03  0.42647E-05 -0.59259E-05  0.77466E 00
|     -0.56007E 00 -0.27654E-03  0.40302E-01 -0.67526E-05  0.44116E-03 -0.32075E 02
|      0.72896E-01  0.42647E-05 -0.67527E-05  0.53500E-04 -0.27163E-04 -0.77418E 00
|      0.26752E-02 -0.59259E-05  0.44116E-03 -0.27163E-04  0.81479E-04  0.11611E 01
|     -0.70200E 03  0.77466E 00 -0.32075E 02 -0.77418E 00  0.11611E 01  0.13197E 06
+------------------------------------------------------------------------+
| NLG S2:  M = 39.55 m/sec;   SD = 5.593 m/sec; N = 164; SE = 3.95 m/sec
|
|  EINFLUSSGRÖSSEN               R-QUADRAT-      PART.RK        M (EG)
|                               ANTEIL
|  1/Hautt.(über a.ulnaris)     0.332          -1811.         0.0326
|  Messtrecke                   0.103           0.1667        112.0
|  Geschlecht                   0.042           3.213         1.421
|  1/Alter                      0.02            97.90         0.0335
|  Gewicht                      0.02            0.08166       68.61
|  (Konstante)                                  66.380
|                R-QUADRAT: 0.517
|  KEHRMATRIX:
|       0.14092E 04 -0.70512E-01 -0.12301E 01 -0.66019E 02  0.17091E-01
|      -0.70512E-01  0.51803E-04 -0.41567E-03 -0.28445E-01 -0.81223E-04
|      -0.12301E 01 -0.41567E-03  0.14990E 00  0.33333E 01  0.11941E-01
|      -0.66019E 02 -0.28445E-01  0.33333E 01  0.15061E 03  0.33840E 00
|       0.17091E-01 -0.81223E-04  0.11941E-01  0.33840E 00  0.11815E-02
+------------------------------------------------------------------------+
| AMPLITUDE (Wurzel): M = 2.723  mV;   SD = 0.6786  mV;   N = 171;   SE = 0.5661 mV;
|
|  EINFLUSSGRÖSSEN   R-QUAD.-   PART.RK    M (EG)     KEHRMATRIX
|                    ANTEIL
|  Alter             0.136     -0.0168    33.50      0.3491E-04  0.1062E-04 -0.3059E-04
|  Geschlecht        0.149      0.5251    1.409      0.1062E-04  0.4395E-03 -0.2537E-02
|  1/Hauttemp.       0.01       42.57     0.0326    -0.3059E-04 -0.2537E-02  0.1548E-01
|  (Konstante)                  1.1593
|        R-QUADRAT: 0.295
+------------------------------------------------------------------------+
| DAUER (Wurzel):  M = 1.385  msec; SD = 0.1675  msec; N = 175; SE = 0.1448  msec
|
|  EINFLUSSGRÖSSEN   R-QUAD.-   PART.RK    M (EG)     KEHRMATRIX
|                    ANTEIL
|  1/Hauttemp.       0.164      23.86      0.0325     0.1207E 04 -0.1152E 01 -0.5568E-01
|  Geschlecht        0.08       0.1104     1.4057    -0.1152E 01  0.2596E-01  0.2360E-03
|  Messtrecke        0.017      0.001623   111.5     -0.5568E-01  0.2360E-03  0.3135E-04
|  (Konstante)                  0.27256
|        R-QUADRAT: 0.261
+------------------------------------------------------------------------+
| Abkürzungen:    SE:  Standard  Error (Standardabweichung der Residuen);  EG:  Ein-
| flussgrössen;   R-QUADRAT:  Quadrat  der  Multiplen  Korrelation;  Einheiten der
| unabhängigen  Grössen:      Hauttemperatur  (Hautt.):      Grad C;   Alter: Jahre;
| Körperlänge: cm; Mess- strecke: mm; Gewicht: kg; Geschlecht: männlich (1), weib-
| lich (2);
+------------------------------------------------------------------------+
```

Tab. 18

NERVUS ULNARIS, SENSIBEL, HAND

PARTIELLE REGRESSION

zwischen der
von den übrigen Einflußgrössen teil-korrigierten
sensiblen NLG–positive Spitze–(abhängig)
und
Hauttemperatur

N: 168 part. Regressionskoeffizient: 2,560 p<0,001
für 1/Hauttemp.:−2336,3

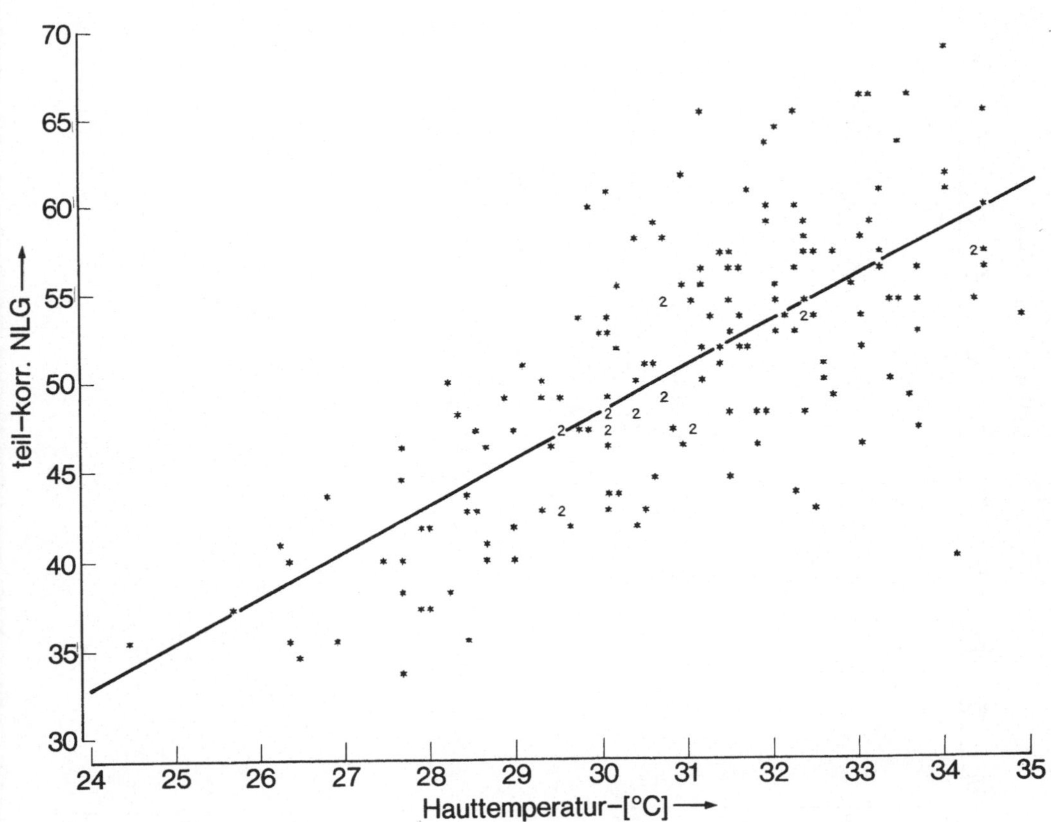

Abb. 15

NERVUS ULNARIS, SENSIBEL, HAND

PARTIELLE REGRESSION

zwischen der
von den übrigen Einflußgrössen teil-korrigierten
sensiblen NLG–positive Spitze–(abhängig)
und
der Meßstrecke

N: 168 part. Regressionskoeffizient: 0,230 p<0,001

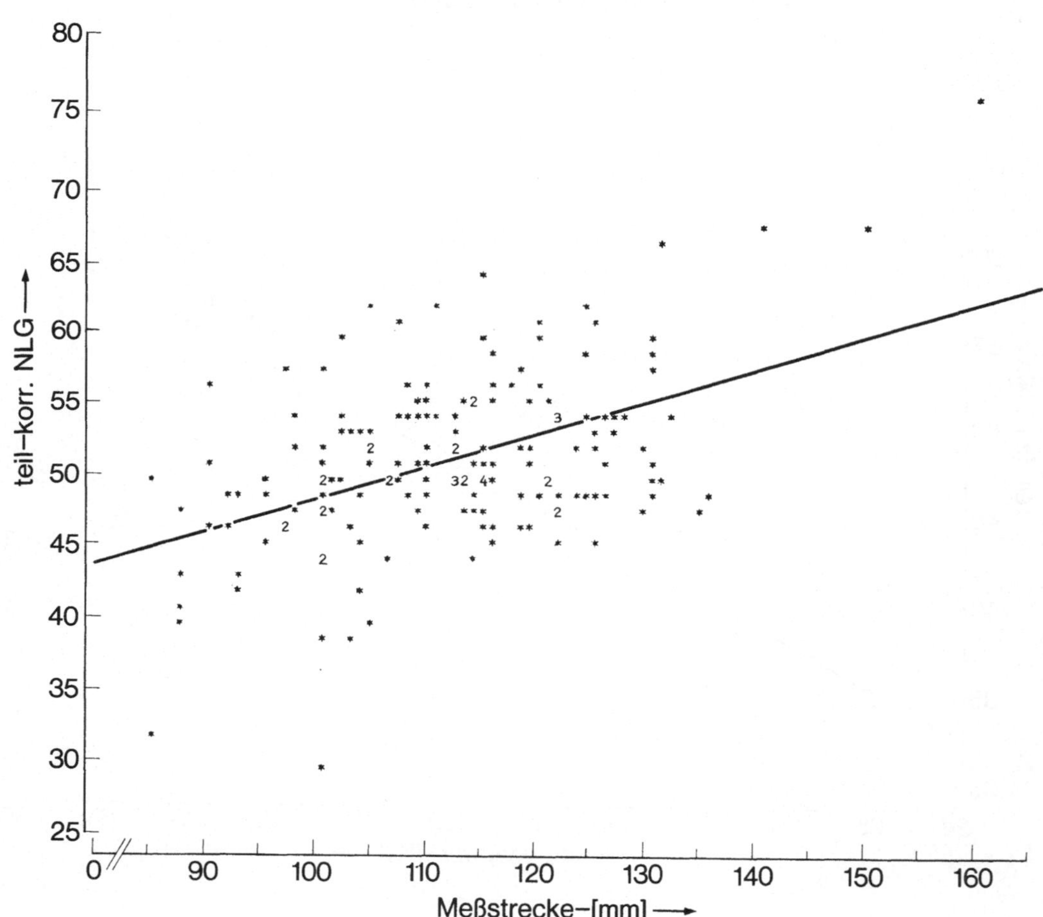

Abb. 16

NERVUS ULNARIS, SENSIBEL, HAND

PARTIELLE REGRESSION

zwischen der
von den übrigen Einflußgrössen teil-korrigierten
sensiblen NLG–positive Spitze–(abhängig)
und
Alter

N: 168 part. Regressionskoeffizient: −0,140 p<0,001

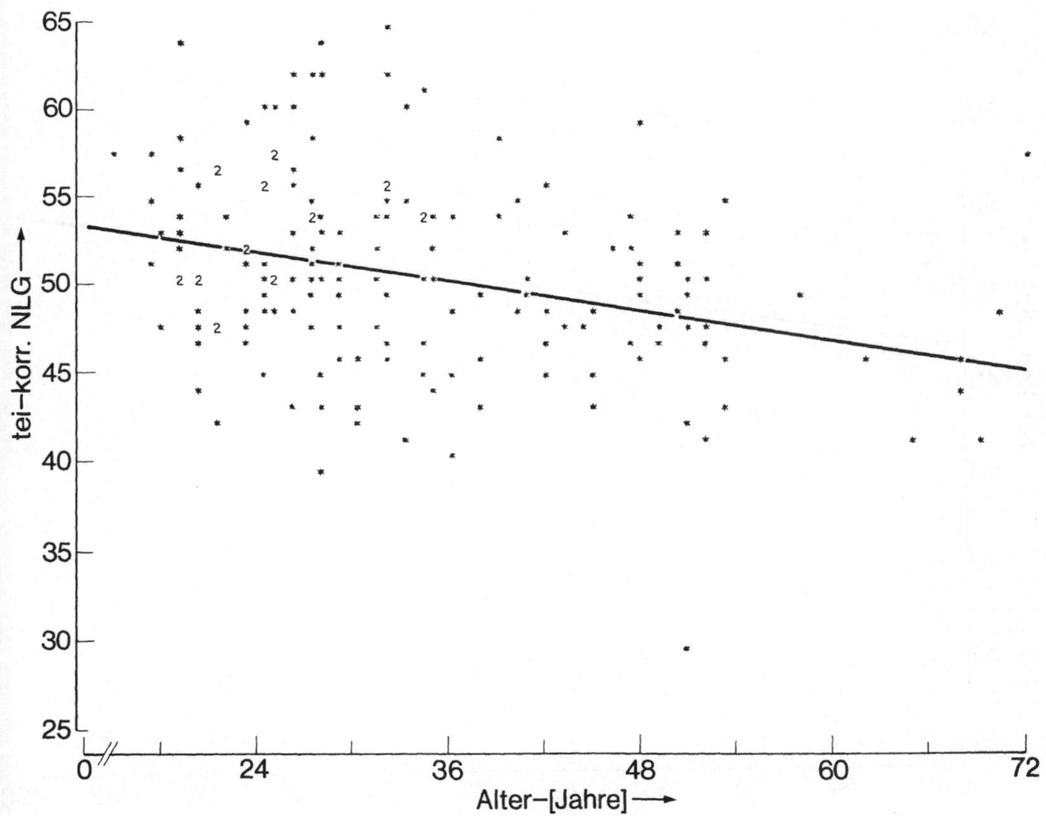

Abb. 17

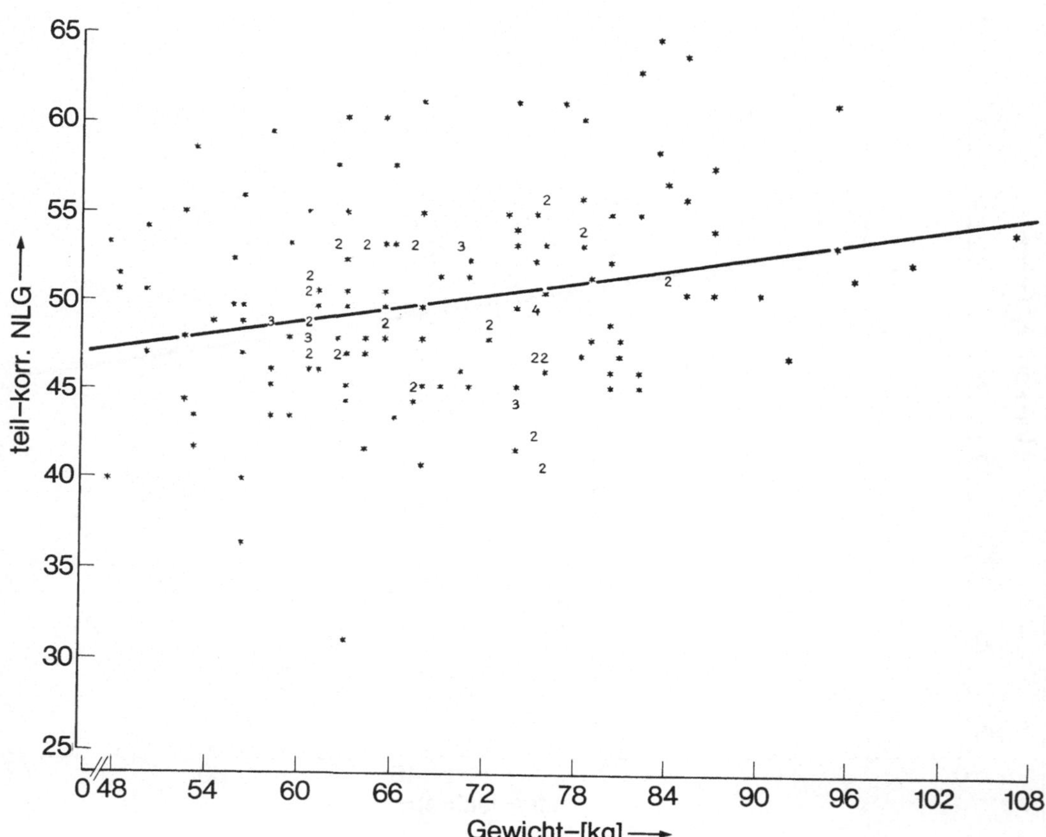

Abb. 18

Von den übrigen Größen sind die Meßstrecke, das Geschlecht und das Alter hochsignifikant wirksame Einflußgrößen. Dies ist überraschend, wenn man dazu die Ergebnisse der einfachen Regressionen vergleicht. Anhand der einfachen Regressionen war insbesondere kein Einfluß des Alters oder Geschlechtes zu vermuten. Bei Frauen ist, ebenso wie bei der motorischen NLG, die sensible NLG des N. ulnaris deutlich höher als bei Männern: Die mittlere Differenz beträgt 3,34 m/sec (s. Abb. 28). Der part. RK der Meßstrecke beträgt 0,23 m/sec/mm, bei Zunahme der Meßstrecke um nur 1 cm wird die NLG um 2,3 m/sec höher (Abb. 16). Mit zunehmendem Alter wird die NLG niedriger, pro Dezennium um 1,4 m/sec (Abb. 17). Das Gewicht und die Körperlänge sind ebenfalls signifikant wirksame Größen. Die Körperlänge wird wegen Nichtlinearität als Kehrwert in die multiple Regression gebracht. Mit zunehmender Körperlänge nimmt die NLG ab (pro 10 cm um 1,4 m/sec). Das Gewicht ist (ebenso wie bei der NLG S2) positiv korreliert: Bei einer mittleren Zunahme des Körpergewichtes von 10 kg nimmt die NLG S1 um 1,2 m/sec zu (Abb. 18).

Multiple Regression der NLG S2 (Tab. 18):
Die Ergebnisse gleichen weitgehend denen der MR der NLG S1: R^2 = 0,52; mehr als die Hälfte der Varianz wird durch Einflußgrößen bedingt. SE = 3,9 m/sec im Vergleich zu SD = 5,6 m/sec. Die Variationskoeffizienten betragen: SE/M = 0,14 gegenüber SE/M = 0,10; das Verhältnis der Variationskoeffizienten bzw. das Verhältnis SE/SD beträgt 0,7. Von allen multiplen Regressionen sind die für die NLG S1 und NLG S2 des N. ulnaris an der Hand die wirksamsten.
Die Hauttemperatur ist die wirksamste Einflußgröße; der part. RK ist höher als der einfache RK; er beträgt 1,96 m/sec/$^{\circ}$C. Ähnlich wie bei den einfachen Regressionen zeigt sich, daß trotz vergleichbar hoher Korrelation die NLG S2 einen niedrigeren part.RK als die NLG S1 hat. - Ähnlich wie bei der NLG S1 findet sich bei der NLG S2 ein signifikanter Geschlechtseinfluß: bei Frauen ist die NLG um 2,2 m/sec höher als bei Männern (Abb. 28).

Multiple Regression der Amplitude (nach Wurzeltransformation) (Tab. 18, Abb. 29):
R^2 = 0,32; von den Einflußgrößen ist insbesondere das Geschlecht (Abb. 29) und das Alter hochsignifikant wirksam: Bei Frauen beträgt die mittlere Amplitude 10 μV, bei Männern 7 μV. Die Geschlechtsunterschiede der Amplitude können mit dem bisherigen Ergebnis der Geschlechtsunterschiede der NLG in Einklang gebracht werden: Wenn die Mittelwerte der NLG bei Frauen höher als bei Männern sind, so könnte dies darauf beruhen, daß bei Frauen dickere Neuriten vorliegen. Die dicken Fasern bestimmen den wesentlichen Anteil der Amplitude des Summen-Nervenaktionspotentials. Mit zunehmendem Alter nehmen die Amplituden ab. Im mittleren Lebensalter beträgt die Amplitudenabnahme um ca. 1 μV/Dezennium. Die Abnahme ist nicht linear. Von den übrigen Größen ist die Hauttemperatur signifikant wirksam: Mit zunehmender Temperatur wird die Amplitude niedriger. Eine interessante Theorie dazu findet sich bei STEGEMANN (1979). Am leichtesten verständlich ist die Zunahme der Amplitude des NAP bei Kälteeinfluß, wenn man von unterschiedlichen Wir-

kungen der Temperaturkoeffizienten für die verschiedenen Faserpopulationen ausgeht und sich vorstellt, daß bei einer bestimmten Temperatur eine maximale Synchronie der Impulsfortpflanzung an den verschiedenen Neuriten besteht. Bei dieser Temperatur, so muß man annehmen, ist die Amplitude am höchsten.

Multiple Regression der Dauer (Tab. 18, Abb. 29):
R^2 = 0,27; die Variationskoeffizienten betragen: SE/M = 0,105 gegenüber SD/M = 0,122, sie sind also relativ niedrig und lassen eine hohe Präzision dieses Parameters erwarten. Von den Einflußgrößen sind die Hauttemperatur und das Geschlecht besonders wirksam: Die Hauttemperatur wird hier als Kehrwert berücksichtigt. Pro 5° Temperaturzunahme wird die Dauer im Mittel um 3,5 msec kürzer. Eine ähnlich bedeutsame Wirkung wie für die Hauttemperatur ist für das Geschlecht festzustellen: Frauen weisen eine im Mittel um 0,32 msec längere Dauer auf. Die Dauer des NAP kann am ehesten als Ausdruck des Kaliberspektrums der Nervenfasern aufgefaßt werden. Geht man davon aus, daß der Gewebewiderstand und die topographische Beziehung des N. ulnaris am Handgelenk nicht wesentlich geschlechtsspezifisch verschieden sind, so darf man annehmen, daß bei Frauen das Kaliberspektrum der Nervenfasern größer ist als bei Männern. Die höhere Amplitude des NAP bei Frauen spricht für das Vorliegen einer größeren Anzahl dickkalibriger Nervenfasern, die höhere NLG dafür, daß bei Frauen tatsächlich dickkalibrigere Nervenfasern vorliegen als bei Männern. Dazu kommt nun die bei Frauen längere Dauer. Insgesamt müßte der N. ulnaris bei Frauen im Mittel dicker als bei Männern sein.

Korrelationen der NP untereinander (Tab. 18):
Ähnlich wie bei den Untersuchungsergebnissen der motorischen NP zeigt der Vergleich der Korrelationen unkorrigierter und korrigierter sensibler NP untereinander, daß die Einflußgrößen einen Teil der Korrelationen bedingen bzw. vortäuschen. Die NLG S1 ist mit der NLG S2 mit 0,93 korreliert, nach Korrektur beträgt die Korrelation 0,86. Die Dauer ist vor Korrektur mit der NLG S1, der NLG S2 und der Amplitude besonders deutlich korreliert, es besteht aber keine eindeutige Korrelation nach Berücksichtigung der Wirkungen der Einflußgrößen. Die Korrelation der Amplitude mit der NLG S1 und der NLG S2 wird jedoch erst nach Korrektur erkennbar. Es besteht ein Zusammenhang zwischen der Amplitude und insbesonders der NLG S2: je rascher die negative Spitze des NAP auftritt, desto höher ist die Amplitude. Dieser Zusammenhang ist dem Temperatureinfluß entgegengerichtet (die Amplitude wird ja bei zunehmender Temperatur niedriger!), ist also nicht durch eine Temperaturwirkung bedingt. Ursächlich ist an eine Verschiebung des Kaliberspektrums zu dickkalibrigen Fasern hin zu denken.

13.6 N. ulnaris, sensibel, Unterarm:

Ableitung: "Pseudounipolare" Oberflächenelektroden mit differenter Elektroden etwa 2 bis 5 cm distal der Sulcusmitte. Mittlere Hauttemperatur am Handgelenk, über der A. ulnaris: $30,8^o$C, im distalen Sulcusbereich: $31,8^o$C. Selektion s. Tab. 5.

Kennwerte und Verteilungen der NP (Tab. 19):

NLG S1: Die NLG S1 ist um etwa 4 m/sec höher als die motorische NLG am Unterarm. Bezüglich der Schiefe mäßig gute, bezüglich des Exzesses nicht gute Anpassung an die Normalverteilung. Die Toleranzgrenzen der mot. NLG und NLG S1 sind fast gleich, bedingt durch die höhere Streuung der NLG S1.

NLG S2: Angedeutet rechtsschiefe Verteilung mit positivem Exzeß.

Amplitude: Die mittlere Amplitude beträgt (bei Messung mit Oberflächenelektroden) 3,0 μV, SD = 1,9 μV, Meßbereich zwischen 1 und 11 μV, rechtsschiefe Verteilung mit positivem Exzeß, wegen zu großer Streuung keine weiteren Berechnungen.

Dauer: Der Variationskoeffizient beträgt für die Stichprobe der Regression 0,36 bzw. 0,18, wenn die Meßwerte der Dauer wurzeltransformiert werden. Nach Wurzeltransformation gute Anpassung an die Normalverteilung.

Einfache Regressionen der NLG (Tab. 19):

Die NLG S1 und NLG S2 zeigen mit der Meßstrecke eine signifikant Korrelation. Die Meßstrecke ist nur bei dieser Untersuchungseinheit mit den NLG-Größen negativ korreliert. Bei allen übrigen Untersuchungseinheiten ist die Korrelation zwischen NLG-Meßgrößen und Meßstrecke positiv.

Multiple Regressionen der NLG-Größen (Tab. 20):

NLG S1: R^2 = 0,1; die Meßstrecke und das Alter sind hochsignifikant negativ mit der NLG S1 korreliert. Abnahme der NLG S1 um 1,7 m/sec/Dezennium. Die Hauttemperatur, gemessen im distalen Sulcusbereich, ist signifikant wirksam: Die NLG nimmt um ca. 1 m/sec/$^\circ$C zu.

NLG S2: Während bei Verwendung der einfachen Regression eine maximale Varianzminderung von 7 % durch Berücksichtigung der Wirkung der Körperlänge erreicht werden kann, beträgt in der multiplen Regression R^2 = 0,18, entsprechend einer 18 %igen Varianzverminderung. Von den Einflußgrößen sind die Körperlänge, das Alter und die Hauttemperatur, gemessen im distalen Sulcusbereich, signifikant wirksam.

Die Korrelationen der NP untereinander (Tab. 19):

Die unkorrigierten NLG S1 und NLG S2 sind mit 0,67 korreliert. Es finden sich gering positive Korrelationen zwischen der Amplitude und der NLG S1 bzw. NLG S2. Die Dauer ist deutlich negativ mit der NLG S2 korreliert.

13.7 N. ulnaris, sensibel, Sulcus:

Ableitung: 3 bis 7 cm proximal vom Sulcus. Berechnung der Latenz durch Subtraktion der Gesamtlatenz von der Latenz, die distal vom Sulcus gemessen wurde.

Selektion (Tab. 5):

Mehr als 23 % der Messungen an klinisch unauffälligen Nervensegmenten konnte nicht verwertet werden. In 30 Fällen lag der geschätzte Meßfehler über 10 m/sec. In 12 Fällen fanden sich Extremwerte der NLG. Das Problem einer so hohen Selektionsrate tritt nicht auf, wenn die NLG-Werte transformiert werden.

```
+-----------------------------------------------------------------------+
|                 NERVUS ULNARIS, SENSIBEL, UNTERARM                    |
+-----------------------------------------------------------------------+
| KENNGRÖSSEN:                                                          |
|                                                                       |
|            N      M       SD      SE     Min     Max    Schiefe  Exzess |
|                                                                       |
| NLG S1    189   64.88    9.57    0.70   43.64   97.92    0.80    1.81  |
| NLG S2    186   57.50    8.02    0.59   34.66   83.21    0.67    1.62  |
|                                                                       |
| ZEIT S1   189    3.61    0.61    0.04    1.90    5.50    0.04    0.67  |
| ZEIT S2   186    4.06    0.69    0.05    2.20    6.00    0.16    0.09  |
| STRECKE   189  228.92   18.88    1.37  177.00  277.00   -0.06    0.59  |
|                                                                       |
| AMPLITUDE 154    2.96    1.88    0.15    1.00   11.00    1.44    2.41  |
| DAUER     160    2.77    1.05    0.08    1.00    7.00    1.05    1.82  |
| PHASE     165    2.12    0.63    0.05    1       5       1.22    3.67  |
+-----------------------------------------------------------------------+
| EINFACHE REGRESSIONEN:                                                |
|                                                                       |
|                      Abhängige Grössen:                               |
|                      NLG S1 (N = 162):           NLG S2 (N = 162):    |
|                                                                       |
|                 Korrel.  Regres.  Konst.    Korrel.  Regres.  Konst.  |
|                 koef.    koef.                koef.                    |
|                                                                       |
| STRECKE         -0.19*   -0.095   86.56     -0.23**  -0.097   79.89   |
| ALTER           -0.19*   -0.139   69.54     -0.26*** -0.166   63.45   |
| GESCHLECHT      n.s.                          0.17*    2.822   53.82   |
| KÖRPERLÄNGE     n.s.                         -0.27*** -0.270  104.06   |
| GEWICHT         n.s.                         -0.25*** -0.172   69.66   |
| HAUTT.HANDGEL.  n.s.                         n.s.                      |
|   - SULC.DIST.  n.s.                         n.s.                      |
+-----------------------------------------------------------------------+
| KORRELATIONEN ZWISCHEN NEUROGRAPHISCHEN MESSGRÖSSEN:                  |
|                                                                       |
|            unkorr. Grössen:              korr. Grössen:               |
|            NLG-S1   NLG-S2    AMPL.       NLG-S1    NLG-S2            |
|                                                                       |
| NLG-S2     0.67***                        0.64***                     |
| AMPL.      0.14*    0.14*                  entfällt                    |
| DAUER      0.01    -0.38***  -0.03         0.07     -0.33***          |
+-----------------------------------------------------------------------+
| KORRELATIONEN ZWISCHEN KORRIG. UND UNKORRIG. GRÖSSEN:                 |
|                                                                       |
|         NLG-S1: 0.94    NLG-S2: 0.90    DAUER: 0.93                   |
+-----------------------------------------------------------------------+
| Einheiten der Messgrössen: NLG-S1, NLG-S2: m/s; Amplitude: mV; Dauer: |
| ms; Strecke: mm; Alter: Jahr; Gewicht: kg; Geschlecht: Männer 1,     |
| Frauen 2; Körperlänge: cm; Hauttemperatur: Grad C;                   |
| korrigiert: nach Berücksichtigung der Einflussgrössen durch Multiple  |
| Regression                                                            |
| p > 0.05: *      p > 0.01: **      p > 0.001: ***                     |
+-----------------------------------------------------------------------+
|                          Tab. 19                                      |
+-----------------------------------------------------------------------+
```

```
+---------------------------------------------------------------------------+
|           PRÄDIKTIONSWERTE FÜR NEUROGRAPHISCHE MESSGRÖSSEN                 |
|               DES N. ULNARIS, SENSIBEL, UNTERARM                           |
+---------------------------------------------------------------------------+
| SENSIBLE NLG - POSITIVE SPITZE:                                           |
|   M = 64.80 m/sec;   SD = 9.380 m/sec;   N = 162;   SE = 9.0 m/sec        |
|                                                                           |
|   EINFLUSSGRÖSSEN              R-QUADRAT      PART.RK        M (EG)        |
|                               ANTEIL                                      |
|   Messtrecke                  0.037          -0.09893       228.52        |
|   Alter                       0.035          -0.1457        34.11         |
|   Hautt.(sulcus,distal)       0.025           0.9845        31.81         |
|   (Konstante)                                61.067                       |
|               R-QUADRAT: 0.097                                            |
|     Kehrmatrix:                                                           |
|        0.17349E-04  -0.34418E-06  -0.15274E-04                            |
|       -0.34418E-06   0.37671E-04  -0.26337E-04                            |
|       -0.15274E-04  -0.26337E-04   0.27263E-02                            |
+---------------------------------------------------------------------------+
| SENSIBLE NLG - NEGATIVE SPITZE:                                           |
|   M = 57.82 m/sec;   SD = 8.228 m/sec;   N = 162;   SE = 7.502 m/sec      |
|                                                                           |
|   EINFLUSSGRÖSSEN              R-QUADRAT-     PART.RK        M (EG)        |
|                               ANTEIL                                      |
|   1/Körperlänge               0.076          9094.          0.0059        |
|   Alter                       0.087          -0.1976        34.02         |
|   Hautt.(sulcus,distal)       0.02            0.7930        31.80         |
|   (Konstante)                                -13.893                      |
|               R-QUADRAT: 0.183                                            |
|    KEHRMATRIX:                                                            |
|        0.69969E 05  -0.19511E 00  -0.96834E-01                            |
|       -0.19511E 00   0.38557E-04  -0.21899E-04                            |
|       -0.96833E-01  -0.21899E-04   0.27496E-02                            |
+---------------------------------------------------------------------------+
| DAUER (nach Wurzeltransformation der Messwerte):                          |
|   M = 1.629 msec;   SD = 0.2906 msec;   N = 147;   SE = 0.2787 msec       |
|                                                                           |
|   EINFLUSSGRÖSSEN              R-QUADRAT-     PART.RK        M (EG)        |
|                               ANTEIL                                      |
|   Körperlänge                 0.069          0.009667       171.2         |
|   1/Alter                     0.024          -3.9265        0.0342        |
|   (Konstante)                                0.1078                       |
|               R-QUADRAT: 0.093                                            |
|    KEHRMATRIX:                                                            |
|        0.93532E-04  -0.11973E-01                                          |
|       -0.11973E-01   0.52038E 02                                          |
+---------------------------------------------------------------------------+
| Abkürzungen:  SE:  Standard Error  (Standardabweichung der Residuen);     |
| EG:  Einflussgrössen;  R-QUADRAT:  Quadrat der Multiplen Korrelation;     |
| Einheiten der unabhängigen Grössen:  Hauttemperatur (Hautt.): Grad C;     |
| Alter: Jahre; Körperlänge: cm; Messtrecke: mm;                            |
+---------------------------------------------------------------------------+
|                              Tab. 20                                      |
+---------------------------------------------------------------------------+
```

Kennwerte und Verteilungen der NP (Tab. 21):

Anhand des Meßwertebereichs kann man sich ein Bild über das Problem der Präzision dieser Messung machen: Die in der repräsentativen Stichprobe noch enthaltenen Werte sind zwar (durch die Selektionsmaßnahmen) ausreichend normal verteilt, der Meßbereich geht aber von 13,2 m/sec bis 83,0 m/sec. Der Mittelwert beträgt 53,5 m/sec, die Standardabweichung 14,2 m/sec, der Variationskoeffizient beträgt 0,26, die Toleranzgrenze für 95 % der Meßwerte liegt bei 30,2 m/sec.

Die NLG S1 und die NLG S2 im Sulcus sind kaum für klinische Zwecke zu verwerten. Dies liegt zum Teil daran, daß distal vom Sulcus mit Oberflächenelektroden nur schlecht abgeleitet werden kann. Der N. ulnaris verschwindet wenige Zentimeter distal vom Sulcus unter dem M. flexor carpi ulnaris. Da die Ulnarisläsionen häufig über den Sulcusbereich hinausgehen, sollte der distale Meßpunkt vom Sulcus ausreichend weit entfernt sein. Dies führt aber, im Gegensatz zur Ableitung proximal vom Sulcus, häufig zu einer schlechten Potentialdarstellung.

Die einfachen Regressionen und die multiplen Regressionen der NLG S1 und der NLG S2 sind nicht signifikant.

Multiple Regression der Dauer (nach Wurzeltransformation) (Tab. 22):

R^2 = 0,06; es finden sich zwei signifikante und nicht hoch interkorrelierte Einflußgrößen: der Kehrwert der Hauttemperatur, gemessen im proximalen Sulcusbereich und das Geschlecht.

Für die NLG S1 und die NLG S2 im Sulcusbereich liegen keine ausreichend präzisen Schätzungen vor, diese Größen können für die Verwendung in Routineuntersuchungen nicht empfohlen werden.

13.8 N. ulnaris, sensibel, Oberarm:

Ableitung in pseudounipolarer Elektrodenanordnung, die differente Elektrode liegt 3 bis 6 cm distal der Fossa axillaris.

Kennwerte und Verteilungen der NP (Tab. 23):

NLG S1: Bezüglich der Schiefe besteht eine gute Anpassung an die Normalverteilung, positiver Exzeß. Die Toleranzgrenze für 95 % der Meßwerte liegt bei 41 m/sec. Der Variationskoeffizient beträgt 0,23, schlechte Präzision, daher geringe Anwendbarkeit in der Klinik.

Die Amplitude weist eine sehr schlechte Anpassung an die Normalverteilung auf.

Dauer: Die wurzeltransformierten Meßwerte sind mäßig gut der Normalverteilung angepaßt, der Variationskoeffizient beträgt nach Wurzeltransformation 0,17.

Die einfachen Regressionen und die MR der NLG S1 sind nicht signifikant.

Multiple Regression der Dauer (Tab. 24):

R^2 = 0,16; von den Einflußgrößen sind das Gewicht und die Hauttemperatur im proximalen Sulcusbereich hochsignifikant wirksam, die Dauer ist mit den beiden Variablen positiv korreliert. Die hochsignifikant positive Korrelation zwischen Hauttemperatur und Dauer

NERVUS ULNARIS, SENSIBEL, SULCUS

KENNGRÖSSEN:

	N	M	SD	SE	Min	Max	Schiefe	Exzess
NLG S1	148	53.51	14.20	1.17	13.18	83.00	-0.28	-0.33
NLG S2	132	56.83	14.16	1.23	18.16	95.00	-0.28	0.32
ZEIT S1	148	1.39	0.61	0.05	0.70	4.40	2.31	6.64
ZEIT S2	132	1.31	0.55	0.05	0.70	3.90	2.42	7.41
STRECKE	148	68.35	16.91	1.39	37.00	128.00	0.92	0.95
AMPLITUDE	127	4.14	2.17	0.19	1.00	11.00	1.02	1.01
DAUER	126	2.51	0.67	0.06	1.20	4.60	0.36	-0.10
PHASE	130	2.44	0.68	0.06	1	4	1.20	0.47

EINFACHE REGRESSIONEN: keine signifikanten Beziehungen

Einheiten der Messgrössen: NLG-S1, NLG-S2: m/s; Amplitude: mV;
Dauer: ms; Strecke: mm;

Tab. 21

PRÄDIKTIONSWERTE FÜR NEUROGRAPHISCHE MESSGRÖSSEN DES N. ULNARIS, SENSIBEL, SULCUS

DAUER (nach Wurzeltransformation der Messwerte):
 M = 1.585 msec; SD = 0.209 msec; N = 154; SE = 0.2046 msec

EINFLUSSGRÖSSEN	R-QUADRAT-ANTEIL	PART.RK	M (EG)
1/Hautt.(sulcus,prox.)	0.037	-21.66	0.0318
Geschlecht	0.014	-0.06070	1.40
(Konstante)		2.3582	

 R-QUADRAT: 0.051

KEHRMATRIX:
 0.27549E 04 -0.27931E 01
 -0.27931E 01 0.30610E-01

Abkürzungen: SE: Standard Error (Standardabweichung der Residuen);
EG: Einflussgrössen; R-QUADRAT: Quadrat der Multiplen Korrelation;
Einheiten der unabhängigen Grössen: Hauttemperatur (Hautt.): Grad C;
Geschlecht: männlich (1), weiblich (2);

Tab. 22

NERVUS ULNARIS, SENSIBEL, OBERARM							
KENNGRÖSSEN:							
	N	M	SD	SE	Min	Max	Schiefe	Exzess
NLG S1	171	65.43	14.83	1.13	17.39	113.57	-0.12	1.39
ZEIT S1	171	2.39	0.81	0.06	1.30	6.90	2.55	10.86
STRECKE	171	147.19	24.39	1.86	95.00	215.00	0.24	0.01
AMPLITUDE	146	2.12	1.52	0.13	1.00	10.00	2.48	8.16
DAUER	151	2.88	1.00	0.08	1.10	6.50	1.12	1.59
PHASE	145	2.20	0.61	0.05	1	6	2.70	11.64

EINFACHE REGRESSIONEN: keine signifikanten Beziehungen

KORRELATIONEN ZWISCHEN NEUROGRAPHISCHEN MESSGRÖSSEN:

	unkorr. Grössen:		korr. Grössen:
	NLG-S1	AMPL.	
AMPL.	0.19*		
DAUER	0.26***	0.09	- entfällt -

KORRELATIONEN ZWISCHEN KORRIG. UND UNKORRIG. GRÖSSEN:

DAUER: 0.90

Einheiten der Messgrössen: NLG-S1, NLG-S2: m/s; Amplitude: mV; Dauer: ms; Strecke: mm;
korrigiert: nach Berücksichtigung der Einflussgrössen durch Multiple Regression
$p > 0.05$: * $p > 0.01$: ** $p > 0.001$: ***

Tab. 23

PRÄDIKTIONSWERTE FÜR NEUROGRAPHISCHE MESSGRÖSSEN DES N. ULNARIS, SENSIBEL, OBERARM

DAUER (nach Wurzeltransformation der Messwerte):
  M = 1.669 msec; SD = 0.2801 msec; N = 137; SE = 0.2626 msec

EINFLUSSGRÖSSEN	R-QUADRAT-ANTEIL	PART.RK	M (EG)
Gewicht	0.084	0.006151	67.85
Hautt.(Sulcus,prox.)	0.049	0.03569	31.38
(Konstante)		0.1318	

R-QUADRAT: 0.133

KEHRMATRIX:
     0.48768E-04 -0.29498E-04
    -0.29498E-04   0.24159E-02

Abkürzungen: SE: Standard Error (Standardabweichung der Residuen); EG: Einflussgrössen; R-QUADRAT: Quadrat der Multiplen Korrelation; Einheiten der unabhängigen Grössen: Hauttemperatur (Hautt.): Grad C; Gewicht: kg;

Tab. 24

ist zunächst befremdend, weil man ja eine negative Korrelation erwartet: je höher die
Temperatur, desto höher die NLG, desto geringer die Dispersion des NAP. Zur Erklärung
könnte man sich vorstellen, daß die größere Dispersion des NAP bei höherer Temperatur
Ausdruck unterschiedlicher Wirkungen der Temperatur auf verschieden dicke Neuriten ist:
Die dickkalibrigen Neuriten haben höhere Temperaturkoeffizienten, die Impulsfortleitung
ändert sich mit der Temperaturzunahme stärker als bei dünnkalibrigen Neuriten. Die Dispersion beruht dann auf der stärkeren Rekrutierung rasch leitender Fasern, ihre Aktionspotentiale treten im Verhältnis zu den dünnen Fasern bei höherer Temperatur (im Sulcusbereich, als 10 bis 20 cm entfernt vom Meßpunkt) relativ früher als bei niedriger Temperatur auf.

Korrelationen der NP untereinander (Tab. 23):
Es besteht eine positive Korrelation zwischen NLG S1 und Dauer. Dieser hochsignifikante
Zusammenhang liegt die Vermutung nahe, daß die Verlängerung der Dauer am Oberarm bei
zunehmend hoher NLG nicht auf der Rekrutierung besonders langsam leitender Nerven-
fasern, sondern auf einer stärkeren Dispersion besonders rasch leitender Fasern beruht.
Dieser Befund stützt die Hypothese zur Erklärung der positiven Korrelation zwischen
Dauer und Temperatur proximal vom Sulcus: Die Dauer wird bei höherer Temperatur deshalb
länger, weil rasch leitende Fasern besonders beeinflußt werden.

13.9 N. medianus, motorisch, Hand:

Reizung am Handgelenk; Ableitung: differente Elektrode über dem Abductor pollicis
brevis, in einer Entfernung zwischen 5 und 9 cm von der Reizelektrode; indifferente
Elektrode über dem Capitulum ossis metacarpalis II. Mittlere Hauttemperatur über der A.
radialis: $31,3^{\circ}$C.

Kenngrößen und Verteilungen der NP (Tab. 25, Abb. 19):
NLG: Gute Anpassung an die Normalverteilung. Im Gegensatz zur NLG zeigen die distale
motorische Latenz pro 5 cm und die Zeit eine schlechte Anpassung an die Normalvertei-
lung; sie können daher nicht als kritische Meßgrößen empfohlen werden. Die motorische
NLG des N. medianus an der Hand ist signifikant niedriger als die vergleichbare NLG des
N. ulnaris (s. Tab. 50).
Amplitude: Durch Wurzeltransformation gute Anpassung an die Normalverteilung mit einem
Variationskoeffizienten von 0,21.
Dauer: Nach Wurzeltransformation gute Anpassung an die Normalverteilung. Variationskoef-
fizient der wurzeltransformierten Meßwerte: 0,11 (Tab. 55).

Einfache Regression der NLG (Tab. 25):
Die Meßstrecke, das Geschlecht und die Hauttemperatur sind positiv mit der motorischen
NLG an der Hand korreliert. Bei Verwendung der einfachen Regression ist die Meßstrecke
die am deutlichsten varianzvermindernde Größe: R^2 = 0,14.

Die multiple Regression der NLG (Tab. 26, Abb. 20, 28):
R^2 = 0,26; ein Viertel der Varianz kann durch Einflußgrößen erklärt werden. Bei Zunahme

```
+-----------------------------------------------------------------------+
|                 NERVUS MEDIANUS, MOTORISCH HAND                       |
+-----------------------------------------------------------------------+
| KENNGRÖSSEN:                                                          |
|                                                                       |
|              N       M      SD      SE     Min     Max    Schiefe  Exzess |
|                                                                       |
| NLG         196   18.27    3.27    0.23    8.71   27.04   -0.01    0.39 |
| DIST.LATENZ 196    2.83    0.58    0.04    1.85    5.74    1.61    4.71 |
|                                                                       |
| ZEIT        196    3.84    0.75    0.05    2.50    7.50    1.49    4.41 |
| STRECKE     196   68.32    7.91    0.57   50.00   90.00   -0.08    0.14 |
|                                                                       |
| AMPLITUDE   201   12.09    5.06    0.35    2.00   35.00    0.55    1.34 |
| DAUER       200   12.04    2.81    0.20    6.10   24.70    0.94    2.50 |
| PHASE       197    3.35    1.48    0.11    2       8        1.12    1.02 |
| INTEGRAL     90   18.39    4.55    0.48    4.00   30.00   -0.16    0.59 |
+-----------------------------------------------------------------------+
| EINFACHE REGRESSIONEN:                                                |
|                                                                       |
|                  Abhängige Grösse:   NLG                              |
|                  N : 177                                             |
|                                                                       |
|                  p      Regres.   Konst.   Korrel.  R-quad.          |
|                         koef.              koef.                     |
|                                                                       |
| STRECKE         0.001   0.155     7.83     0.38     0.14             |
| ALTER           0.5                                                  |
| GESCHLECHT      0.003   1.346    16.58     0.21     0.04             |
| KÖRPERLÄNGE     0.1                                                  |
| GEWICHT         0.1                                                  |
| HAUTT. HANDGEL. 0.05    0.274     9.89     0.13     0.02             |
+-----------------------------------------------------------------------+
| KORRELATIONEN ZWISCHEN NEUROGRAPHISCHEN MESSGRÖSSEN:                 |
|                                                                       |
|                  unkorrig. Grössen           korrig. Grössen        |
|                  NLG      AMPL.    DAUER      NLG     AMPL.    DAUER  |
|                                                                       |
| AMPL.           0.09                          0.15*                  |
| DAUER          -0.09     0.13*                -0.03    0.03           |
| INTEGRAL        0.07     0.50***  0.25**       0.25*   0.43***        0.13 |
+-----------------------------------------------------------------------+
| KORRELATIONEN ZWISCHEN KORRIG. UND UNKORRIG. GRÖSSEN:               |
|                                                                       |
|   NLG: 0.85      DAUER: 0.91      AMPL.: 0.95      INTEGRAL: 0.92    |
+-----------------------------------------------------------------------+
| Einheiten  der  Messgrössen:   NLG:  m/s;   Distale  Latenz:   ms/5cm; |
| Amplitude: mV; Dauer: ms; Integral: mVs; Strecke:  mm;  Alter:  Jahr; |
| Geschlecht: Männer 1, Frauen 2; Körperlänge: cm; Gewicht: kg; Hauttem- |
| peratur: Grad C                                                      |
| korrigiert:  nach Berücksichtigung der  Einflussgrössen durch Multiple |
| Regression                                                           |
| p > 0.05: *      p > 0.01: **      p > 0.001: ***                    |
+-----------------------------------------------------------------------+
|                          Tab. 25                                     |
+-----------------------------------------------------------------------+
```

```
+------------------------------------------------------------------+
|            PRÄDIKTIONSWERTE FÜR NEUROGRAPHISCHE MESSGRÖSSEN       |
|                 DES N. MEDIANUS, MOTORISCH, HAND                  |
+------------------------------------------------------------------+
| MOT. NLG:                                                        |
|   M = 18.44 m/sec;   SD = 3.184 m/sec;   N = 177;   SE = 2.77    |
|                                                                  |
|   EINFLUSSGRÖSSEN            R-QUADRAT-    PART.RK      M (EG)     |
|                             ANTEIL                               |
|   Messtrecke                0.14          0.1808       68.33      |
|   Geschlecht                0.07          1.999        1.379      |
|   Hautt.(über a.radialis)   0.04          0.4418       31.22      |
|   (Konstante)                            -10.462                  |
|              R-QUADRAT: 0.26                                      |
|   KEHRMATRIX:                                                    |
|       9.736E-03   2.669E-02   5.023E-03                          |
|       2.669E-02   2.533E 00   1.360E-01                          |
|       5.023E-03   1.360E-01   2.729E-01                          |
+------------------------------------------------------------------+
| AMPLITUDE (nach Wurzeltransformation der Messwerte):             |
|   M = 3.404 mVolt;   SD = 0.7310 mVolt;   N = 183;   SE = 0.6700 mVolt |
|                                                                  |
|   EINFLUSSGRÖSSEN            R-QUADRAT-    PART.RK      M (EG)     |
|                             ANTEIL                               |
|   1/Hautt.(über a.radialis) 0.116         143.7        0.0321     |
|   Tageszeit, kub. Funktion  0.03          0.007469     27.37      |
|   Körperlänge               0.013         0.01798      171.7      |
|   1/Gewicht                 0.016         46.68        0.0148     |
|   (Konstante)                            -5.1908                  |
|              R-QUADRAT: 0.175                                     |
|   KEHRMATRIX:                                                    |
|       0.25935E 04  -0.11674E-01  -0.10177E 00  -0.40416E 03      |
|      -0.11674E-01   0.22321E-04  -0.41659E-05  -0.22001E-01      |
|      -0.10177E 00  -0.41659E-05   0.11846E-03   0.22631E 00      |
|      -0.40417E 03  -0.22001E-01   0.22631E 00   0.13397E 04      |
+------------------------------------------------------------------+
| DAUER (nach Wurzeltransformation der Messwerte):                 |
|   M = 3.427 msec;   SD = 0.3748 msec;   N = 184;   SE = 0.3596 msec |
|                                                                  |
|   EINFLUSSGRÖSSEN            R-QUADRAT-    PART.RK      M (EG)     |
|                             ANTEIL                               |
|   Hautt.(über a.radialis)   0.064        -0.06737      31.19      |
|   Messtrecke                0.025        -0.006403     68.62      |
|   (Konstante)                             5.9674                  |
|              R-QUADRAT: 0.089                                     |
|   KEHRMATRIX:                                                    |
|       0.27409E-02   0.14674E-06                                  |
|       0.14674E-06   0.62873E-04                                  |
+------------------------------------------------------------------+
| Abkürzungen:  SE: Standard Error  (Standardabweichung der Residuen); |
| EG: Einflussgrössen;  R-QUADRAT: Quadrat der Multiplen Korrelation; |
| Einheiten der unabhängigen Grössen: Hauttemperatur (Hautt.): Grad C; |
| Körperlänge: cm;   Messtrecke: mm;   Gewicht: kg;   Geschlecht: |
| männlich (1),  weiblich (2);  Tageszeit:  Stunden**3/100 (kubische |
| Funktion)                                                        |
+------------------------------------------------------------------+
|                          Tab. 26                                 |
+------------------------------------------------------------------+
```

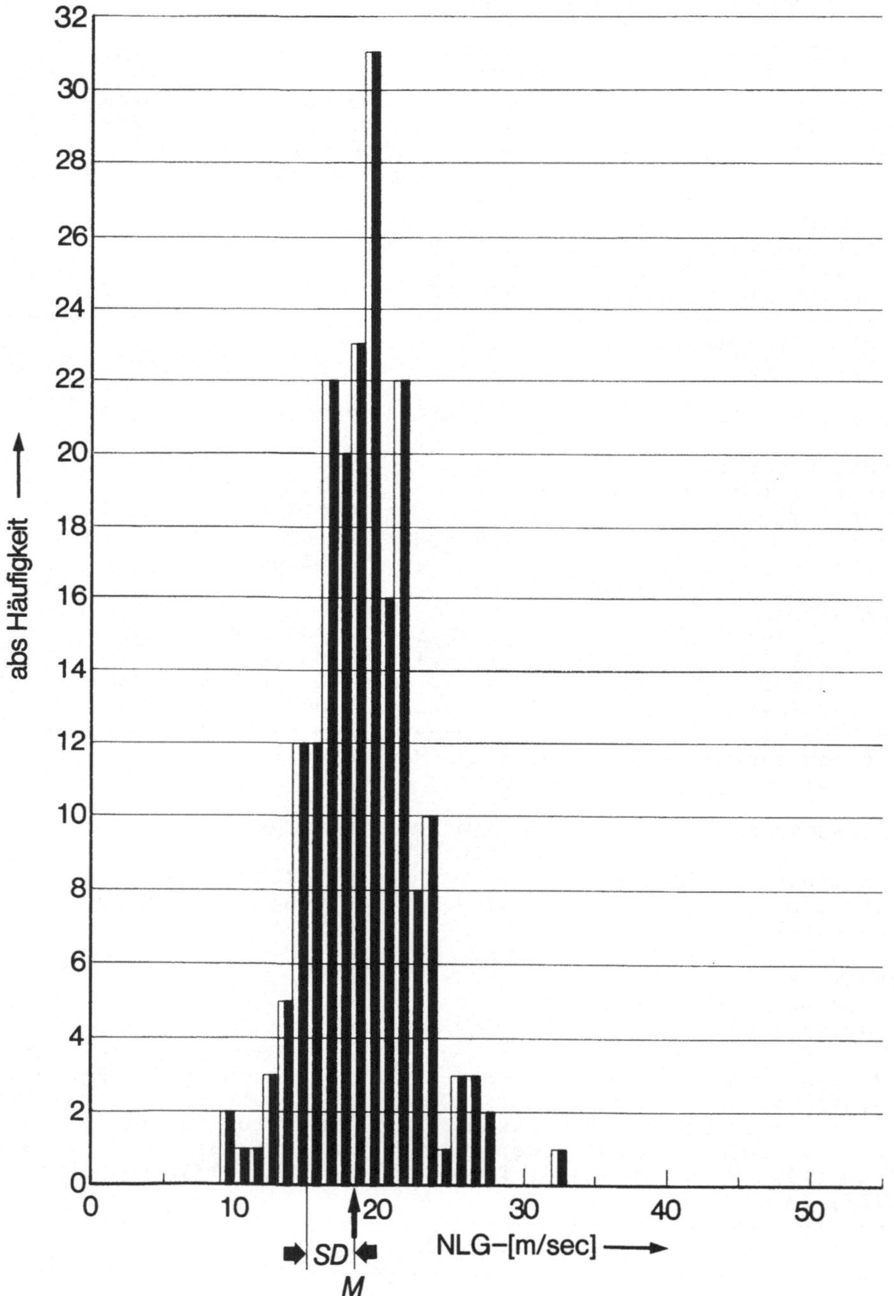

N: 196; M: 18,3; SD: 3,3; Min: 8,7; Max: 27,0; TG 95 %: 12,9
-99 %: 10,7

Abb. 19

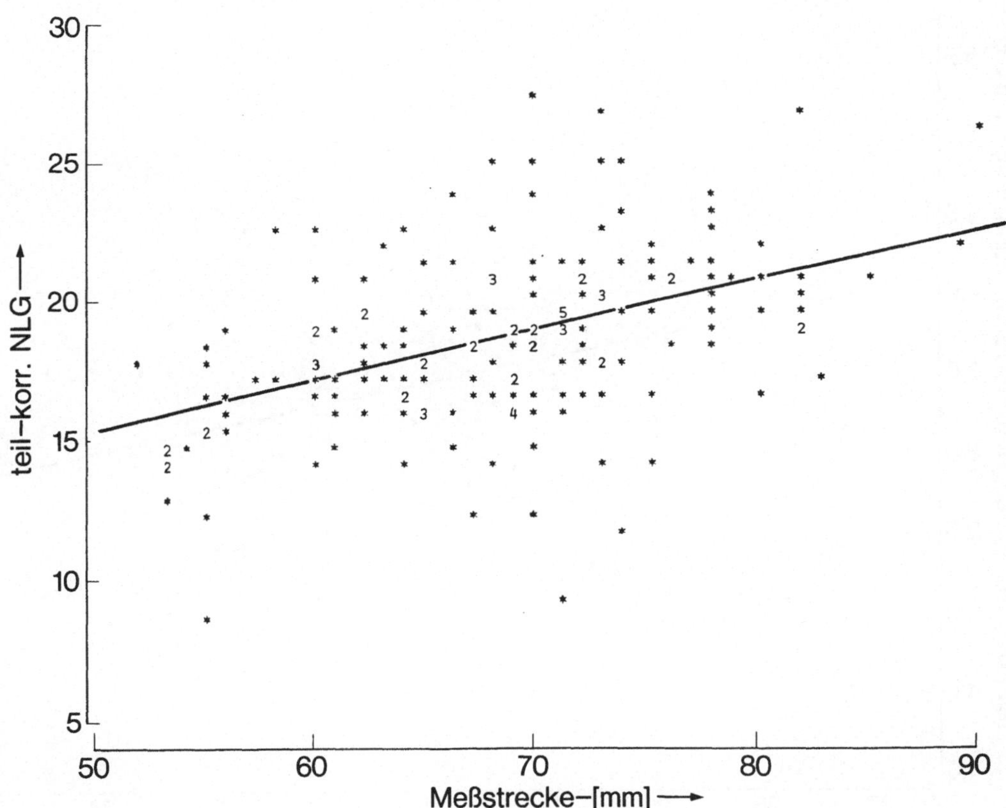

121

NERVUS MEDIANUS, MOTORISCH, HAND

PARTIELLE REGRESSION

zwischen der
von den übrigen Einflußgrössen teil-korrigierten
motorischen NLG (abhängig)
und
der Meßstrecke

N: 177 part. Regressionskoeffizient: 0,190   p<0,001

teil-korr. NLG ⟶
Meßstrecke–[mm] ⟶

Abb. 20

NERVUS MEDIANUS, MOTORISCH, HAND
PARTIELLE REGRESSION
zwischen der
von den übrigen Einfluß-Grössen teil−korrigierten
AMPLITUDEN
(nach Wurzeltransformation)
und der
HAUTTEMPERATUR
teil-korr. Amplitude (nach Wurzeltransformation)− [√mVolt]
6,0
5,5
5,0
4,5
4,0
3,5
3,0
2,5
2,0
1,5
1,0
0
27
28
29
30
31
32
33
34
35
Hauttemperatur−[°C]

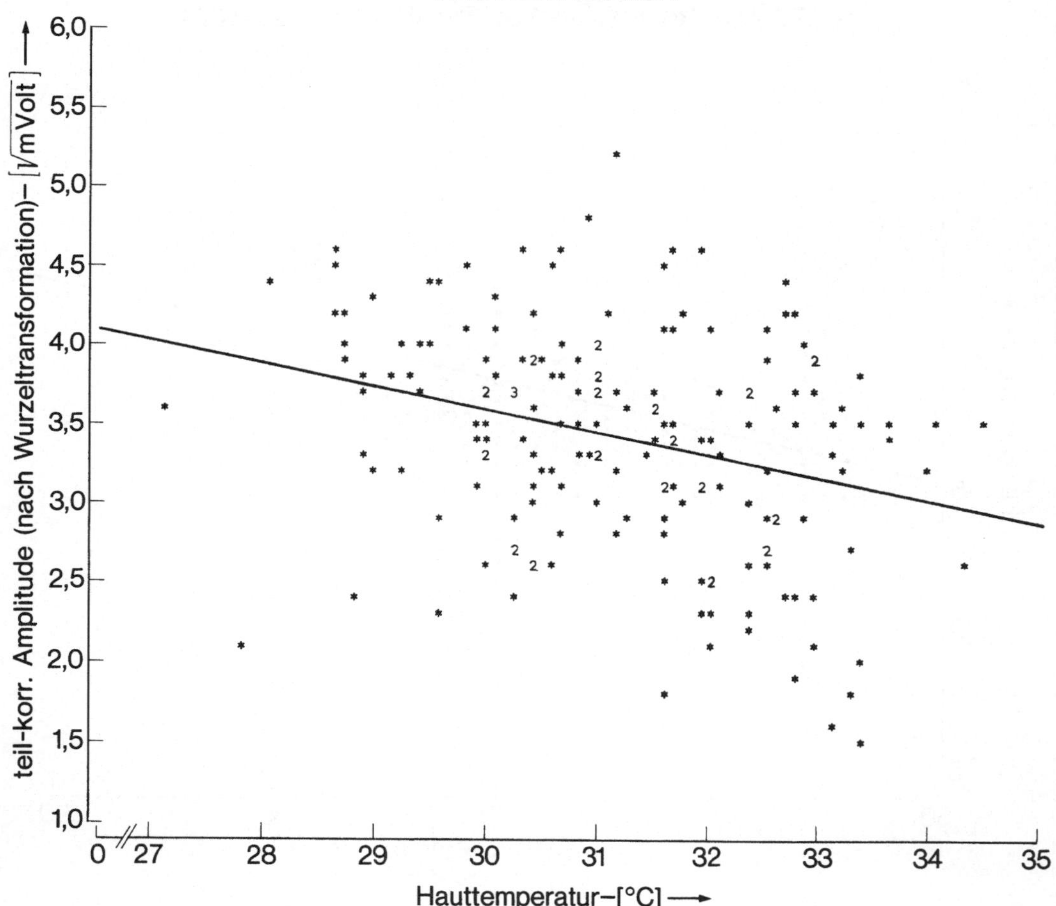

Abb. 21

der Meßstrecke um 1 cm wird die NLG um 1,8 m/sec höher (Abb. 20). Bei Frauen ist die
NLG um 2 m/sec höher als bei Männern (Abb. 28), die NLG wird pro Grad C um 0,4 m/sec
höher. Im Vergleich zur Wirkung der Hauttemperatur auf die NLG des N. ulnaris sind hier
der partielle Regressionskoeffizient und die Varianzerklärung wesentlich niedriger.

Multiple Regression der Amplitude (nach Wurzeltransformation, Tab. 26, Abb. 21):
Etwa ein Fünftel der Varianz kann durch die Wirkung der Einflußgrößen erklärt werden
(R^2 = 0,18). Von den Einflußgrößen ist die Hauttemperatur am wirksamsten. Es wurde der
Kehrwert der Hauttemperatur verwendet. Mit zunehmender Temperatur wird die Amplitude
hochsignifikant niedriger, wie anhand der Abb. 21 zu erkennen ist. Man sieht auch, daß
die lineare Anpassung nicht ideal ist. Eine zweite, hochsignifikant wirksame Einflußgröße ist die Körperlänge: Größere Probanden haben höhere Amplituden. Das Gewicht (hier
wird der Kehrwert genommen) ist signifikant negativ mit der Amplitude korreliert. Dies
könnte auf einer unterschiedlichen Ausprägung des subkutanen Fettgewebes beruhen. Die
Tageszeit hat eine deutliche Wirkung auf die Amplitude; sie wird durch eine kubische
Funktion erfaßt.

Multiple Regression der Dauer (nach Wurzeltransformation, Tab. 26):
R^2 = 0,09; bei Temperaturzunahme um 1°C nimmt die Dauer im Schnitt um etwa 0,5 msec ab.
Die signifikant negative Korrelation zwischen Dauer und Meßstrecke ist der Dispersion
des Potentials mit zunehmender Entfernung zwischen Reiz- und Ableiteort entgegengerichtet. Ursächlich ist an eine Doppelstimulation einzelner Fasern über den Axonreflex zu
denken.

Die Korrelationen der NP untereinander (Tab. 25) zeigen nur geringe Unterschiede gegenüber den Korrelationen der motorischen Parameter des N. ulnaris.

13.10 N. medianus, motorisch, Unterarm:

Die Stimulation erfolgt an dem durchgestreckten Arm in der Ellenbeuge zwischen Bicepssehne und Lacertus fibrosus.

Kennwerte und Verteilung der NLG (s. Tab. 27):
Der Mittelwert ist signifikant niedriger als bei der motorischen NLG des N. ulnaris,
der Variationskoeffizient aber etwas höher: 0,13. Die Toleranzgrenzen sind laut Tab. 49
um etwa 4 m/sec niedriger als jene des N. ulnaris. Die Schiefe zeigt eine gute Anpassung, der Exzeß eine mäßig gute Anpassung an die Normalverteilung. Toleranzgrenze für
95 % der Meßwerte: 44,4 m/sec, für 99 % der Meßwerte: 39,3 m/sec.

Einfache Regression der NLG (Tab. 27):
Nur das Alter zeigt eine signifikant negative Korrelation mit der NLG; maximal mögliche
Varianzverminderung mit R^2 = 0,023 sehr gering.

Multiple Regression der NLG (Tab. 28, Abb. 22):
R^2 = 0,08; von den Einflußgrößen ist die Körperlänge hochsignifikant wirksam. Die NLG
verringert sich um ca. 2 m/sec bei einer Zunahme von 10 cm Körperlänge. - Pro cm Meß-

```
+-------------------------------------------------------------------+
|                 NERVUS MEDIANUS, MOTORISCH UNTERARM               |
+-------------------------------------------------------------------+
| KENNGRÖSSEN:                                                      |
|                                                                   |
|            N      M      SD     SE     Min     Max   Schiefe Exzess |
|                                                                   |
| NLG       194   56.57   7.41   0.53   38.37   76.00    0.11   0.72 |
|                                                                   |
| ZEIT      194    4.16   0.63   0.04    2.70    6.30    0.22   0.26 |
| STRECKE   194  231.40  20.58   1.48  182.00  295.00    0.13   0.30 |
+-------------------------------------------------------------------+
| EINFACHE REGRESSIONEN:                                            |
|                                                                   |
|              Abhängige Grösse:  NLG                               |
|              N : 173                                             |
|                                                                   |
|              p      Regres.  Konst.   Korrel. R-quad.            |
|                     koef.             koef.                      |
|                                                                   |
| STRECKE     0.4                                                  |
| ALTER       0.04   -0.086   59.43    -0.15    0.02              |
| GESCHLECHT  0.2                                                  |
| KÖRPERLÄNGE 0.1    -0.112   75.77    -0.13    0.02              |
| GEWICHT     0.06   -0.092   62.88    -0.14    0.02              |
| HAUTT. HANDGEL. 0.1                                              |
|   - ELLENBEUGE 0.2                                               |
+-------------------------------------------------------------------+
| Einheiten der Messgrössen: NLG: m/s; Strecke: mm;                |
| Alter: Jahr; Körperlänge: cm; Gewicht: kg;                       |
+-------------------------------------------------------------------+
|                          Tab. 27                                 |
+-------------------------------------------------------------------+
```

```
+-------------------------------------------------------------------+
|              PRÄDIKTIONSWERTE FÜR DIE MOTORISCHE NLG             |
|                 DES N. MEDIANUS AM UNTERARM                      |
+-------------------------------------------------------------------+
| MOT. NLG:                                                        |
|   M = 56.53 m/sec;  SD = 7.274 m/sec;  N = 173;  SE = 7.026 m/sec |
|                                                                   |
|   EINFLUSSGRÖSSEN          R-QUADRAT-     PART.RK       M (EG)    |
|                           ANTEIL                                 |
|   Alter                   0.023         -0.1020        33.62     |
|   1/Körperlänge           0.025          7842.         0.0058    |
|   Messtrecke              0.034          0.08423       230.8     |
|   (Konstante)                           -5.2579                  |
|               R-QUADRAT: 0.082                                   |
|   KEHRMATRIX:                                                    |
|       0.35316E-04  -0.22415E 00  -0.41552E-06                    |
|      -0.22415E 00   0.99182E 05   0.84735E 00                    |
|      -0.41552E-06   0.84735E 00   0.21469E-04                    |
+-------------------------------------------------------------------+
| Abkürzungen:  SE:  Standard Error  (Standardabweichung der Residuen); |
| EG:  Einflussgrössen;  R-QUADRAT:  Quadrat der Multiplen Korrelation; |
| Einheiten der unabhängigen Grössen:  Alter: Jahre;  Körperlänge: cm; |
| Messtrecke: mm;                                                  |
+-------------------------------------------------------------------+
|                          Tab. 28                                 |
+-------------------------------------------------------------------+
```

TAGESZEIT UND KORRIGIERTE NLG
N. MEDIANUS, MOTORISCH, UNTERARM

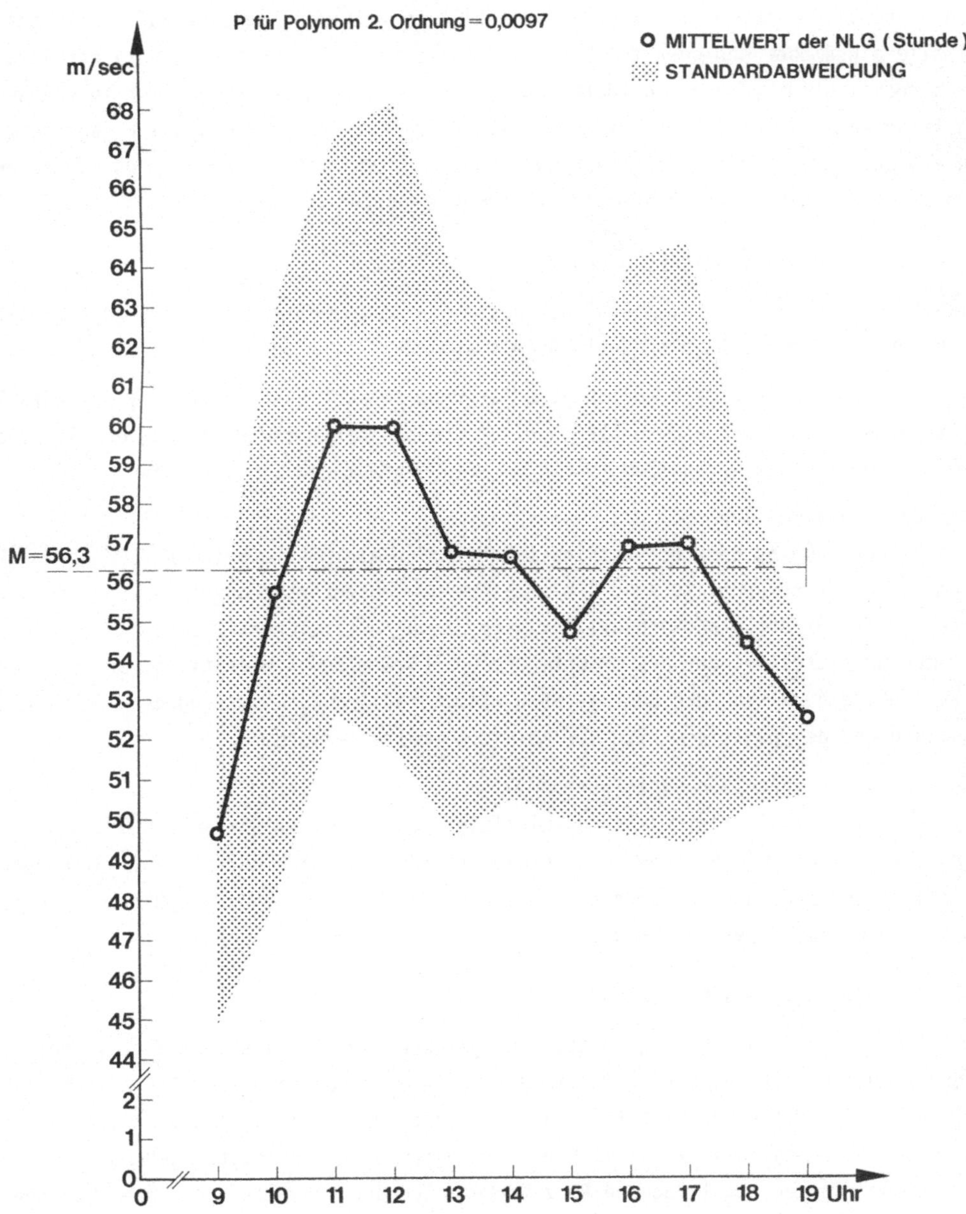

Abb. 22

strecke nimmt die NLG um etwa um 0,9 m/sec zu. Pro Dezennium nimmt die NLG um etwa 0,9 m/sec ab. Die Wirkung der Tageszeit läßt sich durch eine quadratische Anpassung darstellen. Die Abb. 22 zeigt den Verlauf der NLG zwischen 9 und 19 Uhr. Die NLG nimmt zwischen 9 und 11 Uhr um ca. 10 m/sec zu und fällt im weiteren Tagesverlauf allmählich ab. Soll allerdings über den gesamten Untersuchungszeitraum (6 Uhr bis 22 Uhr) die Tageszeit berücksichtigt werden, so müßten zwei Polynome verwendet werden. Auf ihre Anwendung wurde wegen hoher Interkorrelation zwischen diesen Polynomen und der Tageszeit verzichtet. Somit verblieben als Prädiktionsgrößen für die motorische NLG des N. medianus am Unterarm das Alter, der Kehrwert der Körperlänge und die Meßstrecke.

13.11 N. medianus, motorisch, Oberarm:

Stimulation: Etwa 3 bis 6 cm distal der Fossa axillaris. Mittelwert der Hauttemperaturen an der Ellenbeuge: 32,5°C, 3 bis 6 cm distal der Fossa axillaris: 32,7°C.

Selektion (Tab. 5): Die repräsentative Stichprobe besteht aus 173 Fällen. Die Anzahl der Extremwerte ist hoch und könnte, ähnlich wie bei der motorischen NLG des N. ulnaris im Sulcus, durch Wurzeltransformationen auf ein Minimum reduziert werden.

Kenngrößen und Verteilung der NLG (Tab. 29):
Der Mittelwert von 69,5 m/sec ist signifikant höher als die motorische NLG des N. ulnaris am Oberarm: Streuung: SD = 10,1 m/sec. Anhand der Untersuchungen der Längsschnittstudie (Teil 3 dieser Arbeit) bestätigt sich die hohe mittlere NLG am Oberarm, die so deutlich zum Mittelwert der NLG am Unterarm von 56,6 m/sec kontrastiert. Der niedigste Meßwert betrug 40 m/sec, der höchste 95,6 m/sec. Mäßig gute Anpassung der linksschiefen Verteilung und des positiven Exzesses an die Normalverteilung.

Größen für die Prüfung von Einzelwerten:
Es liegen keine signifikant wirksamen Einflußgrößen für die motorische NLG des N. medianus am Oberarm vor. Die Prüfung von Einzelwerten erfolgt nach den in Tab. 49 angegebenen Toleranzgrenzen. Sie betragen für 95 % der Meßwerte (TG 95 %): 52,8 m/sec und für 99 % der Meßwerte (TG 99 %): 45,9 m/sec.

13.12 N. medianus, sensibel, Hand:

Stimulation: Die Reizung erfolgt mittels Ringelektroden, die stets am **Mittelfinger** angebracht wurden. Die Reizelektrode lag in der Falte des Grundgelenkes. Die Ableiteelektrode lag in der Mitte der Mittelphalanx. Reizdauer 0,1 msec, selten 0,2 msec. Reizspannung zwischen 70 und maximal 130 V. Die Stimulationsstärke richtete sich nach dem Amplitudenmaximum. In der Regel lag die Reizstärke unter der Schwelle der Schmerzwahrnehmung.
Registrierung: Pseudounipolar angebrachte Oberflächenelektroden; die Elektrodenmitte lag über der **zweiten** Hautfalte am Handgelenk (Restricta, Sulcus carpeus medius). War diese Hautfalte schlecht zu erkennen, so wurde das distale Elektrodenende etwa 5 mm proximal der Rascetta, jener Falte, die die Handfläche begrenzt, angebracht. Anhand

NERVUS MEDIANUS, MOTORISCH, OBERARM							
KENNGRÖSSEN:							
	N	M	SD	SE	Min	Max	Schiefe	Exzess
NLG	173	69.47	10.13	0.77	40.00	95.62	-0.61	0.87
ZEIT	173	2.66	0.55	0.04	1.60	4.80	0.82	1.48
STRECKE	173	180.55	24.99	1.90	102.00	252.00	-0.30	0.72

EINFACHE REGRESSIONEN: keine signifikanten Beziehungen

Einheiten der Messgrössen: NLG: m/s; Strecke: mm;

Tab. 29

einer eigenen Untersuchung wurde festgestellt, daß der Mittelwert der NLG an der Hand um etwa 5 m/sec höher ist, wenn die Registrierelektrode um 3 cm weiter proximal angebracht wird.

Kennwerte und Verteilungen der NP (Tab. 30):

NLG S1: Der Mittelwert beträgt unter Berücksichtigung der oben angegebenen Ableitetechnik 49,9 m/sec. Dieser Meßwert gilt unter Berücksichtigung einer mittleren Hauttemperatur über der A. radialis von $31,0^{o}C$ und für eine mittlere Meßstrecke zwischen Mittelfinger und Hand von 130,3 mm. Ohne Berücksichtigung von Einflußgrößen beträgt TG 95 %: 39,8 m/sec und TG 99 %: 35,6 m/sec. Gute Anpassung an die Normalverteilung.

NLG S2: Die NLG S2 ist im Mittel um 8,3 m/sec niedriger als die NLG S1. Der Variationskoeffizient beträgt 0,119 und ist gering niedriger als der der NLG S1 (0,123). Die Toleranzgrenze ohne Berücksichtigung von Einflußgrößen beträgt: TG 95 % = 33,3 m/sec.

Amplitude: Gute Anpassung der wurzeltransformierten Meßwerte an die Normalverteilung mit einem Variationskoeffizienten von 0,28.

Dauer: Nach Wurzeltransformation (Tab. 55) gute Anpassung an die Normalverteilung; durch Wurzeltransformation wird die Präzision um den Faktor 2 verbessert.

Einfache Regressionen der NLG (Tab. 30):

Die einfachen Regressionen lassen nur die Hauttemperatur, gemessen über der A. radialis als eine signifikant wirksame Einflußgröße erkennen; der Regressionskoeffizient für die NLG S1 beträgt 1,44 m/sec/^{o}C (R^2 = 0,2), für die NLG S2 1,22 m/sec/^{o}C. Die Varianzverminderung der NLG S2 durch Berücksichtigung der Hauttemperatur liegt in der gleichen Größenordnung wie bei der NLG S1: R^2 = 0,21. Siehe dazu Kapitel über Einflußgrößen.

Multiple Regression der NLG S1 (Tab. 31):

R^2 = 0,32; SE/M = 0,096 gegenüber SD/M = 0,113. Von den Einflußgrößen sind der Kehrwerte der Hauttemperatur, das Alter und die Meßstrecke hochsignifikant wirksam. Der part.RK ist, ähnlich wie bei den sensiblen NLG des N. ulnaris, höher als der einfache RK.

Multiple Regression der NLG S2 (Tab. 31):

R^2 = 0,37, die Varianzverminderung ist also deutlicher als bei der NLG S1. SE = 3,7 m/sec gegenüber SD = 4,6 m/sec mit Variationskoeffizienten von SE/M = 0,089 und SD/M = 0,111. Von den Einflußgrößen sind die Hauttemperatur, hier wiederum als Kehrwert berücksichtigt, das Alter und die Meßstrecke hochsignifikant wirksam.

Multiple Regression der Amplitude (Tab. 31):

Die Meßwerte wurden wurzeltransformiert. R^2 = 0,29, der modifizierte Variationskoeffizient beträgt: SE/M = 0,243 gegenüber SD/M = 0,286.

Das Geschlecht ist eine hochsignifikant wirksame Einflußgröße: Bei Frauen finden sich, ähnlich wie bei den NAP des N. ulnaris am Handgelenk, höhere Amplituden als bei Männern (Abb. 29): Die mittlere Amplitude beträgt bei Männern 14,4 µV, bei Frauen 21,8 µV. Die Geschlechtsdifferenz ist so auffällig, daß sie von Routineuntersuchungen her bekannt sein müßte. Die Geschlechtsunterschiede sind diagnostisch von außerordentlicher Bedeu-

```
+-----------------------------------------------------------------------+
|                  NERVUS MEDIANUS, SENSIBEL, HAND                       |
+-----------------------------------------------------------------------+
| KENNGRÖSSEN:                                                           |
|                                                                       |
|             N     M     SD     SE    Min    Max   Schiefe  Exzess      |
|                                                                       |
| NLG S1     198  49.94  6.16   0.44  33.53  65.71   -0.12    0.28       |
| NLG S2     198  41.62  4.98   0.35  27.14  55.20   -0.17   -0.18       |
|                                                                       |
| ZEIT S1    198   2.65  0.40   0.03   2.00   4.00    0.77    0.61       |
| ZEIT S2    198   3.18  0.48   0.03   2.10   5.00    0.84    1.16       |
| STRECKE    198 130.34 12.94   0.92 100.00 175.00    0.30    1.08       |
|                                                                       |
| AMPLITUDE  200  18.74 10.57   0.75   1.00  66.00    1.09    1.98       |
| DAUER      203   2.08  0.55   0.04   1.10   4.10    0.70    0.17       |
| PHASE      202   2.66  0.75   0.05   1      4        0.57   -0.89      |
+-----------------------------------------------------------------------+
| EINFACHE REGRESSIONEN:                                                 |
|                                                                       |
|                    Abhängige Grössen:                                  |
|                    NLG S1 (N = 174):          NLG S2 (N = 175):        |
|                                                                       |
|                 Korrel.  Regres.  Konst.   Korrel.  Regres.  Konst.    |
|                 koef.    koef.              koef.                      |
|                                                                       |
| STRECKE         n.s.                        0.13     0.047   35.66     |
| ALTER           n.s.                        n.s.                       |
| GESCHLECHT      n.s.                        n.s.                       |
| KÖRPERLÄNGE     n.s.                        n.s.                       |
| GEWICHT         n.s.                        n.s.                       |
| HAUTT.HANDGEL.  0.44*** 1.440    5.42       0.46***  1.219    3.87     |
+-----------------------------------------------------------------------+
| KORRELATIONEN ZWISCHEN NEUROGRAPHISCHEN MESSGRÖSSEN:                   |
|                                                                       |
|           unkorr. Grössen:            korr. Grössen:                   |
|           NLG-S1   NLG-S2   AMPL.     NLG-S1   NLG-S2   AMPL.          |
|                                                                       |
| NLG-S2    0.92***                     0.89***                         |
| AMPL.     0.19**   0.20**             0.28***  0.27***                |
| DAUER    -0.12    -0.20**  0.23***   -0.12    -0.23***  0.12          |
+-----------------------------------------------------------------------+
| KORRELATIONEN ZWISCHEN KORRIG. UND UNKORRIG. GRÖSSEN:                  |
|                                                                       |
|      NLG-S1: 0.83   NLG-S2: 0.80   Ampl.: 0.84   DAUER: 0.90          |
+-----------------------------------------------------------------------+
| Einheiten der Messgrössen: NLG-S1, NLG-S2: m/s; Amplitude: mV; Dauer:  |
| ms; Strecke: mm; Alter: Jahr; Geschlecht: Männer 1, Frauen 2; Gewicht: |
| kg; Körperlänge: cm; Hauttemperatur: Grad C;                          |
| korrigiert:  nach Berücksichtigung der  Einflussgrössen durch Multiple |
| Regression                                                            |
| p > 0.05: *     p > 0.01: **     p > 0.001: ***                        |
+-----------------------------------------------------------------------+
|                              Tab. 30                                   |
+-----------------------------------------------------------------------+
```

tung. Die 95 % Toleranzgrenze beträgt bei Männern im Alter von 33 Jahren 4,5 μV, bei Frauen desselben Alters 9 μV! Die entsprechenden 99 % Toleranzgrenzen betragen bei Männern 2 μV und bei Frauen 5,3 μV; das bedeutet folgendes: bei einem 33jährigen Mann ist ein Reizantwortpotential mit einer Amplitude von 5 μV normal, bei einer 33jährigen Frau ist dieselbe Amplitude hochsignifikant pathologisch erniedrigt.

Das Alter ist eine annähernd genauso eindrucksvoll wirksame Größe wie das Geschlecht: die mittlere Amplitudenabnahme pro Dezennium beträgt 2 μV; nach der hier vorliegenden Schätzung (wurzeltransformierte Meßwerte) ist die Amplitudenreduktion in jüngeren Altersgruppen etwas deutlicher als bei älteren Personen. Wird zusätzlich der Einfluß des Geschlechtes berücksichtigt, so ergeben sich folgende Erwartungswerte und Toleranzgrenzen:

Ein 55jähriger Mann hat einen Erwartungswert von 10,6 μV; die 95 % Toleranzgrenze beträgt 2,6 μV, TG 99 %: 0,8 μV. Bei einer 55jährigen Frau beträgt der Erwartungswert 17,0 μV, TG 95 %: 6,2 μV, TG 99 %: 3,2 μV. Bei einer 55jährigen Frau ist also ein Potential mit einer Amplitude unter 3 μV hochsignifikant erniedrigt, bei einem gleichalten Mann aber noch normal. Auch bei einer 60jährigen Frau liegt die 95 % Toleranzgrenze der Amplitude über 5 μV. Darunterliegende Werte können bei Frauen daher als pathologisch erniedrigt angesehen werden.

Die geringe Amplitudenabnahme mit zunehmendem Körpergewicht dürfte am ehesten auf einer Entfernungszunahme zwischen Nerv und Registrierelektrode beruhen. Der Einfluß des Körpergewichtes ist somit nicht so bedeutsam, daß man sich veranlaßt sehen könnte, mit Nadelelektroden statt Oberflächenelektroden abzuleiten, um die Entfernung zwischen Nerv und Registrierelektrode möglichst klein zu halten.

Multiple Regression der Dauer (Tab. 31):
R^2 = 0,19, entsprechend einer 19 %igen Varianzverminderung durch Berücksichtigung von Einflußgrößen. Der modifizierte Variationskoeffizient beträgt SE/M = 0,12. Von den Einflußgrößen sind das Geschlecht und die Meßstrecke hochsignifikant wirksam: Bei Frauen ist das NAP im Mittel um ca. 0,4 msec länger als bei Männern (Abb. 29). Somit bestätigen sich die Beobachtungen, die bei dem NAP des N. ulnaris gemacht wurden: Bei Frauen ist die mittlere Amplitude des NAP höher und die mittlere Dauer des NAP länger als bei Männern. Wenn diese Befunde morphologische Korrelate haben, dann könnte man annehmen, daß die peripheren Nerven bei Frauen eine größere Anzahl dickkalibriger Neuriten haben und daß möglicherweise bei Frauen überhaupt mehr Neuriten als bei Männern vorliegen. Bei Zunahme der Meßstrecke (im Meßbereich von 10 bis 17,5 cm) wird die Dauer des NAP je cm um ca. 0,1 msec länger. Dies kann als Ausdruck der Dispersion der Einzelfaserpotentiale mit zunehmender Entfernung vom Reizort angesehen werden.

Korrelationen der NP untereinander (Tab. 30):
NLG S1 und NLG S2 sind mit R = 0,92 untereinander hochkorreliert und können daher zur gegenseitigen Validierung herangezogen werden. Nach klinischer Erfahrung ist die NLG S2 bei geringen Veränderungen mit größerer Häufigkeit signifikant verlangsamt als die NLG S1.

PRÄDIKTIONSWERTE FÜR NEUROGRAPHISCHE MESSGRÖSSEN
DES N. MEDIANUS, SENSIBEL, HAND

SENSIBLE NLG - POSITIVE SPITZE:
M = 50.23 m/sec; SD = 5.681 m/sec; N = 174; SE = 4.814 m/sec

EINFLUSSGRÖSSEN	R-QUADRAT-ANTEIL	PART.RK	M (EG)
1/Hautt.(über a.radialis)	0.24	-1691.	0.0323
Messtrecke	0.04	0.08979	130.3
Alter	0.03	-0.09039	33.59
(Konstante)		96.137	

R-QUADRAT: 0.32

KEHRMATRIX:
```
     0.18589E 04  -0.39550E-01   0.89607E-01
    -0.39550E-01   0.35712E-04   0.86340E-06
     0.89607E-01   0.86340E-06   0.38371E-04
```

SENSIBLE NLG - NEGATIVE SPITZE:
M = 41.76 m/sec; SD = 4.627 m/sec; N = 175; SE = 3.778 m/sec

EINFLUSSGRÖSSEN	R-QUADRAT-ANTEIL	PART.RK	M (EG)
1/Hautt.(über a.radialis)	0.214	-1511.	0.0323
Alter	0.086	-0.1101	33.69
Messtrecke	0.04	0.07619	130.4
(Konstante)		84.279	

R-QUADRAT: 0.34

KEHRMATRIX:
```
     0.19510E 04   0.97112E-01  -0.47572E-01
     0.97112E-01   0.38284E-04  -0.23679E-05
    -0.47572E-01  -0.23679E-05   0.35348E-04
```

AMPLITUDE (nach Wurzeltransformation der Messwerte):
M = 4.136 mVolt; SD = 1.183 mVolt; N = 177; SE = 1.009 mVolt

EINFLUSSGRÖSSEN	R-QUADRAT-ANTEIL	PART.RK	M (EG)	KEHRMATRIX:	
Geschlecht	0.18	0.9933	1.3898	0.2381E-01	0.4551E-04
Alter	0.099	-0.02842	33.65	0.4551E-04	0.3313E-04
(Konstante)		3.7117			

R-QUADRAT: 0.279

DAUER (nach Wurzeltransformation der Messwerte):
M = 1.421 msec; SD = 0.1861 msec; N = 178; SE = 0.1715 msec

EINFLUSSGRÖSSEN	R-QUADRAT-ANTEIL	PART.RK	M (EG)	KEHRMATRIX:	
Geschlecht	0.095	0.1505	1.388	0.2643E-01	0.3067E-03
Messtrecke	0.065	0.003689	130.8	0.3067E-03	0.3404E-04
(Konstante)		0.73003			

R-QUADRAT: 0.16

Abkürzungen: SE: Standard Error (Standardabweichung der Residuen); EG: Einflussgrössen; R-QUADRAT: Quadrat der Multiplen Korrelation; Einheiten der unabhängigen Grössen: Hauttemperatur (Hautt.): Grad C; Alter: Jahre; Messtrecke: mm; Geschlecht: männlich (1), weiblich (2);

Tab. 31

Die unkorrigierten Werte der NLG S1 und NLG S2 sind mit der Amplitude und der Dauer korreliert. Nach Korrektur wird die Korrelation zwischen Amplitude und NLG S1 bzw. zwischen Amplitude und NLG S2 deutlicher. Die Dauer ist nach Korrektur nurmehr mit der NLG S2 korreliert. Dies könnte dahingehend gedeutet werden, daß die für die NLG S2 charakteristische Faserpopulation die Dauer und die Amplitude des NAP beeinflußt, während die für die NLG S1 "typische" Faserpopulation auf die Potentialdauer keinen wesentlichen Einfluß hat. Amplitude und Dauer sind ohne Korrektur hoch korreliert, nach Korrektur liegt die Korrelation an der Signifikanzgrenze. Der Unterschied des Korrelationsausmaßes unkorrigierter und korrigierter NP zeigt die Bedeutung der Einflußgrößen, die Zusammenhänge vortäuschen können. Der nicht gesicherte Zusammenhang zwischen Amplitude und Dauer (nach Korrektur) ist Ausdruck dafür, daß keine wesentliche Beziehung zwischen jenen Neuritenpopulationen besteht, die die Ausprägung der Amplitude bzw. der Dauer des NAP des sensiblen N. medianus bedingen. Bei Annahme morphologischer Korrelate für NP könnte man sagen, daß keine gesetzmäßige Beziehung zwischen Kaliberstärke der Einzelfasern und der Anzahl dünnkalibriger Neuriten besteht.

13.13 N. medianus, sensibel, Unterarm:

Registrierung: Pseudounipolare Oberflächenelektroden, differente Elektrode zwischen Bicepssehne und Lacertus fibrosus; "Referenz"-Elektrode über Epicondylus medialis humeri.

Kennwerte und Verteilungen der NP (Tab. 32):
NLG S1: M = 61,0 m/sec, SD = 5,6 m/sec; gute Anpassung an die Normalverteilung bezüglich der Schiefe, deutlich positiver Exzeß (2,7). Die NLG S1 des N. medianus ist höher als die motorische NLG, jedoch signifikant niedriger als die NLG S1 des N. ulnaris am Unterarm. Die Streuung (Variationskoeffizient: 0,09) ist deutlich niedriger als bei den übrigen NLG-Größen am Unterarm.
NLG S2: Deutlich positiver Exzeß (1,8). Die Toleranzgrenzen sind ebenso wie bei der NLG S1 infolge geringer Streuung relativ hoch (s. Tab. 49).
Die Schätzgrößen für die Amplitude, die Dauer und die Phasenanzahl ist der Tab. 32 zu entnehmen.

Einfache Regressionen (Tab. 32):
NLG S1: Es besteht eine hochsignifikante negative Korrelation mit dem Alter: R^2 = 0.075; bei der NLG S2 ist die Altersregression noch viel deutlicher: R^2 = 0,13. Weitere signifikante Einflußgrößen sind das Gewicht und die Hauttemperatur am Handgelenk.

Multiple Regression der NLG S1 (Tab. 33):
R^2 = 0,17; Der Standardschätzfehler beträgt 5 m/sec im Vergleich zur Standardabweichung von 5,4 m/sec. Der modifizierte Variationskoeffizient beträgt SE/M = 0,082 gegenüber SD/M = 0,088. Von den Einflußgrößen sind das Alter, die Meßstrecke und die Körperlänge hochsignifikant wirksam. Pro Dezennium nimmt die NLG um 1,2 m/sec. ab; mit Zunahme

```
+----------------------------------------------------------------------+
|                  NERVUS MEDIANUS, SENSIBEL, UNTERARM                  |
+----------------------------------------------------------------------+
| KENNGRÖSSEN:                                                          |
|                                                                      |
|          N      M      SD     SE     Min     Max    Schiefe  Exzess   |
|                                                                      |
| NLG S1   196   60.98   5.58   0.40   42.18   78.71   -0.30    2.71    |
| NLG S2   194   55.82   5.29   0.38   37.42   68.18   -0.39    1.77    |
|                                                                      |
| ZEIT S1  196    3.88   0.47   0.03    2.80    5.50    0.45    0.75    |
| ZEIT S2  194    4.26   0.54   0.04    3.00    6.20    0.33    0.40    |
| STRECKE  196  235.15  22.14   1.58  180.00  295.00    0.02   -0.03    |
|                                                                      |
| AMPLITUDE 171   4.23   2.38   0.18    1.00   11.00    0.78   -0.01    |
| DAUER    171    2.38   0.53   0.04    1.30    4.40    1.05    1.71    |
| PHASE    173    2.23   0.56   0.04    1       4       1.37    2.37    |
+----------------------------------------------------------------------+
| EINFACHE REGRESSIONEN:                                                |
|                                                                      |
|                  Abhängige Grössen:                                   |
|                  NLG S1 (N = 171):            NLG S2 (N = 170):       |
|                                                                      |
|               Korrel.  Regres.  Konst.    Korrel.  Regres.  Konst.    |
|               koef.    koef.                koef.                      |
|                                                                      |
| STRECKE        0.19*     0.047   49.89     n.s.                        |
| ALTER         -0.27*** -0.112    64.85    -0.36*** -0.143    60.67     |
| GESCHLECHT     n.s.                         n.s.                       |
| KÖRPERLÄNGE    n.s.                         n.s.                       |
| GEWICHT       -0.15     -0.068   65.75    -0.17*   -0.075    61.02     |
| HAUTT.HANDGEL. n.s.                        -0.20**  -0.579   73.88     |
|  - ELLENBEUGE  0.13      0.560   42.83     n.s.                        |
+----------------------------------------------------------------------+
| KORRELATIONEN ZWISCHEN NEUROGRAPHISCHEN MESSGRÖSSEN:                   |
|                                                                      |
|            unkorr. Grössen:              korr. Grössen:                |
|            NLG-S1   NLG-S2    AMPL.       NLG-S1    NLG-S2             |
|                                                                      |
| NLG-S2    0.75***                        0.70***                      |
| AMPL.     0.25***  0.38***                entfällt                    |
| DAUER    -0.12    -0.26***   -0.13       -0.12     -0.22**            |
+----------------------------------------------------------------------+
| KORRELATIONEN ZWISCHEN KORRIG. UND UNKORRIG. GRÖSSEN:                  |
|                                                                      |
|       NLG-S1: 0.91    NLG-S2: 0.90    DAUER: 0.94                      |
+----------------------------------------------------------------------+
| Einheiten der Messgrössen: NLG-S1, NLG-S2: m/s; Amplitude: mV;  Dauer: |
| ms; Strecke: mm; Alter: Jahr; Geschlecht: Männer 1, Frauen 2; Gewicht: |
| kg; Körperlänge: cm; Hauttemperatur: Grad C;                          |
| korrigiert:  nach Berücksichtigung der  Einflussgrössen durch Multiple |
| Regression                                                            |
| p > 0.05: *     p > 0.01: **     p > 0.001: ***                       |
+----------------------------------------------------------------------+
|                              Tab. 32                                  |
+----------------------------------------------------------------------+
```

```
+-----------------------------------------------------------------------+
|            PRÄDIKTIONSWERTE FÜR NEUROGRAPHISCHE MESSGRÖSSEN            |
|                 DES N. MEDIANUS, SENSIBEL, UNTERARM                    |
+-----------------------------------------------------------------------+
| SENSIBLE NLG - POSITIVE SPITZE:                                       |
|   M = 61.05 m/sec;   SD = 5.390 m/sec;   N = 171;   SE = 5.012 m/sec  |
|                                                                       |
|   EINFLUSSGRÖSSEN            R-QUADRAT-      PART.RK       M (EG)       |
|                             ANTEIL                                    |
|   Alter                     0.075          -0.1177        33.87       |
|   Messtrecke                0.029           0.08826       235.0       |
|   1/Körperlänge             0.047           5292.         0.0058      |
|   (Konstante)                               13.376                    |
|                  R-QUADRAT: 0.151                                     |
|   KEHRMATRIX:                                                         |
|       0.34859E-04  -0.40741E-06  -0.25900E 00                         |
|      -0.40741E-06   0.21234E-04   0.10215E 01                         |
|      -0.25900E 00   0.10215E 01   0.11614E 06                         |
+-----------------------------------------------------------------------+
| SENSIBLE NLG - NEGATIVE SPITZE:                                       |
|   M = 55.87 m/sec;   SD = 5.066 m/sec;   N = 170;   SE = 4.660 m/sec  |
|                                                                       |
|   EINFLUSSGRÖSSEN            R-QUADRAT-      PART.RK       M (EG)       |
|                             ANTEIL                                    |
|   Alter                     0.13           -0.1544        33.61       |
|   1/Körperlänge             0.01            4248.         0.0058      |
|   Messtrecke                0.028           0.05373       235.3       |
|   (Konstante)                               23.603                    |
|                  R-QUADRAT: 0.168                                     |
|   KEHRMATRIX:                                                         |
|       0.36599E-04  -0.38452E 00  -0.23612E-05                         |
|      -0.38452E 00   0.12711E 06   0.11878E 01                         |
|      -0.23612E-05   0.11878E 01   0.23766E-04                         |
+-----------------------------------------------------------------------+
| DAUER (nach Wurzeltransformation der Messwerte):                      |
|   M = 1.533 msec;   SD = 0.1698 msec;   N = 152;   SE = 0.1634 msec   |
|                                                                       |
|   EINFLUSSGRÖSSEN            R-QUADRAT-      PART.RK       M (EG)       |
|                             ANTEIL                                    |
|   1/Hautt.(Ellenbeuge)      0.049          -28.15         0.0308      |
|   Alter                     0.036           0.002797      32.51       |
|   (Konstante)                               2.3094                    |
|                  R-QUADRAT: 0.085                                     |
|   KEHRMATRIX:                                                         |
|       0.46223E 04   0.33654E-01                                       |
|       0.33654E-01   0.46037E-04                                       |
+-----------------------------------------------------------------------+
| Abkürzungen:  SE: Standard Error  (Standardabweichung der Residuen);  |
| EG: Einflussgrössen;  R-QUADRAT: Quadrat der Multiplen Korrelation;   |
| Einheiten der unabhängigen Grössen:  Hauttemperatur (Hautt.): Grad C; |
| Alter: Jahre; Körperlänge: cm; Messtrecke: mm;                        |
+-----------------------------------------------------------------------+
|                              Tab. 33                                  |
+-----------------------------------------------------------------------+
```

der Meßstrecke um 1 cm wird die NLG um etwa 0,8 m/sec höher. Die Körperlänge wurde als Kehrwert in die multiple Regression eingebracht. Die mittlere Differenz der NLG für 10 cm Körperlänge beträgt 1,8 m/sec, die größeren Personen haben die niedrigeren NLG.

Multiple Regression der NLG S2 (Tab. 33):
R^2 = 0,18. SE/M = 0,083 gegenüber SD/M = 0,091. Von den Einflußgrößen ist insbesondere das Alter wirksam: Pro Dezennium nimmt die NLG S2 um ca. 1,4 m/sec ab. Die Körperlänge ist ebenfalls eine hochsignifikant wirksame Größe. Bei einer mittleren Differenz von 10 cm ist die NLG S2 bei der größeren Personengruppe um 1,6 m/sec niedriger als bei den kleinen Personen. Wegen der besseren linearen Anpassung wird die Körperlänge als Kehrwert berücksichtigt. - Eine weitere signifikante Einflußgröße der NLG S2 ist die Meßstrecke (positive Partialkorrelation).

Multiple Regression der Dauer (Tab. 33):
R^2 = 0,12. SE/M = 0,106; die Dauer des sensiblen NAP an der Ellenbeuge ist also ein relativ präzises Maß. - Von den Einflußgrößen ist die Hauttemperatur hochsignifikant wirksam: Je höher die Hauttemperatur an der Ellenbeuge ist, desto länger ist das Potential. Eine ähnliche Korrelation wurde für die Hauttemperatur und das NAP des N. ulnaris in der Axilla gefunden. Die Zunahme der Dauer mit der Temperatur könnte auf der Rekrutierung rasch leitender Neuriten beruhen. Mit zunehmendem Alter wird die Dauer des NAP länger. - Zum Geschlechtsunterschied: Frauen haben längere NAP als Männer, der Nachweis hierfür liegt an der Signifikanzgrenze (F = 3,6).

Korrelationen der NP untereinander (Tab. 32):
Die NLG S1 und die NLG S2 sind mit der Amplitude auch nach Korrektur der bekannten Wirkungen der Einflußgrößen korreliert, was darauf hinweist, daß Probanden mit einer hohen NLG auch einen größeren Anteil dickkalibriger Neuriten haben dürften. Die Korrelation zwischen NLG S2 und Dauer ist auch nach Korrektur der Wirkungen der Einflußgrößen hochsignifikant negativ. Der Befund besagt, daß die Dauer um so kürzer ist, je höher die NLG S2 ist, daß also die Dauer im wesentlichen von der Dispersion langsamer leitender Neuriten abhängt.

13.14 N. medianus, sensibel, Oberarm:

Stimulation: Fingerelektroden am Mittelfinger, die Reizelektrode lag in der Falte des Fingergrundgelenkes.

Registrierung: Pseudounipolar angelegte Oberflächenelektroden; die differente Elektrode lag 3 bis 6 cm distal der Fossa axillaris. Die Messungen am Oberarm lagen zwischen 102 mm und 280 mm.

Selektion (Tab. 5): 7,3 % der Messungen an unauffälligen Nervensegmenten konnten nicht weiter verwertet werden. Aufgrund der Extremwertberechnungen wurden die Meßwerte der NLG S1 zwischen 34,5 m/sec und 117 m/sec berücksichtigt.

Kennwerte und Verteilungen der NP (Tab. 34):

Die <u>NLG S1</u> des N. medianus am Oberarm ist im Mittel die höchste aller untersuchten NLG-Größen, wie aus dem Vergleich der Mittelwerte in Tab. 50 zu erkennen ist. Es liegen 9 Meßwerte über 100 m/sec vor, die unter Berücksichtigung der angewendeten Prozeduren zur Entfernung von Extremwerten in der repräsentativen Stichprobe blieben. Die Verteilung ist bezüglich der Schiefe gut an die Normalverteilung angepaßt, es findet sich aber ein deutlich positiver Exzeß (1,8). Infolge der großen Streuung sind die Toleranzgrenzen relativ niedrig: TG 95 %: 56,0 m/sec, TG 99 %: 47,9 m/sec.

<u>NLG S2:</u> Der Mittelwert der sensiblen NLG S2 entspricht etwa dem Mittelwert der motorischen NLG des N. medianus am Oberarm; wie aus Tab. 50 zu sehen ist, weichen die Mittelwerte der NLG S2 des N. medianus an den verschiedenen Meßstrecken des Armes genauso deutlich voneinander ab wie die der motorischen NLG oder der NLG S1 des N. medianus, sehr im Kontrast zu den vergleichbaren NLG-Größen des N. ulnaris. - Variationskoeffizient: 0,14; er ist niedriger als der der NLG S1 oder der motorischen NLG des N. medianus am Oberarm.

Die Amplitude ist wegen der großen Streuung (Var.Koef. über 0,5) nicht weiter verwertbar, die Dauer ist nach Wurzeltransformation wiederum ein erstaunlich präzises Maß: Var.Koef. = 0,15.

Einfache Regressionen (Tab. 34):
NLG S1 und NLG S2 sind signifikant negativ mit dem Alter korreliert.

Multiple Regression der NLG S1 und der NLG S2:
Für die NLG S1 ist das Alter, für die NLG S2 das Alter und die kubische Funktion der Tageszeit signifikante Präditkoren. Für die NLG S1 läßt sich ein an der Signifikanzgrenze liegender Geschlechtsunterschied erkennen: bei Frauen ist wiederum die NLG S1 um etwa 4 m/sec höher als bei Männern. Dieser Befund bedarf aber einer weiteren Absicherung.

Multiple Regression der Dauer (Tab. 35):
R^2 = 0,2; SE/M = 0,135 gegenüber SD/M = 0,145 (Tab. 57). Von den Einflußgrößen sind die Meßstrecke und die Hauttemperatur an der Ellenbeuge, die hier als Kehrwert berücksichtigt wird, hochsignifikant wirksam. Die Hauttemperatur an der Ellenbeuge ist positiv mit der Dauer korreliert. Derselbe Sachverhalt wurde auch für die Dauer des NAP des N. ulnaris gesehen und als Dispersion in Richtung der rasch leitenden Fasern, also nach "vorne" interpretiert. - Die negative Korrelation zwischen Hauttemperatur im Bereich des Meßpunktes und der Dauer ist Ausdruck der bekannten direkten Temperaturwirkung auf den Nerv mit Verlangsamung der NLG und Verbreiterung des Potentials der Temperaturabnahme (ABRAMSON et al. 1958). Weitere signifikante Einflußgrößen sind das Gewicht und die Tageszeit.

Korrelationen der NP untereinander (Tab. 34):
Die Dauer ist positiv mit der NLG S1, nicht signifikant mit der NLG S2 korreliert. Dieser Zusammenhang bestätigt sich nach Berücksichtigung der Einflußgrößen und spricht am

```
+----------------------------------------------------------------------+
|                  NERVUS MEDIANUS, SENSIBEL, OBERARM                   |
+----------------------------------------------------------------------+
| KENNGRÖSSEN:                                                          |
|                                                                      |
|              N     M      SD     SE     Min     Max   Schiefe  Exzess |
|                                                                      |
| NLG S1      179  75.75  11.98   0.90   37.50  114.78   0.12    1.76   |
| NLG S2      178  67.71   9.34   0.70   37.78   98.89   0.16    1.79   |
|                                                                      |
| ZEIT S1     179   2.44   0.57   0.04    1.10    4.80   0.69    2.22   |
| ZEIT S2     178   2.69   0.57   0.04    1.10    4.90   0.24    1.32   |
| STRECKE     179 179.65  28.67   2.14  102.00  280.00  -0.10    1.15   |
|                                                                      |
| AMPLITUDE   138   2.91   1.59   0.14    1.00    8.00   0.71   -0.05   |
| DAUER       148   2.96   0.88   0.07    1.40    5.70   0.59   -0.28   |
| PHASE       149   2.14   0.56   0.04    1       4      1.16    3.25   |
+----------------------------------------------------------------------+
| EINFACHE REGRESSIONEN:                                                |
|                                                                      |
|                    Abhängige Grössen:                                |
|                    NLG S1 (N = 162):          NLG S2 (N = 163):       |
|                                                                      |
|                 Korrel.  Regres.  Konst.    Korrel.  Regres.  Konst.  |
|                 koef.    koef.               koef.                    |
|                                                                      |
| STRECKE         n.s.                         n.s.                     |
| ALTER          -0.17*   -0.150    81.60     -0.16*   -0.112   71.38   |
| GESCHLECHT      n.s.                         n.s.                     |
| KÖRPERLÄNGE     n.s.                         n.s.                     |
| GEWICHT         n.s.                         n.s.                     |
| HAUTT.ELLENB.   0.14     1.270    35.20      n.s.                     |
|   -   AXILLA    n.s.                         n.s.                     |
+----------------------------------------------------------------------+
| KORRELATIONEN ZWISCHEN NEUROGRAPHISCHEN MESSGRÖSSEN:                  |
|                                                                      |
|           unkorr. Grössen:              korr. Grössen:               |
|           NLG-S1    NLG-S2    AMPL.      NLG-S1    NLG-S2             |
|                                                                      |
| NLG-S2    0.50***                        0.49***                     |
| AMPL.     0.06      0.11                                             |
| DAUER     0.22**   -0.09     -0.25**      0.24**   -0.09             |
+----------------------------------------------------------------------+
| KORRELATIONEN ZWISCHEN KORRIG. UND UNKORRIG. GRÖSSEN:                 |
|                                                                      |
|        NLG-S1: 0.96    NLG-S2: 0.95    DAUER: 0.92                    |
+----------------------------------------------------------------------+
| Einheiten der Messgrössen: NLG-S1, NLG-S2: m/s; Amplitude: mV; Dauer: |
| ms; Strecke: mm; Alter: Jahr; Gewicht: kg; Körperlänge: cm;          |
| Geschlecht: 1: Mann, 2: Frau; Hauttemperatur: Grad C;                |
| korrigiert:  nach Berücksichtigung der  Einflussgrössen durch Multiple|
| Regression                                                           |
| p > 0.05: *      p > 0.01: **      p > 0.001: ***                    |
+----------------------------------------------------------------------+
|                            Tab. 34                                    |
+----------------------------------------------------------------------+
```

```
+-------------------------------------------------------------------+
|         PRÄDIKTIONSWERTE FÜR NEUROGRAPHISCHE MESSGRÖSSEN          |
|              DES N. MEDIANUS, SENSIBEL, OBERARM                   |
+-------------------------------------------------------------------+
| SENSIBLE NLG - POSITIVE SPITZE:                                   |
|   M = 76.47 m/sec;   SD = 11.73 m/sec;   N = 162;   SE = 11.60    |
|                                                                   |
|   EINFLUSSGRÖSSEN          R-QUADRAT       PART.RK       M (EG)    |
|                                                                   |
|   Alter                     0.03          -0.1502        33.47    |
|   (Konstante)                              81.496                 |
|                                                                   |
|   1/Summe der Abweichungsquadrate: 1/27682                        |
+-------------------------------------------------------------------+
| SENSIBLE NLG - NEGATIVE SPITZE:                                   |
|   M = 67.65 m/sec;   SD = 8.903 m/sec;   N = 163;   SE = 8.56 m/sec |
|                                                                   |
|   EINFLUSSGRÖSSEN          R-QUADRAT-      PART.RK       M (EG)    |
|                           ANTEIL                                  |
|   1/Alter                   0.038          185.0        0.0341    |
|   Tageszeit, kub. Funkt.    0.05          -0.1278        27.85    |
|   (Konstante)                              64.902                 |
|              R-QUADRAT: 0.088                                     |
|   KEHRMATRIX:                                                     |
|      0.45676E 02 -0.81694E-02                                     |
|      0.81694E-02  0.25945E-04                                     |
+-------------------------------------------------------------------+
| DAUER (nach Wurzeltransformation der Messwerte):                 |
|   M = 1.706 msec;   SD = 0.2536 msec;   N = 146;   SE = 0.2312 msec |
|                                                                   |
|   EINFLUSSGRÖSSEN          R-QUADRAT-      PART.RK       M (EG)    |
|                           ANTEIL                                  |
|   Messtrecke               0.073          -0.001798     178.35    |
|   1/Gewicht                0.047          -17.92        0.0151    |
|   Tageszeit, quadr. Funkt. 0.032          -0.006077     19.39     |
|   1/Hautt.(Ellenbeuge)     0.022          -51.76        0.0309    |
|   Hautt. (Oberarm)         0.024          -0.04049      32.74     |
|   (Konstante)                              5.3380                 |
|              R-QUADRAT: 0.198                                     |
|   KEHRMATRIX:                                                     |
|      0.84832E-05  0.16245E-01 -0.37345E-05 -0.92089E-01 -0.43160E-05 |
|      0.16245E-01  0.10616E 04 -0.30529E-01 -0.39587E 03 -0.43379E 00 |
|     -0.37345E-05 -0.30529E-01  0.12943E-03  0.37171E-01 -0.78769E-04 |
|     -0.92089E-01 -0.39587E 03  0.37171E-01  0.76389E 04  0.37488E 01 |
|     -0.43160E-05 -0.43379E 00 -0.78769E-04  0.37488E 01  0.74529E-02 |
+-------------------------------------------------------------------+
| Abkürzungen:  SE:  Standard Error  (Standardabweichung der Residuen); |
| EG:  Einflussgrössen;  R-QUADRAT:  Quadrat der Multiplen Korrelation; |
| Einheiten der unabhängigen Grössen:  Hauttemperatur (Hautt.): Grad C; |
| Alter: Jahre; Messtrecke: mm; Gewicht: kg;  Tageszeit:  Stunden**2/10 |
| (quadratische Funktion), Stunden**3/100 (kubische Funktion)      |
+-------------------------------------------------------------------+
|                          Tab. 35                                  |
+-------------------------------------------------------------------+
```

ehesten für eine Zunahme der Potentialdauer durch besonders rasch leitende Fasern.

13.15 N. peronaeus, motorisch, Fuß:

Stimulation: 1 bis 3 cm proximal der Verbindungslinie zwischen beiden Knöcheln; Registrierung: differente Elektrode über M. extensor digitorum brevis, indifferente Elektrode über der Tuberositas ossis metatarsalis V. Temperatur im Sprunggelenkbereich: M = 30,0, SD = 1,8°C.

Selektion (Tab. 5): Es wurden Streckenmeßwerte zwischen 50 mm und 120 mm zugelassen.

Kenngrößen und Verteilungen der NP (Tab. 36):
Motorische NLG am Fuß: Da die distale motorische Latenz pro 5 cm und die Zeit rechtsschief verteilt sind und der Exzeß so ausgeprägt ist, daß eine Normalverteilung nicht mehr angenommen werden kann, wird die NLG als repräsentative Meßgröße verwendet. Sie ist gut der Normalverteilung angepaßt.
Die Toleranzgrenzen sind deutlich vom Betrag der Meßstrecke abhängig und sollten daher unter Berücksichtigung der Prädiktionsgrößen erstellt werden.
Amplitude: Die Wurzeltransformation verbessert die Präzision um ca. 80 % (Tab. 54); die Berechnung der 95 % Toleranzgrenzen sollte anhand der wurzeltransformierten Meßwerte erfolgen (TG 95 %: 4,2 mV, TG 99 %: 2,4 mV). Bei Anwendung dieser Toleranzbereiche muß die partielle Versorgung des M. extensor digitorum brevis durch einen Ast des N. peronaeus superficialis ausgeschlossen sein.
Dauer: Nach Wurzeltransformation der Meßwerte ist die Anpassung an die Normalverteilung gut, die Präzision ist doppelt so hoch wie bei den nichttransformierten Werten: Der Variationskoeffizient für transformierte Werte beträgt 0,085.
Phasen: Es wurden 1 bis 6phasige Summationspotentiale registriert.
Integral: Die Meßwerte liegen zwischen 4 und 34 mVsec. Schlechte Anpassung an die Normalverteilung.

Einfache Regressionen der NLG (Tab. 36):
Die Meßstrecke und die Hauttemperatur tragen in etwa gleichem Ausmuß zur Varianzverminderung bei. Bei Anwendung einer einfachen Regression ist eine maximale Varianzverminderung von ca. 15 % möglich.

Multiple Regression der NLG (Tab. 37):
R^2 = 0,3; der Standardschätzfehler beträgt SE = 2,9 m/sec gegenüber SE = 3,4 m/sec. Die entsprechenden Variationskoeffizienten betragen: SE/M = 0,17, SD/M = 0,2.
Von den Einflußgrößen sind die Hauttemperatur und die Meßstrecke hochsignifikant wirksam: Die NLG wird um 0,67 m/sec/$^{\circ}$C höher. Bei Zunahme der Meßstrecke um 1 cm wird die NLG um 1 m/sec höher. Das Geschlecht ist ebenfalls eine signifikante Einflußgröße, die die gleiche Wirkungsrichtung wie bei den NLG des N. ulnaris hat: Frauen haben eine höhere NLG als Männer. Der Unterschied beträgt im Mittel 1,4 m/sec (Abb. 28).

```
+-----------------------------------------------------------------------+
|                  NERVUS PERONÄUS, MOTORISCH FUSS                       |
+-----------------------------------------------------------------------+
| KENNGRÖSSEN:                                                           |
|                                                                       |
|              N      M      SD     SE     Min    Max   Schiefe  Exzess  |
|                                                                       |
| NLG         162   16.79   3.37   0.27   6.44   27.42  -0.19    0.44   |
| DIST.LATENZ 162    3.13   0.80   0.06   1.82    7.76   2.27    8.98   |
|                                                                       |
| ZEIT        162    4.84   1.10   0.09   2.20    9.00   0.96    1.71   |
| STRECKE     162   78.60  13.26   1.04  50.00  115.00   0.14    0.32   |
|                                                                       |
| AMPLITUDE   156   10.47   4.08   0.33   1.00   20.00   0.02   -0.59   |
| DAUER       160   10.95   2.13   0.16   5.50   19.60   0.48    1.58   |
| PHASE       153    2.57   0.93   0.08   1        6      1.05    0.10   |
| INTEGRAL     82   13.85   4.11   0.45   4.00   32.00   1.39    4.72   |
+-----------------------------------------------------------------------+
| EINFACHE REGRESSIONEN:                                                 |
|                                                                       |
|                  Abhängige Grösse:  NLG                                |
|                  N : 142                                               |
|                                                                       |
|                  p      Regres.  Konst.  Korrel. R-quad.               |
|                         koef.            koef.                         |
|                                                                       |
| STRECKE          <0.001  0.098   9.00    0.38    0.15                  |
| ALTER             0.5                                                  |
| GESCHLECHT        0.7                                                  |
| KÖRPERLÄNGE       0.7                                                  |
| GEWICHT           0.8                                                  |
| HTT.SPRUNGGEL.   <0.001  0.761  -6.14    0.40    0.16                  |
+-----------------------------------------------------------------------+
| KORRELATIONEN ZWISCHEN NEUROGRAPHISCHEN MESSGRÖSSEN:                   |
|                                                                       |
|              unkorrig. Grössen           korrig. Grössen              |
|              NLG     AMPL.    DAUER      NLG     AMPL.    DAUER        |
|                                                                       |
| AMPL.       -0.06                        0.19*                        |
| DAUER       -0.09    0.19*                0.16*   0.06                 |
| INTEGRAL     0.16    0.18    0.23*        0.12    0.19    0.31**       |
+-----------------------------------------------------------------------+
| KORRELATIONEN ZWISCHEN KORRIG. UND UNKORRIG. GRÖSSEN:                  |
|                                                                       |
|   NLG: 0.83    AMPL: 0.88    DAUER: 0.87    INTEGRAL: 0.92            |
+-----------------------------------------------------------------------+
| Einheiten der Messgrössen:  NLG: m/s;  Distale Latenz:  ms/5cm;       |
| Amplitude: mV; Dauer: ms; Integral: mVs; Strecke: mm; Alter: Jahr;    |
| Gewicht: kg; Geschlecht: Männer 1, Frauen 2; Körperlänge: cm;         |
| Hauttemperatur: Grad C;                                               |
| korrigiert: nach Berücksichtigung der Einflussgrössen durch Multiple  |
| Regression                                                            |
| p > 0.05: *     p > 0.01: **     p > 0.001: ***                       |
+-----------------------------------------------------------------------+
|                          Tab. 36                                      |
+-----------------------------------------------------------------------+
```

```
+-------------------------------------------------------------------------+
|           PRÄDIKTIONSWERTE FÜR NEUROGRAPHISCHE MESSGRÖSSEN               |
|                DES N. PERONÄUS, MOTORISCH, FUSS                          |
+-------------------------------------------------------------------------+
| MOT. NLG:                                                               |
|   M = 16.73 m/sec;   SD = 3.410 m/sec;   N = 142;   SE = 2.891 m/sec    |
|                                                                         |
|   EINFLUSSGRÖSSEN              R-QUADRAT-    PART.RK        M (EG)        |
|                               ANTEIL                                    |
|   Hautt.(über a.dors.pedis)   0.16          0.6651         30.05         |
|   Messtrecke                  0.095         0.1009         78.63         |
|   Geschlecht                  0.04          1.574          1.366         |
|   (Konstante)                              -13.340                       |
|               R-QUADRAT: 0.295                                          |
|                                                                         |
|    KEHRMATRIX:                                                          |
|        0.23380E-02  -0.56058E-04   0.58251E-03                          |
|       -0.56058E-04   0.47719E-04   0.44469E-03                          |
|        0.58251E-03   0.44469E-03   0.35023E-01                          |
+-------------------------------------------------------------------------+
| AMPLITUDE (nach Wurzeltransformation der Messwerte):                    |
|   M = 3.1905 mVolt;   SD = 0.6954 mVolt;   N = 144;   SE = 0.6317 mVolt |
|                                                                         |
|   EINFLUSSGRÖSSEN              R-QUADRAT-    PART.RK        M (EG)        |
|                               ANTEIL                                    |
|   Messtrecke                  0.14         -0.01647        77.03         |
|   Hautt.(über a.dors.pedis)   0.04         -0.08171        29.97         |
|   (Konstante)                               6.9082                       |
|               R-QUADRAT: 0.18                                           |
|   KEHRMATRIX:                                                           |
|       0.38211E-04  -0.64418E-04                                         |
|      -0.64418E-04   0.21787E-02                                         |
+-------------------------------------------------------------------------+
| DAUER (nach Wurzeltransformation der Messwerte):                        |
|   M = 3.291 msec;   SD = 0.2821 msec;   N = 144;   SE = 0.2565 msec     |
|                                                                         |
|   EINFLUSSGRÖSSEN              R-QUADRAT-    PART.RK        M (EG)        |
|                               ANTEIL                                    |
|   1/Hautt.(über a.d.pedis)    0.156         53.51          0.0335        |
|   Gewicht                     0.03         -0.003867       68.854        |
|   (Konstante)                               1.7641                       |
|               R-QUADRAT: 0.186                                          |
|   KEHRMATRIX:                                                           |
|       0.17591E 04   0.22199E-01                                         |
|       0.22199E-01   0.45252E-04                                         |
+-------------------------------------------------------------------------+
| Abkürzungen:  SE:  Standard Error  (Standardabweichung der Residuen);   |
| EG: Einflussgrössen;  R-QUADRAT:  Quadrat der Multiplen Korrelation;    |
| Einheiten der unabhängigen Grössen:  Hauttemperatur (Hautt.): Grad C;   |
| Messtrecke: mm; Gewicht: kg; Geschlecht: männlich (1), weiblich (2);    |
+-------------------------------------------------------------------------+
|                            Tab. 37                                      |
+-------------------------------------------------------------------------+
```

Multiple Regression der Amplitude (Tab. 37):

R^2 = 0,2; von den Einflußgrößen ist die Meßstrecke hochsignifikant wirksam. Die Hauttemperatur ist ebenfalls eine signifikant wirksame Größe und zeigt ähnlich wie bei dem
motorischen Summationspotential des N. medianus eine Amplitudenabnahme bei zunehmender
Hauttemperatur.

Multiple Regression der Dauer (Tab. 37):

R^2 = 0,19. Einflußgrößen: Mit zunehmender Hauttemperatur wird die Potentialdauer kürzer. Mit zunehmendem Gewicht nimmt die Dauer ab. Der letztgenannte Effekt könnte auf
einer Abschwächung der Potentialausbreitung durch zunehmende Dicke des subkutanen Gewe-
bes beruhen.

Die Korrelationen der NP untereinander (Tab. 36):

Die relativ hohe Korrelation von Amplitude und Dauer ist nach Berücksichtigung der Wirkung von Einflußgrößen nicht mehr erkennbar. Dies zeigt wieder, daß Einflußgrößen Zusammenhänge vortäuschen können. Die Korrelation zwischen Dauer und Integral und Amplitude
und Integral nimmt nach Korrektur der Einflußgrößen zu. Die Korrelation der korrigierten Werte von Amplitude und NLG ist signifikant. Sie ist am ehesten Ausdruck dafür, daß
bei Personen mit hohen NLG-Werten das Kontingent dickkalibriger Fasern besonders groß
ist.

13.16 N. peronaeus, motorisch, Unterschenkel:

Stimulation: Dorsal vom Fibulaköpfchen. Entfernungen zwischen Reizpunkt am Fuß und am
Fibulaköpfchen zwischen 260 mm und 400 mm.

Kennwerte und Verteilung der NLG (Tab. 38, Abb. 23):

Der Mittelwert (M = 47,5 m/sec) ist gering aber signifikant höher als bei der mot. NLG
des N. tibialis am Unterschenkel. Gute Anpassung der Meßwerte an die Normalverteilung.
Die Toleranzgrenzen ohne Berücksichtigung von Einflußgrößen betragen:
TG 95 % = 39,7 m/sec, TG 99 % = 36,5 m/sec.

Einfache Regression der NLG (Tab. 38):

Das Alter, das Geschlecht und die Körperlänge lassen hochsignifikante Einflüsse erkennen. BJÖRQVIST (1979) fand, daß bei einfachen Regressionen nur die motorische NLG des
N. peronaeus eine negative Korrelation mit der Körperlänge erkennen läßt. Die Körperlänge ist bei einfacher Regression die am stärksten wirksame Einflußgröße: R = -0,29;
die maximal mögliche Varianzverminderung bei Berücksichtigung von einer Einflußgröße
beträgt ca. 8 %, entsprechend R^2 = 0,08. Die Geschlechtsdifferenzen sind sehr deutlich,
könnten aber durch die Wirkung der Körperlänge vorgetäuscht sein. Die Alterseinflüsse
sind an der deutlichen Abnahme der NLG mit zunehmendem Lebensalter zu erkennen.

Multiple Regression der NLG (Tab. 39, Abb. 24, 25):

R^2 = 0,27; die Variationskoeffizienten betragen SE/M = 0,086 bzw. SD/M = 0,099. Von den
Einflußgrößen sind die Körperlänge, das Alter und die Hauttemperatur hochsignifikant

```
+----------------------------------------------------------------------+
|              NERVUS PERONÄUS, MOTORISCH, UNTERSCHENKEL                |
+----------------------------------------------------------------------+
| KENNGRÖSSEN:                                                          |
|                                                                      |
|           N      M      SD     SE     Min     Max   Schiefe  Exzess   |
|                                                                      |
| NLG      161   47.49   4.71   0.37   34.07   59.57   -0.03    0.57    |
|                                                                      |
| ZEIT     161    6.85   0.87   0.07    4.70    8.90    0.04   -0.60    |
| STRECKE  161  322.24  25.44   2.01  259.00  399.00    0.24    1.33    |
+----------------------------------------------------------------------+
| EINFACHE REGRESSIONEN:                                                |
|                                                                      |
|                 Abhängige Grösse:  NLG                                |
|                 N : 139                                               |
|                                                                      |
|                 p      Regres.  Konst.   Korrel.  R-quad.             |
|                         koef.             koef.                       |
|                                                                      |
| STRECKE        0.5                                                    |
| ALTER          0.002  -0.095    51.03    -0.26    0.06                |
| GESCHLECHT    <0.001   2.741    44.03     0.28    0.08                |
| KÖRPERLÄNGE   <0.001  -0.164    75.95    -0.29    0.08                |
| GEWICHT        0.2                                                    |
| HTT.SPRUNGGEL. 0.3                                                    |
|  - FIBULAKPF.  0.1                                                    |
+----------------------------------------------------------------------+
| Einheiten der Messgrössen: NLG: m/s; Alter: Jahr; Gewicht: kg;        |
| Geschlecht: Männer 1, Frauen 2; Körperlänge: cm;                     |
| Hauttemperatur: Grad C;                                               |
+----------------------------------------------------------------------+
|                            Tab. 38                                    |
+----------------------------------------------------------------------+
```

```
+----------------------------------------------------------------------+
|            PRÄDIKTIONSWERTE FÜR DIE MOTORISCHE NLG                    |
|              DES N. PERONÄUS AM UNTERSCHENKEL                         |
+----------------------------------------------------------------------+
| MOT. NLG:                                                             |
|   M = 47.86 m/sec;   SD = 4.720 m/sec;   N = 139;   SE = 4.147 m/sec  |
|                                                                      |
|   EINFLUSSGRÖSSEN             R-QUADRAT-     PART.RK      M (EG)       |
|                              ANTEIL                                   |
|   1/Körperlänge              0.09          4504.        0.0058        |
|   Alter                      0.077         -0.1220      33.37         |
|   1/Hautt.(über a.d.pedis)   0.036         -922.6       0.0334        |
|   1/Hautt.(am Fibulaköpf.)   0.05          1025.        0.0320        |
|   (Konstante)                              23.606                     |
|                   R-QUADRAT: 0.253                                    |
|                                                                      |
|   KEHRMATRIX:                                                         |
|       0.80910E 05 -0.13622E 00 -0.18830E 03  0.34030E 02             |
|      -0.13622E 00  0.46994E-04  0.64964E-01 -0.11740E-01             |
|      -0.18830E 03  0.64964E-01  0.25644E 04 -0.18460E 04             |
|       0.34030E 02 -0.11740E-01 -0.18460E 04  0.50530E 04             |
+----------------------------------------------------------------------+
| Abkürzungen:  SE:  Standard Error  (Standardabweichung der Residuen); |
| EG:  Einflussgrössen;  R-QUADRAT:  Quadrat der Multiplen Korrelation; |
| Einheiten der unabhängigen Grössen:  Hauttemperatur (Hautt.): Grad C; |
| Alter: Jahre; Körperlänge: cm; Messtrecke: mm; Gewicht: kg;           |
| Geschlecht: männlich (1), weiblich (2)                               |
+----------------------------------------------------------------------+
|                            Tab. 39                                    |
+----------------------------------------------------------------------+
```

DIE VERTEILUNG DER NLG DES
N. PERONÄUS, MOTORISCH, UNTERSCHENKEL

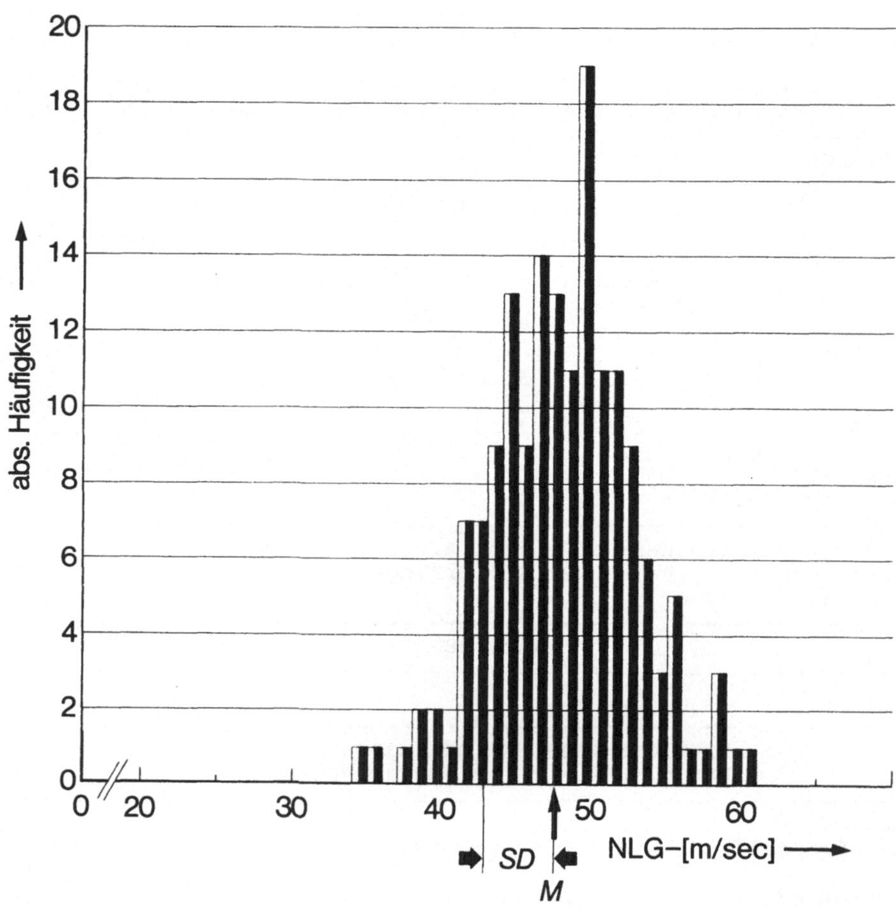

N: 161; M: 47,5; SD: 4,7; Min: 34,1; Max: 59,6; TG 95 %: 39,7
-95 %: 36,5

Abb. 23

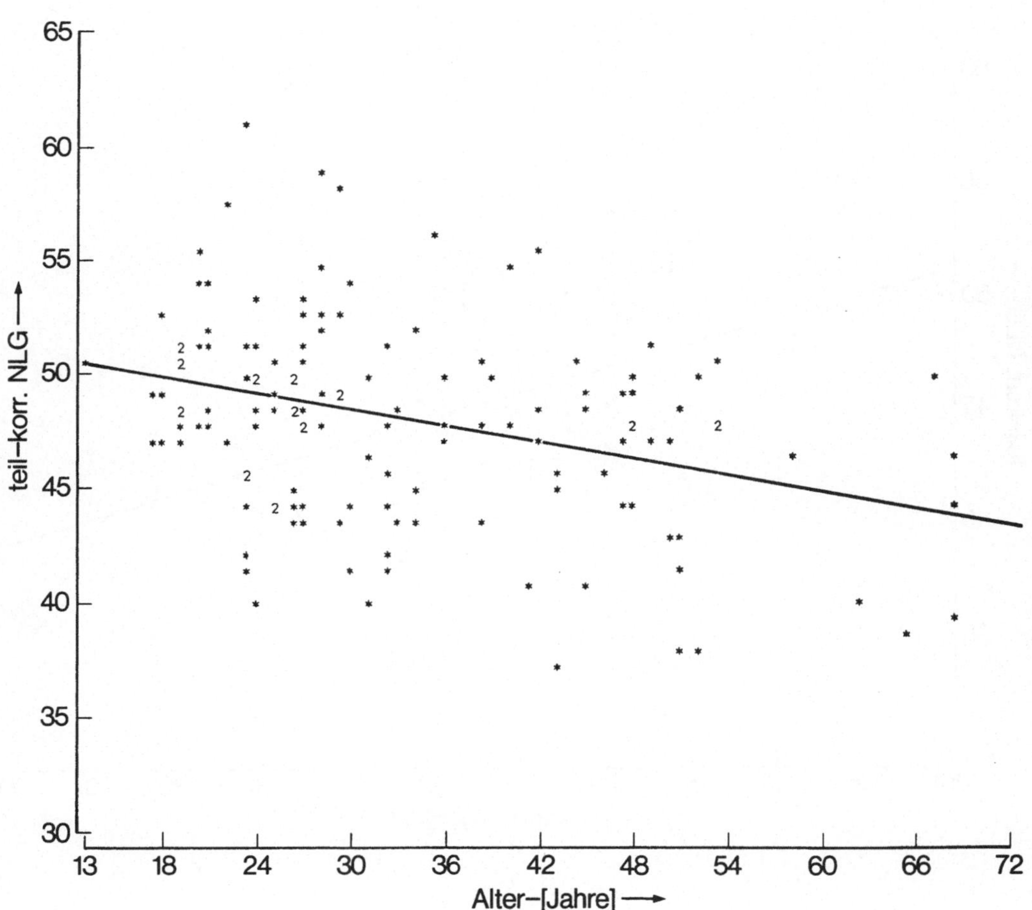

Abb. 24

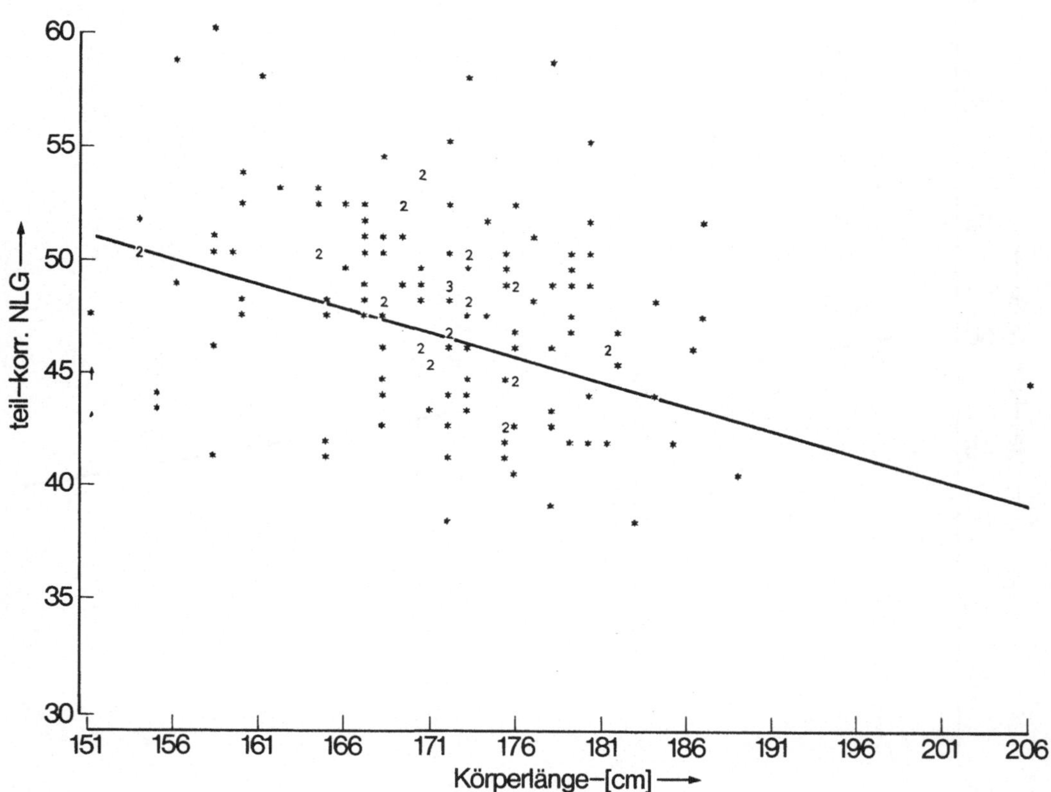

Abb. 25

wirksame Größen. Pro Dezennium nimmt die NLG um etwa 1,5 m/sec ab (Abb. 24). Bei einer mittleren Differenz der Körperlänge um 10 cm ist die NLG der größeren Personengruppe im Mittel um 2 m/sec niedriger (Abb. 25).

Die Hauttemperatur am Sprunggelenk zeigt eine hochsignifikant positive Korrelation mit der NLG: Die NLG nimmt um etwa 0,9 m/sec/^{o}C zu. Die Hauttemperatur am Fibulaköpfchen und am Sprunggelenk sind nicht sehr hoch miteinander korreliert (R etwa 0,5). Die Hauttemperatur am Fibulaköpfchen ist negativ mit der NLG korreliert. Ein ähnlicher Zusammenhang, der auf die Bedeutung eines lokalen Faktors hinweist, zeigt sich anhand der negativen Korrelation zwischen der Hauttemperatur in der Kniekehle und der motorischer NLG des N. tibialis.

13.17 N. peronaeus, motorisch, Fibulaköpfchen-Kniekehle:

Stimulation: in der Kniekehle; Berechnung der NLG für Meßstrecken zwischen 25 - 125 mm aus den Latenzdifferenzen bei Reizung in der Kniekehle und am Fibulaköpfchen.

Kennwerte und Verteilung der NLG (Tab. 40):
Meßbereich der Werte zwischen 22,1 m/sec und 80 m/sec. Bezüglich der Schiefe ausreichend gute Anpassung an die Normalverteilung, der Exzeß ist mit 1,05 deutlich positiv. TG 95 %: 31,6 m/sec; TG 99 %: 24,3 m/sec.

Einfache Regression und multiple Regression der mot. NLG (Tab. 40):
Nur die Körperlänge zeigt einen signifikanten Zusammenhang mit der NLG. Sie kann zur Erstellung eines Prädiktionswertes herangezogen werden.

13.18 N. peronaeus, sensibel, Unterschenkel:

Stimulation: Reizung des N. cutaneus dorsalis medialis, eines Astes des N. peronaeus superficialis über der Sehne des Extensor digitorum longus, meist 1 bis 2 cm distal und etwas lateral des motorischen Reizpuntes des N. peronaeus am Sprunggelenk. Bei Zehenextension ist der Nervenast als rollender, manchmal als aufgefächerter Strang über der Sehne des langen Zehenstreckers zu tasten.
Registrierung: differente Elektrode dorsal vom Fibulaköpfchen, indifferente Elektrode über der Tuberositas tibiae oder etwas weiter distal über der Tibiakante. Die Meßstrecken lagen zwischen 226 mm und 400 mm.

Kenngrößen und Verteilungen der NP (Tab. 41):
Die NLG S1 des N. peronaeus am Unterschenkel ist wie bei allen Meßeinheiten, so auch am Unterschenkel höher als die motorische NLG, der Unterschied der Mittelwerte ist jedoch nicht signifikant (Tab. 50). Die NLG S1 ist linksschief verteilt, die NLG S2 ist ausreichend gut der Normalverteilung angepaßt. Die Variationskoeffizienten der NLG S1 und der NLG S2 betragen: M/SD = 0,1.
Amplitude: Meßbereich zwischen 1 µV und 9 µV. Wegen des hohen Var.Koef. (über 0,5) erfolgen keine weiteren Berechnungen.
Dauer: Der Var.Koef. beträgt nach Wurzeltransformation 0,164; die wurzeltransformierten Meßwerte sind ausreichend gut normal verteilt (Tab. 55).

```
+---------------------------------------------------------------------+
|          NERVUS PERONÄUS, MOTORISCH, FIBULAKÖPFCHEN - KNIEKEHLE      |
+---------------------------------------------------------------------+
| KENNGRÖSSEN:                                                         |
|                                                                     |
|            N      M      SD      SE     Min     Max   Schiefe  Exzess|
|                                                                     |
| NLG       158   49.07  10.66   0.85   22.14   80.00    0.48    1.05 |
|                                                                     |
| ZEIT      158    1.49   0.50   0.04    0.60    4.00    1.73    4.87 |
| STRECKE   158   69.70  15.05   1.20   25.00  124.00    0.64    1.65 |
+---------------------------------------------------------------------+
| EINFACHE REGRESSIONEN:                                              |
|                                                                     |
|                  Abhängige Grösse:   NLG                            |
|                  N : 139                                           |
|                                                                     |
|                  p      Regres.  Konst.   Korrel. R-quad.          |
|                         koef.             koef.                    |
|                                                                     |
| STRECKE         0.9                                                |
| ALTER           0.7                                                |
| GESCHLECHT      0.9                                                |
| KÖRPERLÄNGE     0.04   -0.206   84.69    -0.17    0.03            |
| GEWICHT         0.5                                                |
| HTT.FIBULAKPF.  0.7                                                |
|  - KNIEKEHLE    0.7                                                |
+---------------------------------------------------------------------+
| Einheiten der Messgrössen: NLG: m/s; Strecke: mm; Körperlänge: cm;  |
+---------------------------------------------------------------------+
|                            Tab. 40                                  |
+---------------------------------------------------------------------+
```

```
NERVUS PERONÄUS, SENSIBEL, UNTERSCHENKEL
```

KENNGRÖSSEN:

	N	M	SD	SE	Min	Max	Schiefe	Exzess
NLG S1	152	48.91	4.93	0.40	33.71	59.52	-0.55	0.48
NLG S2	150	42.66	4.26	0.35	29.41	56.36	-0.17	0.61
ZEIT S1	152	6.90	0.86	0.07	4.80	9.50	0.42	-0.12
ZEIT S2	150	7.91	0.94	0.08	5.50	10.20	0.18	-0.34
STRECKE	152	334.47	28.58	2.32	226.00	400.00	-0.26	1.23
AMPLITUDE	133	2.20	1.34	0.12	1.00	9.00	-0.27	1.30
DAUER	137	2.88	0.93	0.08	1.10	5.20	0.53	-0.36
PHASE	142	2.16	0.71	0.06	1	6	2.18	8.04

EINFACHE REGRESSIONEN:

Abhängige Grössen:
NLG S1 (N = 125):   NLG S2 (N = 124):

	Korrel. koef.	Regres. koef.	Konst.	Korrel. koef.	Regres.	Konst.
STRECKE	0.16	0.028	39.73	0.19*	0.029	32.93
ALTER	-0.17	-0.070	51.26	-0.25**	-0.089	45.61
GESCHLECHT	n.s.			n.s.		
KÖRPERLÄNGE	n.s.			n.s.		
GEWICHT	n.s.			n.s.		
HTT.SPRUNGGEL.	0.29***	0.771	26.13	0.19*	0.447	29.44
- FIBULAKPF.	n.s.			n.s.		

KORRELATIONEN ZWISCHEN NEUROGRAPHISCHEN MESSGRÖSSEN:

	unkorr. Grössen:			korr. Grössen:	
	NLG-S1	NLG-S2	AMPL.	NLG-S1	NLG-S2
NLG-S2	0.91***			0.88***	
AMPL.	0.07	0.08		- entfällt -	
DAUER	0.13	-0.15	0.05	0.07	-0.24**

KORRELATIONEN ZWISCHEN KORRIG. UND UNKORRIG. GRÖSSEN:

NLG-S1: 0.86   NLG-S2: 0.89   DAUER: 0.93

Einheiten der Messgrössen: NLG-S1, NLG-S2: m/s; Amplitude: mV;
Dauer: ms; Strecke: mm; Alter: Jahr; Hauttemperatur: Grad C;
korrigiert: nach Berücksichtigung der Einflussgrössen durch Multiple
Regression
p > 0.05: *   p > 0.01: **   p > 0.001: ***

Tab. 41

Einfachen Regressionen der NLG s. Tab. 41.

Multiple Regression der NLG S1 (Tab. 42, Abb. 26):
R^2 = 0,25; die Standardabweichung der Stichprobe der multiplen Regression weicht von der Standardabweichung der repräsentativen Stichprobe gering ab. Die Variationskoeffizienten lauten: SE/M = 0,086; SD/M = 0,098.
Einflußgrößen: Bei Zunahme der Meßstrecke um 5 cm nimmt die NLG um 1,5 m/sec zu. Pro Dezennium nimmt die NLG um 1,6 m/sec ab. Die Körperlänge ist auch bei NLG S1 ein ähnlich wichtiger Faktor wie bei der motorischen NLG des N. peronaeus am Unterschenkel: Bei zwei Personengruppen mit einer mittleren Differenz der Körperlänge von 10 cm ist die NLG bei den größeren Personen um 2,1 m/sec niedriger (Abb. 26). Gewicht und NLG sind signifikant positiv korreliert: 10 kg Gewichtsdifferenz bewirken im Mittel eine Zunahme von etwa 1 m/sec. Die Hauttemperatur über dem Sprunggelenk, die hier als Kehrwert berücksichtigt wird, zeigt eine hochsignifikant positive Korrelation mit der NLG: Die NLG nimmt etwa um 1 m/sec/^{o}C zu.

Multiple Regression der NLG S2 (Tab. 42):
R^2 = 0,2; SE/M = 0,09 gegenüber SD/M = 0,1. Die Einflußgrößen sind ganz ähnlich wie bei der NLG S1 wirksam: Bei Zunahme der Meßstrecke um 5 cm ist eine Zunahme der NLG um 1,9 m/sec zu erwarten; pro Dezennium nimmt die NLG im Mittel um 1,4 m/sec ab. Bei um 10 cm größeren Personen ist die NLG im Mittel um 1,4 m/sec niedriger als bei den kleineren. Die Hauttemperatur dem Sprunggelenk hat eine part.RK von etwa 0,7 m/sec/^{o}C.

Multiple Regression der Dauer (Tab. 42):
R^2 = 0,11. Der modifizierte Variationskoeffizient beträgt SE/M = 0,157 gegenüber SD/M = 0,164. Einflußgrößen: Mit zunehmender Hauttemperatur, gemessen am Sprunggelenk, wird die Dauer länger. Dieser mehrfach beobachtete Zusammenhang kann Ausdruck dafür sein, daß infolge der höheren Temperaturkoeffizienten rasch leitender Fasern es zu einer Dispersion des NAP "nach vorne" kommt und deshalb die Potentialdauer zunimmt. Die Meßstrecke ist ebenfalls eine signifikant wirksame Einflußgröße. Bei Zunahme der Meßstrecke wird die Dauer - erwartungsgemäß - länger.

Die Korrelationen der NP untereinander (Tab. 41):
NLG S1 und NLG S2 sind untereinander hoch korreliert (R = 0,9) und können zur gegenseitigen Validierung verwendet werden. Bei starker Abweichung der NLG S2 gegenüber NLG S1 (mehr als 10 m/sec) muß auch dann an eine partielle neurogene Störung gedacht werden, wenn der Toleranzwert der NLG S2 nicht unterschritten wird.

13.19 N. tibialis, motorisch, Fuß:

Stimulation: Dorsal des medialen Knöchels; Registrierung: über dem M. flexor digitorum brevis (s. Kap. 9.3). An der "Referenz"-Elektrode wird ebenfalls elektrische Aktivität der vom N. tibialis innervierten Muskeln mit Amplituden von einigen mV mitregistriert. Dauer und Amplitude sind daher bei normaler Registriertechnik die Summe von 2 Potentialen, die an unterschiedlichen Stellen vom Fuß abgeleitet werden. Bei der gewählten

```
+-----------------------------------------------------------------------+
|             PRÄDIKTIONSWERTE FÜR NEUROGRAPHISCHE MESSGRÖSSEN          |
|               DES N. PERONÄUS, SENSIBEL, UNTERSCHENKEL                |
+-----------------------------------------------------------------------+
| SENSIBLE NLG - POSITIVE SPITZE:                                       |
|   M = 49.004 m/sec;  SD = 4.790 m/sec;   N = 125;   SE = 4.230 m/sec  |
|                                                                       |
|   EINFLUSSGRÖSSEN            R-QUADRAT-    PART.RK        M (EG)        |
|                             ANTEIL                                    |
|   1/Hautt.(über a.d.pedis)  0.088         -832.8         0.0339       |
|   Alter                     0.066         -0.1570        32.74        |
|   Messtrecke                0.016          0.03902       336.1        |
|   Körperlänge               0.04          -0.2089        171.6        |
|   Gewicht                   0.038          0.09627       68.90        |
|   (Konstante)                              98.425                     |
|             R-QUADRAT: 0.248                                          |
|    KEHRMATRIX:                                                        |
|      0.19812E 04   0.10116E 00   0.12422E-01  0.70719E-03 -0.20796E-01|
|      0.10116E 00   0.77774E-04   0.45525E-06  0.42330E-04 -0.32320E-04|
|      0.12422E-01   0.45525E-06   0.13726E-04 -0.20783E-04 -0.28214E-05|
|      0.70720E-03   0.42330E-04  -0.20783E-04  0.20089E-03 -0.63224E-04|
|     -0.20796E-01  -0.32320E-04  -0.28214E-05 -0.63224E-04  0.86159E-04|
+-----------------------------------------------------------------------+
| SENSIBLE NLG - NEGATIVE SPITZE:                                       |
|   M = 42.696 m/sec;  SD = 4.243 m/sec;   N = 124;   SE = 3.857 m/sec  |
|                                                                       |
|   EINFLUSSGRÖSSEN            R-QUADRAT-    PART.RK        M (EG)        |
|                             ANTEIL                                    |
|   Alter                     0.06          -0.1268        32.59        |
|   1/Hautt.(über a.d.pedis)  0.07          -535.8         0.0338       |
|   Messtrecke                0.025          0.04019       335.74       |
|   Körperlänge               0.044         -0.1194        171.31       |
|   (Konstante)                              71.914                     |
|             R-QUADRAT:0.199                                           |
|    KEHRMATRIX:                                                        |
|      0.67025E-04   0.96015E-01  -0.55064E-06  0.19025E-04            |
|      0.96015E-01   0.19926E 04   0.10979E-06 -0.48975E-03            |
|     -0.55064E-06   0.10979E-01   0.13060E-04 -0.19999E-04            |
|      0.19025E-04  -0.48975E-03  -0.19999E-04  0.14766E-03            |
+-----------------------------------------------------------------------+
| DAUER (nach Wurzeltransformation der Messwerte):                     |
|   M = 1.6737 msec;  SD = 0.2747 msec;   N = 126;   SE = 0.23305 msec  |
|                                                                       |
|   EINFLUSSGRÖSSEN     R-QUADRAT-   PART.RK     M (EG)    KEHRMATRIX:   |
|                       ANTEIL                                          |
|   1/Hautt.            0.07         -35.068     0.0339   0.18159E 04  0.44959E-02 |
|   Messtrecke          0.026         0.001583   335.0    0.44959E-02  0.10055E-04 |
|   (Konstante)                       2.3305                            |
|             R-QUADRAT: 0.096                                          |
+-----------------------------------------------------------------------+
| Abkürzungen: SE: Standard Error (Standardabweichung der Residuen);  EG: Ein- |
| flussgrössen;  R-QUADRAT:  Quadrat der  Multiplen Korrelation;  Einheiten der |
| unabhängigen  Grössen:     Hauttemperatur (Hautt.):    Grad C;   Alter: Jahre; |
| Körperlänge: cm; Messtrecke: mm; Gewicht: kg; Geschlecht: männlich (1), weib- |
| lich (2);                                                             |
+-----------------------------------------------------------------------+
|                              Tab. 42                                  |
+-----------------------------------------------------------------------+
```

NERVUS PERONAEUS, SENSIBEL, UNTERSCHENKEL
PARTIELLE REGRESSIONSION
zwischen der
von den übrigen Einflußgrössen teil-korrigierten
sensiblen NLG–positive Spitze–(abhängig)
und
Körperlänge
N: 125 part. Regressionskoeffizient: −0,210 p<0,001
teil–korr. NLG
Körperlänge–[cm]

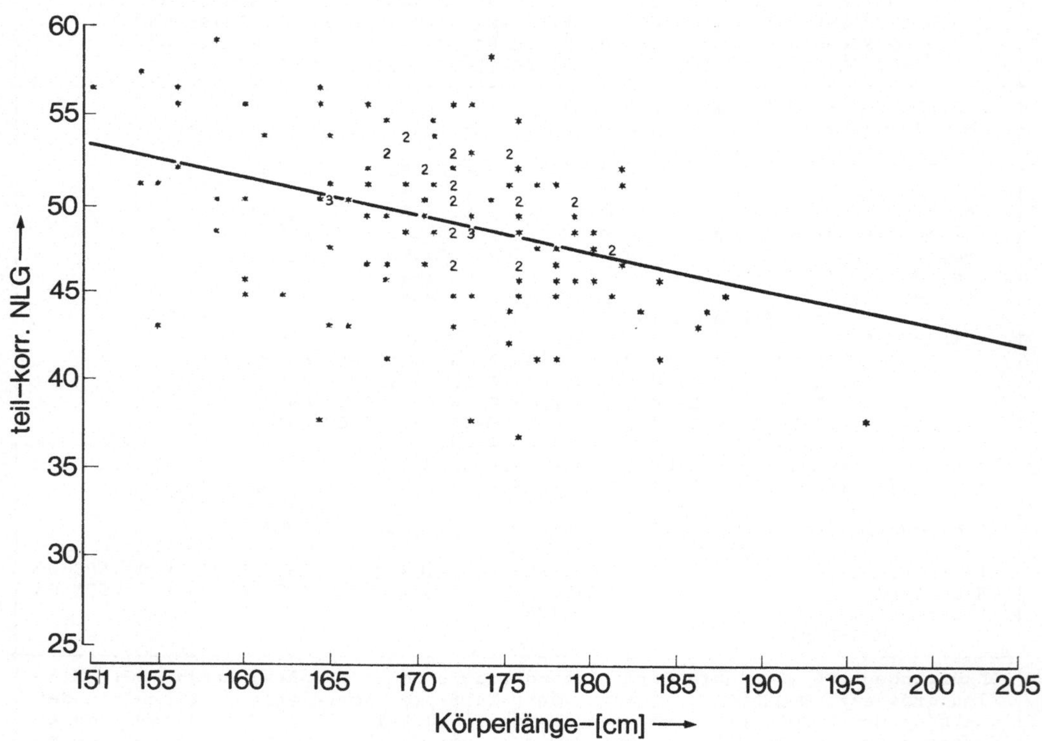

Abb. 26

Ableitetechnik mit der "differenten" Elektrode über M. flexor digitorum brevis und der
"Referenz"-Elektrode über der Tuberositas metatarsalis V liegen die Summen von Reizantworten des M. flexor digitorum profundus, des M. abductor digiti quinti sowie, weniger
bedeutsam, von der Muskulatur des Interossealraumes vor.

Kenngrößen und Verteilungen der NP (Tab. 43):
Mot. NLG: Der Mittelwert der distalen NLG des N. tibialis (M = 25,8 m/sec) ist deutlich
höher als bei den übrigen untersuchten distalen NLG-Größen (s. Tab. 50). Dies ist durch
die längere Entfernung zwischen der Reiz- und Ableiteelektrode bedingt. Niedrigster Meßwert: 13,9 m/sec, höchster Meßwert: 41,0 m/sec. Die Verteilung ist gering rechtsschief
und weist einen positiven Exzeß auf. Mäßig gute Anpassung an die Normalverteilung. Die
distale motorische Latenz pro 5 cm ist aber schlecht an die Normalverteilung angepaßt,
die NLG ist daher eine bessere Prüfgröße. Die Zeit ist ausreichend gut der Normalverteilung angepaßt und weist nur einen gering größeren Variationskoeffizienten von 0,2 auf
als die NLG mit einem Variationskoeffizienten von 0,18. Sie könnte daher als Prüfgröße
verwendet werden; die 95 % Toleranzgrenze der Zeit beträgt 7,7 msec.
Amplitude: Der Variationskoeffizient beträgt 0,484, die Präzision kann durch Wurzeltransformation der Meßwerte verdoppelt werden; nach Wurzeltransformation liegt eine
gute Anpassung an die Normalverteilung vor. Werden die Einflußgrößen nicht berücksichtigt, so beträgt die untere einseitige Toleranzgrenze TG 95 %: 2,7 mV.
Dauer: Nach Wurzeltransformation der Meßwerte ist eine ausreichend gute Anpassung an
die Normalverteilung zu sehen; der Variationskoeffizient der wurzeltransformierten Meßgröße beträgt 0,132.
Phasen: Es wurden zwischen 2 und 8 Phasen gemessen; Mittelwert = 3,9, SD = 1,5. Aus den
Verteilungseigenschaften ergibt sich, daß Potentiale mit fünf oder sechs Komponenten im
normalen Erwartungsbereich liegen.

Einfache Regressionen der mot. NLG (Tab. 43):
Die Hauttemperatur ist hochsignifikant mit der NLG korreliert: R^2 = 0,2.

Multiple Regression der NLG (Tab. 44):
R^2 = 0,26; SE = 3,8 m/sec gegenüber SD = 4,3 m/sec. Von den Einflußgrößen ist die Hauttemperatur hochsignifikant wirksam: Die NLG nimmt um etwa 1,2 m/sec/$^{\circ}$C zu. Alter und
Meßstrecke sind ebenfalls signifikant wirksame Größen. Nur beim N. tibialis ist eine
signifikante Beziehung zwischen Alter und distaler motorischer NLG zu sehen. Pro
Dezennium nimmt die NLG um ca. 0,7 m/sec ab. Die NLG nimmt um 0,5 m/sec bei Zunahme der
Meßstrecke um 1 cm zu. Die Wirkung der Körperlänge, hier als Kehrwert angegeben, liegt
mit F = 3,8 an der Signifikanzgrenze; die NLG ist niedriger bei Personen mit größerer
Körperlänge.

Multiple Regression der Amplitude (Tab. 44):
Die Meßwerte wurden wurzeltransformiert. R^2 = 0,2, SE/M = 0,22 gegenüber SD/M = 0,243.
Einflußgrößen: Mit zunehmendem Alter oder zunehmendem Gewicht wird die Amplitude niedriger. Mit Zunahme der Hauttemperatur nimmt die Amplitude ab, ein Zusammenhang, der auch
bei den mot. SP des N. medianus und des N. peronaeus beobachtet wurde.

NERVUS TIBIALIS, MOTORISCH FUSS

KENNGRÖSSEN:

	N	M	SD	SE	Min	Max	Schiefe	Exzess
NLG	152	25.76	4.59	0.37	13.87	41.05	0.50	0.91
DIST.LATENZ	152	2.00	0.37	0.03	1.22	3.61	1.08	2.98
ZEIT	152	5.78	1.14	0.09	2.90	9.30	0.53	0.54
STRECKE	152	144.90	16.52	1.34	100.00	185.00	-0.21	0.26
AMPLITUDE	140	8.06	3.83	0.33	2.00	24.00	1.13	2.42
DAUER	151	11.74	2.98	0.24	4.10	20.60	0.16	0.18
PHASE	144	3.86	1.49	0.12	2	8	0.39	-0.40
INTEGRAL	73	11.79	3.66	0.43	4.00	21.00	0.27	0.13

EINFACHE REGRESSIONEN:

Abhängige Grösse: NLG
N : 134

	p	Regres. koef.	Konst.	Korrel. koef.	R-quad.
STRECKE	0.1				
ALTER	0.8				
GESCHLECHT	0.9				
KÖRPERLÄNGE	0.9				
GEWICHT	0.9				
HTT.SPRUNGGEL.	<0.001	1.060	-5.33	0.45	0.20

KORRELATIONEN ZWISCHEN NEUROGRAPHISCHEN MESSGRÖSSEN:

	unkorrig. Grössen			korrig. Grössen		
	NLG	AMPL.	DAUER	NLG	AMPL.	DAUER
AMPL.	0.05			0.12		
DAUER	-0.04	0.09		0.12	0.03	
INTEGRAL	-0.07	0.34**	0.39***	0.03	0.11	0.34**

KORRELATIONEN ZWISCHEN KORRIG. UND UNKORRIG. GRÖSSEN:

NLG: 0.86   AMPL: 0.91   DAUER: 0.94   INTEGRAL: 0.83

Einheiten der Messgrössen: NLG: m/s; Distale Latenz: ms/5cm;
Amplitude: mV; Dauer: ms; Integral: mVs; Strecke: mm; Alter: Jahr;
Geschlecht: Männer 1, Frauen 2; Körperlänge: cm; Gewicht: kg;
Hauttemperatur: Grad C;
korrigiert: nach Berücksichtigung der Einflussgrössen durch Multiple
Regression
p > 0.05: *   p > 0.01: **   p > 0.001: ***

Tab. 43

```
+-----------------------------------------------------------------+
|         PRÄDIKTIONSWERTE FÜR NEUROGRAPHISCHE MESSGRÖSSEN         |
|              DES N. TIBIALIS, MOTORISCH, FUSS                    |
+-----------------------------------------------------------------+
| MOT. NLG:                                                       |
|   M = 25.77 m/sec;  SD = 4.329 m/sec;  N = 134;  SE = 3.776 m/sec|
|                                                                 |
|   EINFLUSSGRÖSSEN          R-QUADRAT-    PART.RK      M (EG)      |
|                           ANTEIL                                |
|   Hautt.(über a.tib.post.) 0.2           1.169       29.342      |
|   Alter                   0.03          -0.06872     33.92       |
|   Messtrecke              0.011          0.05217     145.8       |
|   1/Körperlänge           0.022          2656.       0.0058      |
|   (Konstante)                           -29.321                 |
|              R-QUADRAT: 0.263                                    |
|                                                                 |
|   KEHRMATRIX:                                                   |
|       0.23776E-02 -0.75867E-04  0.35865E-05  0.14594E 01        |
|      -0.75867E-04  0.50440E-04 -0.20096E-05 -0.49596E 00        |
|       0.35865E-05 -0.20096E-05  0.38651E-04  0.10790E 01        |
|       0.14594E 01 -0.49596E 00  0.10790E 01  0.11752E 06        |
+-----------------------------------------------------------------+
| AMPLITUDE (nach Wurzeltransformation der Messwerte):            |
|    M = 2.761 mVolt;  SD = 0.6709 mVolt;  N = 130;  SE = 0.6080 mVolt|
|                                                                 |
|   EINFLUSSGRÖSSEN          R-QUADRAT-    PART.RK      M (EG)      |
|                           ANTEIL                                |
|   Alter                   0.12          -0.01356     33.68       |
|   Gewicht                 0.05          -0.01162     69.06       |
|   Hautt.(über a.tib.post.) 0.03         -0.06126     29.29       |
|   (Konstante)                            5.8152                 |
|              R-QUADRAT: 0.2                                      |
|   KEHRMATRIX:                                                   |
|       0.49448E-04 -0.11936E-04 -0.42330E-04                     |
|      -0.11936E-04  0.54264E-04 -0.38785E-04                     |
|      -0.42330E-04 -0.38785E-04  0.22888E-02                     |
+-----------------------------------------------------------------+
| DAUER (nach Wurzeltransformation der Messwerte):               |
|   M = 3.388 msec;  SD = 0.4484 msec;  N = 141;  SE = 0.4260 msec|
|                                                                 |
|   EINFLUSSGRÖSSEN          R-QUADRAT     PART.RK      M (EG)      |
|                                                                 |
|   1/Hautt.(über a.tib.post.) 0.088       62.26       0.0343      |
|   (Konstante)                            1.2553                 |
|                                                                 |
|   1/Summe der Abweichungsquadrate:  1/0.06174                   |
+-----------------------------------------------------------------+
| Abkürzungen:  SE: Standard Error  (Standardabweichung der Residuen); |
| EG: Einflussgrössen;  R-QUADRAT: Quadrat der Multiplen Korrelation; |
| Einheiten der unabhängigen Grössen:  Hauttemperatur (Hautt.): Grad C; |
| Alter: Jahre; Körperlänge: cm; Messtrecke: mm; Gewicht: kg;     |
| Geschlecht: männlich (1), weiblich (2)                         |
+-----------------------------------------------------------------+
|                          Tab. 44                                |
+-----------------------------------------------------------------+
```

Multiple Regression der Dauer (Tab. 44):
Die Meßwerte wurden wurzeltransformiert. R^2 = 0,09; von den Einflußgrößen ist die Haut-temperatur hochsignifikant wirksam: Mit zunehmender Hauttemperatur wird die Dauer des Potentials kürzer.

Die Korrelationen der NP untereinander (Tab. 43):
Werden die Wirkungen der Einflußgrößen nicht korrigiert, so sind die Amplitude und das Integral sowie die Dauer und das Integral hochsignifikant untereinander korreliert. Nach Korrektur ist nur mehr eine signifikante Korrelation zwischen der Dauer und dem Integral zu erkennen.

13.20 N. tibialis, motorisch, Unterschenkel:

Stimulation in der Kniekehle; Registrierung: über M. flexor digitorum brevis; Meß-strecken zwischen 260 mm und 486 mm.

Kenngrößen und Verteilung der NLG (Tab. 45):
Der Mittelwert der motorischen NLG ist um 1,6 m/sec niedriger, die Standardabweichung höher als die vergleichbaren Größen der mot. NLG des N. peronaeus. Gute Anpassung an die Normalverteilung.

Einfache Regressionen der NLG (Tab. 45):
Die Hauttemperatur, gemessen in der Kniekehle, und die Meßstrecke sind signifikant mit der NLG korreliert. Maximale Varianzverminderung durch Berücksichtigung der Hauttempera-tur: R^2 = 0,09. Die Hauttemperatur an der Kniekehle ist negativ mit der NLG korreliert, ähnlich wie bei der sensiblen NLG des N. peronaeus am Unterschenkel.

Die multiple Regression der NLG (Tab. 46):
R^2 = 0,18; SE = 5,46 m/sec gegenüber SD = 5,97 m/sec. Die entsprechenden Variationskoef-fizienten betragen SE/M = 0,12 bzw. SD/M = 0,13.
Einflußgrößen: Die Hauttemperatur und die Körperlänge, beide hier als Kehrwerte berück-sichtigt, und die Meßstrecke sind hochsignifikante Einflußgrößen. Mit Zunahme der Meß-strecke um 1 cm nimmt die NLG um 0,6 m/sec zu. Bei einer mittleren Differenz der Körper-länge um 10 cm zeigen größere Probanden eine um 2,8 m/sec niedrigere NLG. Die Hauttem-peratur ist eine hochsignifikant wirksame Größe ($p < 0,01$); die negative Korrelation zwischen NLG und Hauttemperatur kann daher nicht als Ausdruck einer zufälligen Wirkung angesehen werden. Am ehesten kann man sich vorstellen, daß eine negative Korrelation zwischen Hauttemperatur und Tiefentemperatur im Unterschenkel besteht. Negative Korrela-tionen zwischen Hauttemperatur und Kerntemperatur sind seit den Untersuchungen von HILDEBRANDT und ENGELBERTZ (1953) bekannt. Welche mögliche Rolle die Auskühlung dabei spielt, wird im Kapitel über Einflußgrößen eingehender diskutiert.

13.21 N. suralis, Unterschenkel:

Stimulation: Dorsal und etwa 1 bis 3 cm proximal vom Malleolus lateralis; Registrie-rung: Differente Elektrode in der Kniekehle, indifferente Elektrode über dem Epicon-dylus lateralis femoris.

```
+-------------------------------------------------------------------+
|              NERVUS TIBIALIS, MOTORISCH, UNTERSCHENKEL             |
+-------------------------------------------------------------------+
| KENNGRÖSSEN:                                                       |
|                                                                   |
|            N      M      SD     SE     Min    Max  Schiefe Exzess |
|                                                                   |
| NLG       144   45.90   5.92   0.49   30.92  63.24   0.40   0.36  |
|                                                                   |
| ZEIT      144    8.65   1.19   0.10    5.80  12.00   0.05  -0.46  |
| STRECKE   144  391.32  32.43   2.70  260.00 486.00  -0.17   2.32  |
+-------------------------------------------------------------------+
| EINFACHE REGRESSIONEN:                                            |
|                                                                   |
|             Abhängige Grösse:   NLG                               |
|             N : 128                                              |
|                                                                   |
|             p      Regres.  Konst.   Korrel. R-quad.             |
|                    koef.             koef.                       |
|                                                                   |
| STRECKE        0.08   0.029   34.50    0.16    0.02              |
| ALTER          0.1                                              |
| GESCHLECHT     0.08   1.881   43.27    0.15    0.02              |
| KÖRPERLÄNGE    0.1   -0.108   64.50    0.15    0.02              |
| GEWICHT        0.1                                              |
| HTT.SPRUNGGEL. 0.2                                              |
|  - KNIEKEHLE   0.001 -1.330   88.24   -0.30    0.09              |
+-------------------------------------------------------------------+
| Einheiten der Messgrössen:  NLG: m/s;  Alter: Jahr;  Gewicht: kg; |
| Geschlecht: Männer 1, Frauen 2; Körperlänge: cm;                 |
| Hauttemperatur: Grad C;                                          |
+-------------------------------------------------------------------+
|                           Tab. 45                                |
+-------------------------------------------------------------------+
```

```
+-------------------------------------------------------------------+
|            PRÄDIKTIONSWERTE FÜR DIE MOTORISCHE NLG                |
|               DES N. TIBIALIS AM UNTERSCHENKEL                    |
+-------------------------------------------------------------------+
| MOT. NLG:                                                        |
|   M = 45.89 m/sec;  SD = 5.971 m/sec;  N = 128;  SE = 5.464 m/sec |
|                                                                   |
| EINFLUSSGRÖSSEN            R-QUADRAT-     PART.RK      M (EG)      |
|                           ANTEIL                                 |
| 1/Hauttemp.(Kniekehle)    0.098          1048.        0.0315     |
| Messtrecke                0.018          0.06298      390.8      |
| 1/Körperlänge             0.066          7043.        0.0058     |
| (Konstante)                              -52.826                 |
|               R-QUADRAT: 0.182                                   |
|   KEHRMATRIX:                                                    |
|       0.40545E 04 -0.20785E-01 -0.13030E 04                      |
|      -0.20785E-01  0.11256E-04  0.70565E 00                      |
|      -0.13030E 04  0.70565E 00  0.13196E 06                      |
+-------------------------------------------------------------------+
| Abkürzungen:  SE:  Standard Error  (Standardabweichung der Residuen); |
| EG:  Einflussgrössen;  R-QUADRAT:  Quadrat der Multiplen Korrelation; |
| Einheiten der unabhängigen Grössen:  Hauttemperatur (Hautt.): Grad C; |
| Körperlänge: cm; Messtrecke: mm;                                 |
+-------------------------------------------------------------------+
|                           Tab. 46                                |
+-------------------------------------------------------------------+
```

Kenngrößen und Verteilungen der NP (Tab. 47):

NLG S1: Der Mittelwert von 50,1 m/sec unterscheidet sich nicht signifikant von der motorischen und sensiblen NLG des N. peronaeus am Unterschenkel.

Die NLG S2 des N. suralis ist ebenfalls gering höher als die sensible NLG S2 des N. peronaeus am Unterschenkel, unterscheidet sich aber von ihr nicht signifikant.

Dauer: Nach Wurzeltransformation (Stichprobe der multiplen Regression) ist die Anpassung an die Normalverteilung gut, die Präzision steigt um den Faktor 2. Die transformierten Meßwerte haben einen Var.Koef. von 0,18.

Die einfachen Regressionen (Tab. 47):

Die NLG S1 weist keine signifikanten Korrelationen mit den Einflußgrößen auf. Die NLG S2 ist mit dem Alter, dem Geschlecht, der Körperlänge und dem Gewicht signifikant korreliert. Die höchste Korrelation besteht zwischen Gewicht und NLG S2: R^2 = 0,1. Mit zunehmendem Gewicht nimmt die NLG S2 ab. Diese Beziehung könnte in einem wesentlichen Ausmaß durch die ebenfalls signifikante negative Altersregression bedingt sein.

Multiple Regression der NLG S1 (Tab. 48, Abb. 27):

NLG S1: R^2 = 0,13; von den Einflußgrößen ist die Körperlänge, die hier als Kehrwert berücksichtigt wird, hochsignifikant wirksam: pro 10 cm Körperlängendifferenz nimmt die NLG im Mittel um 1,8 m/sec ab; der Erwartungswert für größere Individuen ist niedriger. Die Meßstrecke ist eine signifikant wirksame Einflußgröße: Nimmt die Meßstrecke um 10 cm zu, so erhöht sich der mittlere Erwartungswert der NLG S1 um 3,8 m/sec.

Multiple Regression der NLG S2 (Tab. 48):

R^2 = 0,2; SE = 3,46 m/sec gegenüber SD = 3,8 m/sec. Die Variationskoeffizienten betragen: SE/M = 0,077, SD/M = 0,085. Durch Berücksichtigung der Einflußgrößen kann die Präzision um etwa 11 % verbessert werden. Von den Einflußgrößen sind die Körperlänge, die Meßstrecke und das Alter signifikant wirksam. Bei einer mittleren Differenz von 10 cm nimmt die NLG um 1,4 m/sec ab. Bei Zunahme der Meßstrecke um 10 cm nimmt die NLG S2 um etwa 3,6 m/sec zu, pro Dezennium nimmt die NLG im Mittel um etwa 0,8 m/sec ab. Das Gewicht, hier als Kehrwert berücksichtigt, trägt zur Varianzverminderung bei, ist aber im Gegensatz zur einfachen Regression keine signifikant wirksame Größe. Die multiple Regression bestätigt die Annahme, daß die scheinbare, hohe Wirkung des Gewichtes in der einfachen Regression Ausdruck anderer Faktoren, insbesondere des Alters ist.

Multiple Regression der Dauer (Tab. 48):

Die Meßwerte für die Dauer wurden wurzeltransformiert. R^2 = 0,22. Von den Einflußgrößen sind das Gewicht und die Hauttemperatur signifikant wirksam: Bei Personen mit größerem Körpergewicht ist die Dauer länger als bei leichteren Personen. Eine Erklärung dafür kann nicht gegeben werden.

Die Korrelationen der NP untereinander (Tab. 47):

NLG S1 und NLG S2 sind hochsignifikant miteinander korreliert, die Meßwerte können daher zur gegenseitigen Validierung herangezogen werden. Eine Differenz von mehr als 10,6 m/sec ist verdächtig auf eine Läsion dünnkalibriger Neuriten, und zwar auch dann,

```
+-----------------------------------------------------------------------+
|                   NERVUS SURALIS, UNTERSCHENKEL                        |
+-----------------------------------------------------------------------+
| KENNGRÖSSEN:                                                           |
|                                                                       |
|            N      M      SD     SE     Min     Max    Schiefe  Exzess  |
|                                                                       |
| NLG S1    140   50.10   5.00   0.42   37.10   65.29   -0.42    1.17    |
| NLG S2    135   44.43   4.06   0.35   33.68   57.41    0.08    0.45    |
|                                                                       |
| ZEIT S1   140    7.78   1.04   0.09    4.60   10.60    0.01    0.24    |
| ZEIT S2   135    8.82   1.07   0.09    5.80   11.70    0.02    0.43    |
| STRECKE   140  386.83  42.87   3.62  237.00  474.00   -1.07    2.46    |
|                                                                       |
| AMPLITUDE 120    2.03   1.49   0.14    1.00   10.00    2.22    7.02    |
| DAUER     125    2.75   0.99   0.09    1.10    6.00    0.91    0.86    |
| PHASE     125    2.14   0.64   0.06    1       5       2.17    7.44    |
+-----------------------------------------------------------------------+
| EINFACHE REGRESSIONEN:                                                 |
|                                                                       |
|                  Abhängige Grössen:                                   |
|                  NLG S1 (N = 116):           NLG S2 (N = 114):        |
|                                                                       |
|                Korrel.  Regres.  Konst.    Korrel.  Regres.  Konst.   |
|                 koef.    koef.               koef.                    |
|                                                                       |
| STRECKE         n.s.                        n.s.                      |
| ALTER           n.s.                       -0.28**  -0.093    47.91   |
| GESCHLECHT      n.s.                        0.24*    1.810     42.27   |
| KÖRPERLÄNGE     n.s.                       -0.20*   -0.085     59.55   |
| GEWICHT        -0.16    -0.057    54.63    -0.32*** -0.100     51.74   |
| HTT.SPRUNGGEL.  n.s.                        n.s.                      |
|  - KNIEKEHLE    n.s.                        n.s.                      |
+-----------------------------------------------------------------------+
| KORRELATIONEN ZWISCHEN NEUROGRAPHISCHEN MESSGRÖSSEN:                   |
|                                                                       |
|          unkorr. Grössen:            korr. Grössen:                   |
|          NLG-S1   NLG-S2   AMPL.     NLG-S1    NLG-S2                  |
|                                                                       |
| NLG-S2   0.88***                     0.87***                          |
| AMPL.   -0.06    -0.06                - entfällt -                     |
| DAUER   -0.03    -0.33***  -0.10     0.02      -0.25**                 |
+-----------------------------------------------------------------------+
| KORRELATIONEN ZWISCHEN KORRIG. UND UNKORRIG. GRÖSSEN:                  |
|                                                                       |
|      NLG-S1: 0.94    NLG-S2: 0.88    DAUER: 0.88                      |
+-----------------------------------------------------------------------+
| Einheiten der Messgrössen: NLG-S1, NLG-S2: m/s; Amplitude: mV;         |
| Dauer: ms; Strecke: mm; Alter: Jahr; Körperlänge: cm; Gewicht: kg;    |
| Geschlecht: Mann: 1, Frau: 2;                                         |
| korrigiert:  nach Berücksichtigung der  Einflussgrössen durch Multiple|
| Regression                                                            |
| p > 0.05: *      p > 0.01: **      p > 0.001: ***                     |
+-----------------------------------------------------------------------+
|                            Tab. 47                                    |
+-----------------------------------------------------------------------+
```

```
+-------------------------------------------------------------------+
|        PRÄDIKTIONSWERTE FÜR NEUROGRAPHISCHE MESSGRÖSSEN           |
|              DES N. SURALIS AM UNTERSCHENKEL                       |
+-------------------------------------------------------------------+
| SENSIBLE NLG - POSITIVE SPITZE:                                   |
|   M = 50.74 m/sec;   SD = 4.542 m/sec;   N = 116;   SE = 4.420 m/sec |
|                                                                   |
|   EINFLUSSGRÖSSEN              R-QUADRAT-      PART.RK      M (EG) |
|                               ANTEIL                              |
|   1/Körperlänge               0.022          5550.        0.0058  |
|   Messtrecke                  0.048          0.04209      391.5   |
|   (Konstante)                                1.8166               |
|           R-QUADRAT: 0.07                                         |
|   KEHRMATRIX:                                                     |
|       0.19684E 06   0.12558E 01                                   |
|       0.12558E 01   0.15664E-04                                   |
+-------------------------------------------------------------------+
| SENSIBLE NLG -NEGATIVE SPITZE:                                    |
|   M = 44.89 m/sec;   SD = 3.819 m/sec;   N = 114;   SE = 3.460 m/sec |
|                                                                   |
|   EINFLUSSGRÖSSEN              R-QUADRAT-      PART.RK      M (EG) |
|                               ANTEIL                              |
|   Alter                       0.08           -0.09892     32.46   |
|   1/Körperlänge               0.07           6160.        0.0058  |
|   Messtrecke                  0.049          0.03577      391.0   |
|   (Konstante)                                -1.9121              |
|           R-QUADRAT: 0.199                                        |
|   KEHRMATRIX:                                                     |
|       0.67282E-04  -0.12777E 00   0.36364E-05                     |
|      -0.12777E 00   0.20375E 06   0.12929E 01                     |
|       0.36364E-05   0.12929E 01   0.16217E-04                     |
+-------------------------------------------------------------------+
| DAUER (nach Wurzeltransformation der Messwerte):                  |
|   M = 1.6279 msec;   SD = 0.2834 msec;   N = 108;   SE = 0.2520 msec |
|                                                                   |
|   EINFLUSSGRÖSSEN              R-QUADRAT-      PART.RK      M (EG) |
|                               ANTEIL                              |
|   Gewicht                     0.165          0.008899     68.39   |
|   Hauttemp.(Kniekehle)        0.053          0.04260       31.356 |
|   (Konstante)                                -0.31642             |
|           R-QUADRAT: 0.218                                        |
|   KEHRMATRIX:                                                     |
|       0.62747E-04  -0.47337E-04                                   |
|      -0.47337E-04   0.39070E-02                                   |
+-------------------------------------------------------------------+
| Abkürzungen:  SE:  Standard Error  (Standardabweichung der Residuen); |
| EG:  Einflussgrössen;  R-QUADRAT:  Quadrat der Multiplen Korrelation; |
| Einheiten der unabhängigen Grössen:   Alter: Jahre;  Körperlänge: cm; |
| Messtrecke: mm; Gewicht: kg;                                      |
+-------------------------------------------------------------------+
|                          Tab. 48                                  |
+-------------------------------------------------------------------+
```

NORMALWERTE und TOLERANZGRENZEN der NLG							

NERV	NLG	Strecke	Phase	N	M	SD	Toleranzgrenze 95%	99%
ULNARIS	motorisch	Hand	m	189	21,8	4,1	15,0	12,1
		U.arm	m	183	61,0	7,5	48,6	43,4
		Sulcus	m	162	54,0	11,8	34,6	26,5
		O.arm	m	183	63,4	9,7	47,5	41,0
	sensibel	Hand	s1	190	50,1	7,8	37,3	32,0
			s2	185	39,4	5,9	29,7	25,7
		U.arm	s1	189	64,9	9,6	49,1	42,6
			s2	186	57,5	8,0	44,3	38,7
		Sulcus	s1	148	53,5	14,2	30,2	20,5
			s2	132	56,8	14,2	33,5	23,9
		O.arm	s1	171	65,4	14,8	41,0	30,9
MEDIANUS	motorisch	Hand	m	196	18,3	3,3	12,9	10,7
		U.arm	m	194	56,6	7,4	44,4	39,3
		O.arm	m	173	69,5	10,1	52,8	45,9
	sensibel	Hand	s1	198	49,9	6,2	39,8	35,6
			s2	198	41,6	5,0	33,4	30,0
		U.arm	s1	196	61,0	5,6	51,8	48,0
			s2	194	55,8	5,3	47,1	43,5
		O.arm	s1	179	75,8	12,0	56,0	47,9
			s2	178	67,7	9,3	52,4	46,0
PERONEUS	mot.	Fuß	m	162	16,8	3,4	11,2	8,9
		U.schenkel	m	161	47,5	4,7	39,7	36,5
		fib.-f.pop.	m	158	49,1	10,7	31,6	24,3
	sens.	U.schenkel	s1	152	48,9	4,9	40,8	37,5
			s2	150	42,7	4,3	35,7	32,8
TIBIALIS	mot.	Fuß	m	152	25,8	4,6	18,2	15,1
		U.schenkel	m	144	45,9	5,9	36,2	32,1
SURALIS	sens.	U.schenkel	s1	140	50,1	5,0	41,9	38,5
			s2	135	44,4	4,1	37,8	35,0

m = initial negativer Potentialeinbruch
s1 = positiver Phasenumkehrpunkt
s2 = negativer   "   "

Tab. 49

NERVUS SURALIS, UNTERSCHENKEL

PARTIELLE REGRESSION

zwischen der
von den übrigen Einflußgrössen teil-korrigierten
sensiblen NLG–positive Spitze–(abhängig)
und
Körperlänge

N: 116 part. Regressionskoeffizient: −0,18   p<0,001

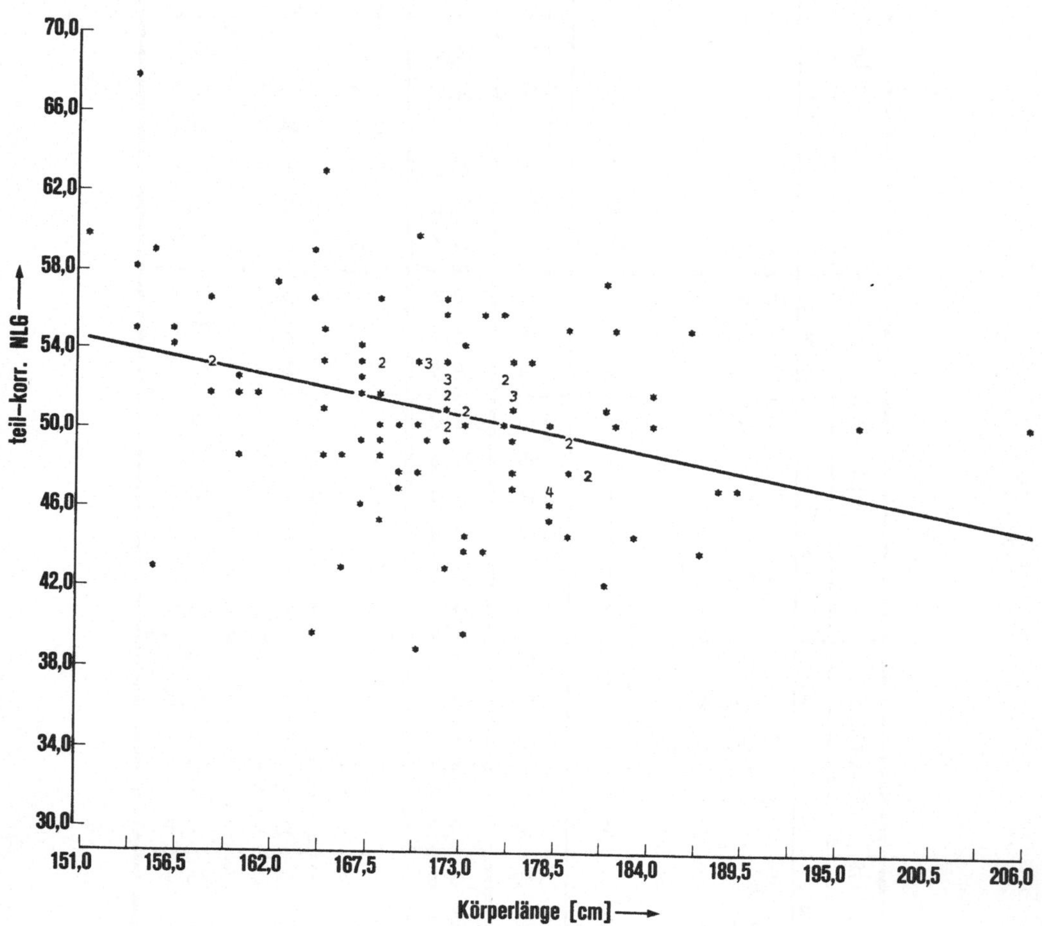

Abb. 27

TEILKORRIGIERTE NERVENLEITGESCHWINDIGKEITEN
UND GESCHLECHTSUNTERSCHIEDE
Die Einflüsse anderer Grössen wurden entfernt.
95 % KOFIDENZ-BEREICH
FÜR MITTELWERTE
♂
♀
Teil.-korr. NLG (m/sec)
70
60
50
40
30
20
10
N. ULNARIS
MOTORISCH
HAND
N. ULNARIS
MOTORISCH
UNTERARM
N. ULNARIS
SENSIBEL
-positive
Spitze-
HAND
N. ULNARIS
SENSIBEL
-negative
Spitze-
HAND
N. MEDIANUS
MOTORISCH
HAND
N. PERONÄUS
MOTORISCH
FUSS

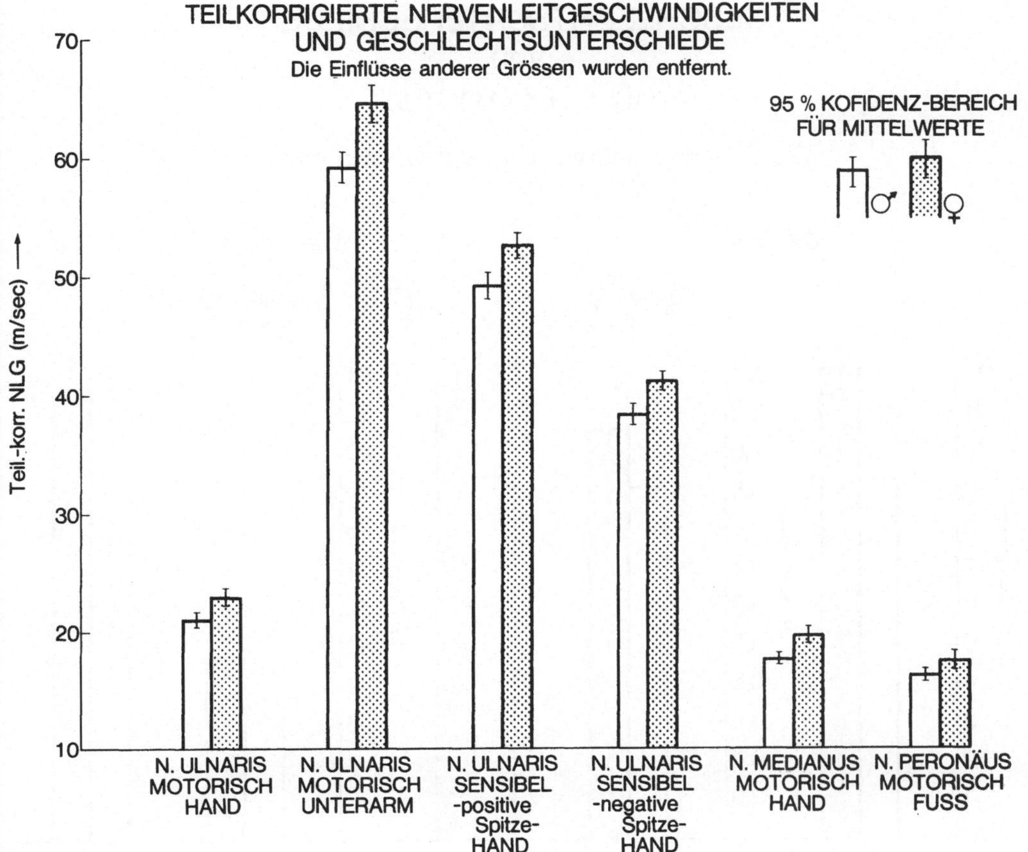

Abb. 28

GESCHLECHTSUNTERSCHIEDE
von
DAUER und AMPLITUDE
Die Einflüsse anderer Grössen wurden entfernt.
DAUER
AMPLITUDE
♂ ♀
95 % Konfidenz-bereich
12
11
10
9
8
7
6
5
4
3
2
1
0
[msec]
2,4
2,2
2,0
1,8
1,6
1,4
1,2
1,0
0,8
0,6
0,4
2,0
0
[msec]
24
22
20
18
16
14
12
10
8
6
4
2
0
[μVolt]
N. ULNARIS, MOT.
(m. Abductor dig. V)
N. ULNARIS, SEN.
(Handgelenk)
N. MEDIANUS, SEN.
(Handgelenk)
N. ULNARIS, SEN.
(Handgelenk)
N. MEDIANUS, SEN.
(Handgelenk)

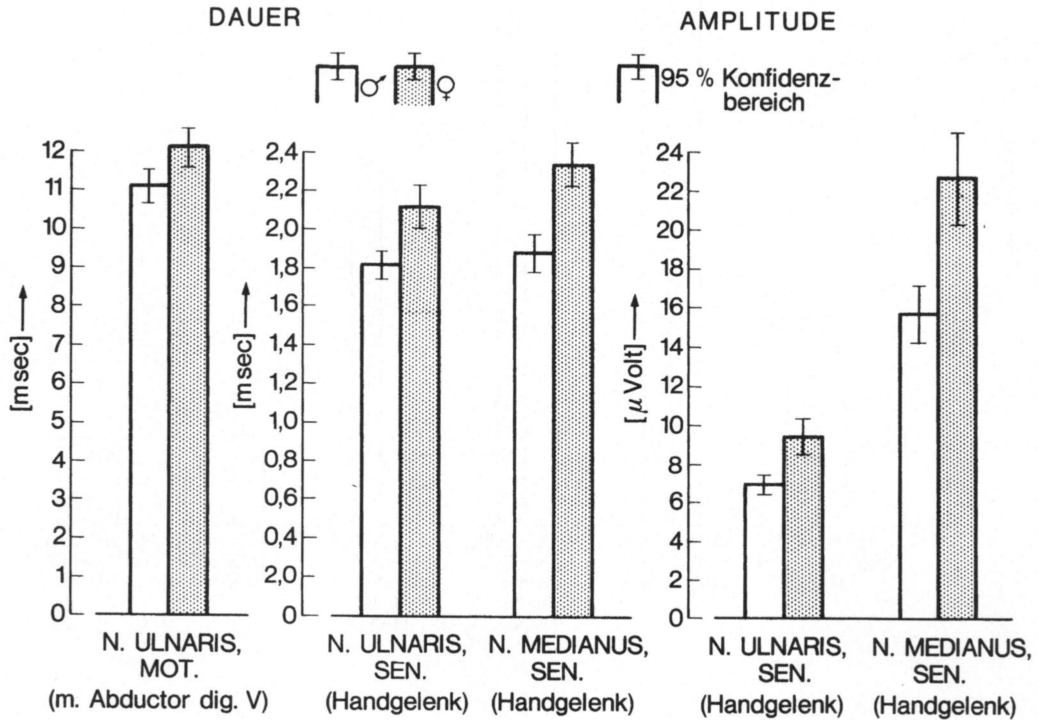

Abb. 29

wenn die NLG S2 im Normalbereich liegt. Die negative Korrelation zwischen Dauer und
NLG S2 besagt, daß die Dauer um so länger ist, je niedriger die NLG S2 ist. Dies kann
als Ausdruck der Dispersion der NAP der Einzelfasern aufgefaßt werden.

14   Vergleiche zwischen den Mittelwerten und Streuungen der neurographischen
      Parameter:

14.1 Die Mittelwerte der NLG-Meßgrößen:

Die Mittelwerte der NLG-Meßgrößen der repräsentativen Stichprobe unterscheiden sich
kaum von den Mittelwerten der Subpopulationen für die multiplen Regressionen. Dies ist
ein Hinweis dafür, daß die Auswahl der Probanden bias-frei erfolgte und die Stichprobe
als vertrauenswürdig angesehen werden kann. Der größte Unterschied findet sich bei der
NLG S1 des N. medianus am Oberarm, die in der repräsentativen Stichprobe einen Mittelwert von 75,8 m/sec und in der (durch die fehlenden Angaben von Einflußgrößen) verkleinerten Stichprobe für die MR einen Mittelwert von 76,5 m/sec hat (s. Tab. 34 und 35).
Diese Mittelwertdifferenz ist nicht signifikant.
Auf die Bedeutung zuverlässig geschätzter arithmetischer Mittelwerte wird im Kapitel 7.2 eingegangen. Maßnahmen zur Optimierung einer Stichprobe können zu einer (unge-
wollten) Verzerrung der Lage des Mittelwertes führen und somit dessen Richtigkeit beeinflussen. Mittelwerte von repräsentativen Stichproben sollen richtig und bezüglich ihrer
Richtigkeit überprüfbar sein.

14.1.1 Multiple Vergleiche der Mittelwerte:

Die Tab. 50 stellt multiple Vergleiche der Mittelwerte der NLG-Meßgrößen dar. Die sensiblen NLG vergleichbarer Segmente sind - außer im Sulcusbereich - stets höher als die
motorischen NLG. Die signifikanten Unterschiede sind dadurch zu erkennen, daß die verschiedenen NLG-Meßgrößen nicht im gleichen schwarzen Rahmen liegen. So sind nach dem
multiplen Vergleich der Mittelwerte nach TUKEY die motorische und sensible NLG des N.
ulnaris am Unterarm und die des N. medianus am Unterarm und am Oberarm signifikant
unterschiedlich. Im Sulcusbereich ist kein signifikanter Unterschied zwischen motorischer und sensibler NLG festzustellen. Die motorische NLG ist gering höher als die sensible NLG. Hierzu ist einschränkend zu sagen, daß die angegebenen Mittelwerte zweck-
mäßigerweise Meßgrößen einer selektierten Verteilung sind und nicht die tatsächliche
zentrale Lage der motorischen und der sensiblen NLG im Sulcus beschreiben. Siehe dazu
die Diskussion im Kapitel über die motorische NLG des N. ulnaris im Sulcus. Ohne Selektion extremer Meßwerte beträgt der Mittelwert der motorischen NLG im Sulcus etwa
57 m/sec und ist demnach noch immer deutlich niedriger als die motorischen NLG des N.
ulnaris am Unterarm oder am Oberarm.

Von der _distalen motorischen NLG_ ist die des N. peronaeus am niedrigsten und die des N.
tibialis am höchsten. Dies ist auch zu erwarten, da die mittlere distale Meßstrecke des
N. tibialis etwa doppelt so lang ist wie die des N. peronaeus. Der Reizimpuls wird zwi-

Multiple Vergleiche der Mittelwerte der motorischen NLG und der sensiblen NLG—positive Spitze
(nach Tukey)

A POSTERIORI KONTRASTE

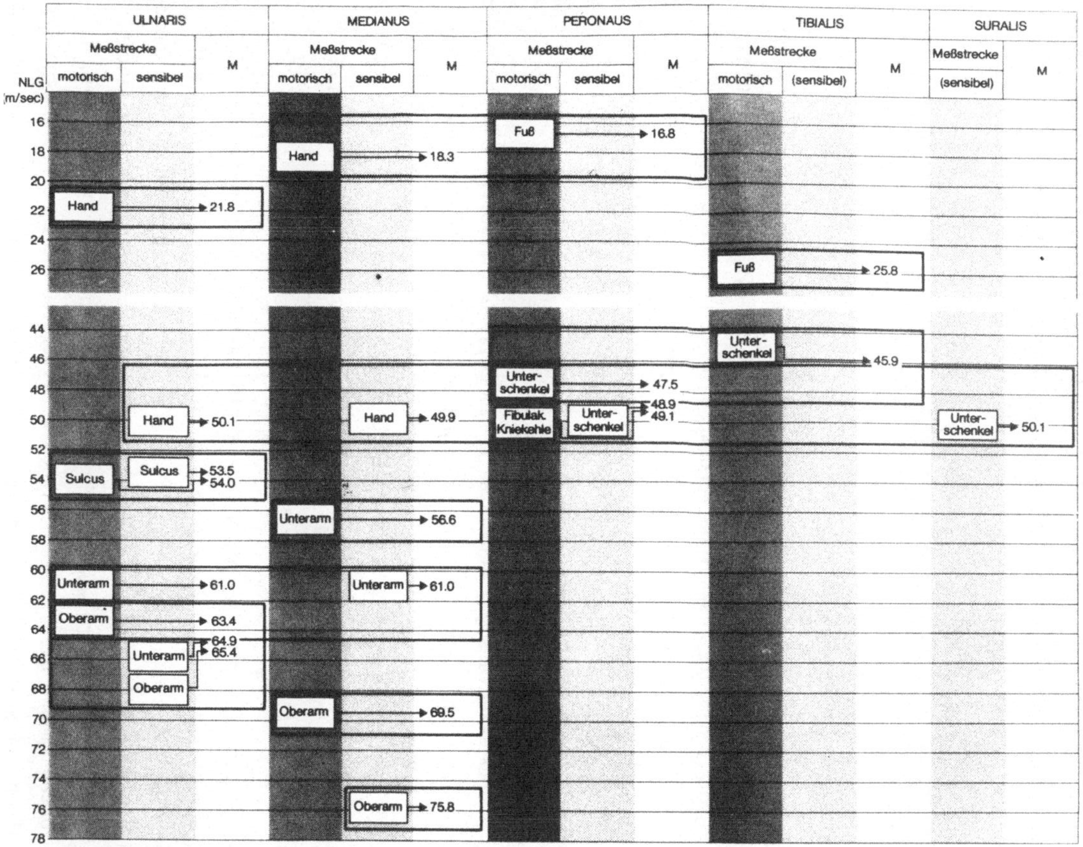

Die stark umrandeten Felder stellen Untergruppen von Meßeinheiten dar, deren Mittelwerte nach dem TUKEY-Test nicht signifikant (p > 0.05) verschieden sind.

Tab. 50

schen Malleolus medialis und M. flexor digitorum brevis auf einer längeren Strecke als bei anderen Meßeinheiten über weniger verzweigte Neuriten fortgeleitet. Daher ist die distale motorische NLG des N. tibialis höher als die der übrigen Nerven. Es finden sich signifikante Unterschiede zwischen den distalen motorischen NLG des N. medianus und des N. ulnaris. Die distale mot. NLG des N. ulnaris ist nahezu um ein Fünftel höher als die des N. medianus. Die mittleren Hauttemperaturen über der A. ulnaris und über der A. radialis betragen 31,2°C. Die distalen motorischen Meßstrecken des N. ulnaris und des N. medianus sind ebenfalls nicht signifikant voneinander verschieden: Die distale Meßstrecke des N. medianus beträgt im Mittel 68,3 mm, die des N. ulnaris 66,6 mm. Das Probandenkollektiv ist für beide Messungen nahezu identisch. Als einzige Erklärung bleibt, daß der N. ulnaris sich konstitutionell vom N. medianus unterscheidet. Der Unterschied zwischen den Mittelwerten der distalen mot. NLG des N. medianus und des N. ulnaris ist für die Schätzung der Toleranzbereiche dieser Nervensegmente von Bedeutung: Es darf nicht erwartet werden, daß der Toleranzbereich der distalen mot. NLG des N. ulnaris auch für den N. medianus gilt und umgekehrt.

Die sensiblen NLG (NLG S1) des N. ulnaris und des N. medianus an der Hand, die des N. peronaeus am Unterschenkel und die des N. suralis haben einen maximalen Mittelwertunterschied von 1 m/sec und sind voneinander nicht signifikant verschieden. In die gleiche Gruppe von NLG-Meßgrößen gehören die motorische NLG des N. peronaeus am Unterschenkel und die mot. NLG des N. peronaeus zwischen Fibulaköpfchen und Kniekehle. Die mot. NLG des N. tibialis ist signifikant geringer als die vorhin erwähnten sensiblen NLG, stellt aber mit der mot. NLG des N. peronaeus wiederum eine nicht signifikant unterschiedliche eigene Untergruppe dar.

N. ulnaris und N. medianus haben am Ober- und Unterarm charakteristische Muster der NLG-Mittelwerte. Am Unterarm ist die mot. NLG des N. ulnaris höher als die des N. medianus, für die sensible NLG gilt das gleiche. Am Oberarm sind aber die mot. NLG und die NLG S1 des N. medianus um 10 m/sec höher als die des N. ulnaris; das gleiche gilt für die NLG S2, die beim N. medianus 67,7 m/sec und beim N. ulnaris 57,5 m/sec. beträgt.

Die dargelegten Unterschiede zwischen N. ulnaris und N. medianus sind auch aus einem weiteren Sachverhalt zu ersehen: Die mot. und sensiblen NLG-Größen des N. ulnaris am Unterarm und am Oberarm sind nicht signifikant voneinander verschieden. Die Impulsfortpflanzung erfolgt daher beim N. ulnaris am Oberarm und am Unterarm etwa gleich rasch, beim N. medianus am Oberarm aber wesentlich rascher und nimmt nach distal hin um soviel ab, daß die mot. NLG und die NLG S1 des N. medianus am Unterarm signifikant geringer sind als jene des N. ulnaris.

14.1.2 Mögliche Ursachen der Mittelwertunterschiede der NLG-Größen:

Die eigenen Untersuchungsergebnisse stehen zum Teil in Einklang, zum Teil im Widerspruch mit den Literaturangaben. Der Vergleich zwischen den in der Literatur angegebenen Mittelwerten der mot. NLG des N. ulnaris, N. medianus, N. peronaeus und N. tibialis (Tab. 1) weisen auf einen Sachverhalt hin, der anhand der eigenen Daten auch festzustel-

len ist: Die mot. NLG des N. ulnaris am Unterarm ist höher als die des N. medianus, die
des N. peronaeus ist ebenfalls höher als die des N. tibialis.

Im ersten Teil dieser Arbeit wurde bereits auf die Schwierigkeiten hingewiesen, repräsentative Mittelwerte für verschiedene NLG-Meßgrößen zu finden. Die Mittelwerte der von
verschiedenen Autoren publizierten mot. NLG-Größen weisen keinen gemeinsamen Vertrauensbereich auf. Die Liste der zitierten Autoren kann noch ergänzt werden: So fand PAYAN
(1969) einen Mittelwert der mot. NLG des N. ulnaris am Unterarm von 69 m/sec. Der sehr
hohe Betrag dieses Mittelwertes ist in Zusammenhang mit den von PAYAN angewendeten Anwärmeprozeduren zu sehen. Die Randbedingungen der Untersuchungen müssen insbesondere
bei Vergleichen zwischen Untersuchungsergebnissen verschiedener Autoren mitberücksich-
tigt werden. Es genügt nicht, Altersregressionskoeffizienten anzugeben, die Einflüsse
anderer Größen müssen ebenso berücksichtigt werden. BUCHTHAL, ROSENFALCK und BEHSE
(1975) gaben auffallend hohe Mittelwerte für die verschiedenen sensiblen NLG des
N. medianus und des N. ulnaris an. Vergleicht man die Beträge diese Meßgrößen mit den
diesbezüglichen Angaben von TACKMANN (1976) und von LUDIN (1976), so fallen hochsignifikante Mittelwertdifferenzen auf. Berechnet man die Erwartungswerte für die sensible NLG
des N. ulnaris an der Hand nach den Angaben von BUCHTHAL et al. (1975) und nach LUDIN
(1976) anhand der von den Autoren angegebenen Altersregressionskoeffizienten, so findet
man einen gemeinamen Toleranzbereich erst jenseits des 60. Lebensjahres. Hier wird deutlich, wie wichtig es ist, auf die Randbedingungen für die Erstellung von Normalwerten
zu achten: BUCHTHAL et al. (1975) führten Anwärmeprozeduren durch, was zur Erhöhung der
Mittelwerte der NLG-Größen führte.
Es finden sich aber bereits bei jenen NLG-Messungen, die ohne Anwärmeprozeduren durchgeführt wurden, bedeutende Unterschiede zwischen den Angaben der Mittelwerte verschiedener Autoren. Die Hälfte der Meßwerte der repräsentativen Stichproben für die motorische
NLG des N. ulnaris am Unterarm müßte nach den Angaben von CORBAT (1961) oder von WIESEN-
DANGER und BISCHOFF (1962) unter dem Toleranzbereich (!) der repräsentativen Stichpro-
ben von GAMSTORP (1963) oder der in Tab. 1 nicht zitierten Stichprobe von LOWITZSCH und
HOPF (1972) liegen. Diese Autoren gaben einen Mittelwert von 63,4 m/sec $\pm$4,9 m/sec für
die maximale mot. NLG des N. ulnaris am Unterarm an.
Die Ursache der Unterschiede der in der Literatur angegebenen Mittelwerte von NLG-
Größen ist retrospektiv kaum zu ermitteln. Es könnten systematische Altersunterschiede
zwischen den verschiedenen Untersuchungskollektiven vorliegen; die Unterschiede in der
Altersstruktur der verschiedenen Kollektive können aber schwerlich die alleinige Ur-
sache von Mittelwertdifferenzen von 10 m/sec sein.

*   Mittelwerte von NLG-Meßgrößen, die als repräsentativ ausgewiesen sind und somit
*   für Vergleichszwecke herangezogen werden dürfen, müssen aus Stichproben stammen,
*   bei denen die Wirkungen der Einflußgrößen sich bis auf deren zufällige Schwankun-
*   gen gegenseitig aufheben.

Zu den Einflußgrößen gehört zum Beispiel auch die Jahreszeit, in der Untersuchung statt-
fand (GUTJAHR und MACHLEIDT 1983). Darüber hinaus ist nicht ausgeschlossen, daß sich
über Jahre hinweg die Mittelwerte der NLG-Meßgrößen systematisch verändern. Neben den
zeitlichen Einflußfaktoren gibt es noch eine Reihe weiterer Größen, die auf die NLG einwirken. Die Einflußgrößen sind zwar untereinander partiell korreliert, entfalten aber
auf die NLG-Meßgrößen eine jeweils typische, voneinander unabhängige Wirkung. Will man
die notwendigen Parameter hinreichend genau schätzen, so soll das Kollektiv so groß
sein, daß sich die Wirkungen der Einflußgrößen ausgleichen. Mit anderen Worten:

* Repräsentative Kollektive müssen von einer großen Probandenanzahl stammen, die in
* bezug auf die Einflußgrößen inhomogen sein sollen.

Die wenigsten Autoren können sich auf Kollektive von mehr als 100 Probanden berufen.
Außer den eigenen Untersuchungen bestehen die Kollektive von KAESER (1966) für die mot.
NLG des N. medianus und des N. ulnaris am Unterarm und das Kollektiv von THOMAS und
LAMBERT (1960) für die mot. NLG des N. ulnaris aus mehr als 100 Probanden. TACKMANN und
HOFFMEYER (1978) haben für die mot. NLG des N. medianus am Unterarm ein Kollektiv von
158 Personen untersucht. Der hohe Mittelwert dieser Stichprobe (M: 61 m/sec,
SD: +4,3 m/sec) ist wiederum im Zusammenhang mit der Anwendung von Anwärmeprozeduren zu
verstehen. Die Untersuchungskollektive für die mot. NLG des N. peronaeus und des
N. tibialis sind ebenfalls meist klein. KAESER (1966) untersuchte die mot. NLG des N.
peronaeus am Unterschenkel bei 118 Probanden. TACKMANN und HOFFMEYER untersuchten dieselbe Meßgröße bei 117 Probanden und fanden einen Mitelwert von M = 53,1 m/sec; der
hohe Mittelwert geht offensichtlich wiederum auf die Anwendung von Anwärmeprozeduren
zurück.

* Zusammenfassend darf man sagen, daß unser gesamtes Wissen über die Mittelwerte
* verschiedener NLG-Größen auf dem Boden einer insgesamt sehr geringen Probandenan-
* zahl beruht, die im Vergleich zur Anzahl der Untersuchungen, für die zuverlässige
* Schätzungen gebraucht werden, geradezu verschwindet.

14.1.3 Die motorische und sensible NLG des N. ulnaris im Sulcus:

Die Probleme, die sich bei der Erstellung des eigenen Datensatzes ergaben, wurden bereits eingehend besprochen (Kapitel über Datenselektion, Abschnitte über die Untersuchungsergebnisse der motorischen und sensiblen NLG im Sulcus). PAYAN (1969) untersuchte bei 21 gesunden Probanden mit einem Alter zwischen 18 und 65 Jahren und bei einer
nicht eindeutig mitgeteilten Anzahl von Personen zwischen 40 und 95 Jahren die motorische und sensible NLG des N. ulnaris an der Hand, am Unterarm und im Sulcus. Der gestreckte Arm wurde in supinierter Handstellung neurographisch untersucht, nachdem über
Thermokupplung eine Hauttemperatur zwischen 34 und 36° erreicht worden war. Die motorische NLG betrug bei dem Kollektiv jüngerer Personen, das mit der eigenen Stichprobe
verglichen werden kann, 69 m/sec und bei dem Kollektiv älterer Personen 61 m/sec. Der
Mittelwert der NLG im Sulcusbereich betrug 52 m/sec, SD +4 m/sec, bei dem älteren Kollektiv 50 m/sec +2 m/sec. Der hohe Mittelwert der NLG am Unterarm fällt im Vergleich zu

den (trotz Anwärmeprozeduren) viel niedrigeren Werten der NLG im Sulcus auf. Der Mittelwert der mot. NLG im Sulcus ist mit den eigenen Angaben vergleichbar. Dies gilt auch für die sensible NLG im Sulcus, die nach PAYAN bei dem jüngeren Kollektiv 58 m/sec $\pm$4 m/sec, beim älteren Kollektiv 54 m/sec $\pm$5 m/sec beträgt. Der wesentliche Unterschied zwischen der eigenen Messung und der von PAYAN liegt daher weniger in den abweichenden Mittelwerten als in den sehr unterschiedlichen Streuungen.

KROGNESS (1978) fand im Sulcusbereich bei 45 Probanden unter 50 Jahren eine mittlere NLG von 52 m/sec $\pm$9,1 m/sec, bei Probanden über 50 Jahre eine mittlere NLG von 44,4 m/sec $\pm$10,3 m/sec. Der gemeinsame Mittelwert des Kollektivs beträgt 49,9 m/sec $\pm$10,04 m/sec. KROGNESS betonte, daß es wegen der großen Streuung dieser Messung schwierig sei, eine zuverlässige Schätzung für die NLG im Sulcusbereich zu geben. Er schlug die Bildung eines Quotienten aus der NLG im Sulcusbereich zur NLG am Unterarm vor. Dieser Quotient soll den Wert von 0,82 normalerweise nicht unterschreiten. Im Mittel fand KROGNESS im Sulcusbereich eine um 7 % niedrigere NLG als am Unterarm. Einen ähnlichen Befund erhob EISEN (1974), der im Sulcus eine im Mittel um 10 m/sec geringere NLG als am Unterarm fand. CARPENTALE (1956) berichtete ebenfalls über eine langsamere NLG im Sulcusbereich als am Unterarm. KAESER (1963) stellte keine lokale Verlangsamung im Sulcusbereich fest. SCHUBERT (1964) zeigte, daß die Beträge der Meßstrecken am Unterarm und im Sulcusbereich davon abhängen, ob der Unterarm in Pronations- oder in Supinationsstellung gehalten wird. Legt man den NLG-Berechnungen Meßstrecken zugrunde, die in Pronationsstellung erhoben wurden, so fanden sich keine Differenzen der Mittelwerte der NLG im Sulcus und am Unterarm.

Insgesamt zeigt sich, daß die Schätzung des "wahren" Mittelwertes der motorischen und der sensiblen NLG im Sulcus schwierig ist. Die dem Untersucher vorliegenden Ergebnisse werden nicht nur von Hauttemperatur (SUNDERLAND 1951), Lagerung des Armes, die zu einer Kompression des Nervs im Sulcus führen kann (SCHUBERT 1964, CHECKLES et al. 1971) beeinflußt, sondern vor allem von der Absicht des Autors, ob die Messungen für Vergleichszwecke herangezogen werden sollen oder nicht. Aus den eigenen Untersuchungen geht hervor, daß die unselektierten Meßwerte im Sulcus am ehesten einer logarithmischen Verteilung entsprechen und für diese ein Mittelwert von 60 m/sec geschätzt wurde (s. Kap. Datenselektion). Dieser Meßwert unterscheidet sich aber nur gering und nicht signifikant von der mot. NLG am Unterarm, wenn unselektierte Daten verwendet werden. Werden die Wirkungen von Einflußgrößen wie etwa Temperaturunterschiede oder unterschiedliche Exposition gegenüber Traumen im Sulcus und am Unterarm berücksichtigt, so scheinen normalerweise keine wesentlichen Unterschiede in der Geschwindigkeit der Impulsfortpflanzung am Unterarm, im Sulcus oder am Oberarm zu bestehen. Daher sind strukturelle Besonderheiten des N. ulnaris etwa infolge von Wachstumsvorgängen nicht zu vermuten. Diese treten erst im Laufe des Lebens auf und können nur anhand zuverlässiger Schätzmethoden festgestellt werden. Die Anwendung zuverlässiger Schätzmethoden bringt es aber mit sich, daß eine Datenselektion erfolgt. Daraus folgt, daß die bekannten Mittelwertunterschiede des N. ulnaris im Sulcus und am Oberarm oder am Unterarm vorwiegend methodisch bedingt sind.

14.1.3.1 Bestimmung der NLG im Sulcus:

Der überwiegende Teil der Untersucher verzichtet auf eine Untersuchung der NLG im Sulcus selbst. PAYAN (1969) zeigte, daß nur in etwa der Hälfte der Fälle von Läsionen im Sulcusbereich umschrieben verlangsamte motorische NLG festzustellen waren. KROGNESS schlug vor, einen Quotienten aus der NLG im Sulcus und am Unterarm zu bilden. Dagegen spricht, daß bei ausgeprägten Ulnarschädigungen auch die NLG im Unterarmbereich deutlich erniedrigt ist (GILLIATT und THOMAS 1960). Nach den eigenen Untersuchungen ist die Korrelation zwischen der mot. NLG im Sulcus und am Unterarm niedrig; sie beträgt -0,12 (Tab. 62) und ist nicht signifikant. Die NLG S2 zeigt zwar an diesen Strecken eine signifikante Korrelation, die aber für diagnostische Zwecke nicht ausreicht.

Die sensiblen NLG im Sulcus sind für die Bestimmung pathologischer Befunde nach den eigenen Untersuchungen wenig geeignet. Dies liegt an der großen Streuung der Meßwerte der NLG S1 und der NLG S2 (Tab. 21). Nach den von PAYAN (1969) und BUCHTHAL et al. (1975) angegeben Normalwerten müßte man ebenfalls annehmen, daß die sensible NLG im Sulcus relativ präzise bestimmt werden könnte: Bei Personen unter 55 Jahren fanden BUCHTHAL et al. einen Mittelwert und Streuung von 58 m/sec $\pm$4,5 m/sec. Die von PAYAN und BUCHTHAL et al. angegebenen Mittelwerte stimmen überein. Ableitungen mit Nadelelektroden ergeben distal vom Sulcus genauere Reizantworten als Registrierungen mit Oberflächenelektroden, weil der N. ulnaris dort vom M. flexor carpi ulnaris überlagert wird. Die Zeitmessung kann in diesem Fall durch Ableitung mit Nadelelektroden verbessert werden. Es ist allerdings fraglich, um welchen Anteil die Varianz der sensiblen NLG des N. ulnaris am Unterarm und im Sulcus durch Ableitung mit Nadelelektroden vermindert werden kann. Berechnet man nach den Angaben von BUCHTHAL et al. (1975) den Fehleranteil der Zeitmessung unter Zugrundelegung einer mittleren Meßstrecke im Sulcus von 70 mm, so ergibt sich (unter Außerachtlassung des Fehleranteils für die Meßstrecke) ein Fehleranteil für die Zeitmessung von weniger als 0,1 msec. Dies entspräche aber einer Meßgenauigkeit, die unter der üblicherweise verwendeten Diskretisierungsrate von 0,1 msec läge.

Nach eigenen Erfahrungen ist es möglich, diagnostisch hilfreiche Messungen mit der mot. NLG im Sulcus durchzuführen. Folgende Meßmethode hat sich bewährt: Der Nerv wird im Sulcusbereich an drei Stellen gereizt: distal vom Sulcus, in Sulcusmitte und proximal vom Sulcus. Fällt an einer Strecke eine besonders niedrige NLG auf, so wird versucht, die Läsionsstelle möglichst genau einzugrenzen. Der schlechter leitende Bereich läßt sich von distal her und besonders nach proximal hin häufig gut abgrenzen: wird der Nerv oberhalb der lädierten Stelle gereizt, so tritt die Reizantwort mit nahezu gleicher Latenz wie von der - möglicherweise nicht erregbaren - Läsionsstelle aus auf. Der "Latenzsprung" stellt bereits einen Hinweis auf Vorliegen einer Läsionsstelle dar.

Wie im Kapitel über Meßfehler gezeigt wurde, ist nicht die Meßstrecke, sondern die Zeitmessung jene Größe, die den Meßfehler wesentlich bestimmt (Abb. 5 und 6, Tab. 3). Die Tab. 51 gibt den prozentualen Meßfehler wieder und macht diesen Zusammenhang nochmals deutlich: mit zunehmender Zeit geht der prozentuale Meßfehler sehr deutlich zurück, mit

NLG UND PROZENTUALER FEHLERANTEIL

		Weg (mm)						
		30	40	50	60	100	150	200
Zeit	0.3	100 34	133 34					
(ms)	0.4	75 26	100 26	125 26				
	0.5	60 22	80 21	100 21	120 20			
	0.6	50 19	67 18	83 17	100 17			
	0.7	43 17	57 16	71 15	86 15			
	0.8	37 15	50 14	62 13	75 13			
	0.9	33 14	44 13	56 12	67 12			
	1.0	30 13	40 12	50 11	60 11	100 10		
	1.5	20 11	27 9	33 8	40 8	67 7	100 7	133 7
	2.0	15 10	20 8	25 7	30 7	50 6	75 5	100 5
	2.5	12 9	16 7	20 6	24 6	40 5	60 4	80 4

NLG (m/s)

FEHLER (%)

Zeichenerklärung und Legende:
Meßfehler in Prozent des NLG-Wertes (groß), NLG (klein).
Der NLG-Wert ergibt sich aus der entsprechenden Spalte
(Weg) und Zeile (Zeit). Berechnung des Meßfehlers siehe
Kapitel 7. – Der Meßfehler nimmt mit Zunahme der Zeit
deutlich ab, ändert sich aber mit Zunahme der Meßstrecke
nur wenig. Daher kann die NLG an kurzen Strecken ge-
messen werden, wenn die Zeitmessung nicht einen kritischen
Wert unterschreitet.

Tab. 51

zunehmender Meßstrecke nur gering. Der Meßstreckenfehler hat nur bei Meßstrecken unter 40 mm eine praktische Bedeutung. Aus diesem Sachverhalt ergibt sich die Berechtigung auch an kurzen Meßstrecken bis etwa 30 mm die NLG zu untersuchen.

Wird nun eine umschriebene NLG-Erniedrigung auf kurzer Strecke festgestellt werden, so soll die Messung von den geeigneten Reizpunkten aus wiederholt werden. Dieses Vorgehen dient der Validierung der Messung: Die Toleranzgrenze der repräsentativen Stichprobe gilt zwar für einmalige Messungen; hat jedoch der zu prüfende NLG-Wert einen wesentlich höheren Fehler als die Meßwerte im unteren Bereich der repräsentativen Stichprobe (deren Fehler etwa 4 m/sec beträgt), so sollte der Meßfehler der aktuellen Messung vermindert werden. Bei einfacher Meßwiederholung reduziert sich der Meßfehler um den Faktor $1/\sqrt{2}$. Die so erzielte Genauigkeit genügt in den allermeisten Fällen, um zuverlässig über Vorliegen oder Nichtvorliegen einer Sulcusläsion etwas sagen zu können. Siehe auch neurographischen Bericht, Tab. 52.

14.1.4 Die NLG des N. ulnaris und des N. medianus am Unter- und am Oberarm:

HELMHOLTZ und BAXT (1870) berichteten: "Die Versuche über Fortpflanzungsgeschwindigkeiten zwischen Ellbogengelenk und Handgelenk ergaben regelmäßig eine kleinere Geschwindigkeit zwischen Deltoideus und Handgelenk ... Die Ursache davon kann in dem Umstande gesucht werden, daß die Nerven im Vorderarm regelmäßig kälter sind als im Oberarm; es könnte dabei aber auch an eine ungleichförmige Geschwindigkeit des Nervenreizes gedacht werden. In unseren Versuchen war eben selbst nach der eine Stunde lang fortgesetzten Einwirkung eines äußeren warmen Mediums der erwähnte Unterschied in der Fortpflanzung nicht ganz verschwunden". Diese Untersuchungen betrafen den N. medianus; auch der N. ulnaris wurde untersucht, Mitteilungen über unterschiedliche NLG des N. ulnaris am Oberarm und am Unterarm wurden nicht gemacht.

Die eigenen Untersuchungen sollen zur Klärung der Frage beitragen, ob Unterschiede der Leitgeschwindigkeiten des N. medianus und des N. ulnaris bestehen. Beide Nerven wurden, entsprechend dem Untersuchungsentwurf, am nahezu identischen Probandenkollektiv untersucht (Block-Design). Wenn also systematische Fehler vorliegen, so wirken sie sich auf beiden Nerven in etwa gleicher Weise aus.

Nach den eigenen Untersuchungen sind die motorische NLG, die NLG S1 und die NLG S2 des N. medianus am Oberarm hochsignifikant höher als am Unterarm. Weder die motorische NLG noch die NLG S1 des N. ulnaris sind am Oberarm und am Unterarm signifikant verschieden, wenn auch die Mittelwerte der NLG am Oberarm gering höher sind. Daraus ergibt sich aber auch eine Antwort auf die von BAXT und HELMHOLTZ (1870) gestellte Frage des Temperatureinflusses: wäre die Temperatur ein wesentlicher Faktor, so müßte auch die NLG des N. ulnaris am Oberarm höher als am Unterarm sein. Dies ist nicht der Fall. Daher ist ein Temperatureinfluß als Ursache der unterschiedlichen NLG des N. medianus am Ober- und am Unterarm unwahrscheinlich.

PENNES (1948) führte sorgfältige Untersuchungen der Oberflächen- und Tiefentemperaturen am Oberarm und am Unterarm durch. Die mittlere arterielle Temperatur der A. brachialis

```
+----------------------------------------------------------------------+
|                                                                      |
|                                                                      |
|   NEUROGRAPHISCHER BERICHT           vom         20.9.1983           |
|   Name, Vorname, geb. 1. 1. 1948                 1. Untersuchung     |
|   - - - - - - - - - - - - - - - - - - - - - - - - - - - - - - - -    |
|                                                                      |
|   N. U l n a r i s, rechts, motorisch           Tol.grenze 95 %     |
|                                                                      |
|      Hand             NLG      16.3 m/s              14.2 m/s        |
|                       AMPL.    10 mV                 6 mV            |
|      Unterarm         NLG      52.5 m/s    >         51.3 m/s        |
|      Sulcus, distal   NLG      34 m/s      *         36 m/s          |
|      Sulcus, proximal (2 Messungen)                                  |
|                       NLG      30 m/s      **        37 m/s          |
|      Oberarm          NLG      50 m/s      >         47 m/s          |
|                                                                      |
|                          .                                          |
|                          .                                          |
|   - - - - - - - - - - - - - - - - - - - - - - - - - - - - - - -      |
|   Symbole: '>'  Grenzwert; '*' ausserhalb der Toleranzgrenze        |
|   für 95 Prozent der Messwerte; '**' ausserhalb der Toleranz-       |
|   grenze für 99 Prozent der Messwerte                               |
|                                                                      |
|                                                                      |
+----------------------------------------------------------------------+
| Beispiel eines  automatisch erstellten  neurographischen Berichtes. |
| Die Berechnung der Toleranzgrenzen  erfolgt unter  Berücksichtigung |
| der Einflussgrössen.                                                 |
+----------------------------------------------------------------------+
|                            Tab. 52                                   |
+----------------------------------------------------------------------+
```

betrug 36,68^{o}C, die mittlere Unterarmtemperatur: 36,52^{o}C. Die rektale Temperatur war
bei allen Probanden etwas höher als die Temperatur der A. brachialis, der Unterschied
betrug aber im Mittel weniger als 1°. Aufgrund der Temperaturdifferenzen sind die
NLG-Unterschiede des N. medianus am Ober- und Unterarm nicht zu erklären. GASSEL und
TROJABORG (1964) kommen zu ganz ähnlichen Schlußfolgerungen bei Untersuchung der NLG
des N. ischiadicus am Ober- und Unterschenkel: Die intramuskuläre Temperatur betrug
etwa Mitte des Oberschenkels in 4 cm Tiefe im Mittel 36,6^{o}C $\pm$0,2^{o}C; in der Mitte des
Unterschenkels zeigte sich bei gleicher Thermistorlage eine mittlere Temperatur von
35,8^{o}C $\pm$0,3^{o}C. Die NLG-Differenzen des N. tibialis betrugen bei Ableitung zum gleichen
Kennmuskel am Oberschenkel 51 m/sec, am Unterschenkel 46 m/sec. Eine Temperaturdiffe-
renz von 1°C kann aber nicht zur Erklärung einer NLG-Differenz von 5 m/sec herangezogen
werden.

Seit den Untersuchungen von GASSER und ERLANGER (1927) wird als wesentlicher konstitutioneller Faktor, der die NLG beeinflußt, der Durchmesser der Neuriten angesehen. BUCH-
THAL und ROSENFALCK (1966) untersuchten autoptisch zwei Nervi mediani und kamen zur
Feststellung, daß die Kaliberdurchmesser der Nervenfasern sich erst distal vom Handgelenk verjüngten, im proximalen Drittel des Oberarmes aber die gleichen Verteilungen aufwiesen wie am Ellbogen oder proximal vom Ligamentum carpi transversum. VIZOSO (1950)
fand hingegen eine eindeutige Verjüngung der Nervenfasern von proximal nach distal, die
von einer Verkürzung der internodalen Abstände begleitet war. Ein vergleichbares Resul-
tat ergab die Untersuchung von FERNAND und YOUNG (1951), die tierexperimentell eine Verminderung der Nervenfaserdurchmesser in distaler Richtung feststellten. LEHMANN (1951)
beobachtete kürzere internodale Segmente im distalen Bereich des N. medianus. BJÖRKMAN
und WOHLFART (1939) beobachteten bei sensiblen Fasern eine Abnahme der Durchmesser von
proximal nach distal. ECCLES und SHERRINGTON (1930) konnten tierexperimentell zeigen,
daß die Verjüngung der Nervenfaser mit der Aufzweigung der Fasern in Zusammenhang
steht. Der N. medianus gibt am Unterarm eine Reihe von Ästen zu den von ihm innervierten Muskeln ab. FULLERTON und GILLIATT (1965) zeigten anhand des Axonreflexes, daß die
Aufteilung der Nervenfasern 5 bis 15 cm proximal vor der Endaufzweigung beim Eintritt
der Nervenfaser in den Muskel nachweisbar ist.
Das unterschiedliche Verhalten der NLG des N. ulnaris und des N. medianus an Ober- und
Unterarm könnte durch unterschiedliche Faseraufzweigungen der beiden Nerven erklärt werden: Der N. medianus teilt sich im Bereich des Unterarmes stark auf, was zu einer Verjüngung der Nervenfasern und zu einer Verlangsamung der NLG führt. Der N. ulnaris versorgt nur einen kleinen Teil der Flexoren des Unterarmes; sein Hauptversorgungsgebiet
liegt in der Hand. Große Unterschiede der Faserzusammensetzung an Ober- und Unterarm
sind für den N. ulnaris nicht zu erwarten. Dies stimmt mit der wesentlich geringeren
NLG-Verminderung des N. ulnaris in den verschiedenen Segmenten überein.

Die Frage aber, warum die NLG des N. medianus am Oberarm offenstichtlich deutlich höher
ist als die NLG des N. ulnaris, kann nicht durch die Unterschiede des Aufzweigens der
Neuriten der beiden Nerven erklärt werden. Man muß annehmen, daß der N. medianus am
Oberarm dickere Nervenfasern hat.

Aus den Angaben über vergleichende NLG- und Faserhistogrammstudien verschiedener Autoren meint man erkennen zu können, daß die Unterschiede in den maximalen NLG-Meßwerten auch dann vorliegen, wenn keine deutlichen Unterschiede der Faserdurchmesser nachzuweisen sind. Die diesbezüglichen Angaben können zwar wegen der unterschiedlichen Untersuchungstechniken nur mit Vorbehalt verglichen werden (LUDIN und TACKMANN, 1979); es fällt aber auf, daß die von verschiedenen Autoren angegebenen Konversionsfaktoren recht unterschiedliche Beträge haben. So fanden BUCHTHAL und ROSENFALCK einen Konversionsfaktor für die NLG des N. medianus am Oberarm von 5,7 m/sec/u Faserdurchmesser; TACKMANN et al. (1976) gaben für den N. radialis einen Konversionsfaktor von 4,67 m/sec/u Faserdurchmesser mit einer Standardabweichung von 0,16 m/sec/u Faserdurchmesser und einen Meßbereich von 4,41 - 4,84 m/sec/u Faserdurchmesser an. Nimmt man eine ähnlich niedrige Streuung für den von BUCHTHAL und ROSENFALCK angegebenen Konversionsfaktor an, so sind die Unterschiede zwischen dem Konversionsfaktor des N. medianus einerseits und jenem des N. radialis und des N. suralis andererseits hochsignifikant. Aus diesen Folgerungen ergibt sich, daß Fasern gleicher Dicke unterschiedlich rasch leiten können. Dies widerspricht der Annahme, daß unter der Voraussetzung konstanter Temperaturen die Beträge der Meßgrößen alleine von strukturellen Eigenschaften der Nervenfasern abhängen. Man könnte von der Wirkung eines nicht morphologisch faßbaren Faktors ausgehen, der Unterschiede in den NLG von Nervenfasern gleicher Durchmesser bewirkt.

Wie unten eingehend dargestellt wird, kann man anhand der Wirkungen von Temperaturkoeffizienten Unterschiede in den NLG-Werten erklären: Wenn man annimmt, daß zwei Nerven unterschiedliche Temperaturkoeffizienten haben, so können Fasern gleichen Kalibers bei gleicher Temperatur verschiedene Leitgeschwindigkeiten haben.

Man darf daher annehmen, daß infolge mehrfacher Wirkungen die Mittelwerte der NLG des N. ulnaris und des N. medianus am Oberarm verschieden sind: Es können sowohl die Faserdurchmesser der beiden Nerven am Oberarm verschieden sein als auch z. B. unterschiedliche Stoffwechselvorgänge in den Nervenfasern selbst eine Rolle spielen. Der N. medianus ist der ontogenetisch ältere Nerv als der N. ulnaris, er verzweigt sich stärker, was für die nutritive Versorgung der Nervenfasern sicher von Bedeutung ist.

Die Unterschiede der Mittelwerte der NLG vom N. ulnaris und N. medianus am Ober- und Unterarm sind entsprechend den Literaturangaben in Tab. 53 aufgelistet. Der N. medianus, für den 6 Vergleiche zwischen Oberarm und Unterarm vorliegen, weist jedesmal am Oberarm eine signifikant höhere NLG auf. NLG-Differenzen des N. ulnaris am Ober- und Unterarm wurden von 13 der zitierten Autoren untersucht, von 8 Autoren wurden signifikante NLG-Differenzen gefunden. Man kann daher sagen, daß beim N. medianus mit weit größerer Deutlichkeit Unterschiede zwischen den NLG am Oberarm und am Unterarm festgestellt wurden als beim N. ulnaris. Diesem Eindruck entsprechen die eigenen Ergebnisse: Geringe, nicht signifikante NLG-Differenzen beim N. ulnaris an Ober- und Unterarm; der Mittelwertunterschied der motorischen NLG beträgt 2,4 m/sec, der der NLG S1 0,5 m/sec. Beim N. medianus liegen hingegen Mittelwertunterschiede der mot. NLG, der NLG S1 und der NLG S2 von mehr als 10 m/sec an Ober- und Unterarm vor.

14.2 Mittelwerte der Amplituden und der Dauer:

Die Meßwerte der Amplituden und der Dauer wurden wurzeltransformiert.
Die Tab. 54 und 55 geben einige statistische Maße transformierter und nichttransformierter Werte der Dauer und der Amplitude evozierter motorischer und sensibler Potentiale wieder. Es wurde bereits mehrfach darauf hingewiesen, daß die beste Transformation für

<table>
<tr><td colspan="3" align="center">LITERATURANGABEN ÜBER SIGNIFIKANTE UNTERSCHIEDE
DER MOT. NLG VON N. MEDIANUS UND N. ULNARIS
AM UNTER- UND OBERARM</td></tr>
<tr><td></td><td align="center">N. MEDIANUS</td><td align="center">N. ULNARIS</td></tr>
<tr><td>BOLZANI (1954)</td><td align="center">–</td><td align="center">signifikant</td></tr>
<tr><td>BUCHTHAL u. ROSENFALCK (1966)</td><td align="center">signifikant</td><td align="center">nicht signifikant</td></tr>
<tr><td>CORBAT (1961)</td><td align="center">–</td><td align="center">signifikant</td></tr>
<tr><td>GILLIATT u. THOMAS (1960)</td><td align="center">–</td><td align="center">signifikant</td></tr>
<tr><td>HELMHOLTZ u. BAXT (1870)</td><td align="center">signifikant</td><td align="center">–</td></tr>
<tr><td>KAESER u. RICHTER (1963) +)</td><td align="center">–</td><td align="center">signifikant</td></tr>
<tr><td>MAVOR u. LIBMAN (1962)</td><td align="center">signifikant</td><td align="center">signifikant</td></tr>
<tr><td>MAYER (1963)</td><td align="center">signifikant</td><td align="center">signifikant</td></tr>
<tr><td>NORRIS et al. (1953)</td><td align="center">–</td><td align="center">nicht signifikant</td></tr>
<tr><td>POLONI u. SALA (1962)</td><td align="center">signifikant</td><td align="center">signifikant</td></tr>
<tr><td>REDFORD (1958)</td><td align="center">–</td><td align="center">nicht signifikant</td></tr>
<tr><td>SPIEGEL u. JOHNSON (1962)</td><td align="center">–</td><td align="center">nicht signifikant</td></tr>
<tr><td>TROJABORG (1964)</td><td align="center">signifikant</td><td align="center">signifikant</td></tr>
<tr><td>VYKLICKY (1962) +)</td><td align="center">–</td><td align="center">nicht signifikant</td></tr>
<tr><td colspan="3">+) zitiert nach SKORPIL 1966</td></tr>
<tr><td colspan="3">Legende: Bei Messungen des N. Medianus stellte sich in jedem Fall eine signifikante Differenz der NLG am Oberarm und Unterarm heraus. Beim N. Ulnaris geben fünf von 13 Autoren k e i n e signifikanten Unterschiede an.</td></tr>
<tr><td colspan="3" align="center">Tab. 53</td></tr>
</table>

DER
AMPLITUDEN
evozierter motorischer und sensibler Potentiale

		M	SD	Variations-koeffizient	Exzess	Schiefe	Anpassung		Verhältnis der Variationskoef-fizienten
N. ulnaris motorisch	AMPLITUDE (N=178) nicht eingeschränkt	11.062	3.403	0.307	0.351	0.090	+	+	
	AMPLITUDE (N=177)	11.119	3.327	0.299	0.187	0.204	+	+	1.000
	1/AMPLITUDE	0.100	0.039	0.39	7.974	2.212	−	−	0.766
	LOG (AMPL.)	1.025	0.143	0.139	0.895	−0.782	(+)	(+)	2.151
	LN (AMPL.)	2.359	0.328	0.139	0.895	−0.782	(+)	(+)	2.151
	SIN (AMPL.)	0.063	0.720	11.428	−1.598	−0.141	−	+	0.026
	√AMPLITUDE	3.295	0.512	0.155	0.086	−0.269	+	+	1.929
N. ulnaris sensibel	AMPLITUDE (N=175) nicht eingeschränkt	7.937	3.821	0.481	0.857	0.742	(+)	(+)	
	AMPLITUDE (N=175)	7.937	3.821	0.481	0.857	0.742	(+)	(+)	1.000
	1/AMPLITUDE	0.170	0.129	0.758	18.850	3.599	−	−	0.634
	LOG (AMPL.)	0.843	0.237	0.281	0.848	−0.775	(+)	(+)	1.711
	LN (AMPL.)	1.941	0.546	0.281	0.847	−0.775	(+)	(+)	1.711
	SIN (AMPL.)	−0.111	0.675	−6.081	−1.251	0.424	−	+	
	√AMPLITUDE	2.733	0.687	0.251	−0.094	0.022	+	+	1.916
N.medianus sens. mot.	AMPLITUDE (N=186)	12.124	4.817	0.397	−0.306	0.193	+	+	1.000
	LOG (AMPL.)	1.042	0.204	0.195	0.865	−0.952	(+)	(+)	2.035
	√AMPLITUDE	3.406	0.726	0.213	−0.242	−0.337	+	+	1.863
N.pero-naeus mot.	AMPLITUDE (N=178)	18.506	10.069	0.544	0.691	0.824	(+)	(+)	1.000
	LOG (AMPL.)	1.194	0.274	0.229	1.744	−0.916	−	(+)	2.375
	√AMPLITUDE	4.138	1.180	0.285	−0.217	0.097	+	+	1.908
N.tibi-alis mot.	AMPLITUDE (N=145)	10.655	4.210	0.395	−0.55	0.009	(+)	+	1.000
	LOG (AMPL.)	0.983	0.217	0.220	2.995	−1.400	−	−	1.795
	√AMPLITUDE	3.190	0.693	0.217	0.058	−0.546	+	(+)	1.820
N.tibi-alis mot.	AMPLITUDE (N=130)	8.069	3.908	0.484	2.349	1.148	−	−	1.000
	LOG (AMPL.)	0.856	0.219	0.391	0.247	−0.441	+	+	1.231
	√AMPLITUDE	2.761	0.671	0.243	0.387	0.330	+	+	1.991

Beste Transformation für AMPLITUDEN motorischer oder sensibler evozierter Potentiale: Wurzeltransformation

Tab. 54

VERGLEICH DER TRANSFORMATIONEN
DER
DAUER
evozierter motorischer und sensibler Potentiale

Nerv	Lokalisation	Transformation	M	SD	Variations-koeffizient	Exzess	Schiefe	Anpassung		Verhältnis der Var.koef.
N. Ulnaris	motorisch Hand	DAUER (N=175)	12.418	2.156	0.173	-0.237	0.378	+	+	1.000
		1/DAUER	0.083	0.014	0.168	-0.119	0.438	+	+	1.033
		LOG (DAUER)	1.088	0.075	0.068	-0.428	-0.027	+	+	2.518
		√DAUER	3.511	0.304	0.086	-0.395	0.176	+	+	2.005
	sensibel Hand	DAUER (N=175)	1.946	0.478	0.245	0.856	0.791	(+)	(+)	1.000
		1/DAUER	0.544	0.129	0.237	0.005	0.466	+	+	1.035
		√DAUER	1.385	0.167	0.120	0.086	0.452	+	+	2.037
	sensibel U.Arm	DAUER (N=147)	2.737	0.989	0.361	1.934	1.008	-	-	1.000
		LOG (DAUER)	0.410	0.155	0.378	0.012	-0.122	+	+	0.955
		√DAUER	1.629	0.291	0.178	0.391	0.417	+	+	2.022
	sensibel O.Arm	DAUER (N=143)	2.860	0.987	0.345	1.920	1.187	-	-	1.000
		LOG (DAUER)	0.433	0.143	0.330	0.147	0.129	+	+	1.044
		√DAUER	1.668	0.279	0.167	0.682	0.651	+	(+)	2.063
N. medianus	mot. Hand	DAUER (N=184)	11.884	2.603	0.219	1.477	0.621	-	(+)	1.000
		LOG (DAUER)	1.065	0.096	0.090	0.645	-0.253	(+)	-	2.429
		√DAUER	3.427	0.375	0.109	0.762	0.174	(+)	+	2.001
	Hand	DAUER (N=181)	2.060	0.545	0.264	0.212	0.706	+	(+)	1.000
		LOG (DAUER)	0.299	0.112	0.374	-0.517	0.128	(+)	+	0.706
		√DAUER	1.423	0.186	0.130	-0.307	0.412	+	+	2.024
	sensibel U.Arm	DAUER (N=156)	2.383	0.540	0.226	1.752	1.121	-	-	1.000
		LOG (DAUER)	0.367	0.097	0.264	0.510	0.380	(+)	+	0.857
		√DAUER	1.534	0.169	0.110	0.931	0.751	(+)	(+)	2.056
	O.Arm	DAUER (N=150)	2.989	0.906	0.303	-0.118	0.685	+	(+)	1.000
		LOG (DAUER)	0.456	0.129	0.282	-0.662	0.104	(+)	+	1.071
		√DAUER	1.710	0.257	0.150	-0.516	0.395	(+)	+	2.016
N.peronaeus	mot. U.Schen. Fuß	DAUER (N=144)	10.910	1.871	0.171	0.484	0.412	+	+	1.000
		LOG (DAUER)	1.031	0.075	0.072	0.216	-0.146	+	+	2.357
		√DAUER	3.291	0.282	0.085	0.226	0.132	+	+	2.001
	sens. U.Schen.	DAUER (N=126)	2.876	0.939	0.326	-0.331	0.546	+	(+)	1.000
		LOG (DAUER)	0.436	0.144	0.330	-0.351	-0.168	+	+	0.988
		√DAUER	1.674	0.275	0.164	-0.513	0.207	(+)	+	1.987
N.tibialis	mot. Fuß	DAUER (N=141)	11.679	2.987	0.255	0.226	0.125	+	+	1.000
		LOG (DAUER)	1.052	0.121	0.115	1.639	-0.878	-	(+)	2.223
		√DAUER	3.388	0.448	0.132	0.517	-0.339	(+)	+	1.934
N.suralis	sens. U.Schen.	DAUER (N=118)	2.732	0.991	0.362	1.089	0.983	-	(+)	1.000
		LOG (DAUER)	0.410	0.154	0.375	-0.172	0.006	+	+	0.965
		√DAUER	1.628	0.290	0.178	0.179	0.490	+	+	2.036

Beste Transformation für die Dauer der motorischen Potentiale: logarithmische Transformation, Wurzeltransformation allerdings nur gering weniger präzise: beim N. tibialis wegen besserer Anpassung an Normalverteilung günstiger.
Beste Transformation für die Dauer sensibler Potentiale: Wurzeltransformation

Tab. 55

die Meßwerte der Amplituden die Wurzeltransformation ist, weil dadurch eine optimale
Anpassung an die Normalverteilung erreicht werden kann. Eine Verbesserung der Präzision
der Meßgrößen der Amplituden kann sowohl durch Wurzeltransformation als auch durch
logarithmische Transformation erreicht werden. Die hohen Meßwerte, die (meist) eine
Rechtsschiefe der Verteilung bedingen, rücken durch die Transformation näher zum Median
der Verteilung. So kann die Präzision um den Faktor 2 verbessert werden.
Die Dauer der mot. SP kann sowohl logarithmisch als auch durch Wurzeltransformation bezüglich des Exzesses und der Schiefe ausreichend gut an eine Normalverteilung angepaßt
werden. Durch Wurzeltransformation kann man die Präzision der Dauer mot. SP ungefähr
verdoppeln, durch logarithmische Transformation nimmt die Präzision um den Faktor 2,2
bis 2,5 zu.
Für die Dauer der sensiblen NAP erweist sich die logarithmische Transformation als un-
günstig, weil trotz guter Anpassung an die Normalverteilung der Variationskoeffizient
meist größer ist als ohne Transformation. Ganz im Gegensatz dazu kann durch Wurzeltransformation eine Verbesserung des Verhältnisses der Variationskoeffizienten um den Faktor
2 erreicht werden. Die Wurzeltransformation wurde daher aus Gründen der Einheitlichkeit
für Amplituden und für die Dauer der mot. SP und der sensiblen NAP verwendet.
Bezüglich der Verteilungseigenschaften der Meßgrößen der Amplituden und der Dauer finden sich in der Literatur nur wenige Angaben; so fanden HEYDENREICH und RABEN-
DING (1974) einen positiven Exzeß der Amplituden von Muskelaktionspotentialen. KOPEC
und HAUSMANOWA-RETRUSEWICZ (1976) stellten bei motorischen Einzelpotentialen einen positiven Exzeß und eine positive Schiefe fest. Setzt man voraus, daß durch Summation die
charakteristischen Eigenschaften der Muskelaktionspotentiale erhalten bleiben, so über-
rascht es nicht, daß auch die nichttransformierten Werte der Summenpotentiale motorischer Reizantworten von der Normalverteilung abweichen.

Die mittleren Amplituden der mot. SP von N. ulnaris, N. medianus und N. peronaeus sind
voneinander nicht signifikant verschieden. Die Amplitude des mot. SP des N. tibialis
beträgt im Mittel 8,1 mV (SD: 3,9 mV) und ist deutlich niedriger als die Amplitude des
N. peronaeus mit 10,7 mV (SD: 4,2 mV), die des N. ulnaris mit 11,1 mV (SD: 3,3 mV) und
die des N. medianus mit 12,1 mV (SD: 4,8 mV).
Die Amplituden der sensiblen NAP des N. ulnaris und des N. medianus am Handgelenk zeigen hochsignifikante Unterschiede: Bei der angewendeten (pseudounipolaren) Ableitetechnik beträgt die mittlere Amplitude nicht transformierter Meßwerte des N. ulnaris
7,9 µV, die des N. medianus 18,5 µV.
Die Dauer der evozierten mot. SP des N. ulnaris, des N. medianus, des N. peronaeus und
des N. tibialis sind etwa gleich lang und liegen zwischen 10,9 msec und 12,3 msec.
Die Dauer der sensiblen NAP des N. ulnaris und des N. medianus wurden für mehrere Ab-
leitepunkte berechnet. Die Dauer der NAP nimmt, wie zu erwarten, von distal nach proximal zu. Die Dauer des NAP des N. ulnaris ist am Handgelenk signifikant kürzer als proximal vom Sulcus oder in der Axilla. Die Dauer des NAP des N. medianus nimmt ebenfalls
von distal nach proximal zu, signifikante Unterschiede finden sich aber nur zwischen
der Dauer der NAP am Handgelenk und in der Axilla.

Vergleich der Streuungsmaße von Dauer und Amplitude
(nach Wurzeltransformation)
vor und nach
Berücksichtigung von Einflußgrößen

DAUER:

	M	SD	SE	SD/M	SE/M	SE/SD
N. ULNARIS						
mot. über abd.dig. V:	3.511	0.304	0.272	0.087	0.077	0.895
sens. Handgelenk	1.385	0.167	0.145	0.121	0.105	0.868
Sulcus distal	1.629	0.291	0.276	0.179	0.169	0.948
Sulcus proximal	1.584	0.211	0.204	0.133	0.129	0.967
Axilla	1.669	0.280	0.260	0.168	0.156	0.929
N. MEDIANUS						
mot. über abd.poll.br.:	3.427	0.375	0.360	0.109	0.105	0.960
sens. Handgelenk	1.421	0.186	0.170	0.131	0.120	0.914
Ellenbeuge	1.533	0.170	0.162	0.111	0.106	0.953
Axilla	1.705	0.254	0.231	0.145	0.135	0.908
N. PEROÄNUS						
mot. über ext.dig.br.:	3.261	0.281	0.256	0.086	0.078	0.908
sens. Fibulaköfpchen	1.674	0.275	0.262	0.164	0.157	0.953
N. TIBIALIS						
mot. über abd.hallucis:	3.388	0.448	0.427	0.132	0.126	0.955
N. SURALIS						
sens. Kniekehle	1.628	0.283	0.251	0.174	0.154	0.887

AMPLITUDE:

	M	SD	SE	SD/M	SE/M	SE/SD
N. ULNARIS						
mot. über abd.dig. V:	3.302	0.509	0.494	0.154	0.150	0.971
sens. Handgelenk	2.723	0.679	0.560	0.249	0.206	0.825
N. MEDIANUS						
mot. über abd.poll.br.:	3.404	0.731	0.667	0.215	0.196	0.912
sens. Handgelenk	4.136	1.183	1.006	0.286	0.243	0.850
N. PERONÄUS						
mot. über ext.dig.br.:	3.190	0.695	0.627	0.218	0.197	0.902
N. TIBIALIS						
mot. über abd.hallucis:	2.761	0.671	0.608	0.243	0.220	0.906

M, SD und SE (=Standardirrtum der abhängigen Größe in der Multiplen Regres
sion) sind den Tabellen der Multiplen Regression entnommen, N siehe
Tabellen der multiplen Regression. Die geringen Abweichungen von M und
SD von den Werten der Normpopulation kommen durch die Auswahlkriterien
zustande (siehe Datenselektion). SD/M entspricht dem Variationskoeffizienten; SE/M einem modifizierten Variationskoeffzienten; SE/SD ist
die relative Streuungsverminderung.

Tab. 56

Alle angegebenen Werte gelten für Ableitungen mit unipolarer oder "pseudounipolarer"
Elektrodenanordnung und für Ableitungen mit Oberflächenelektroden. Die Gründe dieser
Ableitetechnik wurden oben dargelegt (atraumatische Untersuchungsmethode, Repräsentativität der Stichproben). Die NAP können zwar durch Nadelelektroden genauer registriert
werden, die Beurteilung des mot. SP kann aber bei Nadelableitungen erheblich beinträch-
tigt sein: Liegt zum Beispiel eine partielle Denervation vor, so kann das mit Nadelelektroden abgeleitete Potential eine völlig unauffällige Amplitude aufweisen, während
durch die Registrierung mit Oberflächenelektroden der partielle Ausfall der motorischen
Einheiten anhand des häufig in der Amplitude erniedrigten Summenpotentials erkannt werden kann. Auf diesen Sachverhalt haben bereits HODES et al. (1948) hingewiesen.
Die diagnostische Valenz der mot. SP ist groß. Die Erniedrigung der Amplitude der
mot. SP spricht für eine Verminderung motorischer Einheiten. Die Prüfung der Amplitude
der sensiblen Nervenaktionspotentiale des N. medianus und des N. ulnaris an der Hand
sollte wegen der Geschlechtsunterschiede unter Berücksichtigung der Einflußgrößen erfolgen.
Die Dauer der mot. SP und der sensiblen NAP können nach Wurzeltransformation der Meßwerte erstaunlich präzise bestimmt werden: die Variationskoeffizienten der wurzeltransformierten Meßwerte der Dauer liegen in der Größenordnung der Var.Koef. der NLG. Die
Messung der Dauer wurde gelegentlich im Rahmen der Diagnostik von Carpaltunnelsyndromen
durchgeführt; die TG 95 % des NAP des N. medianus an der Hand beträgt bei Frauen
3,2 msec, bei Männern 2,7 msec.

14.3 Die Streuungsmaße:

Die Tab. 56 zeigt den Vergleich der Streuungsmaße der motorischen und sensiblen NLG vor
und nach Berücksichtigung von Einflußgrößen. Die Ergebnisse werden an den um ca. 10 %
kleineren Datensatz der multiplen Regression diskutiert; hier liegen die Meßdaten der
unabhängigen Größen vollständig vor. Dadurch sind Vergleiche zwischen den Streuungsmaßen vor und nach Berücksichtigung der Einflußgrößen (SD und SE) an identischen Stichproben möglich. In der 4. Spalte der Tab. 56 mit SD/M überschrieben, finden sich die
Variationskoeffizienten der motorischen und sensiblen NLG vor Berücksichtigung der Einflußgrößen. Von den 25 verschiedenen NLG-Meßgrößen haben nur 7 einen Var.Koef. von 0,1
oder weniger. Darunter sind drei Paare miteinander hochkorrelierter Meßgrößen: Es sind
die NLG S1 und die NLG S2 des N. medianus am Unterarm, des N. peronaeus am Unterschenkel und des N. suralis.
Bevor die Daten weiter beschrieben werden, soll glaubhaft gemacht werden, daß die relativ hohen Var.Koef. nicht Ausdruck einer unsachgemäßen Meßungenauigkeit sind.
Extremwerte und mit groben Meßfehlern belastete Meßwerte sind in den repräsentativen
Stichproben nicht mehr enthalten (s. Selektion). Die Messungen wurden bei der Querschnittstudie mit der gleichen Sorgfalt wie bei der Längsschnittstudie durchgeführt.
Aus dem Vergleich der Standardabweichungen und der Var.Koef. zwischen Quer- und Längs-
schnittstudie (Tab. 67, 68) kann man erkennen, daß die Streuungen der neurographischen
Parameter dann wesentlich größer sind, wenn streng auf die Unabhängigkeit der Meßwerte

geachtet wird. So liegt der individuelle Var.Koef. der motorischen NLG des N. medianus
am Unterarm bei 10 Probanden mit jeweils 13 bis 18 Messungen pro Proband zwischen 0,049
und 0,135, im Mittel bei 0,089 (s. Tab. 68). Bei 2 Probanden fand sich ein Var.Koef.
über 0,1. Der Var.Koef. der gleichen Meßgrößen beträgt in der Querschnittstudie 0,13.
Entsprechendes läßt sich anhand aller Meßgrößen der NLG zeigen: Die NLG S1 des N. peronaeus am Unterschenkel weist einen Var.Koef. von 0,1, der intraindividuelle Var.Koef.
liegt aber bei 9 von 10 Probanden unter 0,05.
Die hohen Beträge der Var.Koef. der NLG können auch anhand der Literaturangaben belegt
werden (Tab. 1): Obwohl die Mehrzahl der Autoren bei ihren eigenen Untersuchungen Mittelwerte und Standardabweichungen mit Var.Koef. unter 0,1 angaben, hat jede der mot.
NLG des N. medianus, N. ulnaris, N. peronaeus und des N. tibialis einen Var.Koef. über
0,1, wenn sie anhand der Messungen über alle Untersuchungen ermittel werden.

*   Die hohen Beträge der Var.Koef. in der Querschnittstudie sind daher als ein Maß
*   für die Variabilität der NLG anzusehen, wie sie normalerweise (in einem relativ
*   großen Kollektiv) auftritt.

14.3.1 Die Variationskoeffizienten ohne Berücksichtigung der Wirkung von Einflußgrößen:

Wann sind die Var.Koef. besonders hoch, wann besonders klein? Aus den hohen Beträgen
der Var.Koef. der distalen motorischen NLG, der mot. NLG im Sulcus und der mot. NLG zwischen Fibulaköpfchen und Kniekehle ergibt sich, daß kurze Strecken besonders hohe
Var.Koef. bzw. relativ hohe Streuungen aufweisen. Ein weiterer Zusammenhang wird aus
dem Vergleich zwischen den Streuungsmaßen der oberen und der unteren Extremität klar:
An der unteren Extremität finden sich 5 neurographische Meßgrößen mit einem Streuungs-
verhältnis unter 0,1, an der oberen Extremität finden sich nur 2 Parameter mit einem
Var.Koef. unter 0,1. Ein sicherer Unterschied der Streuungsmaße zwischen motorischer
und sensibler NLG ist nicht zu erkennen. Die Streuungsmaße des N. ulnaris sind gegenüber denen des N. medianus etwas höher. Am Unterschenkel fällt auf, daß die mot. NLG
des N. tibialis eine höhere Streuung als die des N. peronaeus hat.

14.3.2 Streuungsmaße nach Berücksichtigung der Wirkung von Einflußgrößen:

Nach Berücksichtigung der Wirkung von Einflußgrößen finden sich an der oberen Extremität 4 neurographische Parameter mit einem modifizierten Var.Koef. unter 0,1. Es sind
die sensiblen NLG des N. medianus an der Hand und am Unterarm. Die sensiblen NLG des
N. ulnaris an der Hand und die mot. NLG des N. ulnaris am Unterarm haben einen modifizierten Var.Koef. von 0,1 bis 0,105. Die NLG-Bestimmungen sind an den Beinen präziser
als an den Armen. Die NLG S2 des N. suralis scheint der präziseste aller neurographischen Parameter zu sein; der modifizierte Var.Koef. dieser Messung beträgt 0,077.
Die modifizierten Var.Koef. der distalen motorischen NLG sind im Vergleich zu den
Var.Koef. ohne Berücksichtigung der Einflußgrößen wesentlich niedriger; die Streuungsmaße liegen zwischen 14,6 % - 17 % der jeweiligen Mittelwerte.

14.3.3 Der Quotient der Streuungsmaße vor und nach Berücksichtigung von Einflußgrößen:

Aus diesem Verhältnis ist die Bedeutung der Berücksichtigung der Einflußgrößen erkennbar. Die Verminderung der Streuung der sensiblen NLG des N. ulnaris an der Hand fällt
besonders auf: Der Standardschätzfehler, der die Standardabweichung der Residuen (SE)
beträgt bei der NLG S2 des N. ulnaris an der Hand 70 % der Standardabweichung (SD), was
etwa einer 30 %igen Verbesserung der Präzision durch Berücksichtigung von Einflußgrößen gleichkommt. Eine wesentliche Verminderung der Streuung ist ferner bei den distalen motorischen NLG und den sensiblen NLG des N. medianus an der Hand, weniger deutlich
bei den motorischen und sensiblen NLG des N. peronaeus am Unterschenkel zu erreichen.
Das Streuungsmaß der mot. NLG des N. ulnaris im Sulcus wird durch Berücksichtigung der
Einflußgrößen deutlich vermindert. Die mot. NLG des N. ulnaris am Unterarm streut nach
Berücksichtigung der Einflußgrößen deutlich weniger als die mot. NLG des N. medianus am
Unterarm.
Aus der Streuung allein ist die Präzision einer Messung schwer abzuschätzen. So ist zum
Beispiel der Variationskoeffizient der mot. NLG des N. tibialis am Unterschenkel größer
als jener des N. ulnaris am Unterarm: Die entsprechenden Variationskoeffizienten betra-
gen 0,13 bzw. 0,12. Die Standardabweichungen dieser Meßgrößen betragen aber beim
N. tibialis 5,97 m/sec, beim N. ulnaris 7,46 m/sec. Ohne Berücksichtigung des relativ
hohen Mittelwertes der mot. NLG des N. ulnaris am Unterarm könnte man zur Vorstellung
gelangen, daß diese Meßgröße mit geringerer Präzision als die mot. NLG des N. tibialis
bestimmt werden kann.

14.3.4 Streuungsmaße der Dauer (nach Wurzeltransformation der Meßwerte, s. Tab. 57):

Überraschenderweise liegen die Var.Koef. der verschiedenen Meßgrößen der Dauer in der
Größenordnung der Var.Koef. der NLG. Dies ist ein wichtiger Hinweis dafür, daß die mit
Oberflächenelektroden bestimmte Dauer trotz der Schwierigkeit, den Beginn und das Ende
des Potentials genau zu bestimmen, ein diagnostisch interessanter Parameter ist. Durch
Berücksichtigung von Einflußgrößen kann insbesondere die Dauer des mot. SP und des NAP
des N. ulnaris genauer bestimmt werden. So beträgt der Variationskoeffizient nach Berücksichtigung der Einflußgrößen: 0,077; einen ähnlich niedrigen Variationskoeffizienten weist nur die NLG S2 des N. suralis auf.

14.3.5 Streuungsmaße der Amplitude (nach Wurzeltransformation der Meßwerte,
       s. Tab. 57):

Die Variationskoeffizienten der Amplituden liegen für die verschiedenen NP zwischen
0,154 und 0,286, sind also durchweg höher als bei den Meßgrößen der NLG oder der Dauer.
Durch Berücksichtigung von Einflußgrößen können insbesondere die Amplituden der NAP des
N. ulnaris und des N. medianus am Handgelenk besser abgeschätzt werden. Die Schätzungen
der Amplituden der mot. SP des N. ulnaris und des N. medianus sind mit größerer Genauigkeit als für die NAP derselben Nerven möglich. So beträgt der Variationskoeffizient für
das mot. SP des N. ulnaris nach Berücksichtigung der Einflußgrößen 0,15, für das sen-

Vergleich der Streuungsmaße der motorischen und sensiblen NLG
vor und nach Berücksichtigung von Einflußgrößen

			M	SD	SE	SD/M	SE/M	SE/SD
Ulnaris	motorisch							
	Hand		21.83	4.00	3.20	0.183	0.147	0.800
	Unterarm		61.43	7.46	6.44	0.121	0.105	0.864
	Sulcus		53.75	11.80	10.69	0.219	0.199	0.906
	Oberarm		63.75	9.56	9.13	0.150	0.143	0.955
	sensibel							
	Hand	- pos.	50.36	7.41	5.30	0.147	0.105	0.715
		- neg.	39.55	5.59	3.94	0.141	0.100	0.705
	Unterarm	- pos.	64.80	9.38	8.99	0.145	0.139	0.959
		- neg.	57.81	8.23	7.50	0.143	0.130	0.912
Medianus	motorisch							
	Hand		18.44	3.18	2.77	0.173	0.150	0.870
	Unterarm		56.53	7.27	6.95	0.129	0.123	0.955
	sensibel							
	Hand	- pos.	50.23	5.68	4.81	0.113	0.096	0.847
		- neg.	41.76	4.63	3.73	0.111	0.089	0.807
	Unterarm	- pos.	61.05	5.39	5.00	0.088	0.082	0.928
		- neg.	55.87	5.07	4.64	0.091	0.083	0.916
	Oberarm	- pos.	76.47	11.73	11.31	0.153	0.148	0.964
		- neg.	67.65	8.90	8.52	0.132	0.126	0.957
Peronäus	motorisch							
	Fuß		16.73	3.41	2.88	0.204	0.172	0.844
	Unterschenkel		47.86	4.72	4.12	0.099	0.086	0.872
	c.fib.-f.pop.		49.18	10.87	10.62	0.221	0.216	0.976
	sensibel							
	Untersch.	- pos.	49.00	4.79	4.23	0.098	0.086	0.883
		- neg.	42.70	4.24	3.84	0.099	0.090	0.906
Tibialis	motorisch							
	Fuß		27.77	4.33	3.78	0.168	0.146	0.872
	Unterschenkel		45.89	5.97	5.45	0.130	0.119	0.914
Suralis	sensibel							
	Untersch.	- pos.	50.74	4.54	4.36	0.090	0.086	0.959
		- neg.	44.89	3.82	3.44	0.085	0.077	0.902

pos.: positive Spitze; neg.: negative Spitze; Untersch.: Unterschenkel

M, SD und SE (= Standardirrtum der abhängigen Größe in der multiplen Regression)
sind den Tabellen der multiplen Regression entnommen, N. siehe Tabellen
Die geringen Abweichungen von M und SD von den Werten der Normpopulation kommen
durch die Auswahlkriterien zustande, (siehe Datenselektion). SD/M entspricht dem
Variationskoeffizienten; SE/M einem modifizierten Variationskoeffizienten;
SE/SD ist die relative Streuungsverminderung.

Tab. 57

sible Potential 0,2. Die vergleichbaren Werte für den N. medianus lauten: 0,2 und 0,24.
Die Schätzungen sind für den N. ulnaris mit größerer Präzision als für den N. medianus
möglich.

Bezüglich der Meßtechnik ist hier eine einschränkende Bemerkung erforderlich: Die Dis-
kretisierungsraten (kleinste Meßeinheiten) betrugen für Amplitudenmessungen motorischer
Potentiale 1 mV und für die der sensiblen Potentiale 1 µV. Rechnet man die unteren Toleranzgrenzen aus, so zeigt sich, daß eine niedrigere Diskretisierungsrate als oben erwähnt günstiger wäre.

14.3.6 Diskussion über die Streuungsmaße von Amplitude und Dauer:

Die meisten Autoren (BUCHTHAL et al., 1975, LUDIN et al., 1977a, TACKMANN et al., 1976,
ABRAMSON et al., 1969, HLAVORA et al., 1970) verwenden logarithmische Transformationen
für die Schätzungen von Normalwerten sowie von Alters- und Temperaturbeziehungen der
Amplituden. Anhand der Tab. 56 und 57 kann aber gezeigt werden, daß logarithmische
Transformationen nicht so gute Anpassungen an die Normalverteilung ermöglichen wie Wurzeltransformationen. Dies gilt zumindest für Potentiale, die mit Oberflächenelektroden
abgeleitet wurden. Aus Tab. 57 geht sogar hervor, daß logarithmische Transformationen
von Amplituden schlechtere Anpassungen an Normalverteilungen ergeben als nicht transformierte Meßwerte. Wurzeltransformationen erweisen sich hingegen insgesamt als zufriedenstellend.

Unterschiede zwischen den eigenen Meßwerten und den in der Literatur angegebenen Werten
betreffen die Mittelwerte der Amplituden der NAP. Wie bei den NLG-Größen, so sind die
Angaben über Amplitude und Dauer auch bei gleicher Meßtechnik je nach Autorengruppe verschieden (BUCHTHAL et al. 1975, LUDIN et al. 1977a). Vergleiche zwischen mit Ober-
flächen- und Nadelelektroden abgeleiteten Meßgrößen der Dauer und Amplitude sind schon
deshalb kaum möglich, weil die Amplituden bei Nadelableitung im Mittel doppelt so hoch
sind wie bei Ableitungen mit Oberflächenelektroden (SINGH et al., 1974, LOVELACE et al.
1973). Dann spielt, unabhängig von der Meßtechnik, die Vereinbarung eine Rolle, von wo
bis wo die Dauer zu messen ist. Letzlich fehlt auch hier eine empirisch begründete Vereinbarung, durch die es möglich wäre, neurographische Meßwerte aus verschiedenen Labors
miteinander zu vergleichen.

DIE ABSOLUTBETRÄGE DER STANDISIERTEN REGRESSIONSKOEFFIZIENTEN
(BETA-GEWICHTE)
DER NLG

NERV	ART der NLG m:motor. S1:sens.,pos, S2:sens.,neg.	STRECKE	ALTER o. 1/ALTER	KÖRPERGRÖSSE o. 1/K.GRÖSSE	GEWICHT o. 1/GEWICHT	GESCHLECHT	HAUTTEMP. o. 1/HAUTTEMP. proximal	HAUTTEMP. o. 1/HAUTTEMP. distal	MESS-STRECKE
ULNARIS	m	Hand	(0.11)	0.17		0.25	0.47		0.33
	m	Unterarm	0.17	0.31		0.29		0.17	0.21
	m	Sulcus	0.20	(0.10)		(0.15)			0.40
	m	Oberarm	(0.08)	(0.18)	(0.16)	(0.19)	(0.13)		0.26
	S1	Hand	0.24	0.16	0.19	0.22	0.73		0.39
	S2	Hand	0.23	(0.10)	0.21	0.25	0.74		0.39
	S1	Unterarm	0.23		(0.10)		0.16		0.25
	S2	Unterarm	0.31	0.31			0.15		
MEDIANUS	m	Hand				0.31	0.20		0.44
	m	Unterarm	0.16	0.33				(0.15)	0.24
	S1	Hand	0.27	(0.13)	(0.16)	(0.10)	0.54		0.23
	S2	Hand	0.30			(0.11)	0.61		0.25
	S1	Unterarm	0.30	0.29			(0.08)		0.33
	S2	Unterarm	0.36	0.26				(0.11)	0.24
	S1	Oberarm	0.18			0.16		(0.16)	
	S2	Oberarm	0.27			(0.11)	(0.12)	(0.10)	
PERONÄUS	m	Fuß			(0.10)	0.19	0.35		0.40
	m	Unterschenkel	0.39	0.39	(0.18)		0.26	0.36	
	m	c.fib.f.pop.		0.25		(0.14)			
	S1	Unterschenkel	0.38	0.37	0.24			0.36	0.23
	S2	Unterschenkel	0.40	0.31	(0.14)			0.27	0.26
TIBIALIS	m	Fuß	0.20	0.18			0.49		0.20
	m	Unterschenkel	(0.11)	0.42		(0.12)	0.26		0.35
SURALIS	S1	Unterschenkel	(0.18)	0.40			(0.11)		0.28
	S2	Unterschenkel	0.23	0.39	(0.17)				0.32

Die Absolutbeträge der Beta-Gewichte sind Schätzer für den korrelativen Zusammenhang zwischen den Einfluss-Grössen und NLG-Grössen. Für eingeklammerte Werte gilt: $0.05 < p < 0.1$; nicht signifikante Korrelationen wurden nicht eingetragen. Die Angaben von Absolutwerten erfolgt wegen der Verwendung von nicht-transformierten oder invertierten Einflussgrössen (Alter oder 1/Alter); die Vorzeichen sind bei Kehrwerten invertiert. Die Richtungen der Korrelationen sind für Alter und Körpergrösse negativ, für die übrigen Grössen mit Aussnahme der Hauttemperaturen von N. Peronäus und Tibialis im Kniebereich positiv.

Tab. 58

15 Die Einflußgrößen:

15.1 Der Einfluß der Temperatur auf die NLG:

Die erste Beschreibung über den Temperatureinfluß auf die NLG stammt aus dem Jahre 1850
(HELMHOLTZ). 1870 beschrieben HELMTHOLTZ und BAXT sehr deutliche und reproduzierbare
Änderungen der motorischen NLG des N. medianus nach Abkühlung und Anwärmung des Armes.
Ihre ursprüngliche Beobachtung, daß nämlich die mot. NLG des N. medianus am Unterarm im
Winter viel niedriger als im Sommer ist, wurde bis heute nicht nachuntersucht (wenn
auch die Annahme, daß es sich dabei um direkte Umgebungseinflüsse handelt, als unwahr-
scheinlich angesehen werden kann).

1908 beschrieb LUCAS den Einfluß der Temperatur auf die NLG des N. ischiadicus des Frosches; genauere Angaben über die Temperaturabhängigkeit der NLG bei Warmblütlern machte
erstmals GASSER (1931). Aus seinen Angaben kann man die in Tab. 59 aufgelisteten Regressionskoeffizienten für 4 Nn. phrenici von 4 verschiedenen Hunden berechnen. Die Regressionskoeffizienten liegen zwischen 1,5 m/sec je^{o}C und 2,4 m/sec je^{o}C (m/sec/^{o}C). Es
fällt auf, daß die Regressionskoeffizienten recht unterschiedlich sind. Die Meßwerte
wurden durch Abkühlung der einzelnen Nerven auf Temperaturen zwischen 37°C und 24°C gewonnen. Durch Wiedererwärmen wurden die Meßwerte zum Ausschluß eines Fehlers kontrolliert. Somit sind die Meßwerte validiert und man darf feststellen, daß die Temperaturabhängigkeit der NLG von Nerv zu Nerv verschieden sein kann.

In der neurographischen Literatur findet man kaum Anmerkungen über das Vorliegen interindividuell recht unterschiedlicher Regressionskoeffizienten der Temperatur. Viele Autoren zitierten HENRIKSEN (1956), der einen Temperaturkoeffizienten von 2,4 m/sec/^{o}C, für
die mot. NLG des Ulnaris erstmals an 10 Probanden durch Wiederholungsversuche feststell-
te. Aus den Versuchen GASSERs kann man ableiten,daß auch bei einer sehr genauen Temperaturmessung direkt am Nerv erhebliche intraindividuelle Unterschiede der Temperaturkoeffizienten der NLG zu erwarten sind.

Nach eigenen Beobachtungen muß streng unterschieden werden, für welche Nervenstrecke
Temperaturkontrollen durchgeführt werden sollen. Es zeigte sich, daß die NLG distaler
Nervenstrecken in einem hohen Ausmaß mit der Hauttemperatur korreliert sind. Aus
Tab. 58 kann man erkennen, bei welchen Meßgrößen die Beta-Gewichte hohe Beträge aufwei-
sen. Die höchsten Beträge finden sich bei den sensiblen NLG des N. medianus und des
N. ulnaris an der Hand; aber auch die distalen motorischen Latenzen des N. ulnaris, des
N. peronaeus und des N. tibialis sind mit der Hauttemperatur jeweils hoch korreliert.
Für die sensiblen NLG-Größen des N. suralis, die auf einer relativ langen Strecke zwi-
schen lateralem Knöchel und Kniekehle gemessen wurden, finden sich keine signifikanten
Korrelationen mit den an zwei Stellen gemessenen Hauttemperaturen. Ähnlich fanden STÖHR
et al. (1978) keinen signifikanten Zusammenhang zwischen Hauttemperaturen im Bereich
des Beines und der NLG des N. saphenus.

Untersuchungen über den Einfluß der unmittelbaren Umgebungstemperatur auf tief im Muskel eingebettete Nerven lassen vermuten, daß nur ein geringer Teil der Varianz der NLG

Unterschiede der **Temperatur**-Regressionskoeffizienten der NLG

des N. phrenicus

bei 4 verschiedenen Hunden

(berechnet nach Gasser, M.S.: Amer. J. Physiol. 84: 699 - 711, 1928)

Experiment vom	Ausgangstemp. (Grad C)	Temp. Diff. (Grad C)	Ausgangs-NLG (m/sec)	NLG-Diff. (m/sec)	Temp.Koef. (m/sec/Grad C)
11/23/26	37.7	12.7	56.8	23.0	1.81
3/15/27	36.0	10.4	64.6	24.6	2.36
3/18/27	37.2	12.8	58.1	25.8	1.94
3/22/27	37.0	11.6	58.7	17.9	1.54

Tab. 59

dieser Nervenstrecken durch Temperatureinflüsse zu erklären ist. GASSEL und TROJABORG (1964) untersuchten die Muskeltemperaturen in 2, 3 und 4 cm Tiefe und korrelierten diese mit den gemessenen NLG. Sie fanden Regressionskoeffizienten von etwa 1,8 m/sec/^{o}C; das Signifikanzniveau der Korrelation wurde nicht mitgeteilt. Die Autoren folgerten, daß die geringe interindividuelle Varianz der tiefen Muskeltemperatur nur unvollständig die hohe interindividuelle Varianz der NLG der entsprechenden Nervensegmente erklären kann.

PENNES (1948) fand ähnlich niedrige Streuungen für die Muskeltemperaturen. Er führte Tiefentemperaturmessungen am Unterarm mittels drei Nadelsonden durch und untersuchte auch die Oberflächentemperatur längs des Armes. Er fand, daß die arterielle Bluttemperatur um etwa 0,1 bis 0,2^{o}C über der tiefen Muskeltemperatur lag. Das Maximum der Muskeltemperatur wurde in der Nähe der geometrischen Achse des Armes gefunden. Die aus der Tiefe des Armes abgeleiteten Temperaturen waren zwischen verschiedenen Personen wesentlich einheitlicher als in oberflächlicheren Muskelschichten. Die interindividuelle Varianz der tiefen Muskeltemperatur ist demnach wesentlich geringer als die der Oberflächentemperatur. Dem vergleichbar sind eigene Untersuchungsergebnisse (Längsschnitttstudie): Die orale Temperatur war die einzige Meßgröße, die im Gegensatz zu allen Hauttemperaturmessungen keine signifikanten interindividuellen Unterschiede aufwies. Orale Temperaturen (Kerntemperaturen) und tiefe Muskeltemperaturen variieren also wesentlich weniger als die NLG von Nerven, die tief im Muskel eingebettet sind. So konnten GASSEL und TROJABORG (1964) Mittelwertunterschiede der NLG am Oberschenkel und am Unterschenkel von 5 m/sec nicht auf mittlere Temperaturunterschiede von weniger als 1°C beziehen. Die Varianz der NLG an diesen Strecken hängt von einer Reihe von weiteren Faktoren ab.

15.1.1 Varianz der NLG in Abhängigkeit von der Temperatur:

BJÖRQVIST et al. (1977a) wiesen nach, daß keine signifikanten Varianzunterschiede der NLG bei verschiedenen Temperaturen bestanden. Die <u>interindividuelle Varianz der NLG ist bei normaler Temperatur genauso vorhanden wie bei hoher Temperatur.</u> Wie sollten denn auch der Einfluß von Alter und Körpergröße oder die durch unterschiedliche Faserdurchmesser bedingten NLG-Unterschiede durch Temperatureinwirkungen behoben werden können? Die Ergebnisse der Querschnittstudie weisen darauf hin, daß die Temperaturwirkung auf die NLG bei älteren Personen anders als bei jüngeren Personen ist (Tab. 60, Abb. 33); für die sensible NLG des N. ulnaris an der Hand wird gezeigt, daß der Mittelwert der Hauttemperatur über der A. ulnaris bei älteren Personen höher, die Regression aber flacher als bei jungen Probanden ist. Die Regressionsgeraden der älteren und jüngeren Personengruppe überschneiden sich etwa bei 31°, hier ist die gemeinsame Streuung der Meßwerte am geringsten. Wird die Temperatur erhöht (oder erniedrigt), so nimmt die Streuung (und dementsprechend die 95 % Toleranzgrenzen) in der gemeinsamen Stichprobe dieser Population zu. Die beste Schätzung für die Temperaturwirkung auf die NLG erhält man im physiologischen Temperaturbereich.

*   Da man nach BJÖRQVIST et al. (1977a) annehmen darf, daß Anwärmeprozeduren auch
*   intraindividuell keine Varianzverminderung bewirken, kann man auf sie verzichten.
*   Scheint ein Anwärmen dennoch erforderlich, so muß für eine wirksame Temperaturab-
*   schätzung die Temperatur individuell geschätzt werden. Dies entspricht der vorge-
*   schlagenen rechnerischen Berücksichtigung des Temperatureinflusses.

15.1.2 Die Regressionskoeffizienten der NLG für die Hauttemperatur:

Inwieweit lassen sich nun die Größenordnungen der Temperatureinflüsse abschätzen? De
JONG et al. (1966) führten neurographiche Untersuchungen an 7 Probanden durch, die in
Hypothermie operiert wurden. Die Autoren berücksichtigen die interindividuelle Varianz
des Temperatureinflusses und gaben für die mot. NLG des N. peronaeus einen mittleren RK
von 1,8 m/sec/^{o}C und einen 95 % Konfidenzbereich von 1,68 - 2,01 m/sec/^{o}C an.
LUCAS (1908) fand für den N. ischiadicus des Frosches bei einer mittleren NLG von
30 m/sec ebenfalls einen RK der Hauttemperatur von 1,8 m/sec/^{o}C. Die von GASSER angegebenen RK für den N. phrenicus des Hundes liegen ebenfalls in diesem Bereich. ROSEN-
BERG und SUGIMITTO (1925) zeigten als erste, daß ein annähernd linearer Zusammenhang
zwischen NLG und Temperatur erst oberhalb von 25°C besteht. Unter einer Temperatur von
etwa 22°C wird bei den meisten Untersuchungen erkennbar, daß die NLG überproportional
niedriger wird, daß also unter einer Temperatur von 22° kein linearer Zusammenhang zwischen NLG und Temperatur besteht. Die eigenen Untersuchungsergebnisse zeigen, insbesondere bei hohen Korrelationen von NLG-Meßgrößen und Hauttemperaturen, daß auch im physiologischen Bereich die lineare Anpassung nur eine Näherung ist.
Korrelationen von Hauttemperaturen mit NLG tiefgelegener Nerven sind weniger signifikant als entsprechende Korrelationen bei Temperaturmessungen direkt in der Nervenumge-
bung. Dies gilt weniger, wenn Anwärmeprozeduren verwendet werden, wie aus den Untersuchungsergebnissen von ZYSNO und REICHENMILLER (1968) zu sehen ist. Werden aus den Angaben dieser Autoren die Beträge der RK ausgerechnet, so findet man eine mittlere Zunahme der mot. NLG des N. peronaeus von 1,9 m/sec/^{o}C auf der rechten Körperseite und
auf der linken Körperseite eine Zunahme von 2,1 m/sec/^{o}C. Die Anwendung von Anwärmeprozeduren bewirkt nach den Untersuchungen von ZYSNO und REICHENMILLER zwar eine Zunahme der NLG, dies sagt aber nichts über die Veränderungen der Varianzen der NLG bei verschiedenen Temperaturen aus.

15.1.2.1 Die einfachen Temperaturregressionskoeffizienten der NLG:

Die oben erwähnten Beispiele zeigen Temperaturkoeffizienten in der Größenordnung zwischen 1,6 bis 2,6 m/sec/^{o}C. Die Mittelwerte der NLG lagen bei den erwähnten Untersuchungen ca. zwischen 50 m/sec und 60 m/sec. HENRIKSON (1956) fand einen RK von 2,4 m/sec/^{o}C
für die mot. NLG des N. ulnaris am Unterarm. In dieser Größenordnung liegen auch die
einfachen RK der NLG S1 an der Hand bei Messung der Hauttemperaturen über der A. ulnaris oder A. radialis. Bei der um etwa 10 m/sec niedrigeren NLG S2 des N. ulnaris
(M = 39,5 m/sec) findet sich eine noch deutlichere Korrelation zwischen NLG und Tempera-

tur. Der einfache RK beträgt jedoch nur 1,5 m/sec/^{O}C. Dies läßt vermuten, daß die RK
mit den Mittelwerten der NLG steigen. Erwartungsgemäß hängen die Beträge der RK auch
davon ab, wie hoch die Korrelationen der NLG-Meßgrößen mit den entsprechenden Tempera-
turmeßgrößen sind. So fand sich für die NLG S1 des N. medianus an der Hand
(M = 50,2 m/sec) ein einfacher RK von 1,4 m/sec/^{O}C, für die NLG S2 (M = 41,8 m/sec) ein
einfacher RK von 1,2 m/sec/^{O}C. Die entsprechenden Größen beim N. ulnaris betragen:
NLG S1: M = 50,4 m/sec, einfacher RK: 1,95 m/sec/^{O}C; NLG S2: M = 39,6 m/sec, einfacher
RK: 1,5 m/sec/^{O}C (s. Tab. 17). Die Korrelation der NLG S1 mit der Hauttemperatur beträgt beim N. ulnaris 0,55, beim N. medianus 0,44. Die Beträge der RK hängen also mit
dem Mittelwert der abhängigen Größe und dem Ausmaß der Korrelation zwischen NLG und Temperatur zusammen. Dies soll unterstreichen, daß die Beträge der RK keine konstanten
Größen sein können.

15.1.2.2 Die partiellen Temperaturregressionskoeffizienten der NLG:

Die partiellen Regressionskoeffizienten, bei denen durch die multiple Regression die
Wirkungen der anderen Faktoren ausgeglichen werden, sind meist höher als die einfachen
Regressionskoeffizienten. Die NLG S1 des N. ulnaris an der Hand weist einen partiellen
RK von 2,56 m/sec/^{O}C auf (einfacher RK: 1,95 m/sec/^{O}C). Der part. RK der NLG S2 beträgt
1,95 m/sec/^{O}C, der einfache RK beträgt 1,5 m/sec/^{O}C. Entsprechendes zeigt sich bei den
sensiblen NLG des N. medianus an der Hand. Der Vorteil der MR zur Erstellung von part.
RK liegt darin, daß die Wirkungen der übrigen Einflußgrößen weitgehend ausgeschaltet
werden. Dadurch wird die Beschreibung des Zusammenhanges verbessert; dies berechtigt
bis zu einem gewissen Ausmaß zur Annahme, daß die Beträge der part. RK die Beziehungen
zwischen der abhängigen Größe und den unabhängigen Größen genauer wiedergeben, als man
aufgrund einfacher Regressionen erkennen kann.

15.1.3 Individuelle Unterschiede in den Temperaturkoeffizienten der NLG:

Die vielfältige Abhängigkeit der Temperatureinflüsse auf die NLG wird am deutlichsten
erkennbar, wenn die Regressionskoeffizienten der Hauttemperatur anhand von Längsschnitt-
studien interindividuell verglichen werden. Anhand der Tab. 70 werden die interindividuellen Unterschiede der Hauttemperaturkoeffizienten für die sensiblen NLG des N. medianus an der Hand dargestellt. Bei 10 Probanden wurden jeweils 13 bis 18 Messungen durchgeführt. Es wurden Hauttemperaturen am Handgelenk gemessen. Man kann einwenden, daß
Hauttemperaturmessungen die nervennahe Temperatur nicht adäquat wiedergeben. Dem kann
man zwar die oben angeführten Ergebnisse experimenteller Untersuchungen (GASSER 1931)
entgegenhalten. Es ist aber nicht zu übersehen, daß die Hauttemperatur einer eigenen
Regulation unterliegt und dadurch die Korrelatio zwischen NLG und Hauttemperatur beein-
fluß wird. In der oben erwähnten Studie waren die Korrelationen zwischen Hauttemperatur
und NLG bei einigen Probanden sehr hoch; bei 5 Probanden wurden einfache Korrelationen
zwischen 0,74 bis 0,86 gefunden, während die einfachen Regressionskoeffizienten zwischen 1,4 und 3,9 m/sec^{O}C lagen! Der gleiche Sachverhalt ist nach Korrektur der übri-

gen Einflußgrößen anhand der Beta-Gewichte und der part.RK zu sehen (s. Tab. 70):
Die Beta-Gewichte liegen zwischen .62 und .88, die part.RK zwischen 1,37 m/sec/^{o}C und
4,42 m/sec/^{o}C. Bei den gleichen Probanden finden sich ganz ähnlich diskrepante partielle Regressionskoeffizienten der Hauttemperatur für die NLG S2 bei vergleichbaren einfachen Korrelationen bzw. hohen Beträgen der Beta-Gewichte. Die hohen Korrelationen zwischen Hauttemperatur und NLG, die bei diesen 5 Probanden festgestellt wurden, weisen
auf die Validität der Messungen hin. Daß trotzdem die Temperatur-RK bei diesen fünf Probanden so unterschiedlich sind, spricht für den gleichen Sachverhalt, der an den Untersuchungen von GASSER aufgezeigt wurde: Die Temperaturkoeffizienten gleicher NLG-Größen
sind individuell stark verschieden.

Unabhängig davon haben die M i t t e l w e r t e   d e r   N L G   zu den
M i t t e l w e r t e n   d e r   H a u t t e m p e r a t u r   scheinbar ein viel
stabilere Beziehung als die individuellen Einzelmeßwerte: Es zeigt sich - jedenfalls
für die NLG S1 und die NLG S2 des N. medianus an der Hand -, daß eine hochsignifikante
Beziehung zwischen den Mittelwerten der NLG und den Mittelwerten der Hauttemperatur vorliegt: je höher die Mittelwerte der Temperatur sind, desto höher sind die Mittelwerte
der NLG. Die Reaktion verschiedener Nerven scheint längerfristig auf Temperatur wesentlich gleichartiger zu sein, als man aufgrund kurzfristiger Untersuchungen erkennen
kann. Die intraindividuellen Unterschiede der Regressionskoeffizienten beruhen auf
einer Summe von Wirkungen, die insgesamt jedoch zu einer recht stabilen interindividuellen Regression zwischen Temperatur und NLG führen.

15.1.4 Bei welcher Temperatur beginnt die Impulsfortleitung?

Die Frage, bei welcher Temperatur eine Impulsfortleitung an verschiedenen Nerven auftreten kann, war häufig Gegenstand kontroverser Beobachtungen und Hypothesen. PAINTAL
(1965, 1966) formulierte aufgrund seiner Beobachtungen die Hypothese, daß die Impulsfortpflanzung an Nerven zwischen 7,6 und 9,1^{o}C aufhören sollte. Dadurch könnte man, wie
DeJONG et al. (1966), folgern, daß langsam leitende Fasern einen niedrigen Koeffizienten, rasch leitende Neuriten einen hohen Temperaturregressionskoeffizienten haben. Nach
eigenen Untersuchungsergebnissen scheint dies für unterschiedliche Neuritenpopulationen zu stimmen, wie sich aus den stets niedrigeren part. RK der NLG S2 gegenüber den
höheren part. RK der NLG S1 des N. medianus und des N. ulnaris an der Hand ergibt. Aus
diesem Sachverhalt kann man aber noch nicht auf einen einheitlichen Schwellwert verschiedener Neuriten derselben oder gar verschiedener Nerven schließen. Der Biologe
MILLER (1970) untersuchte in einer ausreichend repräsentativen Studie 22 Nerven von
Bibern, bei denen er den Schwanznerv, den N. tibialis und den N. phrenicus untersuchte.
MILLER bewies eindeutig, daß sich eine Reihe von neurographischen Parametern signifikant unterschiedlich verhalten: Es zeigte sich, daß unabhängig von den Tieren bei den
Schwanznerven Impulse bis zu einer Temperatur von -5°C fortgeleitet werden. Beim
N. tibialis werden die Impulse bis 0°C fortgeleitet und bein N. phrenicus nur bis
+4,5^{o}C. Die Beziehung der NLG zur Temperatur war bei diesen drei Nerven deutlich verschieden. Es fanden sich auch unterschiedliche absolute Refraktärzeiten: Die gut kälteadaptierten Nerven wiesen signifikant kürzere absolute Refraktärzeiten bei niedrigeren
Temperaturen auf als zum Beispiel der N. phrenicus. Wegen der unterschiedlichen Refraktärperioden können frequenzabhängige Informationen bei niedrigen Temperaturen unterschiedlich gut übertragen werden. MILLER beobachtete bei +5°C am Schwanznerv eine Fortleitung von 99 Impulsen/sec, am N. tibialis wurden 56 Impulse/sec und am N. phrenicus
nur 28 Impulse/sec fortgeleitet. Die praktische Bedeutung sah MILLER darin, daß bei diesem zeitweise in eisigem Wasser lebenden Tier insbesondere Schmerzimpulse auch bei Temperaturen unter 0° fortgeleitet werden können.

15.1.5 Folgerungen aus den Befunden von MILLER (1970):

Die Befunde MILLERS lassen auf einige funktionelle Aspekte der Impulsfortpflanzung
schließen:
Durch die unterschiedliche Anpassung der Nerven an die Temperatur kann man annehmen,
daß Nerven mit einem niedrigeren Temperaturkoeffizienten bei niedriger Temperatur
rascher leiten als Nerven mit einem höheren Temperaturkoeffizienten. Dies läßt sich
jedenfalls aus der Abb. 3 der Arbeit MILLERS erkennen, die zeigt, daß etwa bei einer
Temperatur zwischen 20° und 25° die Mittelwerte der NLG der drei untersuchten Nerven
im gleichen Bereich liegen. Bei niedrigeren Temperaturen als 20° leiten daher Nerven
mit flacheren RK rascher als jene, die steilere RK haben.
Dieser Sachverhalt weist auf einen zweiten Punkt hin, der eingehend überprüft werden
müßte und den MILLER erwähnt: Es kann eine Kälteadaptation im peripheren Nerv geben,
die eine funktionelle Anpassung des Nervs an eine äußere Gegebenheit darstellt, ohne
daß es deshalb zu morphologisch faßbaren Substratänderungen kommen müßte. Dies belegen
auch die Befunde von MEYER et al. (1971, 1974), an denen gezeigt werden konnte, daß bei
kälteadaptierten und winteradaptierten Fröschen die NLG des N. ischiadicus bei gleicher
Nerventemperatur im Labor hochsignifikant langsamer sind als bei wärmeadaptierten oder
sommerakklimatisierten Tieren.
Für die klinische Untersuchung ist abzuleiten, daß man zwar gute Schätzungen für die
Abhängigkeit der NLG von der Temperatur im Mittel erhalten kann, daß aber eine präzise
Voraussage für die Abhängigkeit der NLG von der Temperatur infolge individueller Unterschiede auch nach Berücksichtigung einer Reihe von Einflußgrößen nicht möglich ist.
Eine Einflußgröße, die eine Abhängigkeit wie zum Beispiel "Kälteanpassung" beschreibt,
ist schwer zu messen. Man wird daher weiterhin mit einer erheblichen Restvarianz bezüglich der Temperatureinflüsse auf die NLG rechnen müssen.

15.1.6 Negative Korrelationen zwischen Hauttemperatur und NLG:

Ein letzter praktischer Aspekt muß erwähnt werden: Die motorische NLG des N. tibialis

am Unterschenkel und die motorische NLG des N. peronaeus am Unterschenkel sind negativ

mit den Hauttemperaturen in der Kniekehle bzw. am Fibulaköpfchen korreliert. Diese Be-

funde können nicht direkt interpretiert werden. Eine mögliche Erklärung ist die Annahme

einer inversen Beziehung zwischen tiefer Beintemperatur und Hauttemperatur am Unter-

schenkel. Für die Tagesrhythmik sind derartige inverse Beziehungen zwischen Haut und

Rektaltemperatur bekannt (HILDEBRANDT und ENGELBERTZ 1953, KAPISCHKE 1956). Ob die hier

vermutete inverse Beziehung Ausdruck einer unterschiedlichen Tagesrhythmik der Tempera-

tur im tiefen Muskelgewebe und an der Hautoberfläche des Unterschenkels ist oder ob

regulatorisch durch die Auskühlung der Haut eine entsprechende Tiefentemperaturzunahme

erfolgt, ist nicht bekannt.

15.1.7 Lineare und nicht lineare Wirkungen der Hauttemperatur auf die NLG:

ABRAMSON et al. (1969) zeigten an der distalen motorischen Latenz und der sensiblen NLG

des N. medianus an der Hand, daß die Temperaturwirkungen auf die NLG in niedrigen Tempe-

raturbereichen am besten durch exponentielle Funktionen berücksichtigt werden können.

Ähnliche Befunde sind seit langem bekannt (GASSER 1931). DeJONG et al. (1966) stellten

die Temperaturbeziehungen der NLG des N. peronaeus für Temperaturen unter 24° ebenfalls

nicht linear dar, gaben aber keine speziellen Anpassungsfunktionen an. Für Temperaturen

zwischen 25° und 35° wurden meistens lineare Anpassungen bevorzugt. Die eigenen Unter-

suchungen zeigen, daß die Unterschiede zwischen linearen und quadratischen Anpassungen

gering sind. In den multiplen Regressionen wurden die Hauttemperaturen alternativ als

lineare Meßgrößen oder als Kehrwerte berücksichtigt. Die Wirkung der Kehrwerte entspricht in den eigenen Untersuchungen etwa quadratischen Funktionen, da wegen des Fehlens von Extremwerten die mittleren Meßbereiche an die gewählte Funktion angepaßt werden. Kehrwerte wurden deshalb als alternative Funktionen für die unabhängigen Größen
verwendet, weil von einer partiellen linearen Beziehung der unabhängigen Größen mit der
Zeit ausgegangen wurde, die ja als Divisor in dem Quotienten steht, aus dem die NLG gebildet wird (s/t). Kehrwerte der Hauttemperaturen (1/Hauttemperatur) weisen bei einigen
NLG-Meßgrößen etwas bessere Anpassungen als deren lineare Funktionen auf. Dieses gilt
insbesondere für die sensiblen NLG an der Hand. Die zusätzliche Varianzverminderung beträgt bei einzelnen Messungen bis zu 3 %.

15.2 Der Einfluß der Temperatur auf die Amplitude:

HLAVORA et al. (1970) erwähnten, daß die Amplitude des antidrom evozierten NAP mit Temperaturabfall zunimmt. Die experimentellen Untersuchungen, insbesondere von GASSER
(1928) ließen annehmen, daß die Amplituden der Einzelfaserpotentiale mit abnehmender
Temperatur niedriger werden. SCHOEPFLE und ERLANGER (1941) berichteten erstmals über
eine Amplitudenzunahme bei Temperaturabfall bei Untersuchungen von Einzelfasern.
HODGKIN und KATZ (1949) beobachteten an Riesenzellaxonen ebenfalls Amplitudenzunahmen
bei abfallender Temperatur. LUNDBERG (1948) meinte, daß erhebliche Unterschiede bezüglich des Amplitudenmaximums bei den A- und C-Fasern bei verschiedenen Temperaturen zu
beobachten seien.
Von klinisch neurophysiologischer Seite her berichteten LUDIN und BEVELER (1977) über
Amplitudenzunahmen des sensiblen NAP bei Abnahme der Temperatur bis etwa 25°C. Aus den
eigenen Daten geht sowohl für nicht lineare als auch für lineare Anpassungen der partiellen Temperatur-RK eine Amplitudenzunahme mit abfallender Temperatur hervor
(Abb. 21, Tab. 18,26,37,44). Diesen Sachverhalt untersuchte STEGEMAN (1979) anhand
einer Simulation des zusammengesetzten NAP. Er kam zum Schluß, daß ein additiver Effekt
von Amplitudenerniedrigung und Verlängerung der Dauer der Einzelfaserpotentiale bei Tem-
peraturerniedrigung zu einer Amplitudenerhöhung des zusammengesetzten NAP führen müßten. Man könnte darüber hinaus eine weitere Variable einführen, nämlich unterschiedliche Temperatur-RK der Einzelfasern. Unter dieser Annahme weisen bei einer kritischen
Temperatur eine maximale Anzahl von Neuriten annähernd gleiche NLG-Werte auf. Wird bei
dieser kritischen Temperatur der Nerv gereizt, so treten bei einer maximalen Anzahl von
Nervenfasern gleichzeitig Impulse auf, wodurch das Summenpotential des Nervs eine besonders hohe Amplitude haben könnte.

15.2.1 Einfluß der Temperatur auf die Amplitude des motorischen Summenpotentials:

Ähnlich wie bei dem sensiblen Reizantwortpotential zeigt sich auch beim motorischen
Reizantwortpotential mit abnehmender Temperatur eine Amplitudenerhöhung; aus den eigenen Daten läßt sich dieser Zusammenhang besonders für die Reizantwort des M. abductor
pollicis brevis sichern (Abb. 21). Das motorische Reizantwortpotential ist aber kein

direkter, sondern ein indirekter Nachweis der Nervenfunktion; Temperatureinflüsse können sich auf die Neuriten, auf die Endplatten und auf den Muskel selbst auswirken und so eine Mannigfaltigkeit verschiedener Effekte erzeugen. Die Überlegungen bezüglich der Temperatureinwirkungen auf den Nerv wurden oben dargelegt.

BOYD und MARTIN (1955, 1956) zeigten, daß die mittlere Amplitude der spontan auftretenden Endplattenpotentiale, der Miniaturendplattenpotentiale mit Temperaturabnahme von 0,4 auf 0,5 mV ansteigt. Die Miniaturendplattenpotentiale entstehen durch die eng lokalisierte Wirkung kleiner Mengen von Acetylcholin auf die postsynaptische Membran (VAT und KATZ 1952). Del CASTILLO und KATZ (1954), BOYD und MARTIN (1956) zeigten, daß die Menge der ausgeschütteten Transmittersubstanz nicht willkürlich variiert, sondern ein Vielfaches einer bestimmten Einheit, eines Transmitterquants, beträgt. Das durch einen Nervenimpuls ausgelöste Endplattenpotential ist somit aus einem ganzzahligen Vielfachen der Miniaturendplattenpotentiale aufgebaut. Nach BOYD und MARTIN (1956) erfolgt die Freisetzung der Transmitterquanten nach der Poissonverteilung. Die Experimente, die an einem Nerv-Muskelpräparat unter Magnesiumzugabe durchgeführt wurden, bestätigten die theoretischen Überlegungen, die insbesondere auf Del CASTILLO und KATZ (1954) zurückgingen. Die Magnesiumzugabe hatte den Zweck, die Menge von freigesetztem Acetylcholin zu vermindern; dadurch konnte gesehen werden, daß Endplattenpotentiale mit mehreren Amplitudenmaxima auftraten. Die Maxima lagen jeweils im Bereich eines ganzzahligen Vielfachen der Amplituden der Miniaturendplattenpotentiale. Nun zeigt sich, daß die mittlere Anzahl der freigesetzten Quanten bei einem hohen konstanten Magnesiumgehalt bei 37^0 zwischen 0,1 und 0,5 Einheiten lag, bei einer Temperatur von 21^0 aber dreimal so hoch war. Bei niedrigeren Magnesiumkonzentrationen zeigte sich wiederum, daß bei niedrigeren Temperaturen eine höhere Quantenanzahl pro Impuls als bei hohen Temperaturen auftrat. Dies bedeutet, daß das zu einer Zuckung der Muskelfaser führende Endplattenpotential bei niedrigen Temperaturen anders zusammengesetzt ist als bei hohen Temperaturen. Die mittlere Amplitude der Endplattenpotentiale ist bei niedrigen Temperaturen größer als bei hohen Temperaturen; dies könnte bereits einen Beitrag zu einer Amplitudenerhöhung leisten. Nach Schätzungen von BOYD und MARTIN beträgt die Amplitude des Endplattenpotentials ohne Muskelaktionspotential 30 bis 40 mV bei Ableitung aus der Endplattenregion; die Endplattenpotentiale machen demnach einen wesentlichen Anteil des Summenpotentials aus. Darüber hinaus könnten bei niedrigen Temperaturen Effekte eine Rolle spielen, die der Bahnung oder der posttetanischen Potenzierung ähnlich sind: auch während eines einzigen Nervenimpulses muß sich das Endplattenpotential aus Vielfachen von Quanten aufbauen. Die mittlere Anzahl von Quanteneinheiten ist bei niedriger Temperatur höher als bei höherer Temperatur. Wenn nun die Transmittersubstanzen infolge der höheren Temperatur in kleineren Partikelmengen freigesetzt werden und eine quantitativ geringere Menge die Membran erreicht, so darf vermutet werden, daß das entstehende Potential niederamplitudiger ist. Am Beispiel der Bahnung konnte jedenfalls gezeigt werden (DUDEL und KUFFLER 1961), daß im Rahmen einer Impulsserie die Zahl der zu einer Reaktion beitragenden Einheiten immer größer wird, die einzelnen Impulse in bezug auf

die Quantenfreisetzung effektiver werden und somit eine größere Menge an Acetylcholin
an der postsynaptischen Membran ein entsprechend höheres Potential aufzubauen imstande
ist. Ähnlich haben LILEY und NORTH (1953) die vermehrte Acetylcholinfreisetzung als Ursache für die posttetanische Potenzierung angenommen.
Es bleibt nun die Frage offen, ob die Muskelfaser unterschiedlich auf quantitativ sich
unterscheidende Depolarisationsvorgänge im Bereich der Endplatte reagiert. Berücksichtigt man, daß bei der Depolarisation unter den oben erwähnten unterschiedlichen Bedingungen nicht nur die Amplitude, sondern auch die Dauer des Summenpotentials anders
wird, so könnte man an eine Änderung der elektrischen Abläufe an der Einzelfaser des
Muskels denken.

15.3 Einfluß der Temperatur auf die Dauer:

Die Dauer der NAP und der mot. SP nimmt mit Temperaturabnahme zu. Im allgemeinen wird
dies als Ausdruck einer vermehrten Dispersion durch die unterschiedlichen Leitgeschwindigkeiten der verschiedenen Neuriten aufgefaßt. Nach HLAVORA (1970) betragen die Korrelationen zwischen den verschiedenen Parametern der Dauer nach logarithmischer Transformation mit der Temperatur 0,8 bis 0,95. Dies gilt für orthodrome und für antidrome
Messungen. Nach den eigenen Untersuchungen ist die Hauttemperatur der auf die Dauer am
stärksten einwirkende Einflußfaktor.
Es wurden aber auch positive Partialkorrelationen zwischen Hauttemperatur und der Dauer
der NAP beobachtet. Dies gilt insbesondere für Hauttemperaturen, die in einer bestimmten Entfernung vom Ort der Registrierung des NAP gemessen wurden, zum Beispiel für die
NAP am Oberarm bei Hauttemperaturmessungen in der Ellenbeuge. Wegen der Signifikanz dieses Zusammenhanges sollen folgende Erklärungsversuche unterbreitet werden (s. auch N.
ulnaris und N. medianus, sensibel, Oberarm): Die Impulsfortpflanzung erfolgt an rasch
leitenden Neuriten bei höherer Temperatur verhältnismäßig rascher als an langsam leitenden Neuriten. Dadurch kann es zu einer vermehrten Rekrutierung der rasch leitenden Nervenfasern kommen, die zu einer Dispersion "nach vorne" führt. Für einen anderen Zusammenhang zwischen Hauttemperatur und Dauer des NAP spricht die positive Korrelation zwischen NAP und Hauttemperatur an der Ellenbeuge. Hier könnte die Kehrbeziehung zwischen
der Dauer des NAP und der Hauttemperatur auf unterschiedlichen Temperaturregulationen
der Haut- und der Tiefentemperatur beruhen.

15.4 Der Einfluß des Alters auf neurographische Parameter:

Die Altersabhängigkeit neurographischer Parameter kann unter den Gesichtspunkten des
Reifens bei Kindern und des Alterns bei Erwachsenen betrachtet werden. Bei Kindern
nimmt die NLG, unterschiedlich für jeden Nerv, bis zu einem gewissen Alter zu. Im Laufe
des weiteren Lebens, insbesondere im höheren Alter, nimmt die NLG wieder ab.
Beide Prozesse werden im wesentlichen auf morphologisch faßbare Gegebenheiten bezogen:
auf die Struktur, insbesondere auf den Durchmesser der Neuriten.

15.4.1 Morphologische Korrelate altersbedingter NLG-Veränderungen:

GASSER und ERLANGER (1927) erkannten den Zusammenhang zwischen NLG und Faserdicke: je
dicker die Faser ist, desto rascher wird der Nervenimpuls fortgeleitet. HURSH (1939)
zeigte an Neuriten von Katzen, daß ziemlich genau eine lineare Beziehung zwischen Faserdurchmesser und NLG mit einem Konversionsfaktor von 6 m/sec/u Faserdurchmesser besteht.
Die NLG-Unterschiede zwischen Neuriten von 3 Monate alten Kätzchen und erwachsenen Katzen beruhten nach den Untersuchungen von HURSH nur auf Unterschieden in der Neuriten-
dicke. Die dünnen Neuriten ausgereifter Katzen leiteten die Nervenimpulse genauso rasch
fort wie gleichdicke Neuriten von Kätzchen, die sich noch im Wachstum befanden. RUSHTON
(1951) und HODGKIN (1954) zeigten, daß bei nicht myelinisierten Axonen die NLG mit der
Quadratwurzel der Faserdurchmesser wächst. Voraussetzung für diese Annahme ist, daß die
spezifischen Membraneigenschaften, insbesondere die Membrankapazität und die Längswider-
stände des Axoplasma, konstant sind. Mathematisch ideale Eigenschaften kann man aber
weder bei nicht myelinisierten noch bei myelinisierten Nervenfasern erwarten; daher finden sich in den experimentellen Untersuchungen stets Abweichungen von den erwarteten
Regressionen zwischen NLG und Faserdicke. Es wurde bereits mehrfach darauf hingewiesen,
daß TACKMANN et al. (1976) sowie BEHSE et al. (1975) beim Menschen andere Konversionsfaktoren als HURSH feststellen konnten.
Verschiedene Autoren versuchten zu zeigen, daß die lineare Funktion der Konversionsfaktoren nicht immer die beste sei, so auch COPPIN und JACK (1972), die eine exponentielle
Funktion für die Beziehung zwischen Faserdurchmesser und NLG angaben. Letztlich hat die
Frage nach dem optimalen Konversionsfaktor einen geringen praktischen Wert, wenn nicht
weitere Größen wie etwa die internodalen Abstände oder die Myelindicke zur Schätzung
der NLG berücksichtigt werden.

Ebenso wie die Myelindicke und der Faserdurchmesser ändern sich die internodalen Abstände mit dem Alter. Es besteht eine hohe Korrelation zwischen Faserdurchmesser und
internodalem Abstand; nach den Untersuchungen von HURSH finden sich gleiche Korrelationen zwischen Faserdurchmesser und internodalem Abstand bei 16 Tage alten Kätzchen wie
bei erwachsenen Katzen. LASCELLES und THOMAS (1966) stellten fest, daß beim N. suralis
eine sehr hohe Korrelation zwischen Faserdurchmesser und internodalem Abstand bis zum
65. Lebensjahr vorliegt. Der RK beträgt 0,087 mm für den internodalen Abstand pro u Faserdurchmesser. Bei Personen über 65 Jahren wird der RK niedriger, die Streuung nimmt
zu. Die Anzahl der Internodi ist besonders an dünnen und mittelkalibrigen Nervenfasern
vermehrt. Ähnliche Beobachtungen machte VIZOSO (1950). Er fand außerdem bei alten Personen recht einheitlich internodale Abstände, die für den Faserdurchmesser unverhältnis-
mäßig lang waren und folgerte daraus, daß der Durchmesser der Neuriten ohne Faserdegene-
ration abgenommen habe. LASCELLES und THOMAS (1966) betonten, daß die unterschiedlichen
Regressionskoeffizienten, die verschiedene Untersucher bei verschiedenen Nerven fanden,
Ausdruck einer ungleichmäßigen Alterung der verschiedenen Nerven sein könnten. So fand
VIZOSO wesentlich geringere altersbedingte Veränderungen des N. facialis als beim
N. ulnaris oder beim N. peronaeus.

Zeichen der Degeneration und der Regeneration der Nervenfasern wurden von COTRELL
(1940) und von REXED (1944) beschrieben. BERRY et al. (1944) wiesen bei der Regeneration von Nerven nach, daß es zu einer Disproportionierung von Faserdurchmesser und
Myelinscheide kommt. Dies läßt die Schlußfolgerung zu, daß die Beziehung zwischen Faserdurchmesser und internodalem Abstand, die durch die hohe Korrelation beschrieben
wurde, infolge regenerativer Veränderungen gestört wird. DYCK und LAMBERT (1966) spra-
chen nur von einer groben Beziehung zwischen dem größten Durchmesser der myelinisierten
Fasern und der maximalen NLG: Die NLG war bei einigen ihrer Untersuchungen niedriger
als aufgrund der Faserdurchmesser angenommen werden durfte. Insgesamt sprechen die mor-
phometrischen Untersuchungen der Alterungsvorgänge an Nervenfasern dafür, daß außer dem
Faserdurchmesser sich auch die internodalen Abstände ändern.

15.4.2 Neurographische und morphologische Veränderungen der Nerven bis zur Adoleszenz:

JOHNSON und OLSEN (1960) teilten als erste eine NLG-Zunahme bei Kindern mit. GAMSDORP
(1963) stellte in einer hervorragenden Arbeit die altersunterschiedliche Entwicklung
des N. ulnaris, des N. medianus und des N. peronaeus dar. Die Autorin untersuchte 86
gesunde Kinder. Die NLG des N. ulnaris nimmt bis zum 3. Lebensjahr rasch zu, dann treten nurmehr geringe Änderungen auf. Beim N. medianus kommt eine deutliche NLG-Zunahme
erst nach dem 3. Lebensjahr zustande und bleibt bis in die Adoleszenz hinein erkennbar.
Beim N. peronaeus nimmt die NLG bis zum 1. Lebensjahr deutlich zu, das Maximum der NLG
des N. peronaeus wird bereits zwischen dem 3. und dem 8. Lebensjahr erreicht.
Nach den Untersuchungen von GAMBLE und BREATHNACH (1965) beginnt die Myelinisierung der
Nerven in der 15. Woche des intrauterinen Lebens. WESTPHAL berichtete bereits 1894 über
eine hohe Schwelle für die elektrische Stimulation peripherer Nerven bei Neugeborenen
und einen plötzlichen Abfall im Alter von einem Monat; zu diesem Zeitpunkt wird das Auftreten der rasch zunehmenden Myelinisierung beobachtet. COTRELL (1940) berichtete, daß
die Achsenzylinder Neugeborener beim N. peronaeus communis unregelmäßig gerundet sind,
Durchmesser zwischen 1 und 3 μ haben und ab dem 4. Lebensjahr 1 bis 7 μ aufweisen; nach
dem 9. Lebensjahr treten keine sicheren Änderungen mehr auf. Bei Neugeborenen findet
sich nur vereinzelt Myelin; mit dem Wachstum der Axone kommt es zu einer Zunahme der
Myelinisierung. Im N. ischiadicus sind mit 2 1/2 Jahren etwa ein Drittel bis zur Hälfte
der Fasern myelinisiert. An bindegewebigen Elementen finden sich vor allem Fibro-
blasten, das epineurale Gewebe ist mäßig dicht und konzentriert sich nach 2 1/2 Jahren
um die Nervenfaszikel. REXED (1944) betonte die Bedeutung der engverbundenen Variatio-
nen der Nervenfaser in Histologie und Physiologie, die für eine exakte zeitliche Abstimmung der Impulse zum und vom zentralen Nervensystem erforderlich sind. Er untersuchte
die Entwicklung der motorischen Hirnnerven und der motorischen und sensiblen Wurzeln.
Alle motorischen Hirnnerven und ventralen Wurzeln zeigen ungefähr die gleiche Entwicklung: bei Geburt hat das Kaliberspektrum einen Gipfel zwischen 3 und 5 μ. Die sensiblen
Hirnnerven und die dorsalen Wurzeln haben eine große Anzahl dünner Fasern mit einem
Maximum zwischen 2 und 3 μ. Die größten Durchmesser motorischer und sensibler Fasern

betragen bei Geburt zwischen 7 und 9 μ. Die Entwicklung nach der Geburt ist uneinheitlich; die vorderen Wurzeln zeigen eine frühere Beendigung der Reifung als die dorsalen
Wurzeln. Die dicken Nervenfasern im cervicalen und lumbosacralen Bereich erreichen als
erste das Aussehen wie bei erwachsenen Personen zwischen dem 2. und 5. Lebensjahr. Im
thorakalen Bereich kommt es zu einer Größenzunahme der dünnen Fasern bis zum 5. bis 9.
Lebensjahr. Bei den dorsalen Wurzeln zeigt sich eine starke Entwicklung der dickkalibrigen Wurzeln im cervicalen und lumbosacralen Bereich zwischen 5. und 9. Lebensjahr, im
thorakalen Bereich finden sich nach dem 5. Lebensjahr keine Änderungen der sensiblen
Wurzeln. Nach den Untersuchungen von GUTRECHT und DYCK (1970) ist die Anzahl der Fasern
mit einem Durchmesser von 8 μ oder mehr bei 10jährigen genauso groß wie bei Nerven von
Erwachsenen. Ein großer Teil unmyelinisierter Fasern im thorakalen vorderen Wurzelbe-
reich und bei allen dorsalen Wurzeln werden tatsächlich erst nach der Geburt myelinisiert.

Diese Befunde lassen insgesamt erkennen, daß die Reifung regional und funktionell recht
unterschiedlich sein kann. In Ermangelung anatomischer Korrelate stellte GAMSDORP folgende Spekulationen auf: die NLG des N. peronaeus erreicht die Werte von Erwachsenen,
wenn das Kind zu laufen beginnt. Der N. medianus, der die Präzisionsbewegungen des Dau-
mens steuert, zeigt die langsamste Reifung. Der Verlauf der Zunahme der NLG des
N. medianus wurde von CRUZ MARTINEZ et al. (1978) bestätigt: zwischen 4. und 11. Lebensjahr kommt es noch zu einer signifikanten Zunahme. Der N. tibialis erreicht bereits im
2. Lebensjahr die untere Normgrenze der Erwachsenenwerte. Somit ergeben sich auch hier
Parallelen zwischen einem Reifungsprozeß eines peripheren Nervs und einem altersgebunde-
nen Lernprozeß: die Reifung des N. tibialis fällt in die Zeit, in der ein Kind sicher
gehen und laufen lernt.

15.4.3 Die NLG als Reifezeichen beim Neugeborenen:

THOMAS und LAMBERT (1960) erwähnten erstmals die Möglichkeit, die motorische NLG als
Reifezeichen zu verwenden. Es folgten eine Reihe diesbezüglicher Untersuchungen (DUBO-
WITZ 1965, DUBOWITZ et al. 1968, BLOM und FINSTRÖM 1968, SCHULTE et al. 1969 und weitere Autoren). WAGNER und BUCHTHAL (1972) stellten in einer Übersichtsarbeit fest, daß
eine motorische NLG am Oberarm unter 20 m/sec als fehlendes Reifezeichen aufgefaßt werden kann. Dieser Befund wird von CRUZ MARTINEZ et al. (1977, 1978) bestätigt. Diese
Autoren geben für den ersten Monat eine Korrelation von 0,54 zwischen NLG und Konzep-
tionsalter an. Nach FINSTRÖM (1972) kann anhand der klinischen Reifezeichen das Gestationsalter auf $\pm$2,1 Wochen für 95 % der untersuchten Kinder festgestellt werden. Verwendet man stattdessen eine Kombination der motorischen Leitgeschwindigkeiten des N. ulnaris und N. tibialis, so beträgt die 95 % Grenze $\pm$2,7 Wochen; dies bedeutet also, daß
die klinischen Reifezeichen bessere Schätzungen ermöglichen als die neurophysiologischen Parameter. Eine Verbesserung der klinischen Reifezeichen kann allerdings erreicht werden, wenn mehrere neurographische Parameter hinzugezogen werden.
Somit hat die Nervenleitgeschwindigkeit für die Feststellung des Reifezustandes des neu-

geborenen Kindes nur eine eingeschränkte Bedeutung, unbeschadet der Tatsache, daß die NLG den Grad der Myelinisierung anzeigt und somit tatsächlich ein Parameter des Entwicklungsalters ist.

Intra- und extrauterine Entwicklung des peripheren Nervs:
CRUZ MARTINEZ et al. (1978) untersuchten die NLG des N. medianus bei 53 Säuglingen während des 1. Lebensmonats. Sie gingen der Frage nach, ob Kinder mit gleichem Konzeptions- aber unterschiedlichem Gestationsalter gleiche Mittelwerte der NLG haben. Signifikante Differenzen fanden sich nicht. Dies läßt vermuten, daß die Myelinisierungsprozesse nach der Geburt nicht wesentlich anders verlaufen als intrauterin.

15.4.4 Morphologische Veränderungen von Nerven im höheren Lebensalter:

Aus den morphologisch faßbaren Substraten, die die Nervenleitgeschwindigkeiten beeinflussen, lassen sich mehrere miteinander nicht notwendig korrelierte Sachverhalte erkennen, die Veränderungen im Alter bewirken können. Im Vordergrund steht die Beobachtung des Verlustes dickkalibriger Neuriten. REXED (1944) betonte, daß erst im weit fortgeschrittenen Alter eine Verminderung dicker Fasern der ventralen und dorsalen Wurzeln zu beobachten sei, daß derartige Veränderungen aber um das fünfzigste Lebensjahr herum noch nicht auftreten. COTRELL (1940) fand in der 5. Dekade ebenfalls noch keine Veränderungen der Achsenzylinder und des Myelins am N. femoralis, N. medianus, N. ischiadicus und am N. peronaeus. Etwa gleichlautend mit den Befunden von REXED fällt in der 4. und 5. Dekade eine Zunahme des Bindegewebes, von Fett und häufiges Auftreten von partiellen Verschlüssen kleiner Gefäße auf. Durch die Zunahme des Bindegewebes treten inselförmige Gruppen von Nervenfasern auf; dies ist ein möglicher Hinweis auf eine partielle Degeneration von Nervenfasern. Bereits in der 5. Dekade finden sich Verklumpungen von Myelin. Kollagen und Hyalinisierung sowie konzentrische Anordnung des Epineuriums um die Nervenbündel nehmen zu. Das Perineurium wird weiterhin dicker. In den Gefäßen findet sich eine zunehmende Einengung des Volumens durch endotheliale Proliferation. Die Fibrose der Media der Gefäße bedingt eine Vergrößerung der Gefäßdurchmesser: während in der 3. Dekade die Gefäße des endoneuralen Septums einen Durchmesser 20 bis 25 μ haben, erreichen sie in der 6. Dekade einen Durchmesser von 30 bis 60 μ. In der 6. Dekade finden sich besonders im N. ischiadicus in den Bereichen ehemaliger Faszikel Bindegewebe als Ausdruck der Degeneration. An einzelnen Stellen wird eine Proliferation von Bindegewebe in den Faszikeln von Nervenfasern beobachtet. Einzelne Nervenfasern sind unterbrochen. In der 7. Dekade nimmt die Hyalinisierung und die Klumpenbildung von Myelin zu, die Struktur des Bindegewebes wird dichter, es kommt zu einer absoluten Abnahme von Myelin, wenn auch die Nervenfasern selbst normal erscheindende Myelinscheiden haben. Im Perineurium geht die Hyalinisierung und die Fibrose soweit voran, daß die Arteriolen zum Teil gequetscht aussehen und Obstruktionen auftreten.
Erst in der 8. Dekade wird die Segmentierung von Myelin und die Bildung von verschiedenen Myelinstrukturen sehr auffällig. Das Perineurium bildet eine dichte Wand aus Bindegewebe mit einem Durchmesser von 50 bis 80 μ. Die Arteriosklerose der Gefäße schreitet

voran, es hyalinisieren sogar die Venen. Degenerierte Faszikel finden sich nun auch im
N. femoralis. Im N. medianus und im N. peronaeus fanden sich nach COTRELL keine umschriebenen Bereiche mit Zeichen der Destruktion, es bestand aber der Eindruck einer
Verminderung des Parenchymvolumens und einer relativen Abnahme des Bindegewebes.
Die Befunde von COTRELL wurden später durch morphometrische Untersuchungen mehrfach bestätigt. Insbesondere zeigte SWALLOW (1966) an einem dünnen Ast des N. peronaeus superficialis die deutliche Abnahme der Faserdichte im Laufe des Lebens. Weniger deutlich
war die Abnahme der Gesamtanzahl der Fasern, da diese von Individuum zu Individuum und
im Seitenvergleich intraindividuell um das 3fache verschieden sein können. Eine Abnahme
der Faserdicke wurde auch von TACKMANN et al. (1976) bei einer im Mittel wesentlich jüngeren Patientengruppe gesehen.
Aus den Befunden von LASCELLES und THOMAS (1966) läßt sich ein disproportionaler Verlust von Nervenfasern erkennen: Die Anzahl dickkalibriger Neuriten nimmt stärker ab als
die der dünnen Fasern. Die Befunde von SWALLOW bestätigen diese Beobachtung, obwohl bei
einer Reihe von älteren Patienten gezeigt wird, daß sowohl dick- als auch dünnkalibrige
Fasern anscheinend in gleichem Ausmaß verschwinden. DYCK, LAMBERT und NICHOLS (1971)
fanden ebenfalls mit zunehmendem Lebensalter eine allgemeine Faserverminderung ohne
selektive Betonung der Degeneration dicker Fasern.

15.4.5 Die neurographischen Zeichen des Alterns:

WAGMAN und LESSE haben 1952 als erste eine Abnahme der NLG des N. ulnaris mit zunehmendem Alter beschrieben. NORRIS, SHOCK und WAGMAN bestätigten diese Beobachtung ein Jahr
später anhand von validierten Meßwerten. Sie fanden eine gleichmäßige Abnahme der NLG
des N. ulnaris am Unter- und am Oberarm vom 30. bis zum 90. Lebensjahr.
Seither wurden zahlreiche Untersuchungen über die Altersabhängigkeit der NLG-Meßgrößen
veröffentlicht und RK für die altersabhängigen NP angegeben. NIELSEN (1973) hielt das
Alter für die bedeutsamste Einflußgröße der NLG. Er fand für die sensible NLG zur positiven Spitze (NLG S1) des N. medianus zwischen Mittelfinger und Handgelenk eine Alterskorrelation von -0,52 und für die NLG S2 eine Korrelation von -0,67. LaFRATTA und SMITH
(1964) fanden einen noch höheren Korrelationskoeffizienten für die sensible NLG, gemessen zur negativen Spitze (NLG S2) von -0,73. Dies würde bedeuten, daß 50 % der Varianz
der NLG durch Alterseinflüsse zu erklären wäre.
Die eigenen Daten sprechen für eine geringere Bedeutung des Alterseinflusses. Die in
Tab. 58 angegebenen Absolutbeträge der Beta-Gewichte lassen erkennen, daß die Hauttemperaturen die höchsten Werte haben und daß die Meßstrecken bei nahezu allen Nervensegmenten einen signifikanten Einfluß aufweisen, was für das Alter nicht in gleicher Weise
gilt. Dementsprechend zeigten LANG et al. (1977) anhand von Partialkorrelationen, daß
das Alter nur einer von mehreren Faktoren ist, die in ihrer Wirkung auf die NLG berücksichtigt werden sollten.
Die Patientenkollektive, die Untersuchungsmethoden und die statistische Aufbereitung
der Ergebnisse sind von Autor zu Autor derart verschieden, daß einheitliche Ergebnisse

über Altersregressionen der NLG-Meßgrößen nicht zu erwarten sind. Immerhin lassen sich
einige vergleichbare Ergebnisse verschiedener Autoren finden, die gewisse Gesetzmäßig-
keiten der Alterswirkung auf neurographische Parameter aufweisen.
Die im folgenden dargestellten eigenen Ergebnisse sind in Tab. 58 zusammengefaßt. Sämtliche Korrelationen der verschiedenen NLG-Meßgrößen mit dem Alter sind negativ bzw.
deren Kehrwert positiv. In Tab. 58 sind zur besseren Vergleichbarkeit der Reihen und
Zahlen die Vorzeichen weggelassen.

15.4.5.1 Altersbedingte Veränderungen der distalen motorischen NLG (distalen moto-
         rischen Latenzen):

Im eigenen Untersuchungsgut finden sich für die distalen motorischen NLG des N. medianus, N. ulnaris und des N. peronaeus keine signifikanten altersbedingten Veränderungen.
NORRIS et al. (1953) fanden für die Residuallatenz des N. ulnaris ebenfalls keine signifikante Altersabhängigkeit. MANKOVSKIJ und TIMKO (1973) konnten signifikante Unterschiede der Residuallatenzen feststellen, wenn die älteste und die jüngste Altersgruppe verglichen wurde. TACKMANN und HOFFMEYER (1978) fanden beim N. medianus und N. peronaeus
keine Altersabhängigkeit der distalen motorischen Latenz. Desgleichen lassen sich aufgrund der Angaben von MAYER (1963) keine signifikanten Unterschiede für die distalen
motorischen Latenzen des N. medianus, des N. peronaeus und des N. tibialis zwischen der
ältesten und jüngsten Altersgruppe annehmen. Für die beiden Altersgruppen von 20 bis 50
Jahren und von 51 bis 70 Jahren fand MAYER nur für den N. tibialis eine deutliche Differenz der Mittelwerte: die distale motorische Latenz beträgt bei der jüngeren Altersgruppe 7,1 msec, bei der älteren Gruppe 7,7 msec. Die Unterschiede zwischen den distalen motorischen Latenzen bei den zwei Altersgruppen betragen beim N. medianus und beim
N. ulnaris 0,2 msec, beim N. peronaeus 0,3 msec.
Nach den Angaben von LUDIN (1976) kann man aber für die distale motorische Latenz des
N. tibialis, des N. peronaeus und des N. medianus zeigen, daß die Berücksichtigung des
Alters keine praktische Bedeutung hat.
In den eigenen Daten findet sich eine signifikante altersbedingte Abnahme der distalen
motorischen NLG des N. tibialis. Die Altersabhängigkeit dieses NP fällt etwas aus dem
Muster der übrigen nicht altersabhängigen distalen motorischen NLG heraus. Der signifi-
kante Zusammenhang ist nur durch Partialregressionen nach Berücksichtigung des Einflus-
ses der Hauttemperatur zu erkennen. Der Befund kann durch folgendes zu erklären sein:
Die mittlere Meßstrecke für die distale motorische NLG des N. tibialis beträgt 146 mm,
sie ist wesentlich länger als bei den anderen distalen motorischen Messungen. Die
Altersabhängigkeit dieser Meßgröße kann darauf beruhen, daß ein besonders langer Nervenabschnitt zwischen Reiz- und Ableitepunkt liegt und durch die Altersveränderungen des
N. tibialis vor dessen Endaufzweigungen bedingt ist. Die terminalen Endaufzweigungen,
die morphologischen Substrate der Übertragungs- und Nutzungszeit, brauchen ebensowenig
wie bei den anderen Nerven vom Alterungsprozeß betroffen zu sein.
Abweichend von den zwischen den meisten Autoren konsistenten Befunden einer minimalen

Altersabhängigkeit der distalen motorischen Latenz (bzw. der distalen motorischen NLG) fanden LaFRATTA und CANESTRARI (1966) eine deutliche altersabhängige Korrelation des N. medianus von 0,38.

15.4.5.2 Die altersbedingten Veränderungen der sensiblen und motorischen NLG am Arm:

Aus der Tab. 58 ist zu ersehen, daß die sensible NLG des N. ulnaris und des N. medianus am Unterarm deutlicher als die motorische NLG altersabhängig sind. Im weiteren zeigt sich, daß die NLG S2 eine stärkere Altersabhängigkeit als die NLG S1 haben. Bezieht man die NLG S1 auf dickkalibrige Neuriten, die NLG S2 auf dünnere Neuriten, so kann dieser Befund dahingehend gedeutet werden, daß die Alterungsprozesse bei dünnkalibrigen sensiblen Fasern deutlicher als bei dickkalibrigen ausgeprägt sind. In diesem Zusammenhang ist es auch erwähnenswert, daß die Dauer der NAP keine wesentliche Altersabhängigkeit aufweist. Dies kann man unter der Annahme einer stärkeren altersbedingten Dispersion mit vermehrtem Ausfall dünnkalibriger Neuriten in Einklang bringen.

Während die motorischen NLG des N. medianus und des N. ulnaris am Unterarm keinen Unterschied in ihrer altersbedingten NLG-Abnahme erkennen lassen, zeigen die sensiblen NLG des N. medianus an Hand und Unterarm eine deutlichere altersbedingte Verzögerung als die des N. ulnaris. Am Oberarm ist die altersbedingte Abnahme der sensiblen NLG des N. medianus weniger deutlich als am Unterarm.

MAYER (1963) fand bei den mot. NLG und den sensiblen NLG des N. medianus etwa gleich deutliche Unterschiede in verschiedenen Altersgruppen von Probanden. Bei den NLG des N. ulnaris waren die Altersunterschiede deutlicher als beim N. medianus, die Altersunterschiede der NLG waren aber bei der motorischen und sensiblen NLG wieder gleich deutlich. Für den Vergleich mit den eigenen Daten ist einschränkend zu erwähnen, daß MAYER nicht angab, zu welchem Meßpunkt die sensible NLG bestimmt wurde.

BUCHTHAL und ROSENFALCK (1966) gaben in ihrer Monographie ähnlich wie MAYER (1963) und MAWDSLEY und MAYER (1966) Normalwerte der NLG-Meßgrößen unter Berücksichtigung verschiedener Altersgruppen an. Später gaben BUCHTHAL et al. (1975) Normalwerte für die klinisch wichtigsten NLG-Größen mit auffallend hohen Absolutwerten von Alters-RK an. So wird für die sensible NLG des N. ulnaris im Sulcus nervi ulnaris bei Patienten über 55 Jahren ein RK von -0,49 m/sec pro Lebensjahr, für die NLG S1 zwischen Kleinfinger und Handgelenk ein Alters-RK von -0,33 m/sec pro Jahr angegeben. LUDIN (1976), LUDIN et al. (1977) gaben für die sensible NLG zwischen Kleinfinger und Handgelenk einen Alters-RK von -0,01 m/sec pro Jahr ohne weitere Signifikanzangabe an. Für die sensible NLG des N. medianus an der Hand wird von dem gleichen Autor ein RK von -0,18 m/sec pro Jahr angegeben. Es fällt die unterschiedliche Altersabhängigkeit der NLG des N. ulnaris und des N. medianus auf; nach LUDIN's Angaben würde keine wesentliche Altersabhängigkeit der sensiblen NLG des N. ulnaris an der Hand vorliegen. Vergleicht man nun LUDIN's Angaben mit denen von BUCHTHAL et al. (1975) so finden sich nicht nur unterschiedliche Mittelwerte der NLG, die Alters-RK weichen auch voneinander ab. Ein gemeinsamer Vertrauensbereich für die sensiblen NLG des N. ulnaris an der Hand ist nach den Angaben dieser beiden Autoren erst für 80jährige Personen, ein gemeinsamer Toleranzbereich erst jenseits des 60. Lebensjahres zu finden.

Das Ausmaß der Altersabhängigkeit der NLG, insbesondere der sensiblen NLG wird von einigen Autoren als sehr deutlich beschrieben. (NIELSSEN 1973, LaFRATTA und SMITH 1964). LaFRATTA und CANESTRARI (1966) gaben für die sensible Latenz des N. medianus an der Hand, gemessen zur negativen Spitze, eine Alterskorrelation von R = 0,6 an und fanden auch für die distale motorische Latenz des N. medianus eine sehr deutliche Altersabhängigkeit mit einer Korrelation von 0,38. Hier könnte man Besonderheiten in dem von den Autoren untersuchten Probandenkollektiv annehmen, da ja die distalen motorischen Latenzen bzw. distalen motorischen NLG bei allen anderen Autoren keine Altersabhängigkeit erkennen ließen.

Alterskorrelationen der distalen sensiblen NLG mit Varianzerklärungen bis zu 50 % können auch nicht annähernd im eigenen Kollektiv gefunden werden. Die einfachen Korrelationen der sensiblen NLG des N. medianus und des N. ulnaris an der Hand lassen keine Altersabhängigkeit erkennen; durch Partialkorrelationen läßt sich zeigen, daß 8 % der Varianz durch das Alter bedingt ist (s. Tab. 31, MR der NLG S2 des N. medianus an der Hand). Die NLG S2 des N. medianus am Unterarm weist die deutlichste Altersabhängigkeit auf (varianzvermindernder Anteil des Alters: 13 %). Die einfache Korrelation für diese NLG beträgt -0,36, für die NLG S1 -0,27, für die motorische NLG des N. medianus am Unterarm: -0,15 (Tab. 30, Tab. 28). Die eigenen Untersuchungen können die hohen Korrelationen nicht bestätigen, wie sie zum Beispiel NIELSSEN (1973) für die motorische und sensible NLG des N. medianus am Unterarm fand (motorisch -0,56, sensibel -0,59).

15.4.5.3 Altersbedingte Veränderungen der motorischen und sensiblen NLG an den Beinen:

Aus Tab. 58 ist zu erkennen, daß die motorischen und sensiblen NLG des N. peronaeus am Unterschenkel wesentlich deutlichere Altersabhängigkeiten aufweisen als die motorische NLG des N. tibialis oder die NLG des N. suralis an der gleichen Strecke. Die Varianz der motorischen oder sensiblen NLG des N. peronaeus kann maximal um 8 % durch Berücksichtigung des Alters vermindert werden.

Aus den Literaturangaben lassen sich nicht mit gleicher Eindeutigkeit die Unterschiede der Altersabhängigkeit von N. tibialis und N. peronaeus aufzeigen. MAYER (1963) fand bei den NLG des N. peronaeus und des N. tibialis etwa gleich deutliche Altersunterschiede, die bei den motorischen NLG etwas geringer ausgeprägt waren als bei den sensiblen NLG des N. tibialis und des N. peronaeus. BEHSE und BUCHTHAL (1971) gaben für die motorische NLG des N. peronaeus bei Personen zwischen 15 und 33 Jahren einen Mittelwert von 51 m/sec an, für Personen zwischen 40 und 65 Jahren einen Mittelwert von 49,7 m/sec. Ähnlich sind die Werte für den N. tibialis: 51,8 bzw. 48,6 m/sec. Für die sensible NLG des N. peronaeus werden Werte von 56,3 m/sec bzw. 53,0 m/sec angegeben. BUCHTHAL et al. (1975) fanden für die sensible NLG des N. tibialis einen RK von -0,06 m/sec pro Lebensjahr. LUDIN (1966) gab für die mot. NLG des N. peronaeus einen Alters-RK von -0,16 m/sec pro Jahr an, TACKMANN und HOFFMEYER (1978) fanden einen RK für die gleiche NLG von -0,1 m/sec pro Jahr.

Die in der Literatur angegebenen Befunde lassen also nicht wie die eigenen Untersuchungsergebnisse unterschiedliche Alterungsvorgänge des N. tibialis und des N. peronaeus vermuten. Zur Erklärung der eigenen Befunde, die in Blöcken, an mehreren Nerven
desselben Probandenkollektivs vorgenommen wurden, bietet sich folgende Hypothese an:
Der N. peronaeus ist im Bereich des Fibulaköpfchens leicht zu verletzen; er zeigt für
motorische und sensible Fasern etwa gleich stark ausgeprägte, gleichmäßige Abnahme der
NLG mit zunehmendem Alter. Die NLG der motorischen Fasern des N. tibialis zeigen keine
sichere Altersabhängigkeit. Der N. tibialis liegt in der Tiefe des Unterschenkels und
ist gegenüber Mikrotraumen gut geschützt.

15.4.5.4 Unterschiede in der Altersabhängigkeit der sensiblen NLG bei orthodromer und antidromer Messung?

Die scheinbar widersprüchlichen Befunde über die Altersabhängigkeit der NLG-Größen des
N. suralis können zumindest teilweise im Zusammenhang mit der angewendeten Untersuchungstechnik gesehen werden. BUCHTHAL et al. (1975) gaben für die orthodrom gemessenen NLG S1 des N. suralis vom lateralen Knöchel zur Wade einen relativ niedrigen RK von
-0,05 m/sec/Jahr an. BURKET et al. (1974) fanden keine Altersabhängigkeit des N. suralis, DIBENIDETTO (1970) und LaFRATTA und ZALIS (1963), die die sensible NLG des N. suralis bei   a n t i d r o m e r   Untersuchungstechnik und Ausmessung zur negativen Spitze bestimmten, fanden eine   d e u t l i c h e   Altersabhängigkeit. Aus den eigenen
Befunden geht hervor, daß entsprechend den Befunden von BUCHTHAL et al. und von BURKET
et al. die NLG S1 keine signifikante Altersregression aufweist. Die NLG S2 zeigt jedoch
eine deutliche Altersabhängigkeit, ähnlich den Befunden von DIBENIDETTO, LaFRATTA und
ZALIS, die NLG des N. suralis zur negativen Spitze bestimmten.
Auf eine Besonderheit der Altersabhängigkeit hat LUDIN (1976) hingewiesen. Er zeigte
nämlich, daß die antidrome sensible NLG des N. medianus wesentlich höhere Absolutbeträge der Regressionskoeffizienten aufweist als die orthodrom gemessene NLG. Bei der
orthodromen Messung der sensiblen NLG des N. medianus fand LUDIN einen Regressionskoeffizienten von -0,19 m/sec/Jahr. Bei der antidromen Messung war zwischen Handgelenk und
Zeigefinger ein RK von -0,3 m/sec/Jahr festzustellen. Die Beobachtung LUDIN's einer
stärkeren Altersabhängigkeit der antidromen sensiblen NLG gegenüber der orthodromen sensiblen NLG kann zumindest teilweise darauf zurückgeführt werden, daß bei der Ausmessung
der NLG bei der orthodromen Meßtechnik ein anderer Referenzpunkt verwendet wurde (positive Spitze) als bei Anwendung der antidromen Technik, bei der von den meisten Autoren
zur negativen Spitze des NAP ausgemessen wurde.
Diesbezüglich sind die widersprüchlichen Ergebnisse über die Altersabhängigkeit der sensiblen NLG des N. suralis interessant. DIBENIDETTO (1970) gab erstmals eine Methode für
die antidrome Messung der sensiblen NLG des N. suralis an. Der besondere Vorteil dieser
Methode war, daß der Abstand zwischen Reiz- und Ableiteelektrode kurz gehalten wurde.
Dies war zwar bei der angewendeten Untersuchungstechnik notwendig, da kein Mittelwertbildner verwendet wurde; die praxisorientierte Untersuchungstechnik von DIBENIDETTO

trug aber dazu bei, daß die Untersuchung des N. suralis zu einer Routinemethode wurde.
DIBENIDETTO verwendete bei dieser antidromen Technik als Meßpunkt die negative Spitze
und fand bei unter 50jährigen eine mittlere NLG des N. suralis von 52,1 m/sec, bei über
50jährigen einen Mittelwert von 46,2 m/sec. LaFRATTA und ZALIS (1973) fanden bei Anwendung der gleichen Untersuchungstechnik eine Alterskorrelation von -0,69. Im scheinbaren
Widerspruch dazu steht der Befund von BURKIT et al. (1974), die ebenfalls bei antidromer Untersuchung des N. suralis keine Altersabhängigkeit feststellen konnten. Diese
Autoren verwendeten aber als Referenzpunkt den Beginn der negativen Spitze, der am ehesten der positiven Spitze bei orthodromer Messung entspricht. Nach den eigenen Untersuchungen ist für die NLG S1 des N. suralis keine signifikante Altersabhängigkeit zu
sichern, während die NLG S2 des N. suralis eine geringe, aber signifikante Altershängig-
keit erkennen läßt. Diese Befunde erhärten die Beobachtung, daß unabhängig von der
orthodromen oder antidromen Ableitetechnik die NLG zur negativen Spitze deutlichere
Altersregressionen aufweisen als NLG-Messungen zur 1. positiven Spitze.

15.4.5.5 Linearität der Altersregressionen der NLG:

Die Frage, ob die NLG mit dem Alter überproportional abnimmt, kann nicht eindeutig beantwortet werden. Nach der ersten Beschreibung der Altersregression für den N. ulnaris
durch NORRIS et al. (1953) scheint eine lineare Anpassung für die motorische NLG des
N. ulnaris am besten geeignet zu sein. KYRAL (1967) betonte anhand der Messung der mot.
NLG des N. ulnaris bei 247 Personen mit einem Alter von 11 bis 78 Jahren, daß erst nach
dem 60. Lebensjahr eine signifikante Minderung der NLG zu beobachten war. Eine ähnliche
Beobachtung machten LAL und ANATHARAMAN (1974), die bei Männern zwischen dem 40. und
50. Lebensjahr, bei Frauen zwischen dem 50. und 60. Lebensjahr einen deutlichen Knick
in der Altersregression beobachteten. LUCCI (1969) fand für die NLG des N. medianus und
des N. ulnaris hochsignifikant unterschiedliche Altersregressionen für Personengruppen
unter und über 50 Jahren.
Um der "Nichtlinearität" möglichst gut Rechnung zu tragen, haben einige Autoren wie
BUCHTHAL et al. (1975) es vorgezogen, für manche NLG-Meßgrößen lineare Anpassungen für
unterschiedliche Altersbereiche anzugeben. Aus den eigenen Untersuchungen geht hervor,
daß für die meisten NLG des N. ulnaris durch Kehrwerte bessere Altersanpassungen als
durch lineare Funktionen zu erhalten sind. Das bedeutet wahrscheinlich eine Berücksichtigung des beschleunigten Alterungsprozesses im höheren Alter. Der Großteil der übrigen
NLG-Größen hat deutlichere Partialregressionen mit dem linearen Alter. Einschränkend
muß nochmals darauf hingewiesen werden, daß im eigenen Kollektiv nur Probanden bis zu
einem Alter von 72 Jahren waren.
Anhand einer Studie von MANKOVSKIJ und TIMKO (1973) wird deutlich, daß das Alter keine
einheitliche Größe ist. Die beiden Autoren zeigten anhand der Untersuchung des N. ulnaris und des N. peronaeus, daß etwa gleich große Unterschiede der Mittelwerte zwischen
den drei Altersgruppen: 18 bis 32 Jahre, 60 bis 74 und 75 bis 89 Jahren bestanden, daß
aber die Mittelwerte der NLG von den über 90jährigen sich nicht von denen der Alters-

gruppe zwischen 75 und 89 Jahren unterschieden. Im Gegenteil: Die Mittelwerte der NLG
dieser langlebigen Personen waren sogar etwas höher als bei der nächstjüngeren Altersgruppe. Dies weist darauf hin, daß der als Einflußgröße vorliegende Altersfaktor eine
biologische und eine chronologische Komponente hat. Langlebige Personen sind notwen-
digerweise biologisch jünger als ihre bereits verstorbenen Altersgenossen; es ist daher
nicht überraschend, daß sie höhere NLG haben als man aufgrund ihres Alters erwartet.
Der Alterseinfluß ist also keine einheitliche Größe.
Während die mittlere Lebensdauer der meisten Tierarten genau bekannt ist - also der
zeitliche Einfluß auf Alterungsprozesse im Mittel feststellbar ist - ist die einiger-
maßen exakte Bestimmung der Lebenserwartung für ein Individuum praktisch nicht möglich.
Der biologische Alterungsprozeß ist individuell verschieden, seine biologischen Korrelate und Einflußgrößen sind wenig bekannt. Infolge dieser Schwierigkeit muß man aber
von einer für prädiktive Zwecke geeigneten Stichprobe erwarten, daß die Heterogenität
des Alterungsvorganges repräsentiert ist. In einer Altersgruppe junger Personen sollen
Probanden mit rasch und langsam ablaufenden Alterungsvorgängen (Probanden mit kurzer
und hoher Lebenserwartung), in einer Altersgruppe des hohen Lebensalters Probanden mit
langsam ablaufenden Alterungsvorgängen (bzw. Probanden von hoher Lebenserwartung) repräsentiert sein. In einer Altersgruppe des mittleren Lebensalters wird man Personen finden, bei denen infolge stark fortgeschrittener Alterungsprozesse (eines hohen biologischen Alters) eine deutliche Erniedrigung der NLG-Meßwerte eingetreten ist und andere
Personen, bei denen sich die NLG-Meßwerte noch nicht verändert haben.
Derartige Schätzverfahren von altersbedingten Veränderungen bringen es mit sich, daß
die Schätzungen des Alterseinflusses nur für Populationen und nicht für Individuen gelten. Linearität oder Nicht-Linearität der Altersregression stellt vor allem eine Anpassung an die Population dar. Daraus folgt
a) Varianzinhomogenität: Es ist zu erwarten, daß die Varianzkomponenten für Alterseinflüsse in den verschiedenen Altersgruppen unterschiedlich sind. Dies ist im übrigen ein
Beispiel dafür, daß Varianzinhomogenität auch einmal ein Qualitätskriterium einer Stichprobe sein kann.
b) Da sich die Grundgesamtheit bezüglich ihrer Alterszusammensetzung ständig ändert,
sollten Untersuchungen zur Erfassung des Alterseinflusses auf abhängige Größen an repräsentativen Stichproben in bestimmten Zeitintervallen wiederholt werden.
c) Das Interesse am Ablauf des Alterungsvorganges des peripheren Nervs hängt mit der
Vorstellung zusammen, daß die Nervenfunktion weitgehend die Lebensdauer bestimmt. Der
Alterungsvorgang des Nervs geht an den einzelnen Nervenfasern vor sich. Die Versorgung
der Nervenfasern hängt von den altersbedingten Stoffwechseländerungen in den dazugehörigen Nervenzellen ab. Durch den Alterungsprozeß geht ein Teil der Nervenzellen und mit
ihnen ihre Neuriten zugrunde. Die Änderung der NLG im Laufe des Alters ist somit ein
Prozeß, der sich aus mehreren Komponenten zusammensetzt. Verlaufsuntersuchungen ermöglichen nur eine beschränkte Aussage über die Veränderung der Funktion einzelner Nervenfasern.

15.4.5.6 Unterschiede der Altersregressionen der NLG bei Männern und Frauen:

KEMBLE (1967) fand anhand von Partialregressionen signifikante Unterschiede zwischen Männern und Frauen. LANG et al. (1977) bestätigten diese Beobachtung, wobei sie ebenso wie KEMBLE bei Frauen eine geringere Abnahme der NLG mit zunehmendem Alter als bei Männern beobachteten. In den eigenen Daten fanden sich nur an der linken Körperseite signifikante Wechselbeziehungen zwischen Alter und Geschlecht nach Ausschaltung anderer Wechselwirkungen, insbesondere jener, die mit der Körpergröße zusammenhängen.

15.4.5.7 Die altersabhängigen Amplitudenveränderungen:

Nach den Beobachtungen von COTTRELL (1940), SWALLOW (1966), TACKMANN et al. (1976) nimmt die Faserdichte und auch die absolute Anzahl der Fasern im Laufe des Lebens ab. Dementsprechend ist eine Verminderung der Amplitude der NAP im Laufe des Lebens zu erwarten. TACKMANN et al. fanden einen semilogarithmischen Zusammenhang zwischen Amplitudenreduktion der NAP des N. medianus und des N. suralis und der Anzahl der Fasern, die einen Durchmesser über 11 μ hatten. Daraus kann man entnehmen, daß die altersbedingte Amplitudenreduktion im wesentlichen durch eine Verminderung dickkalibriger Neuriten eintritt. NIELSSEN (1973), BUCHTHAL et al. (1975) sowie LUDIN et al. (1977) gaben für die Altersregressionen der mit Nadelelektroden gemessenen Amplituden der NAP ebenfalls semilogarithmische Beziehungen an. Nach den eigenen Untersuchungen kann dieser Zusammenhang durch Wurzeltransformationen besser als mit logarithmischen Transformationen dargestellt werden, weil durch Wurzeltransformationen eine bessere Anpassung an die Normalverteilung ermöglicht wird. Die wurzeltransformierten Meßgrößen der Amplituden der NAP des N. ulnaris und des N. medianus am Handgelenk weisen sehr deutliche Altersabhängigkeiten auf. Dies gilt in geringerem Umfang auch für die Amplituden der motorischen Summenpotentiale.

15.4.6 Ursachen der Alterungsvorgänge an Nervenfasern:

COTRELL, der sich auf seine anschaulichen Beobachtungen stützt, nennt 3 Faktoren: 1. Eine Verminderung der Blutzufuhr könnte durch eine Vermehrung des Bindegewebes bedingt sein; die verminderte Blutzufuhr kann die Ursache des Parenchymtodes der Nervenfasern sein. Einige umschrieben von der Destruktion betroffene Gebiete ähneln Veränderungen, die man auch sonst im Körper nach Infarzierung beobachtet. 2.: Nervenfasern könnten durch Untergang der Zellkörper im Rückenmark oder in den Spinalganglien degenerieren. Veränderungen im Rückenmark und in den Spinalganglien könnten wiederum Folge einer veränderten Durchblutung in diesem Bereich sein. Die Vermehrung von Bindegewebe wäre dann ein sekundäres Phänomen. MANKOVSKIJ und TIMKO (1973) erwähnen, daß die im Alter zunehmenden ischämischen Vorgänge zu Stoffwechselveränderungen führen, wofür sie einen indirekten Nachweis bringen: Unter Ischämie verschwindet bei jungen Personen das motorische Reizantwortpotential regelmäßig bereits innerhalb einer halben Stunde, bei alten Personen erst nach 40 Minuten. Die Erholungsphase beträgt bei jungen Personen einige Minuten, während sie bei alten Personen über eine halbe Stunde hinausgeht. Die unterschiedliche Reaktion wird auf eine erhöhte Glycolyse im peripheren Gewebe bezogen. Als 3. Ursache erwähnt COTRELL, daß unabhängig von einem Gefäßverschluß eine Degeneration von Nervenfasern erfolgen kann. Eine derartige Vorstellung wird auch von MANKOVSKIJ und TIMKO geteilt, die eine Reihe von Arbeiten russischer Autoren erwähnen, aus denen hervorgeht, daß destruktive und atrophische Veränderungen in den terminalen Nervenanteilen des Muskels gefunden werden können. Das neurophysiologische Korrelat dieser Veränderung soll die Amplitudenverminderung des evozierten motorischen Potentials sein. Man kann mit COTRELL annehmen, daß alle drei Faktoren ineinandergreifen. Letztlich sind alle diese Veränderungen Ausdruck einer verminderten Erneuerung von Struktur und Funktion in der Spätetappe der Ontogenese (MANKOVSKIJ und TIMKO, 1973).

BURNET (1978) beschreibt Alterungsprozesse als Folge von Veränderungen der genetischen Substanz. Die großen DNS- oder RNS-Moleküle, die die Information tragen, kontrollieren die Enzymsysteme. Die Zellen des zentralen Nervensystems vermehren sich bei dem erwachsenen Menschen nicht mehr. Während des Lebens treten zunächst in einem kleinen Anteil, später in einem immer größer werdenden Anteil von Zellen Fehler in der DNS- und RNS-Substanz auf. Diese bedingen wiederum sekundäre Fehler in den Enzymen und in den anderen genetischen Produkten. Eines Tages betrifft der Fehler Enzyme, die für die Proteinsynthese der Zelle verantwortlich sind; dieser Prozeß, der nach ORGEL (1964) unter dem Begriff der Fehlerkatastrophentheorie bekannt geworden ist, führt letztlich zum tödlichen Zellende. Zu viele Enzyme arbeiten falsch oder sind inaktiv, die Zelle kann nicht weiterleben. Dieser Prozeß ist bei der Nervenzelle unvermeidlich. Die Frage nach der Auslösung dieses Fehlerprozesses wird von den Gerontologen sehr unterschiedlich betrachtet. Somit lassen sich mehrere Angriffspunkte des Alterungsprozesses herausschälen:

1. der Zelltod, und zwar nicht bedingt, wie CORTRELL annahm, durch primäre vaskuläre Veränderungen, sondern durch einen Zusammenbruch der Zellorganellen infolge von Steuerungsfehlern durch die genetische Substanz selbst (Fehlerkatastrophentheorie);

2. es treten mit zunehmendem Alter zweifelsfrei vaskuläre Veränderungen im peripheren Nerv auf, die zu ischämiebedingten Veränderungen führen. Wie unter experimentellen Bedingungen beobachtet (CRAGG und THOMAS 1964, LEHMANN und PRETSCHNER 1966 sowie BERRY et al. 1944 und VIZOSO und YOUNG 1948) kommt es unter Ischämie zu einer partiellen Demyelinisierung und zu einer Schädigung des Achsenzylinders; diese Veränderungen müssen aber nicht zu einem bleibenden Ausfall führen, sondern können sich etwa nach Wiederherstellung einer ausreichenden Durchblutung zurückbilden. Die morphologischen Substrate sind dann regenerative Veränderungen mit einem veränderten Aufbau der Myelinscheiden, die insbesondere kürzere und gleichmäßigere internodale Abstände erkennen lassen (VIZOSO 1958).

3. Exogene Faktoren wie äußere Gewalteinwirkungen, "Mikrotraumen" und andere können an den Neuriten ähnliche Veränderungen bedingen, wie sie unter Ischämie zu beboachten sind. Einen weiteren Faktor könnte man in der Veränderung der Stoffwechsellage des peripheren Nervs sehen. MANKOVSKIJ und TIMKO (1973) erwähnen die Bedeutung der Zunahme der

Glycolyse (WERTHEIMER und BEN-TOR 1961), die Ausdruck der zunehmenden Hypoxie sein kann oder im Zusammenhang mit einer Veränderung des enzymatischen Musters zu sehen ist. Möglicherweise sind die Stoffwechselveränderungen im peripheren Nerv als Folge der ersterwähnten Faktoren aufzufassen und nicht so sehr Ausdruck eines eigenständigen Ablaufs eines Alterungsprozesses.

15.5 Der Einfluß der Körpergröße:

Als LANG und BJÖRQVIST (1971) erstmals den Einfluß konstitutioneller Merkmale auf die motorische und auf die antidrome sensible NLG untersuchten, erwarteten sie einen "kompensatorischen" Anstieg der NLG mit Zunahme der Körperlänge. Zu ihrer Überraschung stellten sie fest, daß nahezu alle von ihnen untersuchten NLG-Meßgrößen negativ mit anthropometrischen Größen, insbesondere mit der Körperlänge korreliert waren. In dieser ersten Untersuchung an 15 Männern und 15 Frauen gleichen Alters wurden die Einflüsse der Temperatur durch ein Paraffinbad mit einer Anwärmezeit von mehr als 20 Minuten möglichst konstant gehalten. In einer späteren Untersuchung an einem größeren Probandenkollektiv (LANG et al. 1977), bei dem die Temperatureinflüsse nicht konstant gehalten wurden, fanden die Autoren wiederum signifikante negative Korrelationen zwischen der Körperlänge und mehreren NLG-Meßgrößen.

15.5.1 Eigenständigkeit der Wirkung der Körpergröße auf die NLG:

Die eigenen Untersuchungen (GUTJAHR 1974, 1976, 1979) bestätigen die Beobachtungen von LANG und BJÖRQVIST. Aus den multiplen Regressionen ist zu ersehen, daß für die meisten NLG-Meßgrößen sehr deutliche negative Partialkorrelationen mit der Körpergröße vorliegen. Sämtliche signifikanten part.RK der Körpergröße sind mit der NLG negativ korreliert oder weisen positive Werte auf, wenn Kehrwerte der Körpergröße verwendet wurden. Bei den meisten NLG-Meßgrößen war eine bessere Anpassung durch Verwendung der Kehrwerte der Körpergröße zu erreichen.
Der Vergleich der Absolutbeträge der Beta-Gewichte untereinander (Tab. 58) läßt den unterschiedlichen Einfluß der Körpergröße auf verschiedene Nerven und -segmente erkennen. Ganz allgemein zeigt sich, daß die motorischen NLG an vergleichbaren Strecken gering größere Beta-Gewichte als die NLG S1 aufweisen. Die Beta-Gewichte der NLG S2 sind meist noch etwas niedriger als jene der NLG S1. Die Beta-Gewichte für die motorische und sensible NLG des N. ulnaris und des N. medianus am Unterarm liegen zwischen -0,26 bis -0,33; die Beta-Gewichte des N. peronaeus, des N. tibialis und des N. suralis am Unterschenkel liegen zwischen -0,31 bis -0,42. Der Einfluß der Körpergröße wirkt sich also an den unteren Extremitäten deutlicher als an den oberen Extremitäten aus. Im Bereich der distalen Strecken (sensible NLG der Hand, distale motorische NLG) ist der Einfluß der Körpergröße wesentlich geringer oder nicht nachweisbar, was in Einklang mit den Erstbeobachtungen von LANG und BJÖRQVIST (1971) steht. Es finden sich keine wesentlichen Unterschiede in den Einflüssen der Körpergröße auf die NLG des N. peronaeus und des N. tibialis oder zwischen den Einflüssen auf die NLG des N. medianus und die des N. ulnaris.

*   Aus dem Muster der Beta-Gewichte läßt sich erkennen, daß besonders lange Nerven-
*   strecken mit der Körpergröße negativ korreliert sind.

Die Einflüsse der Körpergröße unterscheiden sich in charakteristischer Weise von denen
des Alters. Darin kann man einen Beleg für die Eigenständigkeit der Wirkung der Körpergröße auf die NLG sehen.

15.5.2 Ausmaß der Wirkung der Körpergröße auf die NLG-Größen (im Vergleich zu den Wir-
kungen anderer Einflußgrößen):

Insgesamt ist nach den eigenen Untersuchungen der Einfluß der Körpergröße auf die NLG
genauso bedeutsam wie der des Alters. Es ist daher erstaunlich, daß bisher keine weiteren neurographischen Untersuchungen existieren, die diesen Zusammenhang belegen. Der
Einfluß der Körpergröße auf die NLG zeigt sich auch an den einfachen Regressionen der
mot. NLG des N. ulnaris am Unterarm und der mot. NLG des N. peronaeus am Unterschenkel
(Tab. 10, Tab. 38).
Aus den eigenen Befunden ergibt sich, daß die Körpergröße bei 14 von 25 verschiedenen
NLG-Meßgrößen signifikant wirksam ist. Der Einfluß des Alters ist bei 16 von 25 NLG-Meßgrößen signifikant. Der Einfluß der Temperatur war bei 15 von 25 NLG-Meßgrößen als
signifikant erkennbar. Aus diesen einfachen Vergleichen ist zu erkennen, daß die Körpergröße eine Einflußgröße ist, die in ihrer Bedeutung der Wirkung des Alters und der Wirkung der Temperatur auf die NLG nicht nachsteht.

15.5.3 Erklärungsversuche für die negative Korrelation zwischen Körpergröße und NLG:

Die Beobachtungen von LANG und BJÖRQVIST sollten zunächst unabhängig von experimentellen Erfahrungen betrachtet werden.
Die Abnahme der NLG mit zunehmender Körpergröße kommt manchen Befunden aus der allgemeinen Biologie nahe. Herzrate und Stoffwechselvorgänge sind bei Tieren von kleiner Körpergröße viel höher als bei großen Tieren. Die Spitzmaus muß ein Mehrfaches des eigenen
Körpergewichtes pro Tag aufnehmen, um die notwendige Energie für den Stoffwechsel be-
reitzustellen. Herzrate, Atmung und der Energieverbrauch für die notwendigen meta-
bolischen Prozesse sind, bezogen auf ein 1 g Körpergewicht, bei kleinen Säugern um ein
Vielfaches höher als etwa beim Menschen oder beim Elefanten. Auch innerhalb einer Tier-
art finden sich von der Körpergröße abhängig unterschiedlich rasche Stoffwechselvorgänge: Die Körpertemperatur von Ferkeln beträgt im Mittel 39° im Gegensatz zu der um 2°
niedrigeren Temperatur ausgewachsener Schweine. Es scheint eine allgemeine Gesetzmäßigkeit darin zu bestehen, daß kleine Organismen im Vergleich zu großen pro Zeiteinheit
relativ mehr Energie verbrauchen, um ihre vitalen Funktionen aufrechterhalten zu können. In den eigenen Daten fand sich diesbezüglich auch ein überraschender Befund: Große
Personen haben eine signifikant niedrigere Körpertemperatur als kleine Personen; diese
Beziehung konnte anhand von verschiedenen anthropometrischen Maßen nach CLARK (1956)
statistisch abgesichert werden (s. Tab. 4, Abb. 30). Das unterschiedliche Tempo der
Stoffwechselvorgänge wirkt sich auf die Lebenserwartung aus. BURNET (1978) gab an, daß

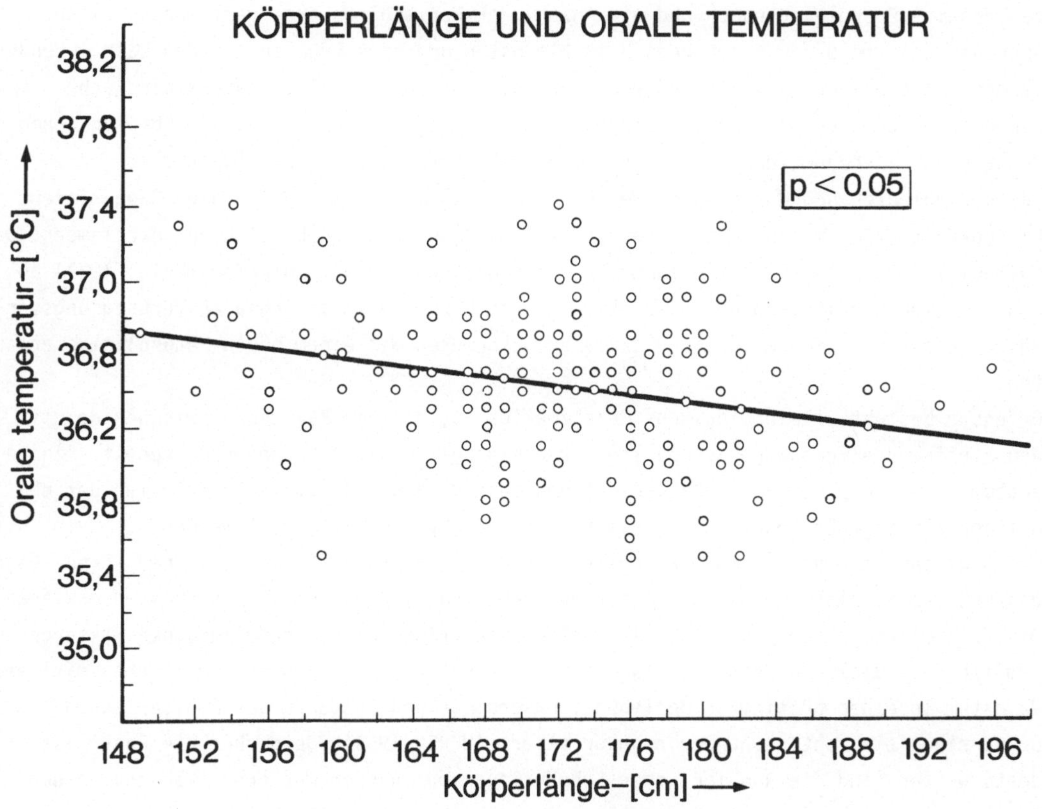

Abb. 30

Als Nebenbefund ergibt sich eine negative Korrelation zwischen Körperlänge und oraler Temperatur.

der gesamte Energieverbrauch und die Anzahl der Herzschläge pro Gramm Körpergewicht über die gesamte Dauer des Lebens beim kleinsten und beim größten auf dem Land lebenden Säuger von etwa der gleichen Größenordnung sind. Bezogen auf die unterschiedliche Lebenserwartung von kleinen und größeren Säugern ergibt sich aus dieser "biologischen Konstanten" wiederum, daß bei Säugern kleiner Körpergröße die Stoffwechselvorgänge rascher ablaufen und daher auch die NLG höher sein müßten als bei großen Säugetieren. Ein bekannter Zusammenhang zwischen Stoffwechsel und NLG ergibt sich aus der Temperaturabhängigkeit der Impulsfortleitung. Da die NLG durch die Natriumpumpe (KATZ, 1971) an den Energiehaushalt gekoppelt ist, kann man in Lebewesen mit langsamen Verbrennungsvorgängen niedrigere Meßwerte der NLG als bei Lebewesen mit einem hohen Metabolismus erwarten.

Offenbar besteht eine biologische Gesetzmäßigkeit, die die Beziehung zwischen den mit den Stoffwechselvorgängen gekoppelten Erscheinungen und der Körpergröße regelt. Einige anatomische und physiologische Befunde und eben auch die negative Korrelation der NLG mit der Körpergröße können als Auswirkung dieses Systems aufgefaßt werden.

Die möglichen morphologischen Korrelate für die negative Beziehung zwischen Körperlänge und NLG lassen sich anhand von Literaturangaben nur mit Hilfe von Konstrukten erklären. Die zwei wichtigen, die NLG sehr wesentlich beeinflussenden morphologischen Faktoren, nämlich Faserdicke und Abstände zwischen den Ranvier'schen Schnürringen stehen mit dem Wachstum in einer bestimmten Beziehung. Faserdicke und Abstände der Ranvier'schen Schnürringe sind untereinander hochkorreliert (HURSH 1939). Je dicker die Faser ist, desto weiter sind die Ranvier'schen Schnürringe voneinander entfernt. Während in der Gewebekultur die Schwann' schen Zellen eine Ausdehnung von 150 bis 300 u aufweisen (WEISS und YOUNG, 1945), erreichen sie beim Erwachsenen eine Längenausdehnung längs des Nervs bis zu 1 mm. Die in der Gewebekultur beobachtete Ausdehung der Schwann'schen Zellen entspricht aber der Entfernung der Ranvier'schen Schnürringe zur Zeit der Myelinisierung. Nach abgeschlossener Myelinisierung bleibt die Anzahl der Ranvier'schen Schnürringe konstant, während die internodalen Abstände mit dem weiteren Wachstum zunehmen (BOYCOTT, 1904, s. Abb. 31). VIZOSO (1950) und THOMAS (1955) fanden eine direkte Beziehung zwischen internodaler Länge und dem Längenwachstum jener Bereiche, in denen der Nerv liegt. Wegen der korrelativen Beziehungen zwischen Faserdicke und den internodalen Abständen müßte man erwarten, daß die zuerst myelinisierten Fasern, die infolge des Wachstums die größten internodalen Abstände aufweisen, die dicksten Fasern sind. Da nun die NLG linear mit den Abständen der Ranvier'schen Schnürringe korreliert ist, müßte man folgern, daß die NLG bei Individuen mit besonders starken Wachstumsvorgängen höher als bei Individuen mit langsameren Wachstumsvorgängen sind.

Für alle Faserpopulationen finden sich negative Korrelationen zwischen NLG und Körpergröße, wenn auch die langsamer leitenden Fasern diesbezüglich einen etwas weniger deutlichen Zusammenhang erkennen lassen. In Übereinstimmung mit den bekannten histologischen Befunden ist anzunehmen, daß die langsam leitenden sensiblen Fasern dünner als die dickkalibrigen Fasern sind. Andererseits ist bekannt, daß nicht alle Fasern zur

NERVENWACHSTUM, VERÄNDERUNG DER INTERNODALEN ABSTÄNDE UND ANZAHL DER INTERNODI
nach BOYCOTT (1904)

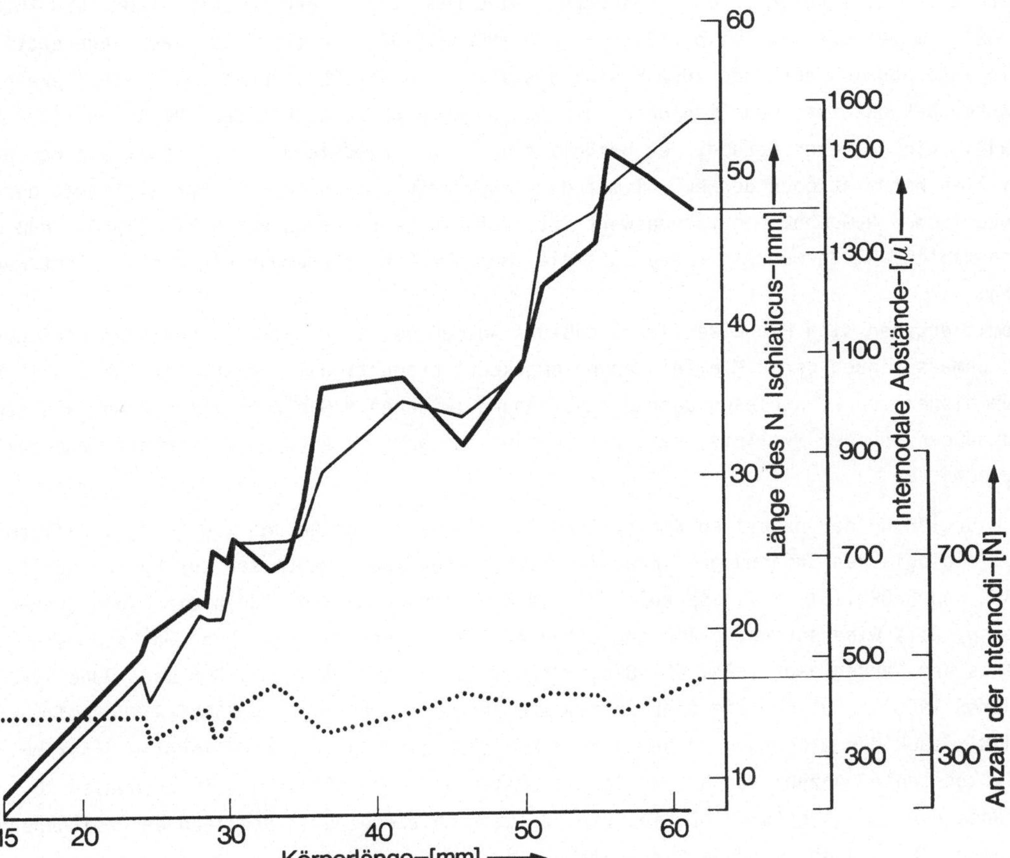

Abb. 31

gleichen Zeit myelinisiert werden (REXED 1944). THOMAS (1955) beobachtete, daß die dünneren Fasern später myelinisiert werden und einen geringeren Durchmesser haben. Dadurch sind diese Fasern vom späteren Wachstum weniger betroffen als die früh myelinisierten Nervenfasern, ihre internodalen Abstände sind dementsprechend kürzer (VIZOSO und YOUNG 1948). Im weiteren ist nach LASCELLES und THOMAS (1966) bekannt, daß nach Regeneration die internodalen Abstände kürzer sind als sonst und die NLG, soweit dies von Tierexperimenten bekannt ist, deutlich unter den Ausgangswerten zurückbleiben (BERRY et al., 1944). Ein weiterer Befund, der bezüglich der etwas niedrigeren Absolutbeträge der partiellen Korrelationen der NLG S1 mit der Körpergröße gegenüber den Korrelationen der motorischen NLG-Größen erwähnenswert ist, ist die Beobachtung von REXED (1944), daß die (sensiblen) Hinterwurzeln später als die (motorischen) Vorderwurzeln myelinisiert werden.

Somit ergeben sich Hinweise dafür, daß das Ausmaß des Wachstums von Neuriten gleicher Durchmesser nach deren Myelinisierung umgekehrt proportional zur NLG ist (Abb. 32). Aus den bisherigen Kenntnissen über die Beziehung zwischen NLG einerseits und den Wachstumsvorgängen und der Myelinisierung der Nervenaxone andererseits wäre aber das Gegenteil zu erwarten.

Zur Erklärung der negativen Korrelation zwischen Körpergröße und NLG, die mit allgemeinen biologischen Erfahrungen vereinbar ist, stehen zwei Hypothesen zur Verfügung: 1. LANG und BJÖRQVIST (1971) spekulierten, daß bei größeren Individuen die Axone dünner seien. Dies widerspricht allen bekannten histologischen Befunden über Wachstum und Dicke der Nervenfaser (RANVIER 1875, BOYCOTT 1904, YOUNG 1945, VIZOSO und YOUNG 1948, THOMAS 1955). Legt man die tierexperimentellen Beobachtungen von RANVIER, BOYCOTT und THOMAS auch den Wachstumsvorgängen beim Menschen zugrunde, so sind infolge einer relativ konstanten Anzahl von Schwann'schen Zellen pro Nervenfaser die internodalen Abstände nur vom Wachstum abhängig. Dies zeigt sich tierexperimentell an der weitgehend linearen Beziehung zwischen Körpergröße und internodalem Abstand. Demnach liegen bei großen Personen größere internodale Abstände als bei kleinen Personen vor; die Annahme des Vorliegens dünnerer Nervenfasern bei größeren Personen wäre wegen der strengen Korrelation zwischen Faserdurchmesser und internodalem Abstand (VIZOSO 1950) nicht haltbar.

2. Hypothese: Geht man von der Annahme einer seriellen Impulsfortpflanzung aus, wie sie im Kapitel: "Eine ergänzende Hypothese zur Impulsfortpflanzung" dargestellt wurde, so kann man die negative Korrelation zwischen NLG und Körpergröße zwanglos erklären. Nach diesen Überlegungen ist es wahrscheinlich, daß bei ausreichendem Längsstrom hintereinander an mehreren Internodi fast synchron Membranpotentiale entstehen. Die Befunde von TASAKI (1953, 1959) belegen diesen Sachverhalt, der sich auch aus der Annahme eines Sicherheitsfaktors für die Impulsfortpflanzung ergibt. Das am weitesten entfernte, an einem Schnürring entstandene NAP löst wieder eine Serie von Depolarisationen aus. Infolge der Refraktärzeit kann nur von jenem Internodus ein Impuls zu nicht erregten Schnürringen fortgeleitet werden, der am weitesten in der Stromausbreitungsrichtung

Körperwachstum und Einfluß der Körperlänge auf die NLG

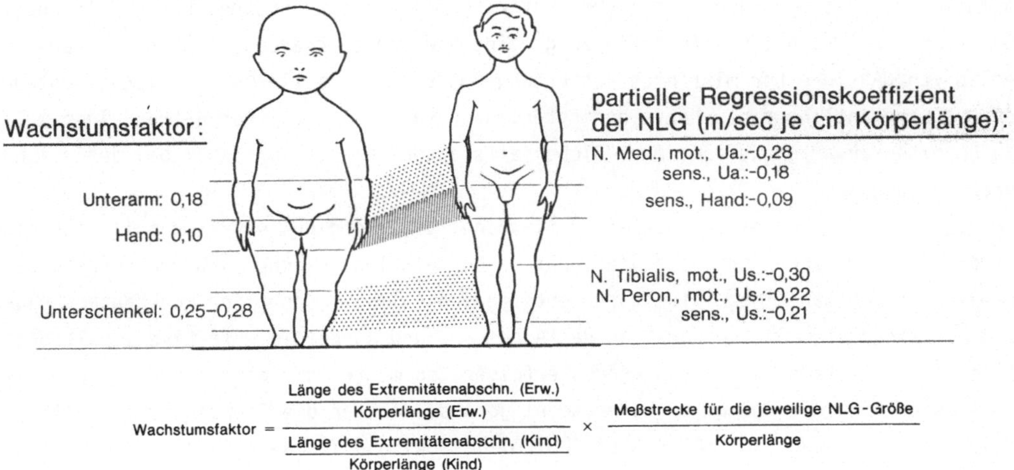

Abb. 32

Es besteht eine deutliche Anologie zwischen den Wachstumsfaktoren der Extremitätenabschnitte mit den entsprechenden partiellen Regressionskoeffizienten der NLG für die Körperlänge.

liegt. Würde an jedem Internodus ein NAP erst entstehen müssen, das für die Fortleitung des Impulses notwendig wäre, dann könnten die maximal gemessenen NLG-Beträge an myelinisierten Fasern nicht die bekannten Werte erreichen. Es wurde bereits erwähnt, daß die maximalen NLG-Beträge dann fast sicher unter 50 m/sec liegen müßten. Unter Zugrundelegung einer seriellen Impulsfortpflanzung zeigt die grobe Schätzung folgendes: Wenn Serien von NAP in einer mittleren Entfernung von 6 mm in mittleren zeitlichen Abständen von 0,1 msec entlang eines Nervs auftreten, dann kann ein mittlerer Betrag einer NLG von 60 m/sec erwartet werden. Der "Sicherheitsfaktor" wirkt sich daher bei jeder Impulsfortpflanzung aus.

Die Hypothese der seriellen Impulsfortpflanzung ist allerdings experimentell noch nicht belegt. Man kann aber durch sie die negative Korrelation zwischen NLG und Körpergröße erklären. Nimmt man einen (biologisch entstandenen) Impuls von einer konstanten Spannung bei konstantem Innenwiderstand des Axons an, und würde die effektive Impulsfortpflanzung von Internodus zu Internodus erfolgen, so müßte infolge der raschen passiven Stromausbreitung die NLG um so höher sein, je ausgedehnter die Schwann'schen Zellen sind. Die Befunde von RANVIER (1875), BOYCOTT (1904) und THOMAS (1955) lassen, wie erwähnt, erwarten, daß bei großen Personen die internodalen Abstände größer als bei kleinen Personen sind, daher müßten bei Annahme einer Impulsfortpflanzung von Internodus zu Internodus die NLG höher sein, was aber nicht der Fall ist. Unter der Annahme der seriellen Impulsfortpflanzung könnte folgendes passieren: Bei einer Nervenfaser A treten an 5 Internodi hintereinander fast synchron NAP auf. Zwischen dem 4. und dem 5. Internodus reicht der Längsstrom eben noch zur Auslösung des Auftretens eines Membranpotentials am 5. Internodus aus. Bei einer Nervenfaser B sind die Schwann'schen Zellen weiter ausgedehnt. Unter der Annahme eines gleichgroßen Impulspotentials und des gleichen Spannungsabfalles wie im Fall A erreicht diese Impulsserie nicht mehr den 5. Internodus; der (elektrotonische) Spannungsabfall zwischen der 4. und 5. internodalen Strecke ist zu groß, um am 5. Internodus eine aktive Membrandepolarisation zu bewirken. Die nächste Impulswelle geht also bei der Nervenfaser B von dem davorliegenden, dem 4. Internodus aus. Somit kann bei der Nervenfaser B mit den längeren internodalen Abständen durch das schlechtere Verhältnis zwischen Impulsstärke und internodaler Länge ein häufigerer Aufbau von Axonpotentialen erforderlich sein, was insgesamt zu einer langsameren Fortleitung des Impulses führt. Auf eine genaue Beschreibung der Beziehung, die wahrscheinlichkeitstheoretische Überlegungen bemühen muß, soll hier verzichtet werden.

Die weiteren Folgerungen ergeben sich aus dem vorher Gesagten:
Infolge von Wachstumsvorgängen finden sich bei größeren Personen im Mittel längere internodale Abstände als bei kleinen Personen, die serielle Impulsfortpflanzung erfolgt bei großen Personen im Mittel langsamer als bei kleinen Personen. Der dieser Impulsausbreitung entgegenwirkende Leckstrom an den Internodi selbst scheint von zweitrangiger Bedeutung zu sein (MOORE et al. 1978).

15.6 Der Einfluß des Körpergewichtes:

Ein Einfluß des Körpergewichtes auf die NLG wurde in der Literatur bisher nicht beschrieben. KEMBLE (1967) konnte anhand von Partialkorrelationen zeigen, daß der Armumfang einen signifikanten Effekt auf die Amplitude des NAP hat.

In den eigenen Daten wurden 3 signifikante, positive Partialkorrelationen zwischen NLG und Gewicht gefunden: Die NLG S1 und die NLG S2 des N. ulnaris an der Hand und die NLG S1 des N. peronaeus am Unterschenkel sind mit dem Gewicht positiv korreliert.

Die Dauer der Potentiale hängt in einem wesentlich bedeutenderem Ausmaß vom Gewicht ab als die NLG-Größen. Die Dauer der NAP des N. medianus und des N. ulnaris in der Axilla sowie die Dauer des NAP des N. suralis in der Kniekehle sind signifikant positiv mit dem Gewicht korreliert: Die Dauer wird um so länger, je höher das Körpergewicht eines Individuums ist. Ursache dafür könnten die Unterschiede in der passiven Potentialausbreitung sein, weil die Entfernung zwischen Nerv und Oberflächenelektrode bei dicken Personen größer als bei schlanken ist.

Die Amplituden der mot. SP des N. medianus und des N. tibialis weisen signifikant negative Partialkorrelationen zum Gewicht auf. Dies deutet darauf hin, daß bei Registrierung vom M. abductor pollicis brevis und vom M. flexor digitorum brevis mit Oberflächenelektroden bei dickeren Personen niederamplitudigere Reizantworten zu erwarten sind. Aus den multiplen Regressionen der Amplituden läßt sich erkennen, daß die Amplituden der sensiblen NAP des N. medianus und des N. ulnaris am Handgelenk nicht gewichtsabhängig sind. Dem scheint die klinische Erfahrung zu widersprechen, daß sich die NAP bei dicken Personen niederamplitudiger als bei schlanken Personen darstellen. Tatsächlich ist die einfache Regression zwischen Gewicht und Amplitude der oben erwähnten NAP hochsignifikant negativ. Der Betrag des einfachen Regressionskoeffizienten liegt in der Größenordnung des einfachen Regressionskoeffizienten für das Alter. Nun ist aber das Alter wiederum mit dem Gewicht relativ hochkorreliert (R = 0,26). Bei schrittweiser und nicht hierarchischer Anordnung der Einflußgrößen wird jene Größe als erste analysiert, deren part. RK den höchsten Wert hat. In der Bestimmung des Einflusses von Alter, Gewicht usw. auf die Amplitude war der Einfluß des Alters größer als jener des Gewichtes; daher wurde die Einflußgröße "Alter" zuerst in die multiple Regressionsgleichung hineingenommen. Das Gewicht hatte nach Berücksichtigung des Alters keinen Einfluß mehr auf die Amplitude des NAP; die Amplitudenreduktion des NAP des N. medianus oder ulnaris am Handgelenk ist von einer zusätzlichen Wirkung des Gewichtes sowohl in additiver als auch in multiplikativer Hinsicht (s. Wechselwirkungen) unabhängig. Über die Kausalität des Einflusses des Alters oder des Gewichtes kann man sich streiten. Dem allgemeinen Verständnis entspricht es aber zu sagen, daß man dicker wird, wenn man älter wird und nicht umgekehrt. Deshalb hätte man auch bei einer hierarchischen Anordnung der multiplen Regression das Alter vor dem Gewicht berücksichtigen müssen.

15.7 Der Einfluß des Geschlechtes (Abb. 28, 29):

LaFRATTA und SMITH (1964) wiesen als erste signifikante Geschlechtsdifferenzen der mot.
NLG des N. ulnaris nach: Bei einer beidseitigen Untersuchung von 7 Männern und 7 Frauen
fanden die Autoren bei Frauen im Mittel eine signifikant höhere NLG auf der nicht dominanten Seite. Bei einer Wiederholungsuntersuchung mit 20 Frauen und 20 Männern der gleichen Altersgruppe zeigten sich wiederum signifikante Unterschiede der Mittelwerte: bei
Frauen betrug der Mittelwert 54,7 m/sec, bei Männern 51,3 m/sec. Über ein ähnliches Ergebnis berichtet GREGERSEN (1967), der eine signifikant höhere NLG des N. ulnaris bei
Frauen feststellen konnte.

Von keinem anderen Autor wurden bisher signifikante Geschlechtsunterschiede der NLG
festgestellt, man fand aber, daß eine Reihe von Einflußgrößen bei Männern und Frauen
verschieden wirken. Als erster wies KEMBLE (1967) nach, daß unterschiedliche Altersabhängigkeiten bei Männern und bei Frauen bestehen: die motorische, sensible und ge-
mischte NLG nahm bei Männern im Laufe des Lebens signifikant deutlicher als bei Frauen
ab. Ähnlich fand KEMBLE deutlichere altersabhängige Veränderungen der Amplituden und
der Dauer der NAP bei Männern als bei Frauen, ohne daß er die Differenzen der Mittelwerte herausstellte. LANG und BJÖRQVIST (1971) und LANG et al. (1977) fanden ebenfalls
deutliche Geschlechtsunterschiede: bei Frauen fanden sie eine wesentlich stärkere NLG-
Abnahme mit zunehmender Körpergröße, wenn Alterseinflüsse und Temperatureinflüsse weitgehend ausgeschlossen waren. In der 1977 von LANG et al. veröffentlichten Arbeit finden
sich höhere negative Partialkorrelationen bei Männern als bei Frauen für das Alter; die
Beziehung zwischen Körpergröße und sensibler NLG des N. radialis, suralis und peronaeus
ließ keine einheitliche Geschlechtsdifferenz erkennen. Für alle Nerven wurden in dem
Kollektiv von 38 Männern und 50 Frauen kovarianzanalytisch signifikante Unterschiede
der NLG zwischen Männern und Frauen festgestellt. LANG et al. (1977) wollten offensichtlich die methodische Bereicherung durch die Berücksichtigung mehrerer Einflußgrößen be-
tonen, weil sie auf die Mitteilung der Mittelwerte verzichteten. Das Ausmaß und die
Richtung der Mittelwertunterschiede der untersuchten sensiblen NLG können dieser Arbeit
nicht entnommen werden.

In den eigenen Untersuchungen finden sich sehr deutliche Geschlechtsunterschiede der NP
(Abb. 28, 29). Diese zeichnen sich zum Teil deutlicher an den einfachen Regressionen
ab, so an den motorischen NLG des N. medianus an der Hand, am Unterarm und am Oberarm,
an der motorischen NLG des N. peronaeus am Unterschenkel; sie sind an der NLG S2 des N.
ulnaris am Unterarm oder an der NLG S2 des N. suralis zu erkennen. Ähnlich wie für den
Zusammenhang zwischen Alter und Gewicht finden sich hochsignifikante Zusammenhänge zwischen dem Geschlecht, der Körpergröße und dem Gewicht (Tab. 4). Es können also bei ge-
schlechtsspezifischen Unterschieden von NP kovariierende Faktoren eine Rolle spielen,
wenn deren Einfluß nicht berücksichtigt wird. Hier wird deutlich, daß man einfache Korrelationen nicht ohne Berücksichtigung der Wirkung weiterer Einflußgrößen interpretieren darf. Werden die Wirkungen aller (bekannten) Einflußgrößen durch die multiple
Regression berücksichtigt, so können signifikante oder sogar hochsignifikante Ge-

schlechtsunterschiede bei einer Reihe von NLG-Meßgrößen festgestellt werden
(s. Abb. 28).
Allen diesen Befunden ist gemeinsam, daß bei Frauen die NLG- Meßwerte im Mittel höher
sind als bei Männern. Insbesondere zeigt sich, daß die NLG-Meßgrößen des N. ulnaris und
die distalen motorischen NLG geschlechtsspezifisch verschieden sind. Weitere signifikante Geschlechtunterschiede zeigen sich anhand der NAP des N. ulnaris und des
N. medianus am Handgelenk: Dauer und Amplitude sind bei Frauen länger bzw. größer als
bei Männern.
Die Unterschiede in der Dauer und in der Amplitude der NAP könnten auf topischen Besonderheiten des N. ulnaris und des N. medianus am Handgelenk beruhen. Die geschlechts-
spezifischen Unterschiede der NLG müssen aber andere Ursachen haben. Vergleichende morphometrische Befunde bei Männern und Frauen sind nicht bekannt. Eine spekulative Hypothese müßte lauten, daß der N. ulnaris bei Frauen aus einer größeren Anzahl von Fasern
(längere Dauer) mit größerem maximalen Einzelfaserdurchmesser (höhere Amplitude und
höhere maximale NLG-Meßwerte bei Frauen als bei Männern) besteht.

15.8 Der Einfluß der Meßstrecke:

Seit HELMHOLTZ und BAXT (1868, 1870) ist bekannt, daß die NLG des N. medianus am Unterarm niedriger ist als am Oberarm. Daraus könnte man den Schluß ziehen, daß die NLG-Meßwerte auch innerhalb eines Segmentes, etwa am Unterarm um so niedriger sind, je weiter
distal der untersuchte Nervenabschnitt liegt.
Die Bedeutung der Meßstrecke als unabhängiger Faktor fiel im Zusammenhang mit der Untersuchung von Extremwerten der mot. NLG und der sensiblen NLG des N. ulnaris im Sulcus
auf. Es wurde nämlich angenommen, daß die Streuung umgekehrt proportional zur Meßstrecke und zur Latenz sein müßte: je kürzer die Meßstrecke oder die Zeitmessung, desto
größer sollte die Fehlervarianz sein. Beide Annahmen erwiesen sich als unrichtig: Die
Streuung der NLG war bei kurzen Meßstrecken nicht wesentlich anders als bei längeren
Meßstrecken. Es wurde eine positive Korrelation zwischen NLG und Meßstrecke gefunden.
Dieser Zusammenhang bestätigte sich bei nahezu allen übrigen Nervensegmenten.
Als Erklärung bietet sich zunächst ein systematischer Meßfehler in der Zeitmessung an,
etwa eine stets um eine Konstante zu große Messung. Allerdings zeigt schon eine über-
schlägige Rechnung, daß damit eine Variabilität dieses Ausmaßes nicht erklärt werden
kann.
Gegen die Verwendung der Meßstrecke als Prädiktor könnte man einwenden, daß die Meßstrecke in die Berechnung der NLG eingeht. In dieser Berechnung ist aber nicht die
unterschiedliche Geschwindigkeit der Impulsausbreitung auf verschieden langen Strecken
ein und desselben Nervensegmentes berücksichtigt. Diesem Sachverhalt kann man bei der
Erstellung von Erwartungswerten Rechnung tragen, indem ein additives Glied für die
Schätzung der NLG in Abhängigkeit vom Betrag der Meßstrecke hinzugefügt wird. Dadurch
erhält man einen Erwartungswert der NLG, der je nach dem Betrag der Meßstrecke verschieden groß ist: Für kurze Meßstrecken wird eine andere NLG als für lange Meßstrecken er-
erwartet.

Hohe Interkorrelationen zwischen den Einflußgrößen liegen nicht vor. Dies betrifft insbesondere die Beziehung zwischen Körpergröße und Meßstrecke. Zunächst könnte man ja erwarten, daß größere Individuen längere Meßstrecken haben. Die Körperlänge ist negativ, die Meßstrecke positiv mit der NLG korreliert. Heben sich diese Wirkungen etwa gegenseitig auf? Wird die Meßstrecke nicht in der multiplen Regression berücksichtigt, so ändert sich an den Beträgen der partiellen RK der Körpergröße bei den verschiedenen NLG-Meßgrößen nahezu nichts; R^2 wird um den Betrag geringer, den die Meßstrecke zur Varianzverminderung beitragen kann.

Somit scheint es sinnvoll, die Meßstrecke als eine Prädiktorgröße für den Erwartungswert der NLG zu berücksichtigen. Abgesehen von der NLG S1 des N. ulnaris am Unterarm sind alle übrigen Partialregressionen zwischen NLG und Meßstrecke positiv und liegen bei Signifikanz zwischen 0,035 m/sec und 0,33 m/sec je mm Meßstrecke. Die Absolutbeträge der signifikanten Betagewichte liegen zwischen 0,2 und 0,45; von den 25 signifikanten multiplen Regressionen der NLG sind 20 part. RK der Meßstrecke signifikant oder hochsignifikant. Die hohen Beträge der Betagewichte und die große Anzahl signifikanter Partialregressionen weist die Meßstrecke als die bedeutsamste Einflußgröße aus.

Eine befriedigende Erklärung für die Änderung der Geschwindigkeit innerhalb eines Nervenabschnittes kann bisher nicht gegeben werden. Zwei Faktoren könnten wirksam sein: a) durch die Abnahme des Axondurchmessers nach distal bzw. Zunahme des Durchmessers nach proximal ändert sich der Innenwiderstand ungefähr proportional zum Quadrat des Durchmessers und beeinflußt so die Ausbreitungsgeschwindigkeit des Längsstroms. b) Aus den Untersuchungen mit Doppelimpulsen ist bekannt, daß die zweite Welle einen um so kürzeren Abstand von der ersten Welle aufweist, je weiter weg sie vom Reizort registriert wird. Eine Erklärung dafür ist, daß der erste Impuls den Widerstand mindert und der zweite Impuls deshalb rascher ist als der erste. Unter der Annahme einer seriellen Impulsfortpflanzung (s. Kap. 3) wird auch der Längsstrom seriell erzeugt und fortgeleitet. Je mehr unterschwellige "Stromwellen" auftreten, desto stärker ist die Prädepolarisation der Membran an den Ranvier'schen Schnürringen und desto rascher kann eine nachfolgende überschwellige Reizantwort beantwortet werden. Eine experimentelle Belegung dieses Sachverhaltes steht noch aus.
Die Meßstrecke kann auch als Prädiktor für die Dauer und für die Amplitude herangezogen werden. Die Dauer der NAP des N. medianus und des N. ulnaris am Handgelenk werden mit zunehmender Meßstrecke länger. Die Dauer des NAP des N. medianus am Oberarm ist negativ mit der Meßstrecke am Oberarm korreliert. Dieser Befund kann nicht ausreichend sicher interpretiert werden. An eine registriertechnisch bedingte Besonderheit ist zu denken.

15.9 Der Einfluß der Tageszeit:

CORBAT (1961) erwähnte erstmals im Zusammenhang mit neurographischen Untersuchungen den Einfluß der Tageszeit. ERNST (1969), WYRICK und DUNCAN (1970) und GUTJAHR (1974, 1975) berichteten über signifikante tageszeitliche NLG-Veränderungen. ERNST (1969) zeigte, daß mit Zunahme der Muskeltemperatur im M. brachioradialis eine Zunahme der NLG des

N. ulnaris von morgens 6.00 Uhr bis abends 20.00 Uhr von 52 m/sec auf 55 m/sec in einem
Kollektiv von 31 Probanden festzustellen war. Die Temperaturveränderungen im M. brachialis wurden allerdings nur an 8 Probanden untersucht. Der Autor wies darauf hin, daß die
tageszeitliche Variabilität der NLG eine Funktion der tageszeitlichen Variabilität der
Temperatur sein kann. Da nun die circadiane Temperaturregelung interindividuell recht
unterschiedlich ist (GAUTHERIE 1973, GAUTHERIE und GROS 1977), der Einfluß der Temperatur auf verschiedene Nerven, Faserpopulationen und Nervenabschnitte verschieden ist,
und die Temperatureinflüsse auf die NLG nicht genau erfaßt werden können, sind tageszeitliche Veränderungen der NLG unabhängig von übrigen Einflußgrößen schwer zu messen
und zu prüfen. Statistisch begründete Schätzungen für temperaturunabhängige circadiane
Veränderungen einiger NLG-Meßgrößen wurden anhand von Ergebnissen der Längsschnittstudie mitgeteilt (GUTJAHR und MACHLEIDT 1983a u. b). Aus dieser Studie ergab sich, daß
die temperaturunabhängigen tageszeitlichen NLG-Veränderungen im Bereich der interindividuellen Varianz liegt, also durch eine Querschnittstudie kaum verifiziert werden kann.
Die in der Querschnittstudie festgestellten signifikanten Partialkorrelationen neurographischer Parameter mit der Tageszeit sind nicht direkt als Ausdruck der tageszeitlichen Variabilität der NLG interpretierbar. So ist die deutliche tageszeitlichen Variabilität der mot. NLG des N. medianus am Unterarm zwischen 9 und 19 Uhr mit niederen Mor-
gen- und Abendwerten und hohen Mittagswerten am ehesten durch Temperatureinflüsse bedingt (Abb. 32). Bemerkenswert ist jedoch, daß auch in der Längsschnittstudie die mot.
NLG des N. medianus und die sensiblen NLG des N. medianus an der Hand, am Unterarm und
am Oberarm tageszeitlich signifikant variieren. Da die NP an den Beinen weder in der
Querschnitt- noch in der Längsschnittstudie signifikante tageszeitliche Veränderungen
erkennen lassen, kann man davon ausgehen, daß die neurographischen Parameter des
N. medianus deutlicher als jene der anderen Nerven tageszeitlich variieren.

15.9.1 Zur Berechnung des Einflusses der Tageszeit:

Es ist nicht zu erwarten, daß die Tageszeit im untersuchten diurnalen Zeitbereich ausschließlich oder überwiegend lineare Beziehungen erkennen läßt. Um den Einfluß der
Tageszeit erfassen zu können, ist es sinnvoll, höhere Potenzen der Tageszeit in die multiple Regressionsgleichung einzubeziehen (FELDMANN 1978). Das bedeutet, daß außer der
linearen Funktion eine quadratische und eine kubische Funktion der Tageszeit in die
Regressionsgleichung hineingenommen wird.

15.10. Die Wechselwirkungen der Einflußgrößen auf die NLG:

Wie aus den vorangegangenen Kapiteln hervorgeht, werden die NLG-Messungen im wesentlichen von zwei Gruppen von Einflußfaktoren beeinflußt: von der Untersuchungstechnik,
die sich auf den systematischen Fehler auswirkt und von Wirkungen der Einflußgrößen wie
Alter, Geschlecht usw. Während die systematischen Fehler durch Standardisierung und
durch Routine verringert werden können, können die Wirkungen der Einflußgrößen nicht
konstant gehalten werden. Der additive Einfluß mehrerer Größen kann durch die multiple

Regression geschätzt werden. Dies führt z. B. bei der sensiblen NLG des N. ulnaris an der Hand zur Erkennung von Einflüssen, die man mit einfachen Regressionen nicht sehen kann (vergl. Tab. 17 und 18).

Darüber hinaus kann aber ein verborgen gebliebener Effekt der Einflußgröße auf die NLG bestehen, der auf einer gegenseitigen Abhängigkeit der Einflußgrößen untereinander beruht. Das folgende Beispiel soll eine derartige Wechselwirkung veranschaulichen. Wir bleiben bei der sensiblen NLG des N. ulnaris an der Hand. Teilt man nun diese Stichprobe in zwei Stichproben, eine mit jungen und eine andere mit älteren Personen und berechnet die Regression zwischen der von den übrigen Einflußgrößen korrigierten NLG und der Temperatur, so findet man in der Stichprobe mit den jüngeren Probanden eine steile Regressionslinie. Die NLG nimmt um ungefähr 3 m/sec/^{O}C zu. In der Stichprobe mit den älteren Personen ist die Regressionsgerade wesentlich weniger steil, der RK beträgt 1,7 m/sec/^{O}C (Abb. 33 und 34). Was auch immer die Ursache für diese altersunterschiedliche Abhängigkeit der NLG von der Temperatur sein mag, der Effekt beruht auf einer Wechselwirkung zwischen Alter und Temperatur. Die additiv linearen Komponenten von Alter und Temperatur können diesen Teil der Varianz nicht beschreiben. Hierzu muß z. B. ein multiplikativer Term von Alter und Temperatur zu den Einflußgrößen in der multiplen Regression hinzugefügt werden.

Nochmals kurz zusammengefaßt bedeutet dies, daß im Gegensatz zu der einfachen Regression

$$y = b \, x + \text{Konstante}$$

in der multiplen Regression mehr als ein Regressionskoeffizient vorliegt:

$$y = b_1 \, x_1 + b_2 \, x_2 + \dots + \text{Konstante}$$

Sollen Interaktionen in der multiplen Regression berücksichtigt werden, so muß ein Term von der Form

$$\dots + b_{12} \, x_1 \, x_2 + \dots$$

hinzugefügt werden.

15.10.1 Berechnung der Wechselwirkungen:

Die Erfassung der interaktiven Größen (multiplikativ verknüpfter Terme der Einflußgrößen) erfolgte durch die MR-Analyse (KIM 1975). Die multiplen Regressionen wurden bezüglich der Wechselwirkungen erster Ordnung (Wirkungen der paarig verknüpften Größen) mit "saturierten Modellen" durchgerechnet: außer den Hauptwirkungen der Einflußgrößen wurden alle möglichen paarigen Kombinationen von Einflußgrößen in die multiple Regressionsanalyse eingebracht. Die Hauptwirkungen wurden zuerst berücksichtigt (eingeschränkte Hierarchie); interaktive Terme wurden solange zugelassen, wie eine signifikante Varianzverminderung gefunden wurde.

In Tab. 60 sind die signifikanten Wechselwirkungen und deren Prüfgröße angegeben. Es finden sich bei sechs NLG-Meßgrößen signifikante oder hochsignifikante Wechselwirkungen. Die Ergebnisse tragen allerdings bis zu einem gewissen Grad spekulativen Charak-

Die signifikanten Wechselwirkungen erster Ordnung
der Einflußgrößen

auf die motorische NLG und auf die sensible NLG-positive Spitze

		N. ULNARIS			N. MEDIANUS		N. TIBIALIS
		motorisch Hand	sensibel Hand	sensibel Unterarm	motorisch Hand	sensibel Hand	motorisch Unterschenkel
Wechselwirkungen: (multiplikative Verknüpfung von Größen, die in der multiplen Regression wirksam sind)	Alter & Körperlänge	+					
	Alter & Hauttemperatur		++				
	Körperlänge & Geschlecht		++			+++	+
	Körperlänge & Hauttemperatur	+					
	Körperlänge & Meßstrecke					+++	
	Gewicht & Hauttemperatur			+			
	Geschlecht & Hauttemperatur				++		
Modelle der Multiplen Regression: (Einflußgrößen s. Tab. 143)	1* R^2 mit nicht transformierten Größen allein	0.373	0.496	0.101	0.256	0.309	0.192
	2**R^2 mit nicht transformierten Größen und Wechselwirkungen	0.400	0.549	0.129	0.294	0.415	0.219
	3 R^2 mit nicht transformierten oder transformierten Größen ohne Wechselwirkung (Tabellen)	0.383	0.507	0.104	0.256	0.315	0.199
F,Freiheitsgrade (FG) u. p*** für Satz part.Reg.Koef. der Wechselwirkungen gegenü. 3		F = 2.27 FG(2,160) p: n.s	F = 7.4 FG(2,159) p<0.01	F = 3.84 FG(1,156) 0.06<0.05	F = 9.36 FG(1,172) p<0.01	F = 11.5 FG(2,163) p<0.01	F = 3.1 FG(2,121) p: n.s

*   Modell 1 gegenüber Modell 2 stets signifikant
** Modell 2 ohne transformierte Größen zur besseren Anschaulichkeit der partiellen Regressionskoeffizienten der Wechselwirkungen
*** Signifikanzberechnung :

$$F = \frac{(R^2_{\text{Modell 2}} - R^2_{\text{Modell 3}})/N \text{ der zusätzl. Größen}}{(1 - R^2_{\text{Modell 3}})/(1 - R^2_{\text{Modell 2}})/(N - \text{Anzahl Einflußgr.(Modell 2)} - 1)}$$

Tab. 60

ter, da eine Schätzung der Koeffizienten b_{ik} - von denen es ja sehr viele gibt - aus dem vorliegenden beschränkten Material nicht mit beweisender Sicherheit möglich ist.

15.10.2 Schätzungen der Wechselwirkungen in den nach den Geschlechtern unterteilten Kollektiven:

Vier Wechselwirkungen haben als einen Faktor das Geschlecht. LANG et al. (1977) und KUU-SELA und LANG (1979) schlugen vor, daß die Erwartungswerte der verschiedenen NLG durch geschlechtsgetrennte Stichproben erstellt werden sollen. Man könnte diesem Vorschlag zustimmen, wenn nicht offensichtlich eine mindestens genauso große Anzahl von Wechselwirkungen   n i c h t   an das Geschlecht gebunden wäre. Dazu kommt, daß geteilte Stichproben Nachteile durch die Verkleinerung der Probandenanzahl mit sich bringen. Die mächtigen Hauptwirkungen der Einflußgrößen würden wegen einiger weniger Interaktionen in den um die Hälfte verkleinerten Stichproben erheblich an Präzision verlieren.
KEMBLE (1967) stellte fest, daß die sensiblen NLG des N. medianus bei Männern mit zunehmendem Lebensalter wesentlich deutlicher abnehmen als bei Frauen. LANG et al. (1977) fanden entsprechende Ergebnisse: Die Partialkorrelationen des Alters mit der antidromen sensiblen NLG des N. radialis und des N. peronaeus waren bei Männern signifikant. Die eigenen Untersuchungen lassen auf den ersten Blick ähnliche Ergebnisse vermuten: Die sensible NLG S1 des N. ulnaris und des N. medianus ist rechts und links bei Männern signifikant altersabhängig (Partialkorrelationen), bei Frauen jedoch nicht (Tab. 61). Dementsprechend ist der Term der Wechselwirkung von Alter & Geschlecht als signifikante Einflußgröße nachweisbar, wenn   a u s s c h l i e ß l i c h   dieser Term in der multiplen Regression berücksichtigt wird. Diese Wechselwirkung verliert jedoch ihre Signifikanz, wenn entweder die Wechselwirkung Alter & Hauttemperatur oder Körperlänge & Geschlecht in die Regressionsgleichung hineingenommen wird. Die F-Werte der Wechselwirkung Alter & Geschlecht betragen nach Berücksichtigung der anderen Einflußgrößen weniger als 1. Dies bedeutet, daß die Geschlechtsunterschiede in der Altersabhängigkeit der NLG S1 des N. ulnaris und des N. medianus durch andere Größen vorgetäuscht werden. Nur bei NLG S2 des N. ulnaris an der Hand ist auch nach Berücksichtigung anderer Wechselwirkungen eine signifikant unterschiedliche Altersabhängigkeit bei Männern und bei Frauen festzustellen, wie aus den Untersuchungen des etwas kleineren Kollektivs für paarige Vergleiche hervorgeht.

15.10.3 Wirkung von Alter und Hauttemperatur:

Aus Tab. 60 ergibt sich eine hochsignifikante Wechselwirkung zwischen Alter und Hauttemperatur für die sensible NLG des N. ulnaris an der Hand. Die Abb. 33 macht den Zusammenhang deutlich: bei der Gruppe jüngerer Patienten (die auch einen niedrigeren Mittelwert der Hauttemperatur über der A. ulnaris am Handgelenk hat) ist der Regressionskoeffizient wesentlich steiler als bei der Gruppe der älteren Patienten (über 33 Jahre alt). An anderer Stelle (Kap. 15.1.1) wurde bereits darauf eingegangen, daß Anwärmeprozeduren wegen der altersbedingten Unterschiede in der Temperaturanpassung von Nerven nicht zu der gewünschten Varianzverbesserung führen und deshalb nicht empfohlen werden.

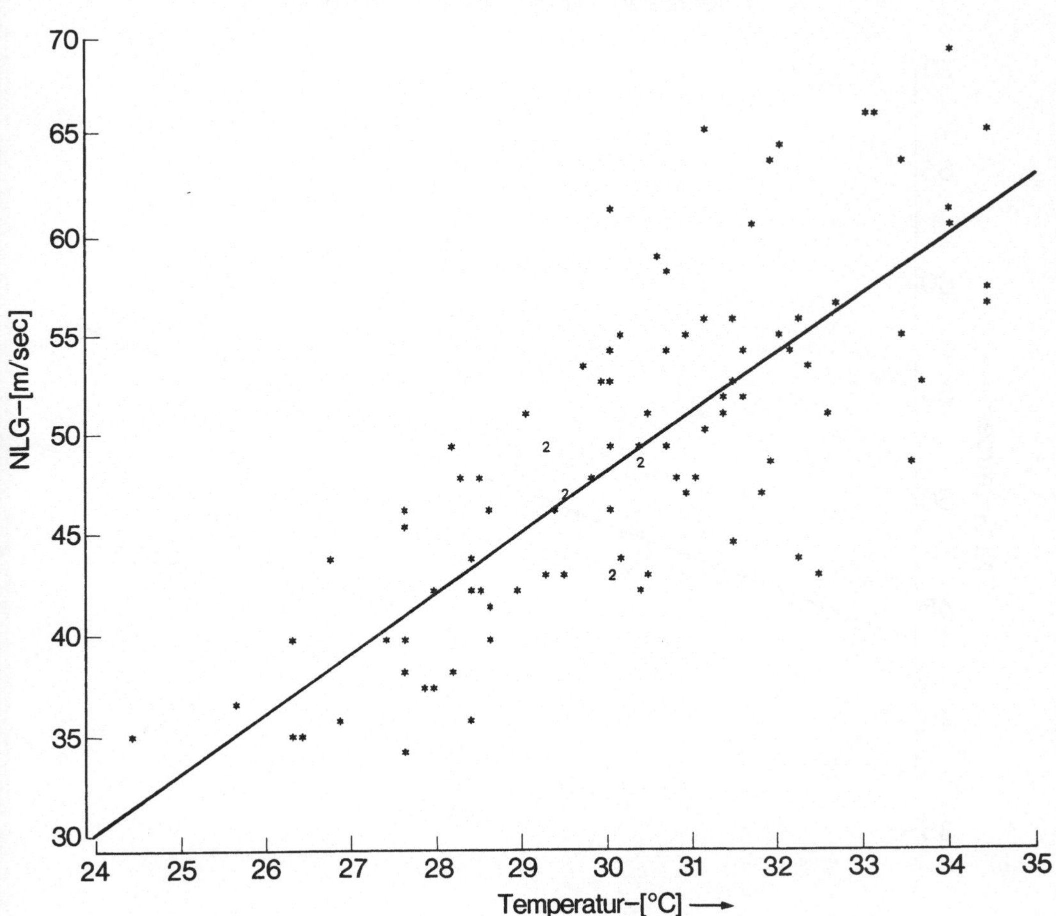

Abb. 33

NERVUS ULNARIS, SENSIBEL, HAND

Regression
zwischen
teilkorrigierter NLG (positive Spitze)
und
Alter
bei Probanden <u>über</u> 33 Jahren
N: 71 Regressionskoef.: 1,75; R^2 0,26; p<0.001

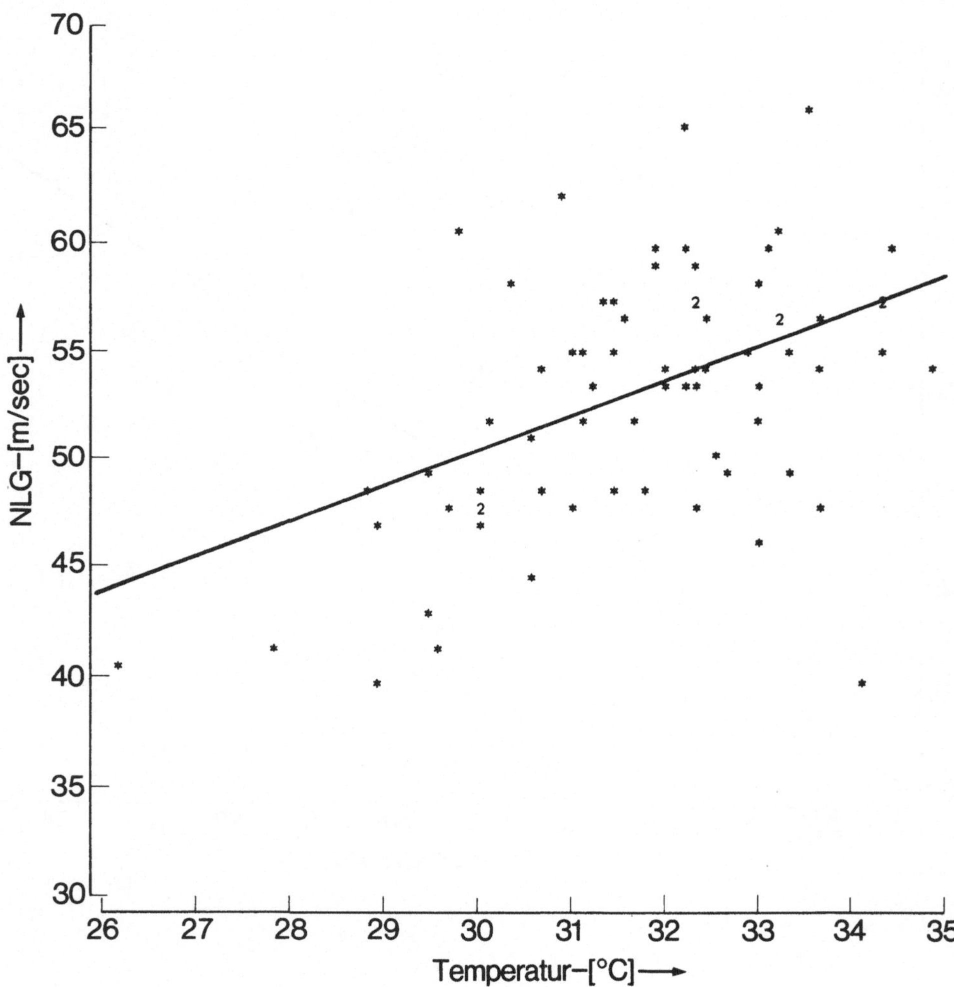

Abb. 34

15.10.4 Wirkung von Körperlänge & Geschlecht (Tab. 61, Abb. 35 und 36):

Aus Tab. 60 geht hervor, daß die Wechselwirkung zwischen Körperlänge und Geschlecht
sich auf drei NLG-Meßgrößen auswirkt: die sensiblen NLG des N. ulnaris und des N. medianus an der Hand und auf die mot. NLG des N. tibialis. Zwischen Körperlänge und den meisten NLG-Meßgrößen besteht eine negative Partialkorrelation. Überraschenderweise ist
aber diese Korrelation bei Männern und Frauen verschieden: Bei Frauen finden sich bei
diesen drei NLG-Arten hochsignifikant negative Korrelationen, während bei Männern keine
signifikante Abnahme der NLG mit zunehmender Körpergröße zu beobachten ist. Um diese
interaktive Beziehung anschaulich zu machen, wurde die Stichprobe für die NLG Sl des
N. ulnaris an der Hand geteilt und MR für Männer und Frauen getrennt berechnet
(Tab. 61, Abb. 35,36). Der standardisierte partielle Regressionskoeffizient der Körperlänge beträgt bei Männern 0, bei Frauen -0,28 und ist somit bei Frauen mit F > 10 hochsignifikant. Das gleiche Ergebnis konnte für die sensible NLG Sl des N. medianus an der
Hand erzielt werden; der F-Wert für die interaktive Wechselwirkung liegt über 20. Ebenso zeigte sich bei der motorischen NLG des N. tibialis am Unterschenkel nur bei Frauen
eine signifikante NLG-Abnahme mit zunehmender Körpergröße. Bei Männern ist keine signifikante Abnahme dieser NLG zu beobachten. Die entsprechende Wechselwirkung von Körpergröße und Geschlecht für die mot. NLG des N. tibialis ist mit p < 0,05 signifikant.
LANG und BJÖRQVIST (1977) fanden ähnliche Geschlechtsunterschiede in den Partialkorrelationen der Körpergröße mit einigen NLG-Meßgrößen.

15.10.5 Wirkung von Körperlänge und Meßstrecke:

Eine weitere Wechselwirkung besteht zwischen Körperlänge und Meßstreckenentfernung der
NLG Sl des N. medianus an der Hand: Die NLG Sl nimmt bei Personen bis zu 170 cm Körperlänge mit zunehmender Meßstreckenentfernung zu; bei Personen mit einer Körpergröße über
170 cm findet sich keine Zunahme der NLG mit zunehmender Meßstreckenentfernung. Fragt
man nach möglichen Ursachen dieser Wechselwirkung, so fällt auf, daß bei der Personengruppe mit kleinerer Körpergröße die Meßstrecken zwischen Reiz- und Ableiteelektrode
kürzer und die relativen Unterschiede der Meßstrecken in dieser Personengruppe deutlicher sind als in der Gruppe größerer Personen. Somit können die NLG-Veränderungen bei
kleineren Personen mit kürzeren Meßstrecken weniger von der Körpergröße als von der Meßstrecke selbst abhängen (nicht lineare Wirkung der Meßstrecke).

15.10.6 Wirkung von Geschlecht und Hauttemperatur:

Eine etwas schwer verständliche Wechselwirkung findet sich zwischen Geschlecht und Hauttemperatur bei der distalen motorischen NLG des N. medianus an der Hand: Die distale
motorische NLG des N. medianus an der Hand nimmt mit Temperaturzunahme bei Männern, wie
zu erwarten, zu; bei Frauen zeigt sich jedoch keine signifikante NLG-Zunahme mit zunehmender Temperatur. Ursache könnte eine geschlechtsunterschiedliche Hauttemperaturregula-
tion im Bereich des Handgelenkes sein.

```
+----------------------------------------------------------------+
|DER GESCHLECHTSUNTERSCHIED DES EINFLUSSES DER KÖRPERGRÖSSE       |
|        AUF DIE NLG-S1 DES N. ULNARIS AN DER HAND                |
+----------------------------------------------------------------+
```

Einflussgrössen	MÄNNER N=99		FRAUEN N=69	
	part.RK	F-Wert	part.RK	F-Wert
Hauttemperatur	0.68	66.9	0.78	89.9
Messtrecke	0.4	25.8	0.33	15.3
Alter	-0.3	12.3	-0.15	2.4
Gewicht	0.2	6.4	0.08	0.8
Körperlänge	0.0	0.0	-0.28	10.4

```
+----------------------------------------------------------------+
| Legende: Bei Frauen ist die NLG-S1 des N.  ulnaris an der      |
| Hand von der Körpergrösse abhängig; bei Männern ist dies-      |
| bezüglich kein  Zusammenhang nachweisbar;   der partielle      |
| Regressionskoeffizient der  Körperlänge   beträgt  Null.       |
| Varianzerklärung: Multiples R-Quadrat bei Männern:   0.48;     |
| bei Frauen:  0.64.                                              |
+----------------------------------------------------------------+
|                         Tab. 61                                |
+----------------------------------------------------------------+
```

NERVUS ULNARIS, SENSIBEL, HAND
Regression
zwischen
teilkorrigierter NLG (positive Spitze)
und
Körperlänge
bei Frauen
N: 69 Regressionskoef. −0,35 R²; 0,24 p<0.001
NLG−[m/sec]
Körperlänge−[cm]

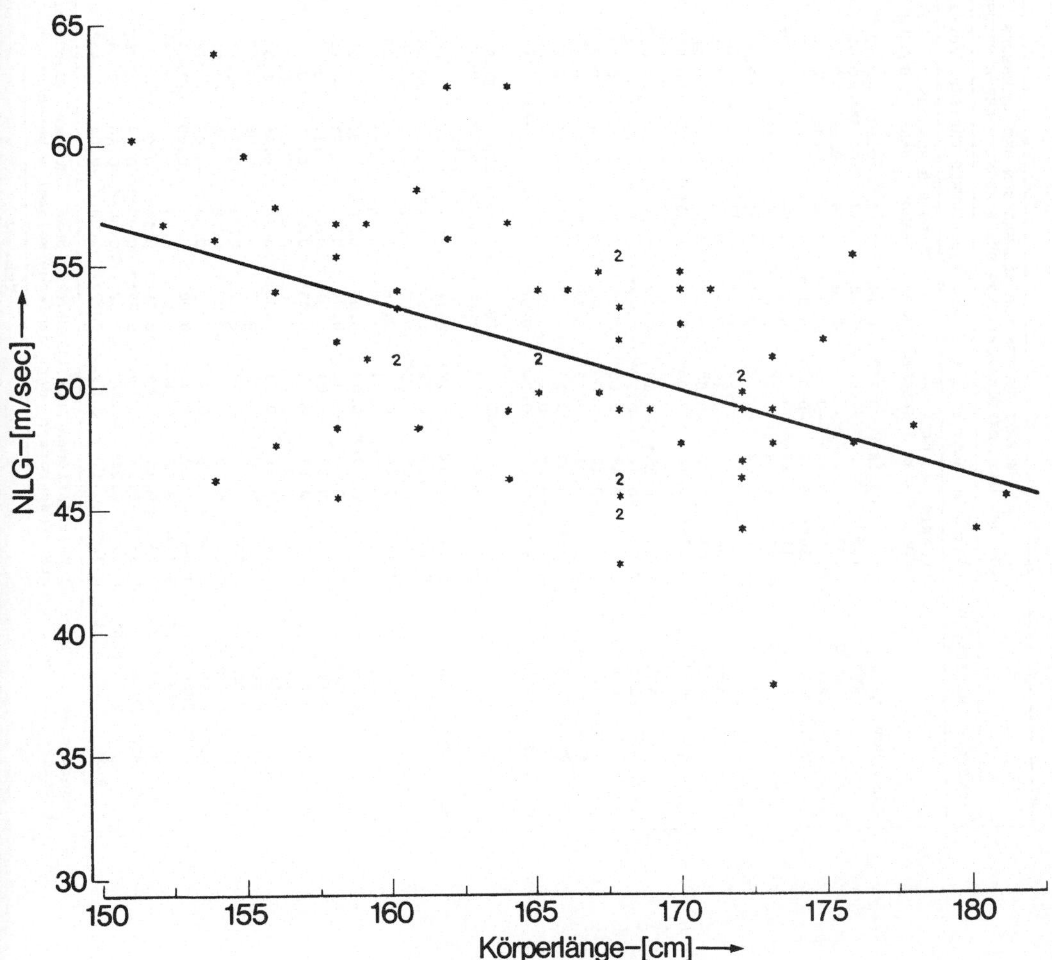

Abb. 35

KORRELATIONEN DER NLG-GRÖSSEN UNTEREINANDER
VOR UND NACH BERÜCKSICHTIGUNG DER WIRKUNGEN DER EINFLUSSGRÖSSEN

UNTERES DREIECK: Korrelationen unkorrigierter Grössen; OBERES DREIECK: Korrelationen korrigierter Grössen

		ULNARIS MOTORISCH				ULNARIS SENSIBEL				MEDIANUS MOTORISCH		
		HAND	UARM	SULCUS	OARM	HAND	UARM	SULCUS	OARM	HAND	UARM	OARM
ULN. MOT.	HAND		-0.19*	0.21*	0.14	0.13	0.10	-0.10	0.03	0.31**	-0.02	-0.05
	UARM	0.05		-0.08	-0.02	0.17	0.34**	0.02	-0.07	0.04	0.07	0.07
	SULCUS	0.02	-0.12		-0.20	0.06	0.13	0.11	-0.06	0.04	0.20*	-0.03
	OARM	0.19*	0.12	-0.15		0.16	0.05	0.06	-0.11	0.08	0.04	0.08
SENS.	HAND	0.36**	0.17	-0.06	0.21*		0.12	0.09	-0.00	0.18	0.03	-0.13
	UARM	0.16	0.27**	0.17	0.04	0.18		-0.39**	-0.18	0.01	0.10	-0.05
	SULCUS	-0.13	0.04	0.20	0.03	0.09	-0.33**		0.05	0.01	0.07	0.05
	OARM	0.05	-0.03	-0.11	-0.07	-0.03	-0.16	0.04		0.04	-0.07	0.09
MED. MOT.	HAND	0.43**	0.17	-0.01	0.16	0.33**	0.04	-0.02	0.04		-0.13	0.22*
	UARM	-0.06	0.07	0.19	0.06	-0.02	0.14	0.11	-0.02	-0.07		-0.19
	OARM	-0.03	0.06	-0.02	0.08	-0.02	-0.02	0.06	0.05	0.14	-0.06	
SEN.	HAND	0.33**	0.18	-0.06	0.08	0.53**	0.12	0.04	-0.04	0.41**	-0.12	0.01
	UARM	0.03	0.11	0.12	0.02	0.33**	0.33**	-0.08	0.13	0.12	0.26**	0.02
	OARM	-0.06	0.19*	-0.19	-0.09	0.09	0.10	0.01	0.00	-0.06	0.05	0.01
PER. MOT.	FUSS	0.18	0.16	-0.27*	0.22*	0.42**	-0.07	-0.01	0.05	0.25*	-0.14	0.13
	USCHENKEL	0.01	0.36**	0.05	0.05	0.19	0.19	0.04	0.08	0.21*	0.29**	0.19
	C.FIB.-F.POPL.	0.22*	-0.11	-0.00	-0.01	0.08	0.06	-0.00	0.12	0.24*	0.00	0.02
SEN.	USCHENKEL	0.12	0.01	-0.12	0.16	0.27*	0.07	0.15	0.12	0.17	-0.07	0.10
TIB. MOT.	FUSS	0.28**	0.09	-0.10	0.20	0.43**	-0.10	0.08	0.14	0.38**	0.12	0.13
	USCHENKEL	0.05	0.09	0.23*	-0.08	0.07	0.30**	-0.08	-0.07	0.14	0.17	0.08
SURALIS	USCHENKEL	0.36**	0.07	0.04	0.06	0.28*	0.30**	-0.10	0.10	0.18	-0.08	0.09

		MEDIANUS SENSIBEL			PERONÄUS MOTORISCH			PER.SEN.	TIBIALIS MOT.		SURALIS
		HAND	UARM	OARM	FUSS	USCH.	CAP.F.-F.POPL.	USCH.	FUSS	USCH.	USCH.
ULN. MOT.	HAND	0.10	0.05	-0.21*	0.10	-0.05	0.15	0.09	-0.22*	-0.01	0.21
	UARM	0.16	0.14	0.23*	0.07	0.24*	-0.14	-0.18	0.00	0.16	-0.08
	SULCUS	-0.09	0.18	-0.22*	-0.05	0.02	0.07	-0.06	0.04	0.27*	0.08
	OARM	0.19*	0.04	0.01	0.18	-0.03	-0.00	0.08	0.17	-0.06	0.04
SENS.	HAND	0.17	0.37**	0.08	0.29**	0.15	0.03	0.06	0.22*	0.11	0.08
	UARM	0.08	0.27**	0.09	-0.06	0.10	0.03	-0.01	-0.09	0.35**	0.16
	SULCUS	0.10	-0.06	-0.02	-0.04	0.07	-0.05	0.11	0.04	-0.16	-0.18
	OARM	-0.01	0.07	-0.02	0.01	0.03	0.11	-0.00	0.04	-0.12	0.12
MED. MOT.	HAND	0.43**	0.12	-0.12	0.25*	0.11	0.12	0.15	0.34**	0.07	0.19
	UARM	0.03	0.28**	0.13	-0.10	0.25*	0.00	-0.11	0.11	0.08	-0.13
	OARM	0.14	0.01	0.02	0.06	0.14	0.06	0.06	0.04	0.02	0.06
SEN.	HAND		-0.06	0.14	0.15	0.23*	0.09	-0.04	0.16	0.19	0.16
	UARM	0.02		0.08	0.17	0.19	0.16	-0.03	0.13	0.25*	0.09
	OARM	0.10	0.10		-0.07	0.09	0.08	-0.01	0.04	0.04	-0.04
PER. MOT.	FUSS	0.24*	0.11	0.00		-0.04	-0.06	0.28*	0.12	0.18	0.24*
	USCHENKEL	0.09	0.27**	0.05	0.00		0.09	-0.05	0.17	0.19	-0.08
	C.FIB.-F.POP.	0.12	0.16	0.07	-0.12	0.07		-0.04	0.03	0.13	-0.11
SEN.	USCHENKEL	0.19	0.16	0.09	0.36**	0.14	0.06		0.10	0.01	0.45**
TIB. MOT.	FUSS	0.33**	0.17	0.00	0.32**	0.28**	0.04	0.36**		-0.08	0.12
	USCHENKEL	0.15	0.26*	-0.01	0.07	0.30**	0.16	0.04	0.01		0.12
SURALIS	USCHENKEL	0.31**	0.17	0.03	0.27*	0.06	-0.04	0.46**	0.22*	0.18	

unkorrigiert, korr.: Korrelationen der NLG-Werte ohne oder mit Berücksichtigung der Einflussgrössen. Korrelationen korrigierter Messgrössen ohne fehlende Messwerte berechnet.

Tab. 62

NERVUS ULNARIS, SENSIBEL, HAND

Korrelative Beziehung
zwischen
teilkorrigierter NLG (positive Spitze)
und
Körperlänge
bei Männern
N: 99 kein Zusammenhang nachweisbar.

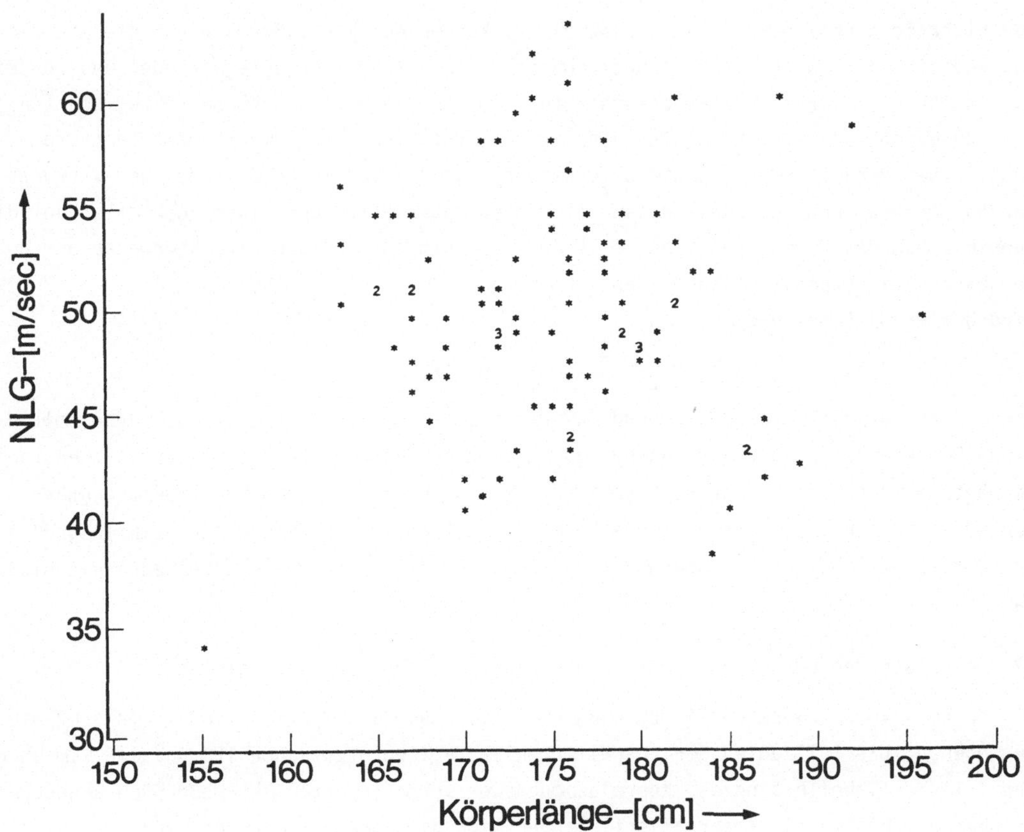

Abb. 36

15.10.7 Schätzungen von Regressionskoeffizienten unter Berücksichtigung von Wechselwir-
         kungen:

Es soll nochmals betont werden, daß die partiellen Regressionskoeffizienten nur dann
als zuverlässige Prädiktorwerte gelten können, wenn sie von sehr großen und repräsentativen Stichproben stammen (COOLEY und LOHNES 1971). Dies gilt um so mehr für die Partialkorrelationen der multiplikativen Terme von Einflußgrößen, da diese fast immer eine
hohe Multikollinearität mit den Einflußgrößen, aus denen sie sich zusammensetzen, aufweisen. Die hohe Multikollinearität zwischen den Größen der Haupt- und Wechselwirkungen
war auch ein Grund dafür, daß die Wechselwirkungen in die Berechnung der Erwartungswerte nicht einbezogen wurden. Näheres hierzu s. GUTJAHR 1981.

16 Prüfung der Zuverlässigkeit der Prädiktorwerte für NLG-Messungen

Die bisherigen Ergebnisse zeigen, daß die Wirkungen der Einflußgrößen auf die NLG nicht
nur additiv sind. Nicht-lineare Beziehungen der Einflußgrößen untereinander und der Einfluß weiterer, hier nicht berücksichtigter Größen, wie etwa der Körperseite, könnten so
manchen davon abhalten, Einflußgrößen für die Erstellung der Erwartungswerte neurographischer Parameter überhaupt zu verwenden. Aus dem Vergleich zwischen den Wirkungen
unabhängiger Größen von zwei seitendifferenten Datensätzen derselben Population auf die
sensible NLG des N. medianus läßt sich jedoch erkennen, daß die Prädiktorwerte der beiden Datensätze kaum voneinander abweichen (Abb. 37).
Wird der Prädiktionswert

$$Y' = b_1 (x_1 - \overline{X}_1) + b_2 (x_2 - \overline{X}_2) + \ldots b_n (x_n - \overline{X}_n)$$

eines Datensatzes 1, der vorwiegend auf der rechten Körperseite erstellt wurde, mit dem
eines Datensatzes 2, der vorwiegend von der linken Körperseite stammt, verglichen, so
beträgt die Korrelation der Beträge 0,96. Wenn auch einzelne Meßgrößen Seitenunterschiede erkennen lassen, so ist die Summe der Beträge der Wirkungen der Einflußgrößen
für die Erstellung des Erwartungswertes ein ausgezeichnetes, nahezu seitenunabhängiges
Maß.

17 Korrelationen der NLG-Meßgrößen untereinander (ohne Seitenvergleiche)

Die Korrelationen zwischen 21 NLG-Meßgrößen (mot. NLG und NLG S1) sind in Tab. 62 wiedergegeben. Die Fallzahlen der korrelierten Paare liegen zwischen 196 und 116. Im unteren Teil der Tabelle sind die Korrelationen der unkorrigierten NLG-Meßgrößen angegeben,
im oberen Tabellenteil (schraffiert) finden sich die Korrelationen der Meßwerte nach
Berücksichtigung aller signifikant wirksamen Einflußgrößen. Signifikante Korrelationen
mit $p < 0.01$ sind mit einem Stern (*) gekennzeichnet. Zwei Sterne (**) kennzeichnen eine
Signifikanz von $p < 0,001$, jeweils bezogen auf den Test nur eines einzelnen Wertes. Korrelationen der korrigierten und nicht korrigierten NLG-Meßgrößen können verglichen werden. Dadurch wird die Bedeutung der Einflußgrößen für das Ausmaß der Korrelationen erkennbar. Die nicht-korrigierten NLG sind - insgesamt - untereinander wesentlich höher

VERGLEICH ZWISCHEN WIRKUNGEN UNABHÄNGIGER GRÖSSEN

von zwei* Datensätzen derselben POPULATION
des N. MEDIANUS, sensible NLG-positive Spitze-,HAND

N: 139 KORRELATION: 0,957 R^2: 0,916 STANDARD–IRRTUM: 0,913

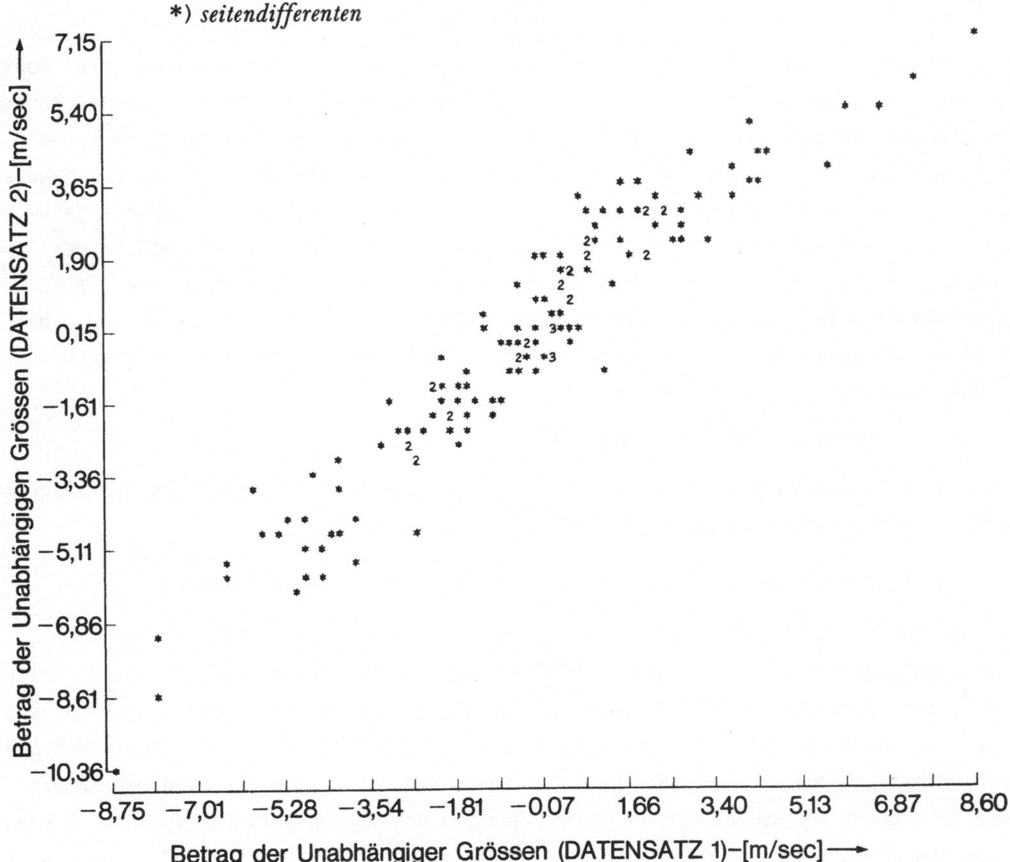

Abb. 37

An derselben Stichprobe wurden durch Zuordnung je einer der beiden paarigen
Messungen zu einem Datensatz Prädiktionswerte erstellt. Die den beiden Datensätzen entsprechenden Prädiktionswerte sind in den Abbildungen gegeneinander
aufgetragen.

korreliert als die korrigierten Meßwerte. 29 Korrelationen der nicht-korrigierten NLG sind untereinander hochkorreliert, während nur 10 korrigierte NLG-Meßgrößen untereinander hochkorreliert sind ($p < 0,001$). Dies bedeutet ganz allgemein, daß die Einflußfaktoren einen wesentlichen Teil der Korrelationen der NLG untereinander bedingen.

17.1 Die diagnostische Bedeutung der Korrelationen zwischen nicht paarigen NLG-Meßgrößen:

Welche NLG ist in der Weise mit einer anderen korreliert, daß man aufgrund ihres Meßwertes zuverlässig auf den Meßwert einer anderen NLG schließen könnte? Die höchste Korrelation findet sich zwischen der NLG S1 des N. ulnaris an der Hand mit der gleichen NLG des N. medianus an der Hand. Der Korrelationskoeffizient beträgt R = 0,53. Das Quadrat des Korrelationskoeffizienten ist der gemeinsame Varianzanteil und entspricht jenem Anteil einer Größe, die durch die andere erklärt werden kann. Wird die NLG S1 des N. ulnaris zur Vorhersage der NLG S1 des N. medianus verwendet, so kann der quadratische Schätzfehler um 28 % verringert werden. Laut Tab. 49 beträgt die Streuung der NLG S1 des N. medianus an der Hand 6,2 m/sec; die Varianz beträgt also 38,4. Demnach beträgt das geschätzte neue Streuungsmaß:

$$SE = \sqrt{38,4 - 38,4 \times 0,28} = 5,3 \text{ m/sec.}$$

Dies bedeutet, daß selbst die höchste Korrelation zwischen nicht paarigen NLG-Meßgrößen für die diagnostischen Zwecke im Einzelfall nicht ausreicht.

17.2 Korrelationen der NLG im Sulcus ulnaris mit anderen NLG-Meßgrößen:

Das oben Gesagte gilt insbesondere für die motorische NLG des N. ulnaris im Sulcus, deren unkorrigierte Werte mit keiner NLG-Meßgröße des N. ulnaris signifikant korreliert sind. Dieser Befund muß den Untersuchungsergebnissen von KROGNESS (1978) entgegengehalten werden. KROGNESS fand offenbar eine hohe Korrelation zwischen der motorischen NLG des N. ulnaris, gemessen zwischen distalem Sulcusende und Handgelenk und der motorischen NLG, gemessen vom proximalen Sulcusende und dem Handgelenk. Das Verhältnis dieser beiden NLG liegt nach KROGNESS für 76 Probanden zwischen 97 % und 83 %. Daraus ergibt sich aber nicht notwendig, daß die Korrelation zwischen der NLG im Sulcus und der NLG am Unterarm hoch sein muß; die hohe Korrelation kann allein durch die relativ langen, bei beiden Messungen (nahezu) identischen Zeiten der Impulsausbreitung am Unterarm bedingt sein. Die Frage, ob der von KROGNESS vorgeschlagene Quotient von praktischer Bedeutung ist, muß unter klinischen Gesichtspunkten abgeklärt werden.

17.3 Vergleiche zwischen den Korrelationen unkorrigierter und korrigierter NLG-Meßgrößen:

Die Korrelationen der korrigierten NLG-Meßgrößen liegen meist niedriger als bei den unkorrigierten Meßgrößen. So beträgt die Korrelation der Residualwerte der NLG S1 des N. ulnaris an der Hand mit jener des N. medianus R = 0,17; diese Korrelation liegt in einem Signifikanzbereich von $0,05 > p > 0,01$, was darauf hinweist, daß der wesentliche

Anteil der hochsignifikanten Korrelation der unkorrigierten Meßwerte (R = 0,53) durch andere in gleiche Richtung wirkende Einflußgrößen bedingt ist.

17.4 Überzufällige Häufung von Korrelationen gleichartiger NLG-Größen an vergleichbaren Nervensegmenten:

Anhand der Residualwerte kann man untersuchen, ob die signifikanten Korrelationen zwischen den NLG-Meßgrößen auf anatomische Einflüsse zurückgeführt werden können. Von den 210 möglichen Korrelationen der Residualwerte der NLG sind 29 mit $p < 0,01$ signifikant. Die anatomischen Einflüsse werden in drei "Variablen" zusammengefaßt: Nerv, Untersuchungssegment und Art der NLG (Tab. 63). Bei 5 verschiedenen Nerven (N. ulnaris, N. medianus, N. peronaeus, N. tibialis und N. suralis) werden teilweise zwei Arten der NLG (motorische und sensible NLG) bestimmt. Die Untersuchungssegmente an den Armen und Beinen mußten vergleichbar gemacht werden: Unter den distalen Strecken werden die Segmente an Hand und Fuß verstanden; die distale Extremitätenstrecke stellt das Segment am Unterarm oder am Unterschenkel dar. Die dritte Strecke ist die gelenknahe oder gelenküberbrückende Strecke zwischen dem distalen und proximalen Extremitätensegment (also Sulcus ulnaris und die Strecke zwischen Capitulum fibulae und Fossa poplitea). Die vierte Strecke ist die proximale Extremitätenstrecke (Oberarm). Nun sind Korrelationen zwischen NLG-Meßgrößen möglich, bei denen weder der Nerv noch die Strecke, noch die NLG übereinstimmen. Andererseits gibt es Korrelationen von NLG-Meßgrößen, bei denen Nerv, Strecke und Art der NLG vollkommen übereinstimmen. Bei diesen handelt es sich um paarige Untersuchungen, also um Untersuchungen der gleichen Meßgrößen an der anderen Körperseite. Für diese liegen zuwenig Messungen vor. Wiederholungsuntersuchungen dürfen für diese Vergleiche nicht verwendet werden, da Unabhängigkeit der Messungen voneinander vorausgesetzt wird. Die sieben Kombinationen aus Nerv, Segment und Art der NLG sind in den ersten 3 Spalten der Tab. 63 aufgelistet. In der nächsten Spalte findet sich die Anzahl der möglichen Kombinationen, in der darauffolgenden Spalte die Anzahl der signifikanten Korrelationen (für $p < 0,01$). Nun kann die Einzelwahrscheinlichkeit einer bestimmten Kombination, gegen eine andere Kombination berechnet werden. Die Berechnung erfolgt anhand der hypergeometrischen Verteilung (DOCUMENTA GEIGY):

$$P_{(x_1)} = \binom{N_1}{x_1} * \binom{N_2}{x_2} * 1 \Big/ \binom{N}{x}$$

x_1 = Anzahl der signifikanten, zu untersuchenden Korrelationen; N_1 = Anzahl der möglichen Kombinationen; x_2 = Anzahl der signifikanten Vergleichskorrelationen; N_2 = Anzahl der möglichlen Vergleichskorrelationen; $N = N_1 + N_2$; $x = x_1 + x_2$.
Als Prüfkombination bietet sich die Anzahl der Korrelationen an, bei denen weder Nerv noch Strecke noch NLG gleich sind (Zeile 1 der Tab. 63). 6 von insgesamt 60 möglichen Korrelationen sind bei dieser Kombination signifikant. Prüft man nun alle übrigen Kombinationen von Nerv, Strecke und Art der NLG gegen die Prüfkombination, so zeigt sich, daß lediglich eine Kombination gegenüber der Prüfkombination signifikant ist: Überdurchschnittlich häufig ($p < 0,01$) liegen dann Korrelationen vor, wenn die Strecken und die Art der NLG gleich sind. Dies bedeutet, daß z. B. die distalen motorischen NLG der verschiedenen Nerven signifikant höher miteinander korreliert sind als jene NLG-Meßgrößen, bei denen weder die Strecke noch die Art der NLG übereinstimmen. Die Kombinationen, bei denen etwa der Nerv und die Art der NLG gleich sind, also z. B. motorischen NLG eines Nervs oder die sensiblen NLG eines Nervs an verschiedenen Strecken, sind nicht überdurchschnittlich häufig signifikant korreliert gegenüber der möglichst unheitlichen Prüfkombination. Die besondere Wirkung dieser Kombination von anatomischen "Variablen" beruht auf der überdurchschnittlichen Ähnlichkeit zwischen gleichartigen NLG-Meßgrößen bei vergleichbarer Topik. Diese Kombination von anatomischen Faktoren ist jener bei paarigen Messungen am ähnlichsten, bei denen außer den NLG-Meßgrößen und Untersuchungssegmenten auch noch die Nerven gleich sind. Nach den eigenen Untersuchungen kann man davon ausgehen, daß bei den meisten paarigen Untersuchungen die Korrelationen zwischen 0.3 bis 0.5 betragen, wenn die Wirkungen der Einflußgrößen berücksichtigt worden sind.

```
+------------------------------------------------------------------+
|           DIE STRUKTUR SIGNIFIKANTER KORRELATIONEN               |
|                                                                  |
|                KORRIGIERTER NLG-GRÖSSEN                          |
+------------------------------------------------------------------+
|                                   N         N         p          |
|   NERV       SEGMENT    ART DER   MÖGL.     SIGN.                 |
|                         NLG       KORREL.   KORREL.              |
+------------------------------------------------------------------+
|   ungleich   ungleich   ungleich    60        6         -        |
|   ungleich   ungleich   gleich      58        3        n.s.      |
|   ungleich   gleich     ungleich    21        4        n.s.      |
|   ungleich   gleich     gleich      22        8        0.007     |
|   gleich     ungleich   ungleich    19        2        n.s.      |
|   gleich     ungleich   gleich      22        4        n.s.      |
|   gleich     gleich     ungleich     8        2        n.s.      |
+------------------------------------------------------------------+
```

korrigiert: nach Entfernung der Wirkung der Einflussgrössen.
Nerv: N. ulnaris, N. medianus, N. peronäus, N. tibialis, N. suralis Segment: 1: Hand oder Fuss; 2: Unterarm oder Unterschenkel; 3: Sulcus oder capitulum fibulae - fossa poplitea; 4: Oberarm. Art der NLG: motorisch, sensibel (S1). p gilt für die hypergeometrische Verteilung.
Legende: Die Vergleiche erfolgen zwischen einer möglichst uneinheitlichen Kombination (erste Zeile) und den übrigen Kombinationen von Nerv, Segment und Art der NLG. In der Struktur der hohen Korrelationen (p < 0.01) ist bei NLG-Grössen gleicher Segmente und gleicher NLG-Art eine überzufällige Häufung von Korrelationen beobachtet worden.

Tab. 63

17.5 Diskussion der eigenen Befunde im Vergleich zu den Angaben von KEMBLE (1967):

Es finden sich nur wenige Literaturstellen, in denen Korrelationen zwischen verschiedenen NLG ein und derselben Seite angegeben werden. KEMBLE (1967) untersuchte die Korrelationen der distalen motorischen Latenz und der distalen sensiblen Latenz, der motorischen NLG und der sensiblen NLG und der motorischen NLG und der gemischten NLG des N. medianus am Unterarm. Er gab Regressionskoeffizienten für die Abhängigkeit der motorischen NLG von der sensiblen NLG und von der gemischten NLG an. Diese betragen 0,50 für die motorische NLG (abhängig) von der sensiblen NLG (unabhängig) bei 129 Normalpersonen bzw. 0,59 für die motorische NLG von der gemischten NLG (unabhängig) des N. medianus bei 120 gesunden Probanden. Da die Einheiten der Größen gleich sind und die Streuungen vergleichbar sind, darf angenommen werden, daß die Korrelationskoeffizienten etwa den Regressionskoeffizienten entsprechen. Die eigenen Befunde bestätigen insofern das Ergebnis, als eine hochsignifikante Korrelation der motorischen NLG des N. medianus mit der sensiblen NLG des N. medianus am Unterarm besteht ($p < 0,001$). Der Korrelationskoeffizient ist allerdings niedriger als bei KEMBLE und beträgt für nicht-korrigierte Werte $R = 0,26$ und für korrigierte Werte $R = 0,28$. Das unterschiedliche Ausmaß der Korrelation könnte mit Unterschieden in der Struktur der Probandenkollektive zusammenhängen.

18 Seitenvergleiche der neurographischen Meßgrößen und deren Einflußgrößen

Für alle neurographischen Parameter können anhand der eigenen Daten Seitenvergleiche durchgeführt werden. Systematisch wurden diesbezüglich aber nur die NP des N. ulnaris und des N. medianus an der Hand und, von einem Teilkollektiv, die NP des N. medianus am Unterarm untersucht. Daher beschränken sich die folgenden Untersuchungen auf paarige Vergleiche an diesen Nervensegmenten.

Die Tab. 64 gibt die paarigen Seitenvergleiche der NLG S1 und der NLG S2 ohne Korrektur und mit Korrektur auf gleiche Mittelwerte der Hauttemperaturen und der Meßstrecken des N. medianus und des N. ulnaris an der Hand wieder.

18.1 Seitenunterschiede der sensiblen NLG des N. medianus an der Hand:

In Tab. 64 finden sich paarige Vergleiche zwischen den unkorrigierten und korrigierten NLG S1 des N. medianus an der Hand. Die Messungen an der rechten und linken Körperseite stammen von jeweils den gleichen Personen. Die unkorrigierten Meßwerte sind Meßdaten nach Aussonderung von Extremwerten. Die Selektion extremer Meßwerte wurde wie bei den repräsentativen Stichproben durchgeführt.

* Es sei vorweggenommen, daß bei den Vergleichen paariger Stichproben unter Ein-
* schluß von Extremwerten ebenfalls signifikante Seitendifferenzen der NLG S1 und
* der NLG S2 des N. medianus an der Hand gefunden wurden.

Die Anzahl der paarigen Fälle variiert je nach dem, ob oder ob nicht die Wirkungen der Einflußgrößen berücksichtigt wurden. Bei Berücksichtigung der Einflußgrößen liegen 138 statt 144 Beobachtungsfälle vor, weil 6mal die Dokumentation der Einflußgrößen unvoll-

SEITENVERGLEICHE SENSIBLER NLG-GRÖSSEN des N. Medianus an der Hand							
	N	NLG S1			NLG S2		
		M	SD	p	M	SD	p
LI GES.UNKORR. RE	144	52.2 49.8	6.4 5.9	<0.001	43.3 41.6	5.1 4.8	<0.001
LI GES.KORRIG. RE	138	52.0 50.4	5.5 4.9	0.001	43.1 42.0	4.3 3.8	0.005
LI MÄNNER RE	80	51.6 50.7	4.7 4.6	0.16	42.9 42.2	3.8 3.5	0.14
LI FRAUEN RE	58	52.4 49.2	5.9 5.1	<0.001	43.1 41.0	4.5 4.2	0.001
LI FRAUEN-JUNG RE	35	51.9 48.7	5.6 4.6	0.001	43.3 40.7	3.9 3.8	0.001
LI FRAUEN-ALT RE	23	53.1 49.8	6.5 5.9	0.007	42.9 41.6	5.3 4.7	0.19

LEGENDE: Auch nach Korrektur (KORRIG.) auf gleiche Hauttemperaturen und gleiche Messtrecken rechts und links bleiben signifikante Differenzen der sensiblen NLG-Grössen des N. Medianus an
der Hand erkennbar. Die NLG-werte sind links höher als rechts.
Bei weiterer Unterteilung wird erkennbar, dass die NLG-werte nur
bei Frauen signifikant verschieden sind. Alterseinflüsse werden
nicht erkennbar, wenn das Kollektiv der Frauen weiter unterteilt
wird. JUNG: <33 Jahre, ALT: >33 Jahre;
Die p-Werte wurden für Einzelwerte ermittelt.

Tab. 64

ständig war. Für die Seitenvergleiche bei Männern liegen 86 bzw. 80 Fälle vor, bei
Frauen finden sich jeweils 58 Fälle.

Unter korrigierten Meßgrößen werden Meßgrößen verstanden, bei denen die Wirkungen der
Einflußgrößen für jede Seite gesondert berücksichtigt wurde und die NLG-Meßwerte auf
den gemeinsamen Mittelwert der Temperaturen zwischen rechter und linker Seite korrigiert wurden. Die Korrekturen wurden mit den jeweils seitenspezifischen Regressionskoeffizienten durchgeführt. Die RK und part. RK der Temperatur für die rechte und die
linke Seite unterscheiden sich nicht wesentlich.

Auf der linken Körperseite ist NLG S1 des N. medianus an der Hand im Mittel hochsignifikant höher als auf der rechten Seite. Die Hauttemperaturen über der A. radialis und der
A. ulnaris weisen ebenfalls hochsignifikante Seitendifferenzen auf (vorletzter und letzter Teil der Tab. 64); die Hauttemperaturen sind links höher als rechts. Die Unterschiede der Temperaturen wirken sich auf die Mittelwerte der NLG-Meßgrößen aus, erklären sie
aber nur zum Teil. Der Seitenunterschied der Hauttemperaturen über der A. radialis beträgt im Mittel 0,43^{O}C, über der A. ulnaris 0,66^{O}C. Werden die Mittelwerte der NLG-Größen der rechten und linken Seite auf gleiche Hauttemperaturen durch die jeweils seitenspezifischen Regressionskoeffizienten gebracht, so bleiben die signifikanten Seitendifferenzen bestehen.

Um den Ursachen dieses Seitenunterschiedes der NLG-Meßgrößen näherzukommen, wurde das
Kollektiv nach Geschlechtern getrennt untersucht. Es stellte sich heraus, daß bei Männern die temperaturgleich korrigierten NLG-Größen keine signifikanten Seitendifferenzen
aufwiesen, bei Frauen jedoch hochsignifikante Unterschiede vorlagen.

Dieser geschlechtspezifische Unterschied der sensiblen NLG des N. medianus an der Hand
läßt den Gedanken aufkommen, daß bei Frauen gering ausgeprägte distale Medianusläsionen
vorliegen könnten. Das Carpaltunnelsyndrom tritt bei Frauen viel häufiger auf als bei
Männern. Unter dieser Annahme müßten die Seitendifferenzen bei älteren Frauen deutlicher als bei jüngeren sein.

Überraschenderweise stellte sich heraus, daß bei den jüngeren Frauen die Seitendifferenzen der NLG S1 des N. medianus an der Hand sogar deutlicher nachzuweisen waren als bei
den älteren Frauen; bei den älteren Frauen war sogar nach Korrektur der Wirkungen der
Einflußgrößen und bei Temperaturgleichheit kein signifikanter Seitenunterschied der
NLG S2 mehr zu erkennen.

Die Befunde zeigen, daß bei Frauen Seitenunterschiede der NLG S1 und der NLG S2 des
N. medianus an der Hand bestehen. Auf der linken Körperseite sind die sensiblen NLG des
N. medianus an der Hand höher als auf der rechten Körperseite. Dieser geschlechtsspezifische Seitenunterschied der sensiblen NLG des N. medianus an der Hand beruht
n i c h t auf Alterseinflüssen, da bei jungen Frauen die Seitenunterschiede sogar
deutlicher nachweisbar sind als bei der Gruppe älterer Frauen. Als Ursache muß daher an
geschlechtsspezifische, konstitutionelle Faktoren gedacht werden, für die möglicherweise auch morphologische Korrelate bestehen.

18.2 Seitenunterschiede der übrigen neurographischen Meßgrößen:

Die sensiblen NLG des N. ulnaris lassen ebenfalls signifikante Seitendifferenzen der
unkorrigierten Meßwerte erkennen; nach Ausgleich der Temperaturdifferenzen zwischen
rechter und linker Körperseite sind keine signifikanten Seitendifferenzen der NLG S1
oder NLG S2 des N. ulnaris an der Hand mehr nachweisbar.
Die Dauer und die Amplituden der NAP des N. ulnaris und des N. medianus lassen keine
signifikanten Seitendifferenzen erkennen.
Die paarigen Untersuchungen der sensiblen NLG des N. medianus am Unterarm weisen keine
signifikanten Mittelwertdifferenzen auf. An den Beinen, bei denen 6 bis 10 % der Messungen von der linken Seite stammen, fanden sich keine signifikanten Seitendifferenzen.
Für paarige Vergleiche anderer als der oben besprochenen neurographischen Größen liegen
zu wenig Meßwerte vor.

18.3 Korrelationen zwischen paarigen Messungen und deren diagnostischer Wert:

Die Werte der Korrelationen paariger Messungen können der Tab. 65 entnommen werden. Die
rechts- und linksseitigen Meßwerte der unkorrigierten NLG S1 des N. medianus an der
Hand haben eine Korrelation von 0,59, die der NLG S2 eine Korrelation von 0,60. Nach
Korrektur der Wirkungen der Einflußgrößen sind die Korrelationen wesentlich geringer:
NLG S1: 0,47, NLG S2: 0,41. Meßstrecken und Temperaturen sind höher als die unkorrigierten sensiblen NLG miteinander korreliert; intuitiv ist es daher verständlich, daß die
Korrelation der NLG abnimmt, wenn die Wirkung dieser beiden Größen entfernt wird. Die
entsprechenden Werte der sensiblen NLG des N. ulnaris betragen: NLG S1, unkorrigiert:
0,68, korrigiert 0,40; NLG S2 des N. ulnaris an der Hand: unkorrigiert: 0,67, korrigiert: 0,44.
Die unkorrigierten NLG-Meßgrößen an der Hand sind im Seitenvergleich höher miteinander
korreliert als am Unterarm; die unkorrigierten NLG des N. ulnaris der rechten und linken Körperseite sind etwas höher korreliert als jene des N. medianus an der Hand. Nach
Korrektur der Wirkungen der Einflußgrößen liegen die Beträge der Korrelationen für Seitenvergleiche zwischen 0,4 und 0,5.
Das interessanteste Ergebnis dieser Seitenvergleiche scheint der Unterschied der Korrelationen vor und nach Berücksichtigung von Einflußgrößen zu sein. Dies sei an den Korrelationskoeffizienten der sensiblen NLG des N. ulnaris vor und nach Berücksichtigung von
Einflußgrößen klargemacht: Die Korrelation zwischen rechts und links beträgt R = 0,69,
R^2 = 0,48. Der erklärbare Varianzanteil einer NLG aus der anderen entspricht etwa dem
Quadrat der Korrelation und beträgt somit 48 %. Die Korrelation derselben NLG nach Berücksichtigung der Wirkung der Einflußgrößen beträgt 0,4; R^2 = 0,16, entsprechend einem
erklärbaren Varianzanteil von 16 % für die gegenseitige Abhängigkeit zwischen den Meßgrößen. Wenn sich die Varianzen additiv verhalten, kann man aus der Differenz der R^2-Be-
träge die Bedeutung der Einflußgrößen erkennen: 32 % von 48 % der wechselseitig erklärbaren Varianz beruht auf Gemeinsamkeiten der Einflußgrößen!

+---+
| KORRELATIONEN ZWISCHEN RECHTS UND LINKS (PAARIG) |
| GEMESSENEN NLG-GRÖSSEN |
+---+
| SENSIBLE NLG-GRÖSSEN: |
| unkorrigiert: korrigiert: |
| N   NLG-S1   NLG-S2   NLG-S1   NLG-S2 |

| N.MEDIANUS: |
| Hand   138   0.59   0.60   0.47   0.42 |
| Unterarm   61   0.44   0.46   0.49   0.41 |
| N.ULNARIS: |
| Hand   122   0.68   0.67   0.40   0.44 |
+---+
| unkorrigiert, korrigiert: Korrelationen der NLG-Grössen |
| rechts und links vor und nach Berücksichtigung von Ein- |
| flussgrössen durch Multiple Regression.   Die Korrelationen |
| der NLG-Grössen   zwischen rechts   und links   sind vor |
| Berücksichtigung der Einflussgrössen wesentlich höher   als |
| danach.   Die p-Werte der Einzeltests sind stets kleiner als |
| 0.001. |
+---+
| Tab. 65 |
+---+

Aus diesem Ergebnis kann man folgern, daß nur bei großer Ähnlichkeit der Einflußgrößen
2 NP ohne weitere Berücksichtigung der Einflußgrößen verglichen werden können. Die
NLG-Werte einer kalten und einer warmen Hand sind nur vergleichbar, wenn der Einfluß
der Temperatur berücksichtigt wird. Aber auch bei gleicher Wirkung von Einflußgrößen
sind die Seitenkorrelationen so gering, daß sie für diagnostische Zwecke <u>nicht besser</u>
sind als Prädiktionen, die mit Hilfe der MR erstellt werden.
Beim individuellen Seitenvergleich kann ein unter Berücksichtigung der Korrelationen
normales Verhalten vorliegen, wenn beide Meßwerte pathologisch sind. Bei Anwendung der
multiplen Regression hat man dagegen nicht den Nachteil, daß man von einem Verlgeichs-
meßwert ausgeht, dessen Validität nicht gesichert ist.

18.4 Paarige Vergleiche der Wirkungen von Einflußgrößen (Tab. 66):

Gibt es seitenspezifische Wirkungen von Einflußgrößen auf die NLG?
In Tab. 66 sind die Beta-Gewichte der sensiblen NLG des N. ulnaris und des N. medianus
an der Hand für die rechte und für die linke Körperseite angegeben. Die Beträge der
Beta-Gewichte stimmen nicht vollständig mit den Angaben in den Tabellen der multiplen
Regression überein, da für die genau paarigen Vergleiche weniger Daten zur Verfügung
standen. Es wurden nur lineare und signifikante Wirkungen von Einflußgrößen berücksichtigt.
Auf der linken Körperseite ist die Anzahl der signifikanten Beta-Gewichte deutlich niedriger als rechts. Dementsprechend ist das Quadrat der multiplen Korrelation, R^2 für
die NLG der rechten Körperseite stets etwa höher als für die linksseitigen NLG-Meßgrößen (s. Tab. 66, letzte Zeile): Die sensiblen NLG-Größen des N. ulnaris und des
N. medianus an der Hand sind auf der rechten Körperseite stärker von Einflußgrößen abhängig als auf der linken Körperseite. Dies zeigt sich auch an den Seitenvergleichen
der Wechselwirkungen der Einflußgrößen (GUTJAHR 1981).

18.5 Seitendifferenz des Einflusses der Meßstrecke:

Besonders erwähnenswert ist der seitendifferente Einfluß der Meßstrecke auf die NLG.
Bei den Beta-Gewichten der Meßstrecken fallen sehr deutliche Seitenunterschiede auf:
Auf der linken Seite sind die sensiblen NLG nicht signifikant von der Meßstrecke abhängig, auf der rechten Seite finden sich aber durchweg signifikante Beta-Gewichte der Meßstrecke (Abb. 38,39). Die Unterschiede zwischen den NLG S1 und den NLG S2 sind sehr
gering. Deutliche Unterschiede bestehen zwischen den Einflüssen auf die NLG des N. ulnaris und des N. medianus: während bei dem N. ulnaris die Meßstrecke eine hochsignifikant
positiv mit der NLG korrelierte Einflußgröße ist, ist die Korrelation für die NLG des
N. medianus weniger deutlich.

Unterteilt man die Kollektive der verschiedenen NLG-Größen nach Geschlechtern, so verwischt sich die eindeutige Seitendifferenz in der Wirkung dieser Größe: Es zeigt sich,
daß bei Männern zwar nur rechtsseitige signifikante Beta-Gewichte der Meßstrecken für
die sensiblen NLG des N. ulnaris vorliegen, bei Frauen aber auch auf der linken Seite

	N. ULNARIS, HAND				N. MEDIANUS, HAND			
	NLG S1 (N: 127)		NLG S2 (N: 123)		NLG S1 (N: 138)		NLG S2 (N: 139)	
Unabhängige Grössen	re	li	re	li	re	li	re	li
Geschlecht	.20	–	.20	.18	–	–	–	–
Hauttemp.	.71	.72	.73	.76	.52	.56	.56	.56
Messtrecke	.39	–	.40	–	.18	–	.20	–
Alter	-.24	-.28	-.22	-.32	-.34	-.24	-.41	-.32
Körperlänge	-.22	–	-.17	–	–	–	–	–
Gewicht	.22	–	–	–	–	–	–	–

SEITENVERGLEICHE DER BETAGEWICHTE SENSIBLER NLG-GRÖSSEN AN DER HAND

LEGENDE: Die Betagewichte sind die standardisierten partiellen Regressionskoeffizienten. Die signifikanten Werte sind angegeben. Im Seitenvergleich fällt auf, dass die Betagewichte der MESS-STRECKE auf der rechten Körperseite durchweg signifikant sind, auf der linken Seite jedoch nicht.

Tab. 66

NERVUS ULNARIS, SENSIBEL, HAND

RECHTS

REGRESSION

zwischen

teilkorrigierter NLG (positive Spitze)

und

Meßstrecke

N: 126 Regressionskoef.: 0,230 R^2: 0,185 p: < 0,001

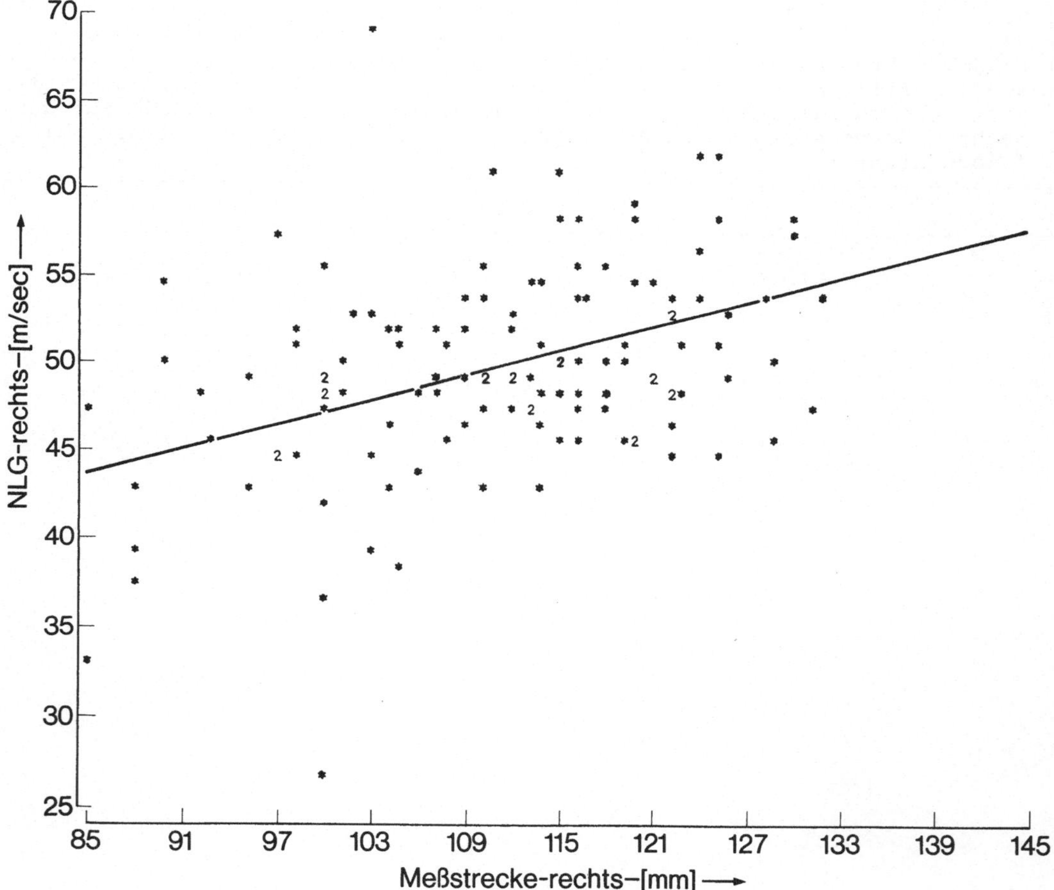

Abb. 38

NERVUS ULNARIS, SENSIBEL, HAND

LINKS

REGRESSION

zwischen

teilkorrigierter NLG (positive Spitze)

und

Meßstrecke

N: 127 Regressionskoef.: 0,037 R^2: 0,009 p: 0,140

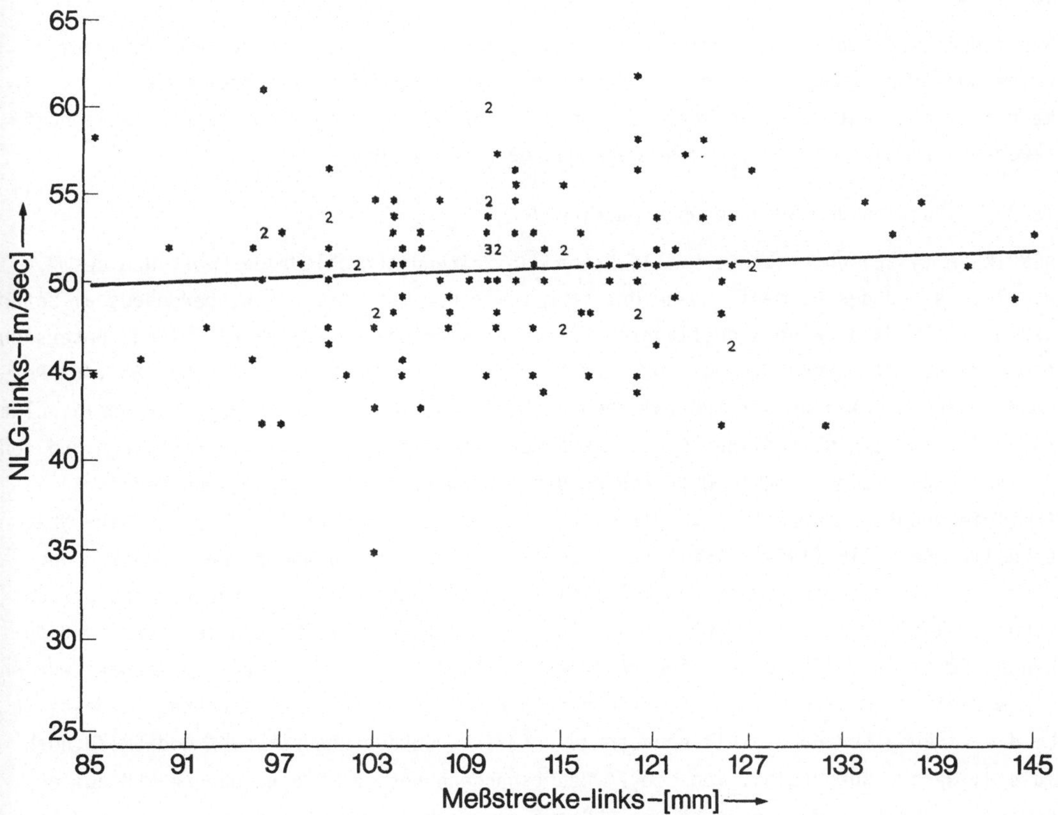

Abb. 39

bei sämtlichen Meßgrößen des N. medianus und bei 3 von 4 Meßgrößen des N. ulnaris signifikante Wirkungen zu sehen sind. Im Vergleich zur Untersuchung an den nicht unterteil-
ten Kollektiven tritt die Rechts/Links-Differenz der Wirkung der Meßstrecke zurück, der
geschlechtsunterschiedliche Einfluß der Meßstrecke auf die NLG wird deutlicher.
<u>Diese Ergebnisse lassen sich folgendermaßen interpretieren:</u> Der Betrag der Meßstrecke
ist nicht allein die bestimmende Größe für die Bedeutung des Einflusses der Meßstrecke
auf die NLG; es bestehen zusätzliche Einflüsse des Geschlechtes und der Körperseite.
Aus biologischer Sicht könnte man an Unterschiede in der Feinstruktur der sensiblen Fasern an der rechten und der linken Körperseite und an diesbezügliche Unterschiede zwischen Männern und Frauen denken.

18.6 Zur Dominanz:

Nur 7 der untersuchten Probanden waren eindeutige Linkshänder, so daß zur Dominanz
keine Aussagen gemacht werden können. Der einzige Unterschied zwischen Links- und
Rechtshändern bestand darin, daß bei den 7 Linkshändern keine signifikanten Seitendifferenzen der sensiblen NLG des N. medianus gefunden wurden.

18.7 Diskussion der Befunde über paarige Vergleiche:

HENRIKSEN (1956) untersuchte bei 15 Probanden Seitenunterschiede der mot. NLG des
N. ulnaris und des N. medianus am Unterarm sowie der mot. NLG des N. peronaeus am Unterschenkel. Er fand keine signifikanten Seitenunterschiede. CRESS et al. (1963) untersuchten seitenvergleichend die mot. NLG des N. ulnaris und des N. medianus bei 54 (46) Personen. Die Korrelation der NLG zwischen rechter und linker Seite betrug für den N. ulnaris 0.44, für den N. medianus 0.54. Die Autoren fanden bei den 47 Rechtshändern und den
7 Linkshändern signifikante Differenzen der NLG zwischen dem rechten und dem linken
Arm: Die Rechtshänder hatten im Mittel rechts, die Linkshänder links eine höhere NLG.
LaFRATTA und SMITH (1964) stellten bei beidseitigen Untersuchungen von 7 Männern und
7 Frauen, die aus einem größeren Kollektiv von 128 Männern und 21 Frauen herausgesucht
wurden, signifikant höhere NLG des N. ulnaris am Unterarm bei Frauen auf der nicht dominanten Seite fest. Bei einer Wiederholungsuntersuchung mit 20 Frauen und Männern wurden
als wesentlicher Befund signifikant höhere NLG bei Frauen als bei Männern festgestellt.
Um die Wirkung der Händigkeit genauer zu erfassen, wurden von LaFRATTA und SMITH nochmals 31 Männer untersucht. Von den 24 Rechtshändern hatten 11 eine höhere NLG auf der
dominanten Seite und 10 eine höhere NLG auf der nicht dominanten Seite. Von den 7 Linkshändern hatten 6 eine höhere NLG auf der dominanten Seite. Im gepaarten Wilcoxon-Test
zeigte sich signifikante Unterschiede, weil jene Probanden, die höhere NLG auf der
nicht dominanten Seite hatten, auch größere Differenzen zwischen den NLG der Seiten erkennen ließen. Die Korrelationen zwischen den rechts- und linksseitigen NLG-Meßwerten
betrugen 0,83.
In den eigenen Untersuchungen fanden sich signifikant höhere NLG-Werte auf der nicht
dominanten Seite. Diese Ergebnisse fanden sich mit und ohne Berücksichtigung der Daten

der Linkshänder. BAHLA und GOODGOLD (1968) untersuchten bei 27 Probanden die distalen motorischen Latenzen des N. ulnaris. Sie stellten eine signifikant höhere distale motorische Latenz zum M. abductor digiti minimi und eine an der Signifikanzgrenze liegende höhere distale motorische Latenz zum M. interosseus I an der dominanten Hand fest.

Die Untersuchungsergebnisse von LaFRATTA und SMITH (1964) und die eigenen Befunde sprechen für eine höhere NLG auf der nicht dominanten Seite. CRESS et al. (1963) und BHALA und GOODGOLD (1968) fanden auf der dominanten Seite höhere NLG. BAILEY et al. (1968) untersuchten bei 63 (22) Personen die mot. NLG des N. peronaeus (N. tibialis) am Unterschenkel und fanden keine signifikanten Seitenunterschiede. LUCCI (1969) fand in einem großen Kollektiv von 121 Probanden mit einem Alter zwischen 4 und 95 Jahren keinen Zusammenhang zwischen den mot. NLG des N. medianus und des N. ulnaris am Unterarm und der Dominanz. CURRIER und NELSON (1974) gingen das Problem der Dominanz von mehreren Seiten an und kamen ebenfalls zu einem nur wenig befriedigenden Ergebnis. Sie untersuchten bei 27 Männern die mot. NLG des N. medianus und des N. ulnaris am Unterarm. Die mot. NLG des N. medianus auf der dominanten Seite betrug 61,2 m/sec, auf der nicht dominanten Seite 63,2 m/sec. Beim N. ulnaris wurde auf der dominanten Seite eine NLG von 61,6 m/sec und auf der nicht dominanten Seite eine NLG von 62,1 m/sec gefunden. Obwohl die Mittelwerte auf der nicht dominanten Seite, ähnlich wie bei LaFRATTA und SHMITH (1964) höher waren, fanden sich varianzanalytisch keine signifikanten Unterschiede. Dies lag auch an der hohen Streuung der Mittelwerte von 2,56 m/sec, entsprechend einer SD von 11 m/sec.
Die Autoren haben aber eine aus ihren Daten hervorgehende signifikante Beziehung nicht näher interpretiert: Die höchste motorische NLG des N. medianus des dominanten Armes war signifikant korreliert mit der raschestmöglichen Daumen-Zeigefinger-Berührungsrate an der nicht dominanten Hand und umgekehrt: Die höchste mot. NLG des N. medianus an der nicht dominanten Hand war signifikant mit der Daumen-Zeigefinger-Berührungsrate auf der dominanten Seite korreliert. Nun erklärten die Autoren nicht, was sie unter der "höchsten motorischen NLG" verstanden. Üblicherweise wird die Zeit für die mot. NLG zum Beginn des negativen Potentialeinbruchs gemessen. Wenn es sich um diesen Meßwert handelt, so kann man das Ergebnis folgendermaßen interpretieren: Die höhere NLG findet sich auf der nicht dominanten Hand; der Faktor Dominanz wurde durch die Messung der Fingerberührungsrate parametrisiert. Diese Ergebnisse werden durch das Fehlen einer Korrelation zwischen NLG und Fingerberührungsrate der gleichen Körperseite in ihrem Aussagewert nicht beeinträchtigt, da diese Beziehung inhaltlich einen anderen Vergleich darstellt, nämlich ob eine Beziehung zwischen dem Ausmaß der Dominanz und der NLG auf der körpergleichen Seite besteht. Dies ist nach CURRIER und NELSON offenbar nur für den Vergleich zwischen der rechten und linken Körperseite der Fall: Je höher die Fingerberührungsrate an der einen Hand, desto höher ist die NLG auf der anderen Hand. Geht man von dem bedeutsamsten morphologischen Korrelat der NLG aus, nämlich der Faserdicke, so kann man die höheren Mittelwerte der NLG auf der nicht-dominanten Seite als Folge eines - im Mittel - größeren Faserdurchmessers als auf der dominanten Seite auffassen. Die Größe-

nunterschiede in den Faserdurchmessern könnten durch ein unterschiedliches Ausmaß der
Faseraufzweigung bedingt sein. Die Befunde von CURRIER und NELSON lassen sich demnach
folgendermaßen interpretieren: Je geschickter man mit der einen Hand ist, desto weniger
differenziert sind die Nervenfasern an der anderen Körperseite. Die Ergebnisse von
CURRIER und NELSON können also als Bestätigung der eigenen Befunde und der Befunde von
LaFRATTA und SMITH angesehen werden.
Einen tierexperimentellen Untersuchungsansatz wählten RAMERMAN et al. (1968). Die
Autoren untersuchten an 13 Ratten die intraindividuelle Varianz der NLG des N. ischiadicus auf der rechten und auf der linken Seite. Varianzanalytisch konnte gezeigt werden,
daß signifikante Wechselwirkungen zwischen den Faktoren "Versuchstier" und "Körperseite" bestanden. Dies weist darauf hin, daß nach Ausgleich der mittleren Unterschiede der NLG zwischen den Tieren doch signifikante Unterschiede der NLG zwischen der rechten und der linken Körperseite bestehen.

III. TEIL DIE LÄNGSSCHNITTSTUDIE

19   Probandenkollektiv und Meßgrößen der Längsschnittstudie

19.1 Das Probandenkollektiv:

10 Probanden wurden innerhalb von 4 Tagen jeweils 13mal (Proband Nr. 9) bis 18mal (Proband 1, 2, 4, 5, 6, 7) untersucht. Die Probanden 3, 8 und 10 wurden jeweils 15mal untersucht. Insgesamt erfolgten 166 Untersuchungen, bei denen 165mal alle unten angegebenen
Meßgrößen erfaßt wurden. Für die Untersuchung wurde ein möglichst homogenes Probandenkollektiv aus etwa 60 freiwilligen Probanden der Justizvollzugsanstalt Hannover ausgesucht. Daher sind die Probanden etwa gleich alt (24 bis 29 Jahre, Mittelwert: 26 Jahre)
und etwa gleich groß (177 bis 187 cm, Körperlänge, Mittelwert: 182 cm). Das Gewicht betrug im Mittel 72 kg (61 bis 90 kg). Die Untersuchung erfolgte in Gruppen von 4, 3 und
3 Probanden in der Zeit vom 1. bis 15. April 1974. Da die tageszeitliche Rhythmik untersucht werden sollte, wurden die äußeren Bedingungen wie Aufstehenszeit und Schlafens-
zeit möglichst konstant gehalten. Probanden und Untersucher waren während der 4tägigen
Untersuchungszeit in einem Raum zusammen untergebracht. Proband 3 hatte während der
Untersuchungszeit einmal einen halbtägigen Ausgang.

19.2   Die Meßgrößen:

Die allgemeinen Parameter:
Bei jedem Probanden wurden nach 15 Minuten körperlicher Entspannung die orale Temperatur, der Puls, systolischer und diastolischer Blutdruck gemessen. Vor und nach der
neurographischen Untersuchung wurden die Hauttemperaturen am Handgelenk, in der Ellenbeuge, 3 bis 6 cm distal der Axilla, am Sprunggelenk und im Bereich des Fibulaköpfchens
gemessen.

Die neurographischen Parameter:
Die neurographischen Parameter des N. medianus und des N. peronaeus rechts wurden an
folgenden Untersuchungseinheiten erhoben: N. medianus, motorisch: Hand (1), Unterarm
(2), Oberarm (3), N. medianus, sensibel, Hand (4), Unterarm (5), Oberarm (6), N. peronaeus, motorisch Fuß (7) und Unterschenkel (8) sowie N. peronaeus, sensibel, Unterschen
kel (9). An den distalen motorischen Segmenten des N. medianus und des N. peronaeus
rechts wurden jeweils die Latenz, die Meßstrecke, die Amplitude, die Dauer und die
Phasenanzahl des mot. SP bestimmt. Bei den übrigen motorischen Untersuchungseinheiten
wurden nur die Zeiten und Meßstrecken gemessen und die sich daraus ergebenden NLG bestimmt. Von den sensiblen neurographischen Parametern wurden an jeder Untersuchungseinheit die Latenzen zur positiven und zur negativen Spitze, die Meßstrecken, die Amplituden, die Dauer und die Phasenanzahl der NAP bestimmt.

19.3 Untersuchungstechnik, Dokumentation, Datenerfassung, Behandlung der Extremwerte:

Es wurde dieselbe Untersuchungstechnik wie in der Querschnittstudie angewendet.

Wie in der Querschnittstudie wurden die Messungen der Reizantworten direkt am Oszilloskop abgelesen und zugleich auf lichtempfindlichem Papier registriert. Die Daten wurden
laut angesagt und von einem Dokumentationsassistenten auf einem Markierungsbogen eingetragen. Die Daten wurden anschließend mittels des AMAP-Systems (POCKLINGTON 1973) für
die statistische Weiterverarbeitung aufbereitet.

Die Probleme der Datenerfassung und der Benutzerfreundlichkeit des Dokumentationssystems wurden im Kap. 10.1 für die Längsschnittstudie dargestellt. Die Gesamtanzahl
eindeutig feststellbarer Fehler in den Meßdaten betrug 60 von insgesamt 14 355 Meßwerten. Die Fehlerquote in den Daten betrug somit (zumindest) 0,42 %. Es wurden 3645 NLG-
Messungen durchgeführt, 13mal lagen eindeutig fehlerhafte Meßwerte vor, 12 Ausreißerdaten wurden entfernt.

Behandlung der Fehler in den Meßdaten der NLG-Meßgrößen:
Insgesamt wurden 166 Untersuchungen des N. medianus am Oberarm, 165 Messungen der motorischen NLG des N. peronaeus am Fuß und am Unterschenkel und 161 Messungen der sensiblen NLG des N. peronaeus am Unterschenkel durchgeführt. Von den 60 fehlerhaft eingetragenen Meßdaten konnte ein Teil anhand der Filmaufzeichnungen oder anhand eindeutig
erkennbarer Fehler in der Dokumentation korrigiert werden. 25 Meßgrößen der NLG waren
fehlerhaft eingetragen oder wurden als Extremwerte behandelt.
Nach Korrektur der eindeutig erkennbaren falsch eingetragenen Meßwerte (N = 14 Fälle)
fanden sich keine wesentlichen Auffälligkeiten in den Verteilungseigenschaften der
NLG-Meßgrößen bei den Probanden 1 bis 6. Die Signifikanzschranken des studentisierten
Extrembereichs für 2 alpha = 0,01 wurden daher anhand des folgenden Testquotienten bestimmt:

$$\frac{\text{Größter Wert - kleinster Wert}}{\text{SD (Proband 1 - 6)}}$$

Alle ausgeschlossenen Meßwerte wurden nach diesem Verfahren unter Zuhilfenahme von den
in den Geigy-Tabellen angegebenen Signifikanzgrenzen für Extremwerte geprüft (PEARSON
und HARTLEY 1954). Der Ausschluß der Extremwerte erfolgte, wenn es wahrscheinlich erschien, daß der extreme Meßwert auf einem Dokumentationsfehler oder auf einem Meßfehler
beruhte (N = 11); die Behandlung der Fehler in den Meßdaten und der Extremwerte in der
Längsschnittstudie wurden ausführlich dargestellt (GUTJAHR 1981).

20 Eine Verlaufsbeobachtung von Extremwerten der sensiblen NLG des N. medianus am
   Oberarm

Wenn sich unter 150 Messungen bei einem Probanden ein Extremwert findet, so liegt das

in der Natur der Verteilung von Meßwerten. Häufig ist das Ausschließen von Extremwerten

problematisch. Manche Ausreißerdaten werden deshalb ausgeschlossen, weil zum Beispiel

die Verteilungen der Meßwerte unter Einschluß des Extremwertes ungünstigere Eigenschaf-

ten haben und dann für weitere Berechnungen nicht mehr zur Verfügung stehen. Beließe

man zum Beispiel bei dem 10. Probanden den extremen Meßwert der NLG S1 des N. medianus

am Oberarm, so hätte die Verteilung eine Schiefe von 2,3 und einen Exzeß von 7,3, ohne

diesen Meßwert ist die Messung ausreichend gut der Schiefe und dem Exzeß der Prüfver-

teilung angepaßt (Schiefe -0,5, Exzeß -0,9).

Die Ausschaltung eines (einzelnen) Extremwertes ist meist in irgendeiner Form begründ-

bar. Problematisch wird es aber, wenn man Extremwerte nicht mehr übergehen kann, weil

sie sowohl valide als auch konsistent sind.

Der Proband K. S., 24 Jahre alt, wurde innerhalb von vier Tagen 18mal untersucht. Jedesmal wurden unter anderem die Latenzen der sensiblen Reizantworten des N. medianus an der Hand, der Ellenbeuge und 6 cm distal der Axilla bestimmt. Es fielen ungewöhnlich hohe sensible NLG-Werte (gemessen zur positiven und zur negativen Spitze) am Oberarm auf, die sich von den Meßwerten der übrigen Probanden deutlich abheben (Abb. 40). Anhand der Abb. 41 lassen sich nun folgende Zusammenhänge erkennen: Die NLG S1 weist an den ersten beiden Untersuchungstagen Werte über 100 m/sec auf. Bei der NLG S2 liegen die Meßwerte zwischen 80 m/sec und 120 m/sec. Erst ab dem 4. Untersuchungstag finden sich Meßwerte im normalen Erwartungsbereich. Da die NLG S2 hier als Kontrollgröße der NLG S1 angesehen werden kann, müssen die Befunde als valide aufgefaßt werden. Die extremen Meßwerte wurden 3 Tage lang beobachtet - dies ist ein Beleg für die Konsistenz der hohen Beträge der NLG dieses Probanden.

Es fällt ein systematischer Zusammenhang zwischen der Untersuchungsdauer und dem Auftreten der hohen Meßwerte am Oberarm auf: Während der 4tägigen Untersuchungsperiode näherten sich die Meßwerte dem Normalbereich. Eine Abnahme der NLG ist statistisch hochsignifikant nachweisbar. Gleichzeitig mit der Abnahme der NLG am Oberarm ist eine Zunahme der NLG S1 und der NLG S2 am Unterarm zu erkennen: Die NLG S1 nahm im Mittel um 12,7 m/sec, die NLG S2 um 10,5 m/sec zu. Dies ist auch deshalb auffällig, weil die Meßwerte an den ersten zwei Tagen niedrig waren: Die Meßwerte der NLG S1 lagen zwischen 48 m/sec und 54 m/sec, die der NLG S2 zwischen 46 m/sec und 52 m/sec. Der 95 % Toleranzbereich für die NLG S1 des N. medianus am Unterarm beträgt 51,8 m/sec, für die NLG S2 47,1 m/sec (Ergebnisse der Querschnittstudie, s. Tab. 49). Insgesamt lagen 8 Meßwerte der NLG S1 außerhalb des Toleranzbereiches für 95 % der Meßwerte. Die sensiblen NLG des N. medianus am Unterarm "normalisierten" sich während der Untersuchungszeit, ebenso wie die sensiblen NLG am Oberarm. Ab dem 4. Untersuchungstag lagen die Meßwerte im normalen Erwartungsbereich.
Im Gegensatz zu den sensiblen NLG ließ die motorische NLG des N. medianus am Oberarm keine signifikanten Veränderungen während der Untersuchungsdauer erkennen. Am Unterarm war aber bei der motorischen NLG des N. medianus ähnlich wie bei den sensiblen NLG eine signifikante Zunahme während der 4tägigen Untersuchungsdauer zu erkennen.

20.1 Veränderungen der Latenzen in der Ellenbeuge:

Als **wesentliche** Ursache der NLG-Veränderungen am Ober- und am Unterarm sind die Änderungen der Zeitmessungen in der Ellenbeuge anzusehen: Während der 4tägigen Beobachtung nahm die Zeit, gemessen zur positiven oder zur negativen Spitze hochsignifikant ab. Dadurch sind die höher werdenden NLG am Unterarm zu erklären. Im Bereich des Oberarmes (3 bis 6 cm distal der Axilla) änderten sich die Zeitmessungen nicht signifikant. Infolge der Abnahme der Zeitmessung in der Ellenbeuge änderten sich aber die Differenzen der Zeitmessungen am Oberarm und in der Ellenbeuge: Aus Abb. 41 ist erkennbar, daß die Latenzdifferenzen für Messungen zur positiven und zur negativen Spitze zu Beginn der Untersuchung deutlich niedriger waren als zum Ende der Untersuchung. Die Änderungen der

EXTREMWERTE DER NLG AM BEISPIEL DER SENSIBLEN NLG-POSITIVE SPITZE DES N. MEDIANUS AM OBERARM

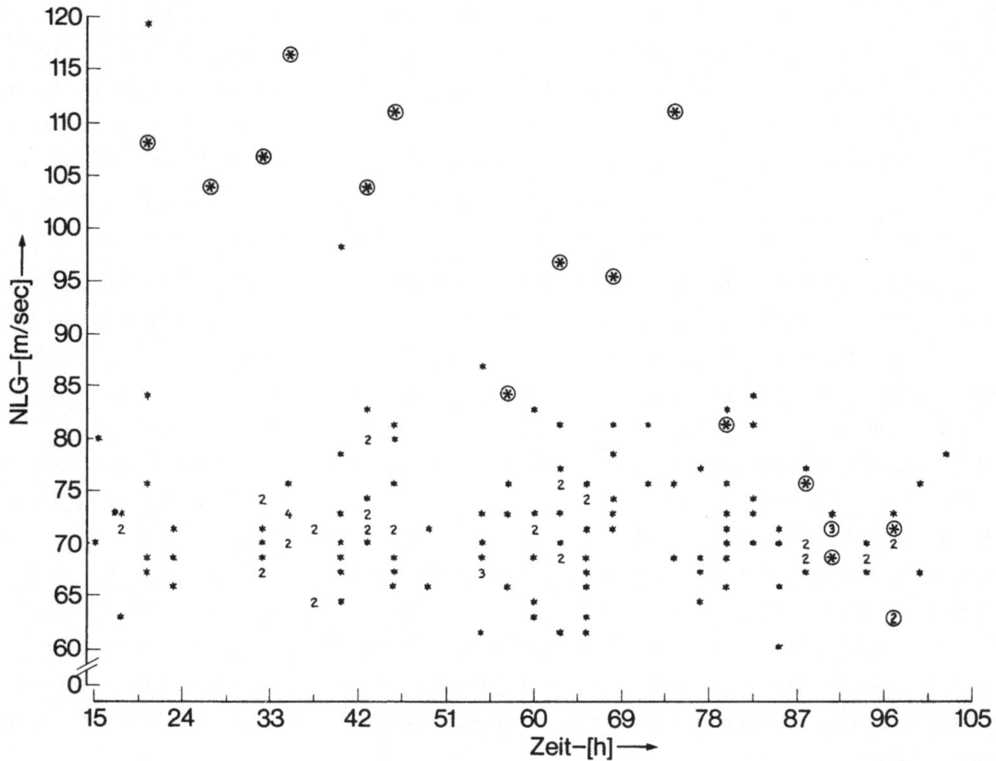

Abb. 40

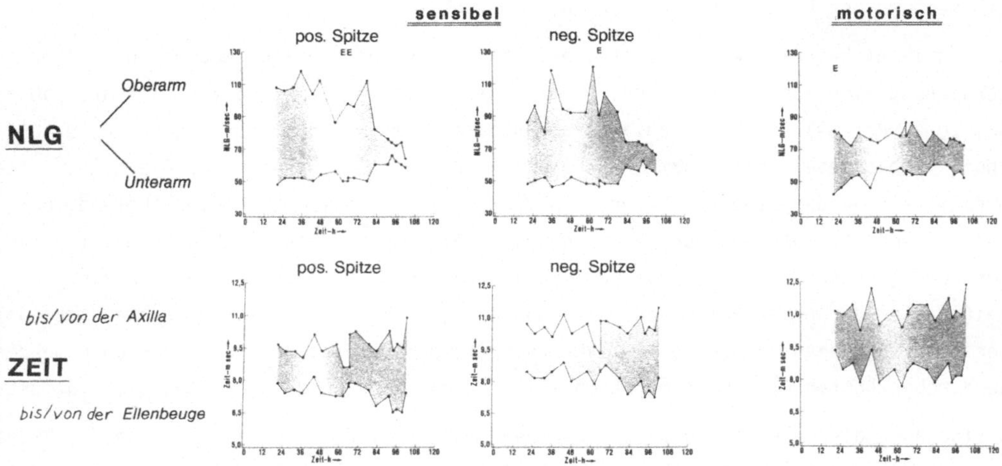

Abb. 41

Die Abnahme der NLG ist auf eine Zunahme der Latenzdifferenz am Oberarm zurückzu-
führen. Die Meßstrecke weist während der Beobachtungszeit keine wesentliche Änderung
auf. Im Gegensatz zu den sensiblen NLG-Werten zeigen die Messungen der motorischen
NLG am Oberarm keine wesentlichen Veränderungen.

Latenzdifferenzen bewirken also die NLG-Abnahmen während der viertägigen Untersuchung. Im Gegensatz zu den sensiblen NLG sind für die motorische NLG am Oberarm keine signifikanten Latenzdifferenzen während des Beobachtungszeitraumes zu erkennen.

20.2 Deutung der Befunde der Verlaufsbeobachtung:

Wie sich im nachhinein herausstellte, erlitt der Proband 7 einige Wochen vor dieser Untersuchung eine Verletzung am Unterarm (stumpfes Trauma). Es ist vorstellbar, daß es dabei zu einer Läsion des N. medianus am Unterarm kam, wofür die zu Beginn der Untersuchung beobachteten verlangsamten sensiblen NLG am Unterarm sprechen. Die NLG am Unterarm nahm während der 4tägigen Untersuchungsdauer zu. Dies ist kein Einzelbefund, bei allen Probanden wurden Änderungen der neurographischen Parameter während der 4tägigen Untersuchung beobachtet. Im Gesamtkollektiv waren bei 7 neurographischen Parametern signifikante oder hochsignifikante Zunahmen der NLG oder der Amplitude während der 4tägigen Untersuchungsdauer zu sehen. Inwieweit diese Veränderungen Folge der über mehrere Tage durchgeführten Elektrostimulation sein können, wird an anderer Stelle diskutiert.

Wie sind aber die hohen NLG dieses Probanden am Oberarm zu erklären? Da sich die Meßbeträge für die Gesamtlatenzen (Finger-Axilla) nicht wesentlich änderten, ist daran zu denken, daß die Reizantwort am Oberarm von einer anderen Faserpopulation stammt als am Unterarm. Es fragt sich dann aber, weshalb keine Anteile einer früheren Reizantwort in der Ellenbeuge zu sehen waren: Das Potential war stets eindeutig erkennbar, dreiphasig und nicht gesplittet. Frühere Reizantworten waren an der Ellenbeuge nicht festzustellen. Daher spricht dieser Befund dafür, daß nach einer partiellen Läsion eines Nervensegmentes im benachbarten Nervensegment eine kompensatorische Funktionsänderung auftritt. Entsprechend der proximo-distalen Funktionsänderung der sensiblen Nervenfasern während der vier Tage liegt es nicht fern anzunehmen, daß metabolische Vorgänge im Nerv ursächlich an den beobachteten Veränderungen beteiligt sind.

20.3 Zu den besonderen Extremwerten in dieser Verlaufsbeobachtung:

Der Vollständigkeit halber ist zu erwähnen, daß bei dem Probanden 7 am 3. Untersuchungstag besonders hohe Meßwerte der sensiblen NLG des N. medianus am Oberarm beobachtet wurden. Während um 9.00 Uhr, um 18.00 Uhr und um 21.00 Uhr keine auffälligen NLG-Werte vorlagen, wurden um 14.35 Uhr und 40 Minuten später, um 15.15 Uhr Latenzdifferenzen zwischen dem Meßpunkt der Axilla und dem Meßpunkt in der Ellenbeuge von 0,9 bis 1,8 msec für die positive und negative Spitze gemessen. Die Meßstrecken betrugen 219 bis 222 mm. Die meßtechnischen Voraussetzungen wurden während dieser zwei Messungen nicht verändert. Die Amplituden der Nervenaktionspotentiale betrugen 3 bis 4 uV, waren also klar zu erkennen. Im Vergleich zu den sonstigen Ableitungen fiel bei den Untersuchungen um 15.15 Uhr und um 18.00 Uhr, daß die Dauer des NAP in der Axilla 1,5 msec betrug und somit kürzer als in der Ellenbeuge und auch kürzer als sonst war. Zwischen 14.35 Uhr und 15.15 Uhr wurden zwei andere Probanden mit völlig unauffälligen Meßwerten untersucht. Ursache dieser Auffälligkeiten? Unklar.

21 Die intraindividuellen Verteilungen der NLG-Meßgrößen

Mittelwert, Standardabweichung, Schiefe und Exzeß können als die wichtigsten Parameter
der Verteilung angesehen werden. Mittelwert und Standardabweichung sind besonders wichtig für die Vergleiche zwischen verschiedenen Stichproben. Hier soll kurz auf Schiefe
und Exzeß der intraindividuellen Messungen eingegangen werden, da sie als die wesentlichen Prüfgrößen für die Anpassung an die Normalverteilung angesehen werden. Der Großteil der NLG-Messungen ist ausreichend gut den zugrunde gelegten Prüfverteilungen angepaßt. Die Messungen der NLG am Arm zeigen überwiegend eine geringe Linksschiefe, die
am Bein eine geringe Rechtsschiefe. Die Messungen an der Hand und am Fuß sind etwas "ab-
gestumpft" (negativer Exzeß), während die Messungen der NLG am Unterarm, am Oberarm und
am Unterschenkel im Vergleich zur Normalverteilung gering "zugespitzt" sind.
Die Prüfungen von Schiefe und Exzeß waren die wichtigsten Orientierungshilfen für die
Erkennung von Ausreißerdaten. Nach Entfernung der Extremwerte fallen bei 13 Meßgrößen
der 10 Probanden (also bei insgesamt 130 Stichproben) 15mal Abweichungen von der Normalverteilung auf. Korrekturmöglichkeiten bestanden nicht. Alle übrigen Messungen der NLG
der verschiedenen Untersuchungseinheiten der 10 Probanden wichen bezüglich Schiefe und
Exzeß nicht signifikant von der Prüfverteilung ab.

22 Mittelwerte und Varianzkomponenten der NLG-Meßgrößen sowie die Wirkungen der Ein-
     flußgrößen

Bei der Besprechung der allgemeinen Parameter wurde bereits erwähnt, daß nur die orale
Temperatur in der univariaten Varianzanalyse keine signifikanten interindividuellen
Unterschiede aufweist. Wird jedoch eine zweifaktorielle Varianzanalyse mit den Faktoren
Tageszeit und "Individuum" durchgeführt, so finden sich auch bei der oralen Temperatur
hochsignifikante interindividuelle Unterschiede, die nahezu in der Größenordnung der
tageszeitlichen Temperaturunterschiede liegen.
Die NLG-Messungen weisen besonders deutliche interindividuelle Unterschiede auf. Bei
allen NLG-Meßgrößen liegen signifikante Unterschiede zwischen den Mittelwerten der Probanden vor. Die Varianzen sind hingegen nicht bei allen Messungen der NLG interindividuell unterschiedlich. Bei den NLG S1 und NLG S2 an der Hand, der mot. NLG des N. medianus an der Hand und der mot. NLG des N. peronaeus am Unterschenkel ist das Verhältnis
zwischen maximaler Varianz und mittlerer Varianzsumme (COCHRANS C) nicht signifikant
verschieden.

Bevor die Untersuchungsergebnisse der einzelnen NLG-Meßgrößen dargestellt werden, soll
nochmals auf die niedrigen individuellen Streuungen hingewiesen werden. Eine Reihe von
Messungen einiger Probanden weisen Variationskoeffizienten unter 0,05 auf. Dies bedeutet, daß bei einigen Messungen die Streuung niedriger ist, als aufgrund des Meßfehlers,
insbesondere der Fehlerkomponente der Zeitmessung, erwartet werden kann.
Die niedrigen intraindividuellen Standardabweichungen stehen in einem deutlichen Kontrast zu den Standardabweichungen der vergleichbaren Messungen in der Querschnittstudie. Der intra- und interindividuelle Varianzanteil der Meßgrößen kann in der Längs-

schnittstudie geschätzt werden: die intraindividuellen Messungen sind Meßwiederholungen; dadurch erhält man ein Streuungsmaß für jede Meßgröße bei jedem Individuum. Außerdem können die interindividuellen Unterschiede für jede Meßgröße statistisch nachgewiesen werden. Die intraindividuelle Streuung und die interindividuellen Unterschiede der NLG-Größen sind in Tab. 67 aufgelistet.

Die in der Querschnittstudie festgestellten Varianzkomponenten der verschiedenen NLG-Meßgrößen sind weitgehend Ausdruck der interindividuellen Varianz, da die Anzahl der Probanden größer ist und keine Homogenität bezüglich der Einflußgrößen besteht. Der Meßfehler und die intraindividuellen Varianzkomponenten spielen in der Querschnittstudie mit großer Wahrscheinlichkeit eine untergeordnete Rolle.

22.1 Die motorische NLG des N. medianus an der Hand (Tab. 67):

Meßwerte, Kontraste: Der niedrigste Meßwert beträgt 13,3 m/sec, der höchste Meßwert 26,5 m/sec; der niedrigste Mittelwert beträgt 17 m/sec (Proband 8), der höchste 23 m/sec (Proband 6). Der Mittelwert des Probanden ,8 unterscheidet sich nach dem multiplen Rangtest von TUKEY signifikant von den Meßwerten der Probanden 4, 10, 9, 3, 1, 7, 6. Der Mittelwert des Probanden 6 unterscheidet sich signifikant von den 8 langsamsten Meßwerten. Insgesamt liegen 17 signifikante paarige Differenzen bei 45 möglichen Kombinationen vor.

Varianzkomponenten (s. auch Tab. 68): Der Variationskoeffizient beträgt im Mittel über 0,1. Der Zufallsfehler des Mittelwertes beträgt 0,54 m/sec, ist also deutlich höher als in der Querschnittstudie. Bei der geringen Probandenanzahl ist eine derartige Abweichung durchaus zu erwarten und belegt, daß kleine Populationen für die Schätzungen zentraler Werte und auch für die Schätzungen der Streuungen der Grundgesamtheit (nahezu) ungeeignet sind. Entsprechend den Ergebnissen der Tab. 68 beträgt die intraindividuelle Streuung ca. 11 % des Betrages des Mittelwertes; die interindividuelle Streuung ist in diesem sehr homogenen Kollektiv der 10 Probanden niedriger als die intraindividuelle Streuung. Der niedrigste und der höchste Mittelwert weichen um ±15 % vom Gesamtmittelwert ab.

Inter- und intraindividuelle Wirkungen der Einflußgrößen: Die individuellen Unterschiede sind zum Teil durch jene Faktoren bedingt, die sich in der MR als signifikante Einflußgrößen erwiesen haben. Laut Tab. 26 liegen folgende signifikante Einflußgrößen für die mot. NLG des N. medianus an der Hand vor: die Hauttemperatur, die Meßstrecke und das Geschlecht. Durch Berücksichtigung dieser Einflußgrößen konnten in der Querschnittstudie 26 % der Varianz erklärt werden. Die Hauttemperatur und die Meßstrecke sind Faktoren, die intra- und interindividuell einwirken können. Daher wurde versucht, die intra- und interindividuelle Wirkung der Einflußgrößen getrennt abzuschätzen. Jeder Meßwert der Längsschnittstudie wurde um den Betrag der Wirkung der Einflußgrößen korrigiert; die part. RK wurden der Querschnittstudie entnommen. Die Standardabweichung der korrigierten Meßwerte (ohne Berücksichtigung interindividueller Unterschiede) beträgt 1,9 m/sec; die Varianzverminderung beträgt 48 % gegenüber der Messung mit unkorrigier-

```
+------------------------------------------------------------------------+
| INDIVIDUELLE MITTELWERTE UND STREUUNGEN EINIGER NLG-GRÖSSEN            |
|               IN DER LÄNGSSCHNITTSTUDIE                                 |
+------------------------------------------------------------------------+
| N. MEDIANUS:                                                           |
+------------------------------------------------------------------------+
```

N. MEDIANUS:

MOTORISCH:

Proband	N	Hand M	Hand SD	Unterarm M	Unterarm SD	Oberarm M		Oberarm SD
1	18	20.7	2.0	61.8	6.4	63.7		7.9
2	18	18.2	2.1	58.4	5.4	63.3		4.4
3	15	20.5	2.2	61.2	3.2	63.0		3.8
4	18	19.8	2.9	58.6	3.0	65.7		6.5
5	18	18.9	1.4	64.5	3.9	67.5		5.2
6	18	23.1	1.7	59.2	2.9	72.1		7.0
7	18	21.3	2.8	54.0	4.7	77.0	x	4.5
8	15	17.0	2.4	56.4	7.9	64.6	x	7.6
9	13	20.2	1.4	57.8	3.8	70.0		7.4
10	15	20.2	2.3	59.5	2.7	70.4		3.6
Gesamt	166	20.0	2.7	59.2	5.4	67.7		7.3

SENSIBLEL (NLG S1):

Proband	N	Hand M	Hand SD	Unterarm M	Unterarm SD	Oberarm M		Oberarm SD
1	18	52.9	2.6	61.6	2.4	70.4		2.4
2	18	50.4	4.4	60.9	1.7	72.8		5.7
3	15	54.6	3.4	65.2	3.1	73.3		3.7
4	18	51.1	3.6	58.6	1.8	68.1		4.5
5	18	51.1	4.2	63.0	2.4	71.5		3.2
6	18	56.0	2.0	61.4	3.0	69.7		4.1
7	18	52.4	4.5	54.4	5.0	92.9	x	17.3
8	15	50.8	2.8	59.2	2.5	75.0		5.2
9	13	55.0	2.2	60.9	3.2	76.1	x	8.5
10	15	52.6	2.7	62.4	5.2	78.1	x	6.4
Gesamt	166	52.6	3.8	60.7	4.2	74.5		9.7

N. PERONÄUS:

Proband	N	MOTORISCH Fuss M	Fuss SD	Unterschenkel M	Unterschenkel SD	NLG S1 Unterschenkel M		SD	NLG S2 Unterschenkel M		SD
1	17	14.7	2.0	51.1	2.3	49.9		2.3	44.4		2.3
2	18	13.5	1.4	48.5	2.5	48.8	x	2.2	42.3	x	2.1
3	15	15.6	2.8	48.8	3.1	50.2		2.8	42.7		1.6
4	18	14.4	2.1	43.6	2.4	46.1		1.2	38.3		1.5
5	18	16.1	2.1	46.7	2.3	48.9		1.6	41.8		2.1
6	18	11.7	1.4	47.6	1.8	48.4		1.4	42.2		1.7
7	18	14.9	1.6	47.0	3.5	46.8	x	2.0	41.6	x	1.9
8	15	15.3	1.8	47.9	2.6	50.4		1.9	44.9		1.9
9	13	11.1	1.2	47.3	2.2	51.2		1.4	46.3		1.7
10	15	14.2	1.4	49.6 x	2.4	55.9		1.6	48.6		1.3
Ges.	165	14.2	2.3	47.7	3.2	49.5		3.1	43.1		3.2

Einheiten der Messgrössen: NLG: m/s; abweichende Fallzahlen
(1-3 fehlende Werte) sind durch ein 'x' gekennzeichnet.

Tab. 67

Variationskoeffizienten*
der
Querschnittsstudie** und der Längsschnittstudie***
als Ausdruck der

| | Querschnittsstudie** | inter- und intraindividuellen Streuung | | intraindividuellen Streuung | interindividuellen Streuung 4* |
| | | OHNE | MIT | | |
		Berücksichtigung der Wirkung von Einflußgrößen 6*			
N. medianus mot.					
Hand	0.180	0.133	0.100	0.109	0.080
Unterarm	0.131	0.091	0.095	0.079	0.047
Oberarm	0.145	0.108	–	0.088	0.065
N. medianus sensibel					
Hand S1	0.124	0.072	0.056	0.065	0.034
S2	0.120	0.073	0.053	0.066	0.032
Unterarm S1	0.092	0.069	0.071	0.053	0.047
S2	0.095	0.075	0.078	0.052	0.056
Oberarm S1	0.158	0.130	0.128	0.097	0.092(0.044)5*
S2	0.137	0.139	0.134	0.096	0.103(0.057)5*
N. peronaeus mot.					
Fuß	0.202	0.165	0.147	0.130	0.107
Unterschenkel	0.099	0.066	0.064	0.054	0.041
N. peronaeus sens.					
Unterschenkel S1	0.100	0.063	0.064	0.038	0.053
S2	0.101	0.075	0.064	0.043	0.065

*   Quotient aus Standardabweichung und Mittelwert: SD/M
** Stichprobe mit möglichst erwartungstreuen Einflußgrößen
*** Stichprobe, die bezüglich der Einflußgrößen möglichst homogen ist.
4* Wirkung der intraindividuellen Varianz (Meßwiederholung) weitgehend ausgeschlossen.
5* Für die 9 Probanden, bei denen keine Extremwerte vorliegen, gelten die in Klammern angegebenen Variationskoeffizienten; die hohen Werte treten nur unter Einschluß der gemittelten sens. NLG-S1 und der gemittelten sens. NLG-S2 des Probanden 7 auf.
6* Korrekturfaktoren aus der Querschnittsstudie; die Wirkung der Korrekturfaktoren ist signifikant bei der distalen motorischen NLG des N. medianus, bei der sens. NLG des N. medianus an der Hand und bei der distalen motorischen NLG des N. peronaeus, also bei allen distalen NLG sowie der sens. NLG-S2 des N. peronaeus (am Unterschenkel).

Tab. 68

ten Meßwerten; sie ist deutlicher als in der Querschnittstudie, in der sie etwa 25 % ausmacht. Daraus könnte man folgern, daß die Einflußgrößen eine stärkere intraindividuelle als interindividuelle Wirkung entfalten. Aufgrund der unterschiedlichen Homogenität der Stichproben kann das vorliegende Ergebnis nicht als Beleg für die Hypothese gelten.

22.2 Die motorische NLG des N. medianus am Unterarm:

Die maximale Differenz der Mittelwerte beträgt 64,5 m/sec - 54,0 m/sec = 10,5 m/sec und entspricht recht genau den Angaben von KOMINAMI et al. (1971), der ebenfalls interindividuelle Unterschiede der motorischen NLG des N. medianus untersuchte. - Im multiplen Rangtest nach TUKEY finden sich 11 signifikante paarige Differenzen. - Die Berücksichtigung von Einflußgrößen bringt keine Varianzverminderung.

22.3. Die motorische NLG des N. medianus am Oberarm:

Die Differenzen der extremen Mittelwerte des Probanden 7 und des Probanden 3 betragen 77 m/sec - 63 m/sec = 14 m/sec. Es finden sich 13 signifikante paarige Differenzen. Der Variationskoeffizient ist etwas größer als für die mot. NLG am Unterarm, was vor allem durch eine größere interindividuelle Streuung der NLG am Oberarm als am Unterarm bedingt ist (Tab. 68). Demnach nehmen die interindividuellen Unterschiede der NLG nach proximal zu.
Signifikante Wirkungen von Einflußgrößen wurden für die mot. NLG des N. medianus am Oberarm in der Querschnittstudie nicht festgestellt.

22.4 Die sensiblen NLG des N. medianus an der Hand:

Der maximale Mittelwertunterschied der NLG S1 beträgt 5,6 m/sec; es finden sich 7 signifikante paarige Differenzen im TUKEY-Test. Ein sehr ähnliches Ergebnis zeigt sich bei der NLG S2: Die maximalen Differenzen der Mittelwerte finden sich ebenso, wie bei der NLG S1 zwischen Proband 6 und 2, die Differenz beträgt 5 m/sec, es liegen 7 signifikante, paarige Differenzen vor.
Wirkung der Einflußgrößen: Die Gesamtvarianzverminderung durch Berücksichtigung der Einflußgrößen beträgt für die NLG S1 45 %, bei der NLG S2 53 %. Für die korrigierten Meßwerte der NLG S2 liegt nur mehr ein signifikanter Kontrast mit einer Mittelwertdifferenz von 3 m/sec vor.

22.5 Die sensiblen NLG des N. medianus am Unterarm:

NLG S1: maximale Mittelwertdifferenz 10,5 m/sec, 17 signifikante paarige Differenzen im TUKEY-Test. Bei der NLG S2 beträgt der maximale Mittelwertunterschied 10,1 m/sec; im TUKEY-Test liegen 23 signifikante Kontraste vor.
Die Berücksichtigung der Wirkung von Einflußgrößen aus der Querschnittstudie führt zu keiner Varianzverminderung.

22.6 Die sensiblen NLG des N. medianus am Oberarm:

Hier heben sich vor allem die sehr hohen NLG-Meßwerte des Probanden 7 ab, die auch nach
Ausschluß der besonderen Extremwerte einen Mittelwert der NLG S1 von 93 m/sec und der
NLG S2 von 88 m/sec aufweisen. Die nächsthöchsten Mittelwerte fanden sich bei dem Probanden 10 mit einer NLG S1 von 78 m/sec und einer NLG S2 von 74 m/sec. Der niedrigste
Mittelwert der NLG S1 betrug 68,1 m/sec, der der NLG S2 62 m/sec (Proband 4). Dementsprechend finden sich bei den multiplen Rangtesten signifikante paarige Unterschiede
zwischen den Meßwerten des Probanden 7 zu denen aller übrigen Probanden. Bei dem Probanden 10 findet man nur mehr zwei signifikante paarige Differenzen. Die maximale, nicht
mehr signifikante Mittelwertdifferenz der NLG S1 bei den restlichen Probanden beträgt
8 m/sec.

Auch bei der NLG S2 fallen die besonders hohen Mittelwerte des Probanden 7 und des Probanden 10 auf; die Anzahl sigifikanter paariger Differenzen ist gering höher als bei
der NLG S1. Während die maximalen Mittelwertdifferenzen zwischen Proband 7 und Proband 4 26 m/sec betragen, liegen die Mittelwerte der Probanden 1 bis 6 und 9 zwischen
61,8 m/sec und 68,4 m/sec. Mittelwert und Streuung der NLG S2 betragen, wenn die Meßwerte des Probanden 2 ausgeschlossen werden, 67,3 m/sec $\pm$ 5,6 m/sec; der Variationskoeffizient für interindividuelle Differenzen ist unter Ausschluß der Meßwerte des Probanden 7 sehr niedrig: er beträgt ca. 0,05. Dies spricht dafür, daß NLG-Messungen am Oberarm brauchbare Meßgrößen sein können, wenn die hohen NLG-Meßgrößen durch zweiseitige
Toleranzgrenzen ausgeklammert werden.
Ein Grund für die Einführung zweiseitiger Teste läge z. B. vor, wenn, wie bei dem Probanden 7, bestätigt werden kann, daß extrem hohe NLG-Werte an einem Segment zusammen
mit erniedrigten NLG-Werten am benachbarten Segment auftreten.

22.7 Die motorische NLG des N. peronaeus am Fuß:

Die Mittelwerte der 10 Probanden liegen zwischen 11,1 m/sec und 16,1 m/sec. Es finden
sich 17 signifikante paarige Differenzen. Der Mittelwert aller Messungen liegt niedriger als in der Querschnittstudie. Diese Differenz ist vor allem durch die kürzere Meßstrecke bei den Probanden der Längsschnittstudie bedingt. Wird durch die partiellen
Regressionskoeffizienten auf gleiche Meßstreckenentfernungen ausgeglichen, so bestehen
keine signifikanten Unterschiede zwischen dem Erwartungswert der Längsschnittstudie und
dem Mittelwert der Querschnittstudie.
Der Variationskoeffizient beträgt ohne Ausgleich interindividueller Unterschiede 0,165,
nach Ausgleich dieser Unterschiede 0,13.
Wirkung der Einflußgrößen: Die Berücksichtigung der Einflußgrößen führt zu keiner Verminderung der interindividuellen Varianz, die maximalen Mittelwertunterschiede nehmen
sogar etwas zu. Die intraindividuelle Varianz wird aber deutlich geringer: sie nimmt um
33 % ab. Demtentsprechend sinkt der Variationskoeffizient nach Ausgleich der intraindividuellen Unterschiede auf 0,096. Die deutliche Wirkung der Einflußgrößen auf die intra-

individuelle Varianz zeigt, daß die Hauttemperatur und die Meßstrecke im Gegensatz zu
den übrigen Einflußgrößen vor allem intraindividuell wirksam sind.

22.8 Die motorische NLG des N. peronaeus am Unterschenkel:

Der Mittelwert der Längsschnittstudie liegt im Vertrauensbereich der Querschnittstudie.
Die interindividuellen Mittelwertunterschiede betragen maximal 10,5 m/sec. Es liegen 15
signifikante Differenzen im multiplen Rangtest nach TUKEY vor.
Wirkung der Einflußgrößen: Nach Berücksichtigung der Wirkung der Einflußgrößen finden
sich 10 signifikante Mittelwertunterschiede. Die Einflußgrößen bewirken keine wesentliche Reduktion der gesamten Varianz: Der Variationskoeffizient beträgt ohne Berücksichtigung von Einflußgrößen 0,066 und nach Berücksichtigung 0,064; er beträgt nach Ausgleich der Mittelwertunterschiede ohne Berücksichtigung von Einflußgrößen 0,054 und
nach Berücksichtigung der Einflußgrößen 0,056. Das bedeutet, daß durch die Einflußgrößen die intraindividuelle Varianz zugunsten der interindividuellen Varianz vergrößert
wird.
Die nur wenig variierende motorische Leitgeschwindigkeit des N. peronaeus am Unterschenkel, einer der zuverlässigsten neurographischen Parameter, zeichnet sich dadurch aus,
daß jede Person eine eigene, recht typische NLG hat. Unterschiede zwischen den Personen
können nur zu einem geringen Teil ausgeglichen werden, und zwar großteils durch Berücksichtigung von Einwirkungen, die wiederum für jede Person mehr oder minder typisch
sind. Im besonderen bestätigt sich, daß zum Beispiel bei dem völlig gesunden Probanden
4 der Mittelwert der NLG 43,5 m/sec beträgt und daß ein minimaler Wert von 38 m/sec
ebenso innerhalb des physiologischen Erwartungsbereiches liegt wie ein maximaler Wert
von 57,6 m/sec, der bei dem Probanden 1 gemessen wurde.

22.9 Die sensiblen NLG des N. peronaeus am Unterschenkel:

Hier zeigen sich wieder deutliche interindividuelle Unterschiede: Die maximale Differenz für die NLG S1 beträgt: 55,9 m/sec (Proband 10) - 46,1 m/sec (Proband 4) =
9,8 m/sec. Im multiplen Rangtest nach TUKEY finden sich 21 signifikante paarige Differenzen. Nach Berücksichtigung der Wirkung von Einflußgrößen liegen 18 signifikante
paarige Unterschiede vor. Ähnlich wie bei der mot. NLG dieses Nervs bedingen die Einflußgrößen eine Verschiebung zwischen der inter- und intraindividuellen Varianz, ohne
wesentliche Reduktion der Gesamtvarianz.
Bei der NLG S2 dieser Untersuchungseinheit beträgt die maximale Mittelwertdifferenz bei
den gleichen Probanden 7,3 m/sec. Im multiplen Rangtest finden sich 31 signifikante paarige Differenzen.
Ähnlich wie bei den sensiblen NLG des N. medianus an der Hand zeigen sich auch hier
unterschiedliche Wirkungen der Einflußgrößen auf die NLG S1 und auf die NLG S2: Die
interindividuellen Unterschiede werden bei den sensiblen NLG S2 besser ausgeglichen als
bei den NLG S1. Durch Berücksichtigung von Einflußgrößen reduziert sich die Anzahl
signifikanter Kontraste auf 17, die Gesamtvarianzverminderung beträgt 30 %. 14 % Va-

rianzverminderung geht auf die interindividuelle Wirkung der Einflußgrößen zurück. Die stärkere Wirkung der Einflußgrößen auf die NLG S2 weist darauf hin, daß diese Meßgröße von größerem praktischen Nutzen sein könnte als die im allgemeinen bevorzugte Messung der NLG zur positiven Spitze (NLG S1).

22.10 Zusammenfassung über die Mittelwerte, Varianzkomponenten und die Wirkungen der Einflußgrößen in der Längsschnittstudie:

Die Längsschnittstudie bestätigt das Vorliegen deutlicher interindividueller Unterschiede der NLG. Diese Unterschiede können nur teilweise durch die Wirkung der Einflußgrößen ausgeglichen werden. Die Einflußgrößen wirken sich unterschiedlich auf die inter- und auf die intraindividuellen Varianzanteile aus; ihre deutliche Wirkung auf die intraindividuelle Varianz weist sie als Versuchsfaktoren aus. Daher wäre das adäquate Modell für die Untersuchung von Einflußgrößen, die intraindividuell und interindividuell variieren können, eine zweistufige multiple Regression.

Die intraindividuelle Varianzkomponente ist in dieser Studie bei den meisten NLG-Meßgrößen etwas höher als die interindividuelle. Da aber die Untersuchungen an 10 Probanden durchgeführt wurden, die bezüglich der Einflußgrößen eine möglichst hohe Homogenität aufweisen sollten, müssen die festgestellten interindividuellen Varianzkomponenten (zwischen den Personen) als besonders niedrige Schätzungen angesehen werden. Die Schätzungen für die intraindividuelle Varianz können infolge der hohen Anzahl der Messungen als repräsentativ angesehen werden. Anhand der in Tab. 68 aufgelisteten Variationskoeffizienten ist zu erkennen, daß die für die intraindividuelle Varianz repräsentativen Variationskoeffizienten zwischen 0,04 und 0,13 liegen. Die distalen motorischen NLG und die NLG am Oberarm weisen die höchsten Variationskoeffizienten auf. Die präzisesten Meßgrößen der NLG sind nach den Ergebnissen der Längsschnittstudie die sensiblen NLG an der Hand und die NLG-Größen des N. peronaeus am Unterschenkel. Werden die Varianzkomponenten nicht getrennt und die Wirkungen der Einflußgrößen berücksichtigt, so erhält man für diese Messungen Variationskoeffizienten, die zwischen 0,053 und 0,064 liegen. Eine höhere Präzision ist nach den eigenen Untersuchungen für keine NLG-Meßgröße zu erreichen.

23 Vergleiche zwischen den Mittelwerten der NLG der Längs- und der Querschnittstudie

23.1 Schätzungen der repräsentativen Meßwerte der Probanden:

Die Mittelwerte der NLG-Meßgrößen können in der Längsschnittstudie mit und ohne Berücksichtigung der Anzahl der Messungen pro Proband bestimmt werden. In der Querschnittstudie können die inter- und die intraindividuellen Varianzkomponenten der Messungen nicht erfaßt werden, da ja jeweils nur ein Meßwert pro Proband vorliegt. In der Längsschnittstudie ist es möglich, den intraindividuellen Varianzanteil der Messungen zu entfernen. Für den Vergleich mit der Querschnittstudie soll daher jener Meßwert eines Probanden herangezogen werden, der der Mittelwert der individuellen Meßserie ist.

Die individuellen Mittelwerte der NLG-Messungen haben in der Längsschnittstudie einen
geringeren Meßfehler, die intraindividuelle Wirkung einer Einflußgröße (Temperatur, Meßstrecke) auf den individuellen Mittelwert ist in der Längsschnittstudie geringer als
bei den Meßwerten der Querschnittstudie. Zufallsschwankungen der Meßergebnisse sind
also in der Längsschnittstudie teilweise ausgeglichen. Die Meßergebnisse der Längsschnittstudie dürfen von den Ergebnissen der Querschnittstudie unter der Voraussetzung,
daß die Wirkungen der Einflußgrößen berücksichtigt wurden, nicht wesentlich abweichen.
Sollen andererseits die Ergebnisse der Querschnittstudie repräsentativ sein, insbesondere die Schätzungen für die zentrale Lage der Meßwerte und die Schätzungen für die Wirkungen der Einflußgrößen, so müssen Unterschiede zwischen den Ergebnissen der Längs-
und der Querschnittstudie erklärbar sein. Demgemäß kann dieser Vergleich als eine Überprüfung der Gültigkeit der Meßergebnisse der Querschnittstudie aufgefaßt werden.

Für den Vergleich zwischen Längs- und Querschnittstudie wurden extreme Einzelmeßwerte
in die Berechnungen nicht mit einbezogen. Daher liegen für die sensiblen NLG des
N. medianus am Oberarm Meßwerte (Mittelwerte) von 9 Probanden vor. Die Meßwerte des Probanden 7 wurden ausgeschlossen.

23.2 Die Prüfung der Mittelwertunterschiede:

Für die Prüfung der Unterschiede der Mittelwerte wurde der Zweistichproben-T-Test für
unabhängige Zufallsstichproben ungleicher Stichprobenumfänge verwendet (SACHS 1974).
Der T-Test ist auf Tab. 69 angegeben. Die Annahme gleicher Varianzen der Grundgesamthei-
ten der beiden Stichproben wird vorausgesetzt. Diese Annahme trifft für die Längs- und
die Querschnittstudie sicherlich für die interindividuelle Varianzkomponente zu. In der
Längsschnittstudie wird die Varianzkomponente der interindividuellen Unterschiede wegen
der geringen Probandenanzahl unterschätzt, wie aus den niedrigen Standardabweichungen
der repräsentativen Messungen der 10 Probanden hervorgeht. Die Streuung des Mittelwertes ermöglicht eine Extrapolation auf die Streuung einer größeren Stichprobe; in der
Längsschnittstudie ist die Streuung des Mittelwertes wesentlich größer als in der Querschnittstudie. Extrapolierte man aus der Streuung des Mittelwertes der Längsschnittstudie auf die Streuung einer Stichprobe in der Größe der Querschnittstudie, so wäre
die Standardabweichung der Längsschnittstudie größer als in der Querschnittstudie. Geht
man von dieser Annahme aus, so kann der in Tab. 69 dargestellte (und repräsentative)
intraindividuelle Varianzanteil der Messungen vernachlässigt werden. Anders ausgedrückt: Die in der Längsschnittstudie nicht enthaltenen intraindividuellen Varianzanteile sind im Vergleich zur Gesamtvarianz gering und werden beim Vergleich zwischen
der Längs- und der Querschnittstudie nicht berücksichtigt. Die Grundgesamtheit, aus der
Längs- und Querschnittstudie stammen, ist gleich, daher darf von gleicher interindividueller Varianz der beiden Stichproben ausgegangen werden.

23.3 Ergebnisse der Prüfung auf Mittelwertunterschiede:

In Tab. 69 sind in den ersten 4 Spalten die Probandenanzahl, Mittelwert, Streuung der
Stichprobe und Streuung des Mittelwertes der Längsschnittstudie eingetragen. In den
nächsten 4 Spalten finden sich die gleichen Parameter der Querschnittstudie. Sie wurden
der Tab. 49 entnommen. In der 9. und in der 10. Spalte sind die T-Werte und die Wahrscheinlichkeiten für signifikante Mittelwertunterschiede wiedergegeben.
Signifikante Unterschiede der Mittelwerte liegen für die NLG S2 des N. medianus an der
Hand und für die mot. NLG des N. peronaeus am Fuß vor. Die NLG S2 des N. medianus ist

Vergleiche zwischen den Mittelwerten der NLG
der Längs- und Querschnittsstudie

			Längschnittstudie				Querschnittsstudie				Differenz der Mittelwerte		Erwartungswerte für Längsschnittstudie	
			N	M	SD	SE**	N	M	SD	SE**	t***	P		P nach Korrektur
N. medianus	motorisch	Hand		10	19.99	1.68	0.53	196	18.27	3.27	0.23	1.64	0.1	19.18	n.s.
		U-Arm		10	59.13	2.92	0.92	194	56.57	7.41	0.53	1.25		56.91	n.s.
		O-Arm		10	67.74	4.59	1.45	173	69.47	10.13	0.77	0.5	n.s.		
	sensibel	Hand	S1	10	52.70	1.96	0.62	198	49.94	6.16	0.44	1.4	n.s.	52.77	n.s.
		Hand	S2	10	44.78	1.60	0.51	198	41.62	4.98	0.35	1.99	0.05	44.63	n.s.
		U-Arm	S1	10	60.77	2.90	0.92	196	60.98	5.58	0.40		n.s.		
		U-Arm	S2	10	57.56	3.23	1.02	194	55.82	5.29	0.38		n.s.		
		O-Arm	S1	9	72.80	3.22	1.07	179	75.75	11.98	0.90		n.s.		
		O-Arm	S2	9	67.52	3.84	1.28	178	67.71	9.34	0.70		n.s.		
N. peronaeus	motorisch	Fuß		10	14.15	1.63	0.52	162	16.79	3.37	0.27	2.45	0.01	15.35	n.s.
		U-Schenkel		10	47.80	2.00	0.63	161	47.49	4.71	0.37		n.s.		
	sensibel	U-Schenkel	S1	10	49.66	2.70	0.85	152	48.91	4.93	0.40		n.s.		
		U-Schenkel	S2	10	43.30	2.87	0.91	150	42.66	4.26	0.35		n.s.		

*) Bei der Längsschnittstudie werden die Mittelwerte jedes Pobanden als repräsentative Einzelmesswerte verwendet. Daher liegen 10 Messwerte für 10 Probanden vor. Nur bei der sensiblen NLG des N. Medianus am Oberarm wurden die Messwerte des Probanden 7 weggelassen (s. Kapitel Extremwerte).
**) SE: Standardabweichung des Mittelwertes. Die Standardabweichungen der beiden Stichproben sind wegen der Unterschiede in der Datenerhebung verschieden, die Streuungen der Grundgesamtheit beider Stichproben werden aber als vergleichbar angesehen.
***) Berechnung von t nach SACHS (1973) für Stichproben ungleicher Grösse; die Zeichen der folgenden Formel bedeuten: M(1), M(q): Mittelwerte, N(1), N(q): Fallanzahl, S(1), S(q) Streuung der Längs- und Querschnittstudie.

$$t = \frac{|M_L - M_Q|}{\sqrt{\frac{N_L + N_Q}{N_L * N_Q} * \frac{(N_L-1) * S_L^2 + (N_Q-1) * S_Q^2}{N_L + N_Q - 2}}}$$

Tab. 69

bei den 10 Probanden im Mittel um 3,16 m/sec höher als in der Querschnittstudie, die
mot. NLG des N. peronaeus am Fuß um 2,46 m/sec niedriger als in der Querschnittstudie.
Weitere auffällige, wenn auch nicht signifikante Differenzen bestehen für die Mittelwerte der NLG S1 des N. medianus an der Hand, für die mot. NLG des N. medianus an der Hand
und für die mot. NLG des N. medianus am Unterarm. Die angegebenen T- Werte und dazugehörigen Wahrscheinlichkeiten gelten für den zweiseitigen T-Test; ein zweiseitiger
T-Test wurde deshalb angewendet, weil die Richtung der Abweichung im vorhinein nicht
festgelegt werden konnte.

Worauf beruhen die signifikanten Unterschiede der Mittelwerte zwischen den Stichproben?
Diese Frage kann glücklicherweise eindeutig beantwortet werden: Die signifikanten Unter-
schiede beruhen alleine auf Unterschieden der zentralen Lage der Einflußgrößen in der
Quer- und der Längsschnittstudie. In Spalte 11 der Tab. 69 sind die Prädiktionswerte
(Erwartungswerte) der NLG-Meßgrößen der Längsschnittstudie eingetragen. Sie wurden mit
Hilfe der partiellen Regressionskoeffizienten der Querschnittstudie und der Meßwerte
der Einflußgrößen der Längsschnittstudie berechnet. Diese Prädiktionswerte zeigen keine
signifikanten Unterschiede zu den Mittelwerten der auffälligen Meßgrößen der Längsschnittstudie. So hat die NLG S2 des N. medianus an der Hand einen Prädiktionswert von
44,63 m/sec und weicht nicht signifikant von dem beobachteten Mittelwert von
44,78 m/sec ab. Nur der Prädiktionswert der mot. NLG des N. medianus am Unterarm stellt
gegenüber dem Mittelwert der Querschnittstudie keine Annäherung an den Mittelwert der
Längsschnittstudie dar. Es liegen jedoch keine signifikanten Unterschiede vor.
Die signifikanten Unterschiede der NLG-Meßgrößen zwischen Quer- und Längsschnittstudie
waren fast ausschließlich auf Unterschiede in den Beträgen der Meßstrecken zurückzufüh-
ren. So war die Meßstrecke für die sensible NLG an der Hand bei den Probanden der Längsschnittstudie im Mittel wesentlich länger als in der Querschnittstudie (150 mm gegenüber 130 mm), während die Meßstrecke der mot. NLG des N. peronaeus am Fuß bei den Probanden der Längsschnittstudie im Mittel um über 10 mm kürzer als bei den Probanden der
Querschnittstudie war (68,3 mm gegenüber 78,6 mm). Bei der mot. NLG des N. medianus an
der Hand betrug die Meßstrecke in der Längsschnittstudie im Mittel 76,6 mm, in der Querschnittstudie 68,3 mm. Da alle erwähnten Meßstecken signifikant positiv mit den jeweiligen NLG-Meßgrößen korreliert sind und deren part. RK zwischen 0,09 und 0,18 m/sec/mm
liegen, kann man Richtung und Betrag der Differenzen zwischen den zentralen Schätzern
der Längs- und Querschnittstudie orientierend überprüfen. Werden die Auswirkungen der
Meßstrecken vernachlässigt, so entstehen Unterschiede zwischen den Mittelwerten der
NLG-Meßgrößen, die durch keine andere Einflußgröße zu erklären sind. Die übrigen Einflußgrößen waren von geringerer Bedeutung; geringe Unterschiede in den Mittelwerten der
Hauttemperaturen sollten aber nicht vernachlässigt werden. Die Unterschiede in den zentralen Tendenzen der NLG-Meßgrößen waren vor allem durch   e i n e   Einflußgröße, nämlich durch die Unterschiede in den Meßstrecken der Quer- und der Längsschnittstudie bedingt. Die Berücksichtigung der Beträge der Meßstrecke ist daher für die Schätzung der
Richtigkeit von NLG-Meßgrößen von außerordentlicher Bedeutung.

Die interinviduellen Unterschiede der Abhängigkeit

der sensiblen NLG – positive Spitze –

des N. medianus an der Hand

von der Hauttemperatur*

Proband	Anzahl d. Messungen	NLG M (m/sec.)	SD	Hauttemp. M (Grad C)	SD	einfache Korrela-	einfacher Reg.Koef. (m/sec/Grad C)	part. ** Reg.Koef. (m/sec/Grad C)	Beta- ** Gewicht	F-Wert der part.Reg.	p
1	18	52.9	2.6	31.00	0.74	.36	1.28	1.97	.55	13.9	0.01
2	18	50.4	4.4	30.63	1.24	.86	3.06	2.67	.75	58.6	0.01
3	15	54.6	3.4	31.43	0.87	.67	2.63	2.17	.55	7.1	0.05
4	18	51.1	3.6	30.84	0.88	.61	2.49	1.64	.40	3.8	n.s.(0.1)
5	18	51.1	4.2	30.87	0.89	.77	3.64	2.80	.59	14.9	0.01
6	18	56.1	2.0	31.71	0.92	.74	1.41	1.37	.62	10.4	0.01
7	18	52.4	4.5	31.02	1.09	.76	3.15	3.12	.75	21.9	0.01
8	15	50.8	2.8	31.59	0.56	.78	3.90	4.42	.88	32.3	0.01
9	13	55.0	2.3	32.21	0.78	.67	1.92	1.82	.63	11.4	0.01
10	15	52.6	2.7	31.03	0.95	.32	0.93	.92	.31	.7	n.s.

* über der A. radialis
** Die partiellen Regressionskoeffizienten und die Beta-Gewichte werden anhand von multiplen Regressionen berechnet. Es wurden 3 Einflußgrößen berücksichtigt: die Hauttemperatur, gemessen an der A. radialis, die Meßstrecke
und die Zeit, gemessen in 3 Stunden-Intervallen, beginnend mit der 1. Untersuchung.

Tab. 70

24 Die interindividuellen Unterschiede der NLG-Meßgrößen

Der Mittelwert jeder Messung einer NLG-Meßgröße eines Probanden ist ein zuverlässigerer Schätzer als jeder Einzelwert der Meßserie. Die Unterschiede zwischen den Meßwerten der Probanden sind signifikant und somit nicht zufallsbedingt. Der relativ schmale Meßbereich einer Meßgröße einer Person innerhalb des gesamten Meßbereiches fällt nur bei Vorliegen von Meßergebnissen einer Längs- und einer Querschnittstudie auf.

Die multiplen Rangteste nach TUKEY ließen "prima vista" keinen systematischen Trend erkennen, der für auffallend hohe oder auffallend niedrige Mittelwerte der NLG-Größen bei einem der Probanden sprach. Bei einigen Probanden fielen hohe Meßwerte am Oberarm und niedrige Meßwerte am Unterarm auf. Diese Beziehungen weisen auf einen Zusammenhang zwischen den NLG-Größen untereinander hin (Kap. 25). Hier sollen die Einflüsse der Topik und der Art der NLG den individuellen Unterschieden gegenübergestellt werden.

Die Schätzungen des Einflusses der Topik, der Art der NLG und individueller Unterschiede wurden mittels mehrfaktorieller Varianzanalyse berechnet. Die NLG-Meßgrößen wurden als e i n e (eindimensionale) abhängige Größe behandelt. Die Daten wurden zu diesem Zweck umstrukturiert; alle NLG-Meßgrößen wurden eine einzige Variable ("NLG"), die durch die Größe "Proband", "Art der NLG" und "Strecke" bzw. "Untersuchungseinheit" in der Varianzanalyse geordnet wurde. Dabei wird der korrelative Zusammenhang zwischen den NLG-Größen zunächst außer acht gelassen. Die Varianzanalyse kann daher zwar zur Datenexploration   , nicht jedoch zum Hypothesentest verwendet werden. Das adäquate Modell wäre eine multivariate Analyse mit den NLG-Größen als Vektor. Hierbei wäre der Einfluß der Topik und der Art der NLG im Vektor enthalten und müßte in einem zweiten Schritt analysiert werden. Die Ergebnisse sind auf univariater Ebene anschaulicher und einfacher zu interpretieren als bei Berücksichtigung von Zusammenhängen im Bereich der abhängigen Größen. Für die folgenden Berechnungen wurden die Meßwerte der motorischen NLG und der NLG S1 verwendet. Die Meßgrößen der NLG S2 wurden nicht mit einbezogen, da sie mit jenen der NLG S1 hoch korreliert sind.

24.1 Wer ist der Schnellste?

In dem vorliegenden Kollektiv der Längsschnittstudie wurden die Personen nach Körpergröße, Alter und Geschlecht ausgesucht. Wirkungen, die von diesen Größen ausgehen, sind daher nicht zu erwarten. Um so interessanter ist die Frage, ob andere, bisher verborgen gebliebene Unterschiede in den NLG-Werten zwischen den Personen bestehen, die das Vorliegen unbekannter Merkmale vermuten lassen.

Die Varianzanalyse der unkorrigierten Meßwerte der motorischen und sensiblen NLG mit den "Faktoren" Proband und Untersuchungseinheit ist in Tab. 71 dargestellt. Die Meßwerte der NLG wurden nicht korrigiert. Wie zu erwarten, liegt die Hauptursache in der Varianz der NLG-Messungen in den verschiedenen Untersuchungseinheiten. Daneben erkennt man aber eine Hauptwirkung zwischen den Probanden. Das bedeutet, daß bei einigen Probanden insgesamt höhere NLG-Meßwerte vorliegen als bei anderen, sie sind bezüglich ihrer NLG geschwinder als andere. Die Wechselwirkung zwischen den Probanden und den Unter-

SCHÄTZUNG VON INDIVIDUELLEN UNTERSCHIEDEN DER NLG
DURCH ZUSAMMENFASSUNG MEHRERER NLG-GRÖSSEN ZU EINER GRÖSSE
Varianzanalyse mit den Faktoren NLG-Grösse und Proband

VARIANZURSACHE	SUMME DER QUADRAT. ABWEICHUNG	FREIHEITS-GRADE	MITTLERE QUADRAT. ABWEICHUNG	F
Hauptwirkungen	521156.6	17	30656.3	2270.7
Proband	1782.7	9	198.1	14.7
NLG-Grösse	517785.9	8	64723.2	4794.0
Wechselwirkung	8314.6	71	117.1	8.7
erklärt	529471.1	88	6016.7	445.6
Rest	18550.2	1374	13.5	

1494 untersuchte Fälle, 31 Fälle mit fehlenden Messwerten.

NLG-Grössen: N. Medianus, motorisch und sensibel (S1): Hand, Unterarm, Oberarm (sechs Grössen); N.Peronäus, motorisch: Fuss,
motorisch und sensibel: Unterschenkel. Für aller F-Werte gilt:
$p < 0.001$.
 Legende: Im Vergleich zu den Unterschieden der NLG-Grössen sind
die interindividuellen Unterschiede gering. Sie beweisen aber,
dass bei einigen Personen die NLG insgesamt höher ist als bei
anderen. Die signifikante Wechselwirkung gibt an, dass das Verteilungsmuster der NLG-Grössen fast im gleichen Ausmass zur Varia-
bililtät beiträgt wie die individuellen Unterschiede der Leitgeschwindigkeiten insgesamt.

Tab. 71

suchungseinheiten besagt, daß außer Mittelwertunterschieden auch noch spezielle individuelle Verteilungsmuster der NLG-Meßgrößen vorliegen.

Aus den Varianzabschätzungen über das gesamte Spektrum der NLG-Größen ergibt sich, daß die Varianzkomponente für individuelle Unterschiede über alle Leitgeschwindigkeiten insgesamt wenig als ein halbes Prozent ausmacht und die Varianzkomponente für individuelle Verteilungsmuster ca. 1 1/2 % beträgt.

Das Ausmaß der interindividuellen Unterschiede der NLG-Meßwerte insgesamt wurde nochmals anhand korrigierter Meßwerte geprüft. Dazu wurden die Meßwerte jeweils einer Untersuchungseinheit korrigiert und auf Mittelwerte von 100 gebracht:

$$\text{Korrigierter Meßwert} = \frac{X_{ij} - X_{\cdot j}}{X_{\cdot j}} \times 100 + 100$$

(Indices: i für Probanden, j für Meßgrößen).

Durch die Korrektur können Mittelwerte und Varianzmaße prozentual untereinander verglichen werden. Bei Verwendung von Z-transformierten Meßwerten bestünde zwar zwischen den Meßgrößen jeweils Varianzhomogenität; interindividuell liegt aber doch keine Varianzhomogenität vor. Deshalb wurde auf die Verwendung von Z-transformierten Werten verzichtet.

Aus der Tab. 72 ergibt sich, daß der niedrigste Mittelwert (Proband 4) 96,5 % des durchschnittlichen Mittelwertes und der höchste Mittelwert (Proband 10) 103,6 % des Mittelwertes aller Messungen beträgt. Die maximale Differenz dieser Mittelwerte beträgt 7 %. Der anhand der einfaktoriellen Varianzanalyse geschätzte Varianzanteil für die auf ein Einheitsmaß korrigierten Mittelwerteschiede beträgt 4,9; die Varianz durch interindividuelle Unterschiede macht demnach ca. 5 % des Betrages des Mittelwertes einer NLG-Größe aus, wenn man die korrelativen Beziehungen der NLG-Größen untereinander und die individualtypischen Verteilungsmuster der NLG-Größen vernachlässigt. Daraus ergibt sich folgende Vermutung: Werden die Wirkungen konstitutioneller Merkmale (insbesondere von Körpergröße und Geschlecht) berücksichtigt, so werden die NLG-Werte insgesamt von keiner weiteren individuell wirksamen Einflußgröße stark beeinflußt.

Weitere Ergebnisse der Varianzanalyse anhand korrigierter und nicht korrigierter Meßwerte ergaben große Wechselwirkungen zwischen dem Probanden einerseits und der Art der NLG und der Topik. Diese Wechselwirkungen zeigen an, daß es individualtypische Verteilungsmuster der NLG-Größen an verschiedenen Meßstrecken und individiualtypische Muster in der Verteilung motorischer und sensibler NLG-Größen gibt. Zudem sind die motorischen und sensiblen NLG-Größen an verschiedenen Meßstrecken unterschiedlich verteilt. Diese Ergebnisse zeigen, daß einige Auswirkungen interindividueller Unterschiede auf NLG-Meßgrößen ausgemacht werden konnten. Die Frage nach der Ursache der unterschiedlichen Verteilungsmuster der NLG-Meßgrößen wurde bisher nicht bearbeitet; insbesondere sind die korrelativen Beziehungen zwischen Länge und NLG einzelner Extremitätenabschnitte untersuchenswert.

Interindividuelle Unterschiede
der korrigierten NLG
verschiedener Meßeinheiten *)
(Mittelwert jeder Meßeinheit = 100)

Multipler Rangtest nach Tukey

Mittelwert	Proband	4	2	8	9	7	6	1	5	3	10
96.50	4										
97.2	2										
98.2	8										
99.1	9										
99.8	7										
100.6	6	*	*								
101.3	1	*	*								
101.4	5	*	*								
102.8	3	*	*	*							
103.6	10	*	*	*	*	*					

*) Meßeinheiten: N. medianus, motorisch, Hand
                  N. medianus, motorisch, Unterarm
                  N. medianus, motorisch, Oberarm
                  N. medianus, sensibel, Hand
                  N. medianus, sensibel, Unterarm
                  N. medianus, sensibel, Oberarm
                  N. peronaeus, motorisch, Fuss
                  N. peronaeus, motorisch, Unterschenkel
                  N. peronaeus, sensibel, Unterschenkel

Legende:
Der Stern (*) in der Tabelle entspricht einem
signifikanten paarigen Unterschied. Der geschätzte
Varianzanteil der interindividuellen Mittelwerts-
unterschiede beträgt 4,858, entsprechend dem prozentualen Anteil der Varianz; der zu schätzende Standard-
fehler aus den Mittelwertsunterschieden aller
NLG beträgt demnach ca. 2,2 %.

Tab. 72

Anstatt zu versuchen, die Varianz der NLG als Folge der Wirkung einer oder mehrerer Einflußgrößen zu erklären, kann man den bisher nicht bestimmten Rest der Varianz "kriminologisch" aufschlüsseln: kann man anhand eines Satzes von NLG-Werten sagen, daß die Meßwerte von einer bestimmten Person stammen?

24.2 Klassifikation von 10 Probanden anhand von NLG-Messungen:

In der Querschnittstudie wurde versucht, die Unterschiede in den NLG-Meßgrößen verschiedener Individuen durch Berücksichtigung der Wirkung von Einflußgrößen zu verringern.
Bei einigen NLG-Größen konnte bis zu 50 % der Varianz durch Wirkungen von Einflußgrößen erklärt werden. In der Längsschnittstudie wurde gezeigt, daß bei einigen Größen die
Wirkung nicht auf die interindividuellen Varianzanteile allein zu beziehen ist; ein
Teil der Varianzverminderung ist durch die Wirkung intraindividueller Varianzkomponenten zu erklären.
Man kann nun die beschränkte Erfaßbarkeit interindividueller Unterschiede dahingehend
interpretieren, daß die NLG-Meßgrößen Ausdruck individualspezifischer Nervenfunktionen
sind. Um dies nachzuweisen, wurde versucht, die 10 Probanden mit den jeweils 13 bis 18
Untersuchungen anhand ihrer mehr oder minder typischen NLG-Muster wiederzuerkennen. Die
Trennindexberechnung erfolgte für Sätze von 4 bis 6 NLG-Messungen pro Untersuchung; es
wurde die im SPSS-System implementierte Diskriminanzanalyse verwendet. Alle Voraussetzungen für die Durchführung einer Diskriminanzanalyse waren gegeben. Bezüglich der
Anzahl der abhängigen Variablen (Dimensionen) gilt nach FOLEY (1972), daß bei der linearen Diskriminanzanalyse die Anzahl der Meßwerte pro Gruppe dreimal so groß sein soll
wie die Anzahl der abhängigen Variablen. Daher wurde die Diskriminanzanalyse mit maximal sechs neurographischen Meßgrößen für die Erkennung der 10 Probanden mit insgesamt
159 Messungen durchgerechnet. Es wurden unkorrigierte und korrigierte Meßwerte der NLG
herangezogen.
Die Ergebnisse sind aus Tab. 73 zu entnehmen: Bei der Verwendung von 4 NLG-Meßgrößen
beträgt die Reklassifikationsrate 66,6 %. Bei Verwendung von 5 NLG-Meßgrößen erhöht
sich die Klassifikationsrate auf 74,8 %. Bei Verwendung von 6 NLG-Meßgrößen werden
86,8 % der Meßwerte richtig klassifiziert. Nur 21 von 159 Untersuchungen werden fälschlicherweise anderen Probanden zugeordnet. Die Reklassifikation verschlechtert sich
nicht wesentlich, wenn die Wirkungen der Einflußgrößen berücksichtigt werden. Insgesamt
zeigt sich, daß die NLG-Muster hoch individualspezifisch sind.

25 Korrelationen zwischen den NLG-Meßgrößen in der Längsschnittstudie

Aus den Ergebnissen der Querschnittstudie geht hervor, daß
1. die Korrelationen zwischen den NLG-Meßgrößen nicht hoch sind,
2. die Wirkungen der Einflußgrößen einen Teil der Korrelation zwischen den NLG-Meßgrößen bedingen,
3. eine überdurchschnittliche Häufung von Korrelationen nur für segmentgleiche und artgleiche (motorisch, sensibel) NLG-Meßgrößen vorliegen,
4. die paarigen Messungen zwar deutlich höher korreliert sind als alle übrigen NLG-Meßgrößen untereinander, daß aber die Korrelationen nach Abzug der Wirkung von Einflußgrößen nicht über 0,4 liegen.

```
+------------------------------------------------------------------+
|              KLASSIFIKATION VON ZEHN PROBANDEN                    |
|                 DURCH DISKRIMINANZANALYSE                         |
|    159 Untersuchungen mit 13 - 18 Untersuchungen pro Proband     |
+------------------------------------------------------------------+
|                        ANZAHL  DER       KLASSIFIKATION          |
|                        VERWENDETEN    RICHTIG      FALSCH         |
| ANALYSE  NLG-GRÖSSEN   NLG-GRÖSSEN    N   PROZ.    N  PROZ.       |
|                                                                  |
|   I      Med.,NLG-s2, Hand                                        |
|              NLG-sl, Uarm                                         |
|          Per.,mot.NLG, Usch.                                      |
|              NLG-sl, Usch.    4        106  66.6   53  33.4       |
|                                                                  |
|   II     wie unter I und                                         |
|          Med.,NLG-s2, Uarm    5        119  74.8   40  25.2       |
|                                                                  |
|   III    wie unter II und                                        |
|          Per.,mot.NLG, Fuss   6        138  86.8   21  13.2       |
|                                                                  |
|   IIII   wie unter III,                                          |
|          aber korrigiert *)   6        136  86.1   22  13.9       |
+------------------------------------------------------------------+
| korrigiert: nach Abzug der Wirkungen der Einflussgrössen.        |
| *) Bei Korrektur fällt eine Messung aus.                         |
|  Bei Anwendung von  sechs  NLG-Grössen ist  die  Schätzung opti- |
| mistisch.   Die Korrektur durch  die Wirkungen der Einflussgrössen |
| vermindert  nicht wesentlich  die  Trennfähigkeit der  NLG-Grössen |
| zwischen den Personen.                                           |
+------------------------------------------------------------------+
|                          Tab 73                                  |
+------------------------------------------------------------------+
```

Der letzte Punkt besagt, daß anhand von paarigen Korrelationen Erwartungswerte nicht besser geschätzt werden können als durch die Prädiktorgrößen der multiplen Regression. Wegen der häufig fehlenden Voraussetzungen für Seitenvergleiche (Polyneuropathie) sind Schätzungen durch Prädiktorgrößen der multiplen Regressionen gegenüber Seitenvergleichen von NLG-Meßgrößen vorzuziehen.

Anhand der Längsschnittstudie können die Untersuchungsergebnisse der Querschnittstudie teilweise überprüft werden. Darüber hinaus kann auf intraindividuelle Korrelationen zwischen den NLG-Meßgrößen abgehoben werden.

25.1 Korrelationen der NLG-Meßgrößen bei Verwendung der Einzelmeßwerte:

Werden die Korrelationen der NLG-Meßgrößen untereinander für jeden Probanden getrennt berechnet, so finden sich auffällige Häufungen von negativen Korrelationen zwischen benachbarten Segmenten gleicher NLG-Größen. An gleichen Segmenten fällt das überdurchschnittlich häufige Auftreten signifikanter positiver Korrelationen verschiedener NLG-Größen auf. So war die Korrelation zwischen motorischer und sensibler NLG des N. medianus an der Hand bei 8 von 10 Probanden signifikant positiv.

Diese Ergebnisse wurden für alle Probanden insgesamt ohne Ausgleich interindividueller Unterschiede überprüft. Die Korrelationen wurden in Tab. 74 mit und ohne Berücksichtigung der Wirkung von Einflußgrößen berechnet. Die obere Zahl einer Zelle entspricht einer einfachen Korrelation, die untere Zahl einer Partialkorrelation. Es finden sich deutliche positive Korrelationen zwischen motorischer und sensibler NLG an gleichen Segmenten. Zwischen benachbarten Segmenten liegen durchweg negative Korrelationen vor. Dieser Zusammenhang fiel bereits bei den extremen Meßwerten der sensiblen NLG an Ober- und Unterarm bei dem Probanden 7 auf. Bei Berücksichtigung der Wirkung von Einflußgrößen nehmen die Beträge der positiven Korrelationen segmentgleicher NLG-Meßgrößen ab; die negativen Korrelationen der NLG-Meßgrößen benachbarter Segmente werden durch die Wirkungen der Einflußgrößen offenbar nicht beeinflußt.

Vergleiche mit den Ergebnissen der Querschnittstudie sind nur eingeschränkt möglich. Immerhin bestätigt sich die Beobachtung positiver Korrelationen zwischen den NLG-Meßgrößen gleicher Segmente und eine Verringerung der positiven Korrelationen durch Berücksichtigung von Einflußgrößen.

Die negativen Korrelationen der NLG-Meßgrößen benachbarter Meßstrecken lassen erwarten, daß bei Messung einer hohen NLG am Unterarm eine niedrige NLG am Oberarm auftreten wird und umgekehrt. In der Querschnittstudie konnte nur zwischen den sensiblen NLG des N. ulnaris am Unterarm und am Sulcus eine hochsignifikante negative Korrelation gesehen werden. Dieser Unterschied in den Ergebnissen der Längs- und der Querschnittstudie läßt vermuten, daß nur intraindividuell signifikant negative Korrelationen zwischen NLG-Meßgrößen benachbarter Untersuchungseinheiten bestehen.

Anhand der Korrelationen zwischen den Mittelwerten der NLG-Meßgrößen lassen sich auch in der Längsschnittstudie die interindividuellen Beziehungen zwischen den Meßgrößen überprüfen.

Korrelationen und Partialkorrelationen* zwischen den NLG mehrerer Meßeinheiten
in einer Längsschnittstudie mit 10 Probanden
mit 13 - 18 Messungen/Proband/NLG
Die interindividuellen Unterschiede wurden nicht ausgeglichen

| | N. medianus | | | | | | N. peronaeus | | sensibel |
| | motorisch | | | sensibel-S1 | | | motorisch | | |
	Hand	U-Arm	O-Arm	Hand	U-Arm	O-Arm	Fuß	U-Schenkel	U-Schenkel
N. medianus motorisch Hand	x	-0.23	0.32	0.63	n.s.	(-0.13)	n.s.	n.s.	n.s.
		-0.24	0.31	0.42	n.s.	-0.18	n.s.	n.s.	n.s.
U-Arm		x	-0.45	n.s.	0.41	n.s.	n.s.	0.24	n.s.
			-0.44	n.s.	0.32	n.s.	n.s.	0.14	n.s.
O-Arm			x	n.s.	-0.17	n.s.	n.s.	(-0.11)	n.s.
				n.s.	-0.14	n.s.	n.s.	n.s.	n.s.
N. medianus sensibel-S1 Hand				x	0.18	n.s.	n.s.	n.s.	0.15
					n.s.	n.s.	n.s.	n.s.	n.s.
U-Arm					x	-0.26	n.s.	0.26	0.28
						-0.36	n.s.	n.s.	0.22
O-Arm						x	n.s.	n.s.	0.39
							n.s.	0.32	0.29
N. peronaeus mot. Fuß							x	(-0.12)	n.s.
								-0.16	n.s.
U-Schenkel								x	0.31
									0.28
N. peronaeus sens. U-Schenkel									x

*) Die signifikanten Korrelationen (p < 0.05) sind für jede der 36 Kombinationen
angegeben. Einfache Korrelationen: oben, Partialkorrelationen: unten.
Die Einflussgrössen wirken sich vor allem auf Korrelationen gleicher Segmente unterschiedlicher NLG-Grössen aus. Sie haben keinen wesentlichen Einfluss auf die
n e g a t i v e n   Korrelationen   b e n a c h b a r t e r   Segmente   gleicher
NLG-Grössen.

Tab. 74

25.2 Korrelationen der Mittelwerte der NLG-Meßgrößen:

Die Korrelationen wurden anhand der Mittelwerte der Probanden für 9 NLG-Meßgrößen berechnet. Es liegen 10 Meßwerte pro NLG-Meßgröße (für jeden Probanden ein Mittelwert) und 9 NLG-Größen, insgesamt 90 Meßwerte vor. Die Meßwerte können als zuverlässige Schätzer für die jeweilige Meßgröße eines Probanden angesehen werden, da sie aus 13 bis 18 Messungen pro Proband gemittelt wurden.
In Tab. 75 ist unten der klassiche Korrelationskoeffizient nach PEARSON angegeben. Ob er signifikant von Null verschieden ist, wird unter der Annahme einer normalverteilten Grundgesamtheit getestet. Der Rangkorrelationskoeffizient nach KENDALL (oben) braucht keine Annahmen über die zugrunde liegende Verteilung. Nur signifikant von Null verschiedene Werte sind eingetragen.
Die hier vorliegenden Korrelationen beruhen nur auf interindividuellen Varianzanteilen. Es finden sich deutliche positive Korrelationen zwischen motorischer und sensibler NLG an gleichen Nervensegmenten. Diese Befunde entsprechen weitgehend den Ergebnissen der Querschnittstudie. Im Gegensatz zu den in Tab. 74 dargestellten Ergebnissen für intraindividuelle Korrelationen liegen keine signifikanten Rangkorrelationen nach für NLG-Meßgrößen benachbarter Nervensegmente vor. Nur die PEARSON-Korrelation zwischen der sensiblen NLG des N. medianus am Unterarm und am Oberarm ist signifikant.

25.3 Folgerungen aus den Korrelationen der NLG-Größen:

Die Unterschiede in den Korrelationen mit und ohne Berücksichtigung intraindividueller Varianzanteile weisen darauf hin, daß negative Korrelationen der NLG-Meßgrößen benachbarter Segmente insbesondere für intraindividuelle Beobachtungen gelten. Der negative Betrag dieser Korrelation ist Ausdruck einer gegenläufigen Tendenz der Impulsfortpflanzung an benachbarten Segmenten; diese Beziehung wurde in der Querschnittstudie nicht erfaßt, weil hier auf interindividuelle Variabilität abgehoben wurde. Die mot. bzw. sensible NLG benachbarter Meßstrecken sind mit -0,3 bis -0,45 korreliert; R^2 beträgt 0,1 bis 0,2; 10 % bis 20 % der Varianz der NLG ist benachbarten Meßstrecken gemeinsam. Einflußgrößen haben auf diese Korrelation keine Wirkung. Daher sind die Beziehungen zwischen den NLG des proximalen und distalen Segmentes eines Nervs Ausdruck einer funktionellen Koppelung, die am ehesten auf Vorgängen beruht, die entlang des Nervs selbst ablaufen. Ganz deutlich waren diesbezüglich die Zusammenhänge bei Proband 7: Das Verhältnis zwischen den sensiblen NLG am Oberarm und am Unterarm änderte sich systematisch innerhalb der Beobachtungszeit. Daraus ergibt sich ein Hinweis auf den Zeitraum, innerhalb dessen sich die mit NLG-Veränderungen einhergehenden Vorgänge am Nerv ändern. Ein weiterer Hinweis auf zeitliche Veränderungen am Nerv ergibt sich daraus, daß bei einigen sensiblen neurographischen Parametern während der 4tägigen Beobachtungszeit hochsignifikante Änderungen innerhalb der Gruppe der 10 Probanden zu sehen waren (GUTJAHR und MACHLEIDT 1983). Die Änderungen wurden frühestens am Tag nach Beginn der Untersuchung nachweisbar. Der zeitliche Bereich für Änderungen der Nervenfunktion beträgt demnach ein bis mehrere Tage. Dies entspricht etwa dem Zeitraum, innnerhalb dessen

Korrelationen der in der Längsschnittstudie untersuchten NLG
anhand
individueller Mittelwerte
10 Probanden mit je 13 - 18 gemittelten Messungen/NLG*

| | | N. medianus | | | sensibel-S1 | | | N. peronaeus | | sensibel |
| | | motorisch | | | | | | motorisch | | |
		Hand	U-Arm	O-Arm	Hand	U-Arm	O-Arm	Fuß	U-Schenkel	U-Schenkel
N. medianus motorisch	Hand	x		n.s. 0.56**	0.60 0.79					
	U-Arm		x			0.73 n.s.	n.s. -0.62			
	O-Arm			x			n.s. 0.71			
sensibel	Hand				x			n.s. -0.58		
	U-Arm					x	n.s. -0.77			
	O-Arm						x			0.51 n.s.
N. peronaeus mot.	Fuß							x		
	U-Schenkel								x	0.42 0.61
N. peronaeus sens.	U-Schenkel									x

*) 9 Freiheitsgrade **) Korrelationskoeffizienten nach KENDALL (obere Zeile) und nach PEARSON (untere Zeile jeder Zelle); nur signifikante Korrelationen sind eingetragen. Werte der Korrelationen wegen der geringen Probandenanzahl nicht repräsentativ.
Im Gegensatz zu den Korrelationen ohne Trennung inter- und intraindividueller Messungen ist hier nur eine Kombination gleichartiger NLG-Grössen an benachbarten Nervenabschnitten signifikant. Der Unterschied in den Ergebnissen zu intraindividuellen Korrelationen weist darauf hin, dass negative Korrelationen an benachbarten Nervenabschnitten wegen der Gegenläufigkeit der NLG-Werte in Querschnittstudien nicht zu erwarten sind.

Tab. 75

rasche Stofftransporte im Nerv erfolgen. Daher kann man vermuten, daß Stoffwechsel-
produkte, die den Nerv entlangwandern (rascher Transport), ursächlich die NLG an benachbarten Nervensegmenten beeinflussen.

25.4 Kanonische Korrelationen zwischen vergleichbaren Gruppen von NLG-Meßgrößen:

Bei der statistischen Erfassung der NLG-Größen wurden einige Varianzkomponenten dieser
Meßgrößen dargelegt: Einflußgrößen, die sich als sog. unabhängige Variable auf die
Varianz der Meßgrößen unter Umständen intra- und interindividuell unterschiedlich aus-
wirken. Anhand der Diskriminanzanalyse von NLG-Größen zur Erkennung einzelner Probanden
konnte gezeigt werden, daß es typische Muster von Leitgeschwindigkeiten gibt. Einzelne
NLG-Größen weisen interindviduell positive Korrelationen an gleichen Segmenten und
intraindividuell negative Korrelationen an benachbarten Segmenten auf. Die intraindividuell gemeinsame Varianz soll für einige typische Sätze von NLG-Größen durch kanonische
Korrelationen abgeschätzt werden.
Beispiel: Es soll die lineare Beziehung zwischen der NLG S1 an der Hand, am Unterarm
und am Oberarm einerseits und der motorischen NLG an denselben Strecken andererseits
beschrieben werden. Dazu wird zunächst ein paar neuer "kanonischer" Variabler (eng-
lisch: variates) gebildet, das die maximal mögliche Korrelation zwischen den beiden
Gruppen realisiert. Diese Korrelation stellt die erste "kanonische Korrelation" dar.
Aus den verbleibenden Dimensionen, die man Residualwerten vergleichen kann, kann eine
weitere, geringere kanonische Korrelation und das dazugehörige Paar kanonischer Variabler (variates) gewonnen werden. Im oben erwähnten Beispiel sind zwei kanonische
Variable nötig, um die gesamte Abhängigkeit der beiden Variablensätze zu beschreiben.
Folgende Ergebnisse sind bemerkenswert: Bei 3 Probanden finden sich signifikante kanonische Korrelationen zwischen Sätzen von NLG S1 (Hand, Unterarm, Oberarm) mit den motorischen NLG der gleichen Segmente. Werden die kanonischen Korrelationen für alle Probanden ohne Ausgleich der interindividuellen Unterschiede berechnet, so beträgt die kanonische Korrelation des 1. Satzes 0,67. Die gefundenen kanonischen Variable zeigen, daß
der Zusammenhang zwischen den Variablensätzen in erster Linie auf der Korrelation der
an gleichen Segmenten gemessenen Leitgeschwindigkeiten beruht. Die Korrelation zwischen
den an verschiedenen Segmenten gemessenen Werten bewirkt bei der kanonischen Variablen
eine Art "Korrektur", die aber deutlich geringer ist als die Ladung in der Diagonalen.
Ähnliche Ergebnisse finden sich zwischen den NLG S2 und den motorischen NLG-Größen des
N. medianus an Hand, Unterarm und Oberarm. Die vergleichbaren Gruppen von motorischen
und sensiblen NLG-Größen des N. medianus und des N. peronaeus haben insgesamt niedrige
kanonische Korrelationen (0,35). Dies ist ein Hinweis dafür, daß wenig Zusammenhang zwischen den NLG-Größen am Arm und am Bein besteht.
Zwischen NLG S1-Größen und NLG S2-Größen des N. medianus finden sich, wie zu erwarten,
bei allen Probanden durchweg hohe kanonische Korrelationen; an den Koeffizienten der
kanonischen Variablen für die Gesamtauswertung ist zu sehen, daß die Korrelationen der
NLG S1 und NLG S2 an der Hand den größten Varianzanteil ausmacht (Tab. 76): Kanonische

```
+-------------------------------------------------------------+
|               KANONISCHE  KORRELATIONEN                     |
|    UND KOEFFIZIENTEN DER KANONISCHEN VARIABLEN              |
|   DER SENSIBLEN NLG-GRÖSSEN DES N. MEDIANUS AM ARM          |
+-------------------------------------------------------------+
|    KANON. VARIABLE         I        II       III            |
|                                                             |
|    Kanon. Korrelation    0.95      0.8      0.66            |
|                                                             |
|    Koeffizienten                                            |
|       NLGS1    Hand       0.9       0.5      0.1            |
|                U-arm      0.3      -0.9     -0.4            |
|                O-arm      0.0      -0.5      0.9            |
|                                                             |
|       NLGS2    Hand       0.9       0.3      0.2            |
|                U-arm      0.3      -0.9     -0.3            |
|                O-arm      0.1      -0.4      0.9            |
+-------------------------------------------------------------+
| Die  Kanonischen  Korrelationen  wurden  ohne  Ausgleich    |
| interindividueller Unterschiede aus  einer Längsschnitt-    |
| studie von 10 Probanden mit je  13 - 18 Messungen gewon-    |
| nen.  Die Koeffizienten wurden auf  eine   Dezimalstelle    |
| abgerundet.                                                 |
| Die Kanon. Korrelationen nehmen von distal nach proximal    |
| ab. Sind die Ladungen der Koeffizienten am Unterarm (II)    |
| oder am Oberarm (III)  hoch,   so haben die distal davon    |
| liegenden Abschnitte ein  umgekehrtes Vorzeichen.   Dies    |
| ist durch die negativen intraindividuellen Korrelationen    |
| der NLG-Grössen benachbarter Segmente bedingt.              |
+-------------------------------------------------------------+
|                       Tab. 76                               |
+-------------------------------------------------------------+
```

Korrelation der 1. kanonischen Variablen KV1: 0,95. Die Korrelationen nehmen von distal nach proximal ab. Bei hoher Ladung der Koeffizienten der NLG-Größen am Unterarm (KV2) und am Oberarm (KV3) haben die distalen Segmente umgekehrte Vorzeichen. Dies ist Ausdruck der negativen Korrelation benachbarter Nervenabschnitte.

Wir stark ist nun die Abhängigkeit vergleichbarer Sätze von NLG-Größen untereinander? Die Sätze der NLG S1 und NLG S2 des N. medianus am Arm weisen sehr hohe Korrelationen auf. Wie bei den einfachen Korrelationen ist das Quadrat der kanonischen Korrelation ein guter Schätzer für die Varianzerklärung. Das Quadrat der 1. kanonischen Korrelation beträgt 0,9; 90 % der Varianz sind den beiden Parametersätzen gemeinsam. Derartige Meß-sätze können zur Validitätsprüfung herangezogen werden.
Von größerer klinischer Bedeutung sind die Abhängigkeiten zwischen den Sätzen motori-scher und sensibler NLG am Arm: Das Quadrat der kanonischen Korrelation beträgt 0,45; dies bedeutet eine erhebliche Redundanz neurographischer Meßwerte. Die kanonische Kor-relation der Sätze von NLG-Größen am Unter- und am Oberarm betragen 0,45. Ein ganz ähn-liches Ergebnis erhält man für die Beziehung zwischen den NLG-Größen an der Hand und am Unterarm. 20 % der Varianz dieser benachbarten NLG-Größen beruhen auf ihrer Interkor-relation. Bestätigen sich diese Ergebnisse, so können Erwartungswerte für NLG-Größen auch unter Berücksichtigung des Meßwertes am benachbarten Nervensegment erstellt werden.

IV. TEIL

26 Erkennung von Polyneuropathien mittels Diskriminanzfunktion

Während EMG- und neurographische Befunde in der Diagnostik umschriebener Nervenschäden
einen festen Platz haben, sind sie in der bisherigen Form für die Beurteilung von Polyneuropathien zweitrangig, selbst wenn relevante Einflußgrößen in der in diesem Buch beschriebenen Weise berücksichtigt werden. Dieser Problemkreis soll anhand der urämiebedingten polyneuropathischen Veränderungen beleuchtet werden. Abb. 42 zeigt, daß ein Zusammenhang zwischen Polyneuropathie und neurographischen Einzelparametern besteht, der
aber nicht für diagnostische Zwecke tauglich ist. Es soll nun gezeigt werden, daß mit
dem Hilfsmittel der Diskriminanzanalyse bei gleichzeitiger Berücksichtigung mehrerer
neurographischer Parameter allein aus diesen eine treffsichere Trennung von Urämikern
und Gesunden möglich ist und darüber hinaus mit der Diskriminanzfunktion ein empfind-
licher Indikator gegeben ist, der polyneuropathische Veränderungen schon anzeigt, bevor
sie klinisch manifest werden.
Bei der Schätzung von Toleranzbereichen geht man nur von der Kenntnis einer Stichprobe
normaler Probanden aus. Dagegen setzt die Bestimmung einer Diskriminanzfunktion zusätzlich eine homogene Stichprobe von Patienten voraus, durch die die zu erkennende Krank-
heit repräsentiert ist. Die zu bestimmende Funktion, die mehrere (neurographische) Parameter als Argument hat, kann nun auf die Trennung genau dieser beiden Stichproben hin
optimiert werden, und zwar in der Form, daß der Erwartungswert einer gewichteten Summe
der beiden Zielklassifikationsarten minimiert wird. Hier wurde eine lineare Diskriminanzfunktion verwendet, die das Verhältnis zwischen Inter- und Intragruppenvarianz maxi-
miert.
Zur Klassierung eines Falles wird aus den Parametern der Diskriminanzfunktionswert berechnet. Über- oder Unterschreitung einer Schwelle bedeutet Zuordnung zu einer oder der
anderen Gruppe. Durch Verschieben der Schwelle kann eine unterschiedliche Gewichtung
der beiden Fehlerarten erreicht werden.
Die Repräsentativität einer Diskriminanzfunktion, d. h. ihr Verhalten bei neu zu klas-
sierenden Fällen, die keiner der beiden "Lern"-Stichproben angehören, hängt entscheidend von dem Verhältnis der Stichprobengrößen zu der Zahl der verwendeten Parameter ab.
Nach FOLEY (1972) sollte dieses Verhältnis drei nicht unterschreiten. Zur Prüfung der
Qualität einer Diskriminanzfunktion wurden mehrere Statistiken entwickelt, z. B. WILK's
Lambda und die MAHALANOBIS-Distanz. Das anschaulichste Maß stellt jedoch die Klassifikationsrate, d. h. der Anteil richtig zugeordneter Fälle dar. Sie sollte ansich an Daten geschätzt werden, die nicht zu den "Lern"-Stichproben gehören (Neuklassifikation).
Sind solche Daten nicht erhältlich, so hat es sich bewährt, einen Fall aus den Stichproben zu entfernen und mit der aus den reduzierten Stichproben gewonnenen Diskriminanzfunktion zu klassieren. Durch Wiederholen dieses Vorgangs mit weiteren Fällen gewinnt
man eine realistische Schätzung der Klassierungsrate (Hold-one-out-Verfahren). Ist die
Stichprobe hinreichend groß, so gibt auch die an der "Lern"-Stichprobe ermittelte Reklassifikationsrate eine gute Schätzung ab.

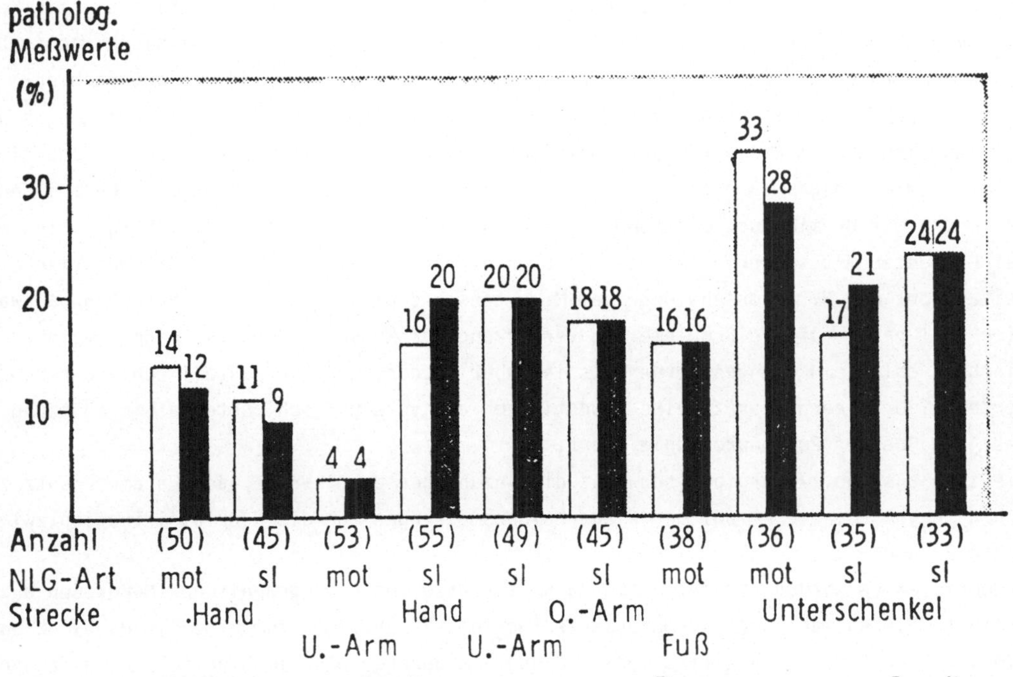

Anteile der pathologischen NLG-Meßwerte bei urämischen Patienten ohne □ und mit ■ Berücksichtigung der Einflüsse von Körpergröße, Gewicht und Hauttemperatur. mot = motorisch, sl = sensibel.

Abb. 42

Für die eigenen Untersuchungen stand außer den Probanden der Querschnittstudie ein Kollektiv von chronisch-urämischen Patienten zur Verfügung. Der Anteil klinisch manifester Polyneuropathien war gering (unter 20 %), er schwankt entsprechend der unterschiedlichen Anzahl von Patienten, die für eine Kombination von Meßgrößen zur Verfügung standen. Ähnlich wie im Kollektiv der Normalpersonen fehlen bei den Patienten mit chronischer Urämie einige Meßwerte. Zu einer unvollständigen Datenerhebung gehören bei den Patienten mit Urämie auch die Meßwerte, deren Registrierung nicht möglich war. Dies war bei Patienten mit schweren Polyneuropathien der Fall, bei denen z. B. die motorische Reizantwort des N. peronaeus über dem M. extensor digitorum brevis nicht erkennbar war. Hier soll nicht auf die Probleme der Verzerrung der Meßwerte durch so einen systematischen Fehler eingegangen werden. Es ist aber sicher, daß der Ausfall fehlender Meßwerte bei Urämikern eher zu einer günstigeren als zu einer schlechteren Einschätzung des Ausmaßes der Polyneuropathie führt.

Wie sich aus Tab. 77 ergibt, schwankt die Anzahl der Urämiker je nach Parametersatz zwischen 36 und 54, die Anzahl der Wiederholungsmessungen für die Neuklassifikation zwischen 24 und 38.

Ergebnisse: Es wurden verschiedenen Parametersätze von neurographischen Meßgrößen analysiert. Die Auswahl der Parametersätze für Tab. 77 erfolgte zum einen im Hinblick auf eine möglichst gute Klassifikationsrate und zum anderen auch im Hinblick auf eine einfache und wenig umfangreiche Untersuchungstechnik. Die Meßergebnisse beruhen auf neurographischen Meßwerten, bei denen die Wirkung von Einflußgrößen nicht berücksichtigt weden konnten. Dies führte möglicherweise dazu, daß für die Diskriminanzanalyse jene Größen wichtig wurden, die von den Einflußgrößen wenig beeinflußt werden.

Es zeigt sich, daß bei Verwendung von mehr als einer neurographischen Meßgröße Klassifikationsraten zwischen 85 und 90 % erreicht werden können. Dabei scheint die Verwendung von nur drei neurographischen Parametern für nicht hohe Ansprüche hinreichend zu sein: Die richtige Klassifikationsrate beträgt 89 %, wenn die NLG Sl des N. medianus am Unterarm, die Amplitude der motorischen Reizantwort des N. ulnaris und die Amplitude der motorischen Reizantwort des N. peronaeus verwendet wird. Bei einer einzigen gut trennenden Variablen wie der sensiblen NLG des N. medianus am Unterarm erhält man eine Klassifikationsrate von insgesamt 76 %, bei ungünstiger Auswahl von drei Größen, wie z. B. der distalen motorischen NLG des N. peronaeus, der motorischen NLG des N. peronaeus am Unterschenkel und der ansich gut trennenden Amplitude des motorischen Peronaeus ebenfalls nur 75 % richtig klassierte Fälle.

Eine größere Zuverlässigkeit, insbesondere bei Verdacht auf eine umschriebene Nervenschädigung ist durch die Verwendung von fünf Variablen gegeben, bezeichnenderweise stammen dann nur zwei Meßwerte vom motorischen N. ulnaris (die Amplitude des Summenpotentials nach Wurzeltransformation der Meßwerte und die motorische NLG des N. ulnaris am Unterarm). Die übrigen Meßwerte sind die sensible NLG des N. medianus am Unterarm, die Amplitude des Summenpotentials des N. peronaeus (nach Wurzeltransformation) und die NLG Sl des N. peronaeus am Unterschenkel. Ähnlich gute Ergebnisse erhält man, wenn

DISKRIMINANZANALYSE ZWISCHEN GESUNDEN UND PATIENTEN MIT CHRONISCHER URäMIE DURCH NEUROGRAPHISCHE MESSGRÖSSEN						
NEUROGRAPHISCHE MESSGRÖSSEN *) (und Anzahl)	GESUNDE		KRANKE		GESAMT	KRANKE Neuklassif.
	richtig N	falsch N	richtig N	falsch N	richtig %	richtig %
Arm (3)	94	15	39	8	85 %	89 %
Bein-1 (2)	97	19	33	11	82 %	89 %
Bein-2 (1)	82	38	29	18	66 %	61 %
Bein-3 (2)	93	31	35	9	76 %	82 %
Arm & Bein (3)	97	10	34	7	89 %	80 %
Arm & Bein (5) weniger strenge	97	8	31	7	89 %	93 %
Selektion	126	15	31	8	87 %	
Methode: 'HOLD ONE OUT'	35	4	33	6	87 %	
alle signif. Grössen (11)	78	4	29	7	90 %	88 %

*) Messgrössen:
Arm (3): N. Medianus, Unterarm, NLGS1; N. Ulnaris, U-arm, mot.NLG;
      N. Ulnaris, Amplitude
Bein-1 (2): N. Peronäus, Unterschenkel, NLGS1, N. Peron., mot., Amplitude
Bein-2 (1): N. Peronäus, Unterschenkel, mot. NLG
Bein-3 (2): N. Suralis, Unterschenkel, NLGS1 und NLGS2
Arm & Bein (3): N. Med., U-arm, NLGS1; N. Ulnaris, motorisch, Amplitude,
      N. Peron.,mot., Amplitude
Arm & Bein (5): Messgrössen wie bei Arm und Bein-1, mit und ohne strenge
Selektion und mit der Methode 'HOLD ONE OUT'
alle signifikanten Grössen: Messgrössen von Arm, Bein-1, Bein-2, Bein-3,
      NLGS1 und NLGS2 von N. Ulnaris an der Hand
      und NLGS2 des N. Peronäus am Unterschenkel
Es erfolgte keine Korrektur der Messgrössen bezüglich der Einflussgrössen.
Mehrere Kombinationen von Messgrössen haben gute Trenneigenschaften. Besondere Bedeutung haben die Amplituden der motorischen Summenpotentiale und
sensible NLG-Werte. Die hohe Neu-Klassifikationsrate und die gute Klassifikation mit der Methode 'HOLD ONE OUT' sind ein Mass für die Zuverlässigkeit
der Analyse.

Tab. 77

GRAPHISCHE DARSTELLUNG DER TRENNUNG VON PATIENTEN MIT URÄMIE UND GESUNDEN PERSONEN DURCH EINE DISKRIMINANZFUNKTION AUS FÜNF NEUROGRAPHISCHEN GRÖSSEN (REKLASSIFIKATION).

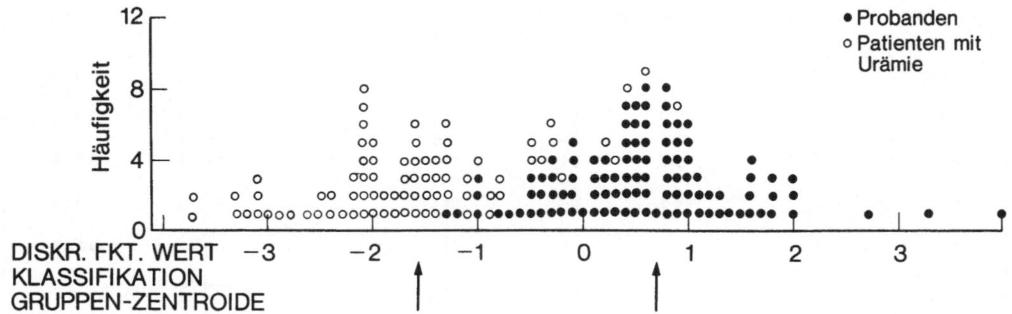

Klassifikationsergebnisse:		N	prognostizierte Gruppe	
			"gesund"	"krank"
Tatsächliche Gruppe	Gesunde	104	96	8
	Kranke	39	8	31

RICHTIG: 89 %

Abb. 43

statt der sensiblen NLG des N. peronaeus die NLG S1 des N. suralis verwendet wird. Diese Meßgröße kann aber nicht ohne Klassifikationsverlust gegen die motorische NLG des N. peronaeus am Unterschenkel ausgetauscht werden.

Die Qualität dieses Variablensatzes wurde durch die "Hold one out"-Untersuchung geprüft. Die Ergebnisse stimmen mit der Reklassifikationsrate und der Neuklassifikation überein. Wird das Vergleichskollektiv mit den gesunden Probanden bezüglich möglicher und tatsächlicher Krankheiten nicht selektiert, so wird nahezu die gleiche Klassifikationsrate erzielt wie bei strenger Selektion (87 % richtig klassifizierte Fälle). Dieser Vergleich dient der Überprüfung der Trennschärfe dieses Parametersatzes bei Vorliegen von Ausreißerdaten, wie sie bei Meßwerterhebungen in der Klinik vorliegen können. Der hohe Prozentsatz richtig klassifizierter Fälle spricht dafür, daß die Strukturunterschiede zwischen den beiden Kollektiven durch einzelne Ausreißerwerte nicht verwischt werden. Schließlich wurde noch ein umfangreicher Satz von 11 neurographischen Meßgrößen untersucht. Dazu wurde eine schrittweise dimensionsreduzierende Diskriminanzanalyse mit ausschließlich signifikant wirksamen Größen verwendet. Dabei ergibt sich eine weitere Reduktion von WILK's Lambda, während sich die Klassifikationsraten nicht mehr verändern. Die Resultate zeigen, daß durch die Anwendung multivariater Verfahren eine entscheidende Verbesserung der Valenz neurographischer Parameter bei der Beurteilung von polyneuropathischen Krankheitsbildern möglich ist. Dieses läßt sich aus Abb. 43 ersehen, wo die Urämiker von der Kontrollgruppe klar getrennt werden - auch noch dann, wenn die Polyneuropathie klinisch nicht erkannt wurde. In der Praxis bewährt es sich, wenn abweichend von dem hier angegebenen Modell zweifelhafte Fälle, die nahe an der Grenze pathologisch/normal liegen, als Grenzbefunde gekennzeichnet werden.

27   Zusammenfassung

27.1 Statistische Methodik:

Die multiple Regression:

Die Wirkungen von mehreren Größen wie Alter, Geschlecht, Körpergröße (E i n f l u ß -
g r ö ß e n)   auf eine abhängige Größe - hier: NLG-Größe oder Amplitude oder Dauer
- können durch die multiple Regression erfaßt werden. Die multiple Regression führt zur
Verminderung der Varianz der abhängigen Größe. Durch einfache Regressionen lassen sich
Zusammenhänge nur zwischen jeweils   e i n e r   unabhängigen   e i n e r   abhängigen
Größe darstellen. Wirken mehr als eine Größe auf eine unabhängige Größe ein - dies ist
fast immer der Fall - so wird die Interpretation einfacher Regressionen schwierig. Die
von anderen Größen unabhängige, "eigentliche" Wirkung einer Größe kann nur dann aufgedeckt werden, wenn auch die anderen Einflüsse berücksichtigt werden. Die Wirkungen der
Einflußgrößen auf die NLG werden aus deren Korrelationen erkannt und in der Weise berechnet, daß keine Einflußgröße von der anderen Abhängigkeiten enthält. Man erhält additive Varianzkomponenten partiell unabhängiger Einflußgrößen auf die NLG. Die Gesamt-
wirkung der Einflußgrößen, die größer ist als die Wirkung jeder einzelnen Größe, ermöglicht eine optimale Erklärung der Varianz der NLG und eine optimale Berücksichtigung
der Einflußgrößen.
Durch die multiple Regression können spezifische Wirkungen von Einflußgrößen aufgedeckt
werden. Somit ist die multiple Regression eine Methode zur Erkennung mehrdimensiosnaler
Zusammenhänge und trägt häufig zur Bildung neuer Hypothesen bei.
Die Toleranzgrenzen bestimmen die kritischen Bereiche für die Prüfung von Einzelwerten.
Liegen wirksame Einflußgrößen vor, so ist es sinnvoll, diese bei der Bestimmung der
Toleranzgrenzen zu berücksichtigen. Die (einseitige) Toleranzgrenze für 95 % der Meßwerte (alpha = 0,05) bezeichnet einen Wert, unter (oder über) dem nur mehr 5 % der Meßwerte der Population liegen. Für Meßwerte der NLG, der Amplitude und der Dauer sen-
sibler Nervenaktionspotentiale sollen einseitige und nicht zweiseitige Toleranzgrenzen
erstellt werden, weil nur nach einer Erniedrigung und nicht nach einer Erhöhung der
NLG, der Amplitude oder einer Verlängerung der Dauer gefragt wird. Für die Erstellung
einseitiger Toleranzgrenzen wird der t-Wert zur einseitigen Prüfung gebraucht. Dadurch
ist die Prüfung schärfer als bei einem zweiseitigen Test; der t-Wert beträgt für große
Stichproben ca. 1,65 gegenüber 1,96 bei zweiseitiger Prüfung.
Wenn keine Einflußgrößen berücksichtigt werden oder vorliegen, dann sind die Toleranzgrenzen fest. Werden die Wirkungen einer oder mehrerer Einflußgrößen berücksichtigt,
so sind die Toleranzgrenzen variabel. Bei der Erstellung der Toleranzgrenze muß dann
der aktuelle Wert der Einflußgröße berücksichtigt werden. Für jeden Probanden und jede
Messung gilt eine individuelle Toleranzgrenze. Die zur Berechnung der Toleranzgrenze
notwendigen Parameter müssen anhand einer Stichprobe geschätzt werden. Die Toleranzgrenze hängt daher auch von der Größe der Stichprobe ab (Kapitel 7.8). Die Prädiktionswerte der Einzelmessungen können für unterschiedliche Werte der Einflußgrößen sehr deut-

lich voneinander abweichen. Sie weisen Differenzen bis zu 20 m/sec auf, so z. B. bei
der sensiblen NLG-S1 des N. medianus an der Hand. Diese Abweichungen übertragen sich
auf die Toleranzgrenzen. Die Aussagekraft von NLG-Messungen wird durch die Berücksichtigung von Einflußgrößen entscheidend verbessert.

27.2 Sind die Ergebnisse repräsentativ?

Voraussagen über Meßwerte können dann getroffen werden, wenn zuverlässige statistische
Schätzungen vorliegen. Da Schätzungen durch multiple Regressionen auch Einflußgrößen
berücksichtigen, müssen die Kollektive bezüglich aller verwendeter Größen repräsentativ
sein.
Zur Prüfung der eigenen Untersuchungen wurde eine Quer- und eine Längsschnittstudie
durchgeführt. Die Querschnittstudie diente der Erstellung repräsentativer Stichproben,
die Längsschnittstudie konnte zur Validierung einiger Ergebnisse der Querschnittstudie
und zur Untersuchung der inter- und intraindividuellen Varianzkomponenten herangezogen
werden. Einige Messungen der motorischen oder sensiblen NLG-Größen des N. medianus und
des N. peronaeus wiesen signifikante Mittelwertdifferenzen auf. Sie beruhten aber allein auf Abweichungen zwischen den Einflußgrößen der beiden Kollektive: die prädizier-
ten Werte des kleinen Kollektivs, die unter Berücksichtigung der Einflußgrößen dieses
Kollektivs erstellt wurden, unterschieden sich nicht von den zentralen Schätzwerten der
repräsentativen Stichprobe. Daraus folgt, daß die zur Prädiktion vorgeschlagenen Werte
als ausreichend zuverlässig angesehen werden dürfen.

27.3 Die Querschnittstudie:

<u>Untersuchungsplan:</u> Erhebung neurographischer Meßwerte motorischer und sensibler Nerven
an mehreren Segmenten zugleich mit den Meßwerten der Einflußgrößen: Alter, Körperlänge,
Gewicht, Geschlecht, Hauttemperatur im Bereich der untersuchten Nervensegmente, Tageszeit.
Das <u>Probandenkollektiv</u> (Kap. 8.2): Für die Erfassung von "neurographischen Normalwerten" wurden 253 Probanden untersucht; 41 Probanden mußten wegen Nichterfüllung der Populationskriterien von den Auswertungen für die repräsentative Stichprobe ausgeschlossen
werden. Es verblieben 212 Probanden, 134 Männer und 78 Frauen. Das mittlere Lebensalter
betrug 34 Jahre, der jüngste Proband war 13 Jahre alt, der älteste 72 Jahre alt. Die
Altersaufteilung männlichen und weiblichen Geschlechtes war gleich. Die mittlere Körpergröße betrug 172 cm (152 - 206 cm). Die Korrelation zwischen Körperlänge und Alter war
hochsignifikant negativ und entsprach etwa dem Akzelerationsausmaß der Gesamtbevölkerung. Mittleres Körpergewicht: 69,4 kg (45 - 108 kg).
Die <u>Untersuchungseinheiten</u> (Kap. 8.4): Darunter wurden jene Gruppen von neurographischen
Meßgrößen verstanden, die bei der Untersuchung eines motorischen oder eines sensiblen
Nervensegmentes erfaßt wurden. Auf diese Weise wurden 21 Untersuchungseinheiten zusammengestellt. Die Untersuchung der motorischen Funktion, z. B. des N. ulnaris an der
Hand wurde von den Untersuchungen der sensiblen Funktion getrennt. Die 21 Untersuchungs-

einheiten waren: die motorischen und sensiblen Segmente des N. ulnaris an der Hand, am Unterarm, im Sulcus und am Oberarm, die motorischen und sensiblen Segmente des N. medianus an der Hand, am Unterarm und am Oberarm, die motorischen Segmente des N. peronaeus am Fuß, am Unterschenkel und zwischen Fibulaköpfchen und Kniekehle, das sensible Nervensegment des N. peronaeus am Unterschenkel, die motorischen Segmente des N. tibialis am Fuß und am Unterschenkel und das sensible Segment des N. suralis am Unterschenkel.

Neurographische Meßgrößen (Kap. 8.6): Für die 21 Untersuchungseinheiten wurden die motorischen oder sensiblen NLG bestimmt. Die sensiblen NLG wurden orthodrom gemessen. Als Meßpunkte dienten die erste positive und die erste negative Spitze. Es werden zwei sensible NLG-Meßgrößen (NLG S1 und NLG S2) pro Untersuchungseinheit angegeben. Folgende motorischen Parameter werden für die distalen Untersuchungseinheiten angegeben: die Amplitude, die Dauer, die Anzahl der Phasen und, in einem Teil der Fälle, das Integral des Summenpotentials. Amplitude, Dauer und Anzahl der Phasen werden für jede Untersuchungseinheit der sensiblen Nerven angegeben.

Untersuchungstechnik (Kap. 9): Es wurden ausschließlich Oberflächenelektroden für Reizung und Registrierung verwendet. Die Stimulation erfolgte bipolar mit einem Interelektrodenabstand von 2,5 cm; die Registrierelektroden hatten einen Durchmesser von 1 cm. Die Registrierung erfolgte "pseudo"-unipolar mit einem Interelektrodenabstand von 4 bis 9 cm. Es wurde ein EMG-Gerät von der Firma Medelec verwendet, das mit einem Mittelwertbildner und einem Integrator ausgestattet war.

Die Ausmessungen der Potentiale erfolgten direkt am Oszilloskop, sämtliche Messungen wurden durch Glasfaseroptik auf UV-empfindlichen Papier registriert.

Die motorischen neurographischen Meßgrößen wurden mit verschiedenen Verstärkungsstufen ausgemessen: die Amplitude wurde bei einer Verstärkung von 10 mV/cm, die Dauer und das Integral bei einer Verstärkung von 1 mV/cm und die Latenzen bei einer Verstärkung von 100 uV/cm registriert und anhand der gemittelten Potentiale nach 30 bis 500 Einzelregistrierungen ausgemessen.

Selektion der NLG-Messungen (Kap. 11): Die repräsentativen Stichproben enthalten nur eine Messung pro Proband. Die meisten Messungen stammen von der rechten Körperseite; linksseitige Messungen wurden genommen, wenn keine rechtsseitigen Messungen vorlagen. Es wurden nur Probanden mit einem Alter von mehr als 13 Jahren und einem Gewicht von mehr als 40 kg ausgewählt. Die Messungen von Personen mit Allgemeinerkrankungen oder von Personen, die Medikamente einnahmen, wurden ebenso ausgeschlossen wie Messungen von einzelnen Nervensegmenten mit partiellen neurogenen Läsionen.

Meßfehler: Der Meßfehler wurde nach dem Gauß'schen Fehlerfortpflanzungsgesetz unter der experimentell begründeten Annahme eines mittleren Meßstreckenfehlers von Δs = 2,5 mm, entsprechend einem Toleranzbereich von $\pm 0,5$ cm und eines angenommenen Zeitfehlers von Δt = 0,1 msec berechnet. Als bestes Selektionskriterium erwies es sich, einen Meßfehler von maximal 10 m/sec zuzulassen. Er fand sich durchweg bei hohen NLG-Werten.

Extremwerte der NLG wurden anhand der standardisierten Extremabweichung für alpha = 0,05 entsprechend einem Faktor der Standardabweichung von 3,28 (n = 100) bis 3,47 (n = 200) entfernt. Dieses von TUKEY (1962) ausdrücklich unterstütze Vorgehen läßt sich aus pragmatischer und inhaltlicher Sicht begründen: Die meisten NLG-Größen sind nicht normal, sondern rechtsschief verteilt. Werden extreme Meßwerte entfernt, so erhält man eine der Normalverteilung angepaßte Stichprobe, mit der weitere statistische Berechnungen durchgeführt werden können.

Fehlende Meßwerte der unabhängigen Größen verursachten eine weitere Verminderung des Datensatzes. Mittelwerte und Standardabweichungen der neurographischen Meßgrößen änderten sich aber dadurch nicht signifikant.

Transformationen (Kap. 12.2 und 12.3): Die Meßwerte der distalen motorischen Latenz sind, mit und ohne Umrechung auf eine konstante Entfernung, rechtsschief verteilt und überspitzt. Die distalen motorischen NLG sind hingegen gut der Normalverteilung angepaßt und werden daher statt der distalen motorischen Latenzen verwendet. Die am besten geeignete Transformation für Meßwerte der Amplitude und Dauer ist die Wurzeltransformation; die transformierten Meßwerte sind gut einer Normalverteilung angepaßt, die Variationskoeffizienten sind nur halb so groß wie ohne Transformation.

Ergebnisse der Querschnittstudie:

Zentrale Tendenz (Kap. 14.1): Es bestätigen sich eine Reihe bekannter Beobachtungen: die motorischen NLG sind niedriger als die NLG S1 an vergleichbaren Segmenten; die NLG an den Beinen sind niedriger als an den Armen. Bezüglich der proximo-distalen NLG-Abnahme fiel auf, daß die motorischen NLG, die NLG S1 und die NLG S2 des N. medianus am Oberarm um mehr als 10 m/sec höher sind als am Unterarm. Hingegen sind die motorische und sensible NLG des N. ulnaris am Oberarm und am Unterarm nicht signifikant voneinander verschieden. Weitere erwähnenswerte Beobachtungen sind: Die NLG des N. ulnaris ist im Sulcus niedriger als am Unterarm oder am Oberarm. Die distale motorische NLG des N. ulnaris ist höher als jene des N. medianus; die Meßstrecken dieser Größen wiesen keine signifikanten Unterschiede auf. Die sensiblen NLG des N. medianus und des N. ulnaris an der Hand sind nicht signifikant voneinander verschieden. Bezüglich der motorischen und sensiblen NLG am Unterschenkel fiel auf, daß die motorische NLG des N. tibialis niedriger als jene des N. peronaeus ist und sich signifikant von den sensiblen NLG des N. peronaeus und des N. suralis unterscheidet.

Streuungsmaße (Kap. 14.3): Von den 25 verschiedenen NLG-Meßgrößen haben nur 7 einen Variationskoeffizienten von 0,1 oder weniger. Die Variationskoeffizienten in der Querschnittstudie sind ein Maß für die Variabilität der NLG, wie sie in einem relativ großen Kollektiv bei den meisten biologischen Meßgrößen auftritt. Aus dem Vergleich der Standardabweichungen zwischen Quer- und Längsschnittstudie kann man erkennen, daß die Streuungen der neurographischen Parameter interindividuell wesentlich größer als intraindividuell sind. Folgende Beobachtungen sind besonders erwähnenswert: Kurze Strecken weisen besonders hohe Variationskoeffizienten auf. NLG-Messungen an den Beinen sind im Mittel präziser als an den Armen. Überraschenderweise liegen die Variationskoeffizienten der Dauer (nach Wurzeltransformation der Meßwerte) in der Größenordnung der Variationskoeffizienten der NLG und sind somit diagnostisch interessante Parameter. Die Variationskoeffizienten der Amplituden sind durchweg höher als bei den Meßgrößen der NLG oder der Dauer.

Einflußgrößen (Kap. 15): 44 von 49 Analysen von neurographischen Meßgrößen durch multiple Regressionen zeigen signifikante Wirkungen der Einflußgrößen mit R^2-Werten zwischen 0,07 und 0,5. Diese Werte entsprechen dem Anteil der erklärbaren Varianz durch Berücksichtigung der Wirkung von Einflußgrößen.

H a u t t e m p e r a t u r m e ß g r ö ß e n (Kap. 15.1) weisen die höchsten Partialkorrelationen mit neurographischen Parametern auf. Hauttemperaturmessungen können als unentbehrlich für die Beurteilung der NLG-Meßgrößen von distalen Segmenten bezeichnet werden; sie sind aber von wesentlich geringerem WErte für die NLG-Meßgrößen tief eingebetteter Nerven.

Das A l t e r weist keine so deutlichen Wirkungen wie die Temperatur auf. Die altersabhängige NLG-Abnahme (Kap. 15.4) war am Unterarm oder am Unterschenkel deutlicher als an der Hand oder am Fuß zu erkennen; die motorischen NLG des N. medianus und des N. ulnaris sind in einem geringeren Ausmaß altersabhängig als die sensiblen NLG; die NLG S2 sind an fast allen Nervensegmenten deutlicher altersabhängig als die NLG S1. Die NLG des N. peronaeus am Unterschenkel haben die deutlichste Altersabhängigkeit von allen NLG-Meßgrößen. Auffallenderweise findet sich für die NLG S1 des N. suralis und die motorische NLG des N. tibialis keine signifikante Altersregression.

Der Einfluß der K ö r p e r g r ö ß e (Kap. 15.5), der erstmals von LANG und BJÖRQVIST (1971) nachgewiesen wurde, ist genauso bedeutend wie der des Alters. Die partiellen Regressionskoeffizienten der motorischen NLG und der NLG S1 sind an vergleichbaren Nervensegmenten nahezu gleich groß; sie sind etwas höher als die der NLG S2. Die partiellen Regressionskoeffizienten der Körpergröße sind an Extremitätenabschnitten mit starkem Längenwachstum besonders hoch.

G e s c h l e c h t s u n t e r s c h i e d e (Kap. 15.7) fielen besonders bei den neurographischen Parametern des N. ulnaris auf: Frauen haben höhere Erwartungswerte als Männer; das gilt für motorische und sensible Meßgrößen der NLG, der Amplitude und für die Dauer der sensiblen Nervenaktionspotentiale.

Das K ö r p e r g e w i c h t weist für einige sensible NLG-Größen signifikante positive Partialkorrelationen auf.

Die Berücksichtigung der M e ß s t r e c k e (Kap. 15.8) ist für die Prädiktion der NLG von großer Bedeutung. NLG und Länge der Meßstrecke sind positiv korreliert. Bei 20 von 25 NLG-Meßgrößen ist ein signifikanter Zusammenhang nachzuweisen.

Die T a g e s z e i t ist ein nichtlinear wirksamer Faktor, der sich vor allem auf die Temperatur auswirkt und dadurch einen Einfluß auf neurographische Meßgrößen hat. Anhand der Längsschnittstudie konnte ein temperaturunabhängiger Einfluß der Tageszeit auf die NLG nachgewiesen werden. Die Wirkung der Tageszeit wird für Normalwerte angegeben, wenn sie nach Berücksichtigung der Temperatur nachweisbar ist.

<u>Alter, Hauttemperatur und Geschlecht</u> sind die wichtigsten Einflußgrößen <u>für die Ampli-
tude</u>. Die Amplituden motorischer Summenpotentiale und sensibler Nervenaktionspotentiale
(NAP) nehmen mit zunehmendem Alter ab, sie werden mit zunehmender Temperatur niedriger;
die Amplituden der sensiblen NAP des N. medianus und des N. ulnaris am Handgelenk sind
bei Frauen wesentlich höher als bei Männern. Der Einfluß des Geschlechtes wirkt sich
auch auf die Dauer dieser NAP aus: Die NAP des N. medianus und des N. ulnaris am Handgelenk sind bei Frauen deutlich länger als bei Männern. Die Meßgrößen der Dauer weisen
im übrigen hohe Partialkorrelationen mit der Hauttemperatur auf.

<u>Wechselwirkungen der Einflußgrößen</u> auf NLG-Meßgrößen (Kap. 15.10): Die sensiblen NLG
des N. ulnaris und des N. medianus an der Hand und die motorische NLG des N. tibialis
weisen eine signifikante Wechselwirkung zwischen Körperlänge und Geschlecht auf: Bei
Frauen finden sich bei diesen drei NLG-Größen hochsignifikante negative Partialkorrelationen, bei Männern sind keine signifikanten Abnahmen der NLG mit zunehmender Körpergröße zu beobachten. Zwischen Körperlänge und Meßstreckenentfernung der NLG S1 des
N. medianus an der Hand besteht ebenfalls eine Wechselwirkung: die NLG S1 nimmt mit zunehmender Meßstreckenentfernung zu, solange die untersuchten Personen eine Körpergröße
unter 170 cm haben. Bei Personen mit einer Körpergröße über 170 cm findet sich keine
signifikante NLG-Zunahme.

<u>Korrelationen der NLG-Meßgrößen</u> (Kap. 17): Nicht korrigierte NLG-Meßgrößen, d. h.
solche, bei denen die Einflußgrößen nicht berücksichtigt wurden, sind untereinander
wesentlich höher korreliert als die korrigierten Meßwerte. Die Einflußgrößen bewirken
einen wesentlichen Teil der Korrelationen der NLG untereinander. Die höchste Korrelation findet sich zwischen der NLG S1 des N. ulnaris an der Hand und der gleichen NLG
des N. medianus an der Hand (ohne Korrektur). Sie beträgt R = 0,53, 28 % der Varianz
kann aus der Korrelation zwischen den beiden Meßgrößen abgeschätzt werden. Dies bedeutet jedoch, daß selbst die höchste Korrelation zwischen verschiedenen NLG-Meßgrößen für
diagnostische Zwecke im Einzelfall nicht ausreicht. Dasselbe gilt für den Seitenvergleich.

<u>Seitenvergleiche der neurographischen Meßgröße</u> (Kap. 18.1. und 18.2): Bei Frauen finden
sich hochsignifikante Seitenunterschiede der NLG S1 und der NLG S2 des N. medianus an
der Hand. Auf der linken Körperseite sind die sensiblen NLG-Meßgrößen des N. medianus
an der Hand höher als auf der rechten Körperseite. Der Seitenunterschied ist bei jungen
Frauen genauso deutlich nachazuweisen wie bei der Gruppe älterer Frauen. Seitenunterschiede der sensiblen NLG des N. ulnaris an der Hand waren nach Ausgleich der Temperaturdifferenzen zwischen rechter und linker Körperseite nicht mehr nachweisbar.

27.4 Die Längsschnittstudie:

<u>Probandenkollektiv, Meßgrößen und Dokumentation</u> (Kap. 19): Zehn männliche Probanden mit
einem Alter von 24 bis 29 Jahren wurden innerhalb von 4 Tagen jeweils 13mal bis 18mal
untersucht. Ingesamt erfolgten 166 Untersuchungen sensibler und motorischer neurographischer Parameter des N. medianus und des N. peronaeus an je 9 Untersuchungseinheiten.

Die Probanden waren nahezu gleich alt und gleich groß. Es wurde die gleiche Untersuchungstechnik und Datenerfassung wie in der Querschnittstudie angewendet. Extremwerte wurden anhand des studentisierten Extrembereiches für 2 alpha = 0,01 bestimmt. Es wurden 3645 NLG-Messung durchgeführt.

Eine Verlaufsbeobachtung extremer NLG-Werte (Kap. 20): Bei einem der 10 Probanden wurden während der ersten drei Untersuchungstage auffallend hohe Werte der sensiblen NLG des N. medianus am Oberarm festgestellt. Während der viertägigen Beobachtung nahm die Zeit, gemessen zur positiven oder zur negativen Spitze, in der Ellenbeuge hochsignifikant ab. Im proximalen Oberarmbereich änderten sich die Zeitmessungen nicht signifikant. Infolge der Abnahme der Zeitmeßwerte in der Ellenbeuge änderten sich die Differenzen der Zeitmessungen am Oberarm und in der Ellenbeuge: Die NLG des Unterarmes wurden höher, die des Oberarmes geringer. Die NLG-Werte am Oberarm betrugen in den ersten Tagen über 100 m/sec, am Unterarm ca. 50 m/sec. Erst am vierten Tage der Beobachtung lagen die Meßwerte der NLG S1 und der NLG S2 am Ober- und am Unterarm im Normbereich.

Mittelwerte, Varianzkomponenten und Wirkungen der Einflußgrößen (Kap. 22): Alle NLG-Größen wiesen deutliche interindividuelle Unterschiede auf. Diese Unterschiede konnten nur teilweise durch die Wirkung der Einflußgrößen ausgeglichen werden. Die Einflußgrößen wirkten sich unterschiedlich auf die inter- und intraindividuellen Varianzanteile aus. Die Schätzungen der intraindividuellen Varianz können infolge der hohen Anzahl der Messungen als repräsentativ angesehen werden. Die für die intrainidividuelle Varianz repräsentativen Variationskoeffizienten liegen zwischen 0,04 und 0,13. Die distalen motorischen NLG-Größen und die NLG-Größen am Oberarm weisen die höchsten Variationskoeffizienten auf; die präzisesten Größen sind die NLG S1 und NLG S2 des N. medianus an der Hand und die motorischen und sensiblen NLG-Größen des N. peronaeus am Unterschenkel.

Die interindividuellen Unterschiede der NLG-Meßgrößen (Kap. 24): Die Schätzung des Einflusses der Topik, der Art der NLG und individuelle Unterschiede wurden mittels mehrfaktorieller Varianzanalyse berechnet. Die Hauptursache der Varianz der NLG-Messungen lag erwartungsgemäß in den verschiedenen Untersuchungseinheiten. Der Faktor "Proband" ließ aber auch eine signifikante Wirkung erkennen. Das Ausmaß der interindividuellen Unterschiede wurde anhand korrigierter Meßwerte nochmals geprüft. Der niedrigste Mittelwert betrug 96,5 % (Proband 4) und der höchste 103,6 % (Proband 10) des Mittelwertes aller Messungen. der Varianzanteil für interindividuelle Mittelwertunterschiede betrug ca. 5 %.

Das Ausmaß der individualtypischen Verteilungsmuster der NLG-Meßgrößen wurde diskriminanzanalytisch untersucht: Bei Verwendung von 6 NLG-Meßgrößen werden von 166 Messungen 85 % richtig den 10 Probanden zugeordnet.

Korrelationen zwischen den NLG-Meßgrößen (Kap. 25): bei den intraindividuellen Untersuchungen fanden sich deutliche positive Korrelationen zwischen den motorischen und sensibler NLG-Größen an gleichen Segmenten und durchweg negative Korrelationen der NLG-Größen zwischen benachbarten Segmenten. Bei Berücksichtigung der Wirkung von Einflußgrößen nahmen die Beträge der positiven Korrelationen segmentgleicher NLG-Größen ab;

die negativen Korrelationen wurden dadurch nicht beeinflußt. Anhand der Korrelationen
der Mittelwerte der NLG-Meßgrößen konnten in der Längsschnittstudie die interindividuellen Beziehungen zwischen den Meßgrößen überprüft werden. Es fanden sich wie in der Querschnittstudie deutliche positive Korrelationen zwischen motorischer und sensibler NLG
an gleichen Nervensegmenten, aber keine signifikanten Korrelationen für NLG-Meßgrößen
benachbarter Nervensegmente.
Bei der Untersuchung kanonischer Korrelationen fanden sich deutliche Zusammenhänge zwischen den Sätzen von sensiblen und motorischen Leitgeschwindigkeiten des N. medianus
und sehr niedrige kanonische Korrelationen zwischen den NLG-Meßgrößen des Armes und des
Beines.

27.5 Folgerungen und Hypothesen:

Erstellung zuverlässiger neurographischer Normalwerte (Kap. 7): Für diagnostische Routineuntersuchungen ist von überragender Bedeutung, ob ein Meßwert "normal" oder "nicht
normal" ist. Die Beurteilung erfolgt statistisch aufgrund einer Wahrscheinlichkeitsaussage. Bei Überprüfung der in der Literatur angegebenen (und für Vergleichszwecke ausreichend spezifizierten) Stichproben mehrerer neurographischer Meßgrößen konnten keine
einheitlichen Vertrauensbereiche der Mittelwerte festgestellt werden. Die Probleme der
Erstellung von neurographischen Normalwerten sind allgemeiner Art: Sie bestehen in der
Planung und in der Organisation einer umfassenden Untersuchung und in der Erstellung
eines einheitlichen Untersuchungskonzeptes. Zuverlässige Normalbereiche zeichnen sich
durch hohe Richtigkeit und Präzision (kleiner Bias, kleine Varianz) aus. Die gemeinsame
Ursache für das Fehlen einheitlicher Vertrauensbereiche beruht auf der mangelhaften Kontrolle von Größen, die die neurographischen Parameter beeinflussen. Die Wirkungen
variabler Größen wie Alter, Körpergröße, Temperatur und andere können statistisch durch
die Methode der multiplen Regression erfaßt werden. Aus den eigenen Untersuchungen geht
hervor, daß bei den meisten neurographischen Meßgrößen signifikante Wirkungen von Einflußgrößen vorliegen. Bei einigen neurographischen Meßgrößen konnten 50 % der Varianz
auf die Wirkung von Einflußgrößen zurückgeführt werden. Konstante Größen, die die zentrale Lage der Meßgrößen beeinflussen, sind z. B. systematische Fehler der Untersuchungstechnik. Für ihre Erfassung ist eine Standardisierung erforderlich.
Allgemein anerkannte Normalwerte können durch Qualitätskontrolle überprüft werden. In
der klinischen Chemie waren dazu gesetzliche Regelungen erforderlich. Entsprechende Ver
einbarungen werden möglicherweise auch für die klinische Neurophysiologie erforderlich
werden.
Überprüfung von Meßwerten durch Seitenvergleiche (Kap. 18): Für Seitenvergleiche von
NLG-Messungen gilt eine grundsätzliche Einschränkung: Sie können nur dann erfolgen,
wenn sichergestellt ist, daß an einer Körperseite keine Veränderungen vorliegen. Weitere Einschränkungen ergeben sich aus den relativ niedrigen Korrelationen zwischen
paarigen Messungen: Nach Berücksichtigung der Wirkung der Einflußgrößen sind die Korrelationen zwischen den NLG-Größen an der rechten und linken Körperseite noch wesent-

lich geringer. Daraus kann man folgern, daß nur bei großer Ähnlichkeit der Einflußgrößen paarige neurographische Parameter ohne weitere Berücksichtigung der Einflußgrößen verglichen werden können. Aber auch bei gleichen Wirkungen der Einflußgrößen
sind durch Seitenvergleiche keine besseren Schätzungen möglich als durch multiple
Regressionen, für die die oben erwähnten Einschränkungen nicht gelten.

Untersuchungskriterien, die sich aus dem Meßfehler ergeben (Kap. 7.4.3): Der nach dem
Gauß'schen Fehlerfortpflanzungsgesetz berechnete Meßfehler ist eine variable Größe, die
sich aus den Fehlerkomponenten der Weg- und Zeitmessung ergibt. Die Fehlerkomponente
des Weges nimmt mit dem Kehrwert der Zeitmessung, die Fehlerkomponente der Zeitmessung
mit dem Kehrwert des Quadrates der Zeitmessung und linear mit der Zunahme der Meßstrecke
zu. In Übereinstimmung mit den Untersuchungen von MAYNARD und STOLOV (1972) wurde festgestellt, daß die Fehlerkomponente der Zeitmessung den wesentlichen Anteil des Gesamtfehlers ausmacht. Der Fehler in der Meßstreckenbestimmung hat als Komponente des Gesamtfehlers eine wesentlich geringere Bedeutung. Daraus folgt, daß gerade bei pathologischen Veränderungen NLG-Bestimmungen auch an kurzen Strecken möglich sind, solange
die Toleranzbereiche der Fehler beachtet werden.

Die Unterschiede zwischen den NLG-Größen des N. ulnaris und des N. medianus am Ober-
und am Unterarm (Kap. 14.1 und 14.1.4):
Die eigenen Untersuchungen der beiden Nerven erfolgten am nahezu identischen Probanden-
kolletiv (Block-Design). Daher ist ein Vergleich zwischen den NLG-Größen des N. ulnaris
und des N. medianus möglich. Die motorische NLG, die NLG S1 und die NLG S2 des N. medianus sind am Oberarm um mehr als 10 m/sec höher als am Unterarm. Die motorische NLG und
die NLG S1 des N. ulnaris sind am Oberarm und am Unterarm nicht signifikant verschieden, wenn auch die Mittelwerte der NLG-Größen am Oberarm gering höher sind. Die eigenen
Beobachtungen lassen sich aus Literaturangaben bestätigen: Sieben von dreizehn Autoren
stellten signifikant höhere motorische NLG des N. ulnaris am Oberarm als am Unterarm
fest; bei der motorischen NLG des N. medianus wurden aber von sechs Autoren jedesmal
signifikant höhere NLG am Oberarm als am Unterarm festgestellt.
Daraus ergibt sich, daß der Temperatureinfluß die NLG-Unterschiede an Oberarm und Unterarm nicht erklären kann. Viel wahrscheinlicher ist das unterschiedliche Aufzweigungs-
muster der Nervenfasern von N. ulnaris und N. medianus, was zu einer Kaliberabnahme
führt (ECCLES und SHERRINGTON (1930). Der N. medianus versorgt am Unterarm zahlreiche
Muskeln, der N. ulnaris verzweigt sich erst im Bereich der Hand. Für den N. ulnaris
sind daher am Oberarm und am Unterarm keine großen Unterschiede in der Faserzusammensetzung zu erwarten, wohl aber für den N. medianus.

Die Bedeutung der Temperaturkoeffizienten der NLG (Kap. 15.1): Dem Verständnis der Temperaturkoeffizienten der NLG kommt eine Schlüsselrolle zu. Bei der Überprüfung der
ersten Angaben über die Temperaturabhängigkeit der NLG bei Warmblütlern (GASSER 1931)
fiel auf, daß die Regressionskoeffizienten für 4 Nn. phrenici von vier verschiedenen
Hunden zwischen 1,5 m/sec je$^{\circ}$C und 2,4 m/sec je$^{\circ}$C lagen. Daraus kann man schließen, daß

die Temperaturabhängigkeit der NLG interindividuell deutlich verschieden sind. Die eigenen Längsschnittuntersuchungen lassen ähnliche Folgerungen zu: Die Korrelationen zwischen der Hauttemperatur über der A. radialis und der NLG S1 des N. medianus an der Hand lagen bei 5 der 10 Probanden zwischen R = 0,74 und R = 0,86; die einfachen Regressionskoeffizienten schwankten aber zwischen 1,4 m/sec je^{o}C und 3,9 m/sec je^{o}C. Ähnliches gilt für die NLG S2 an der Hand.

Die individuellen Mittelwerte der NLG-Größen haben jedoch mit den Mittelwerten der Temperaturgrößen eine enge lineare Beziehung, die unabhängig von den Werten der intraindividuellen Temperaturkoeffizienten der NLG-Größen zu sein scheint. Die individuelle Reaktion der Nerven auf Temperatur scheint bei verschiedenen Individuen auf Temperatureinflüsse längerfristig wesentlich gleichartiger zu sein, als man aus der "Sofortreaktion" des Nervs erkennen kann. Dies weist darauf hin, daß eine langfristige Reaktion von einer Sofortreaktion auf Temperatur abgegrenzt werden kann. Die Befunde von MILLER (1970) und MEYER et al. (1971, 1974) unterstützen die Annahme, daß es eine langfristige Temperaturanpassung im peripheren Nerven gibt. D u r c h   d i e   l a n g - f r i s t i g e   A n p a s s u n g   d e r   N e r v e n f u n k t i o n   a n   d i e   U m g e b u n g s t e m p e r a t u r   w i r d   d i e   I m p u l s f o r t - p f l a n z u n g   f ü r   d e n   j e w e i l i g e n   T e m p e r a t u r - b e r e i c h   o p t i m a l   e i n g e s t e l l t.

Für die klinische Untersuchung ist abzuleiten, daß man zwar gute Schätzungen für die Abhängigkeit der NLG von der Temperatur im Mittel erhalten kann, daß aber präzise Voraussagen infolge individueller Unterschiede nicht möglich sind. Eine Einflußgröße, die eine Abhängigkeit wie z. B. "Kälteanpassung" beschreibt, ist schwer zu messen. Man wird daher weiterhin mit einer erheblichen Restvarianz der NLG-Größen bezüglich der Temperaturabhängigkeit rechnen müssen.

<u>Einfluß der Temperatur auf die Amplitude</u> (Kap. 15.2): Sensible und motorische Reizantwortpotentiale zeigen mit abnehmender Temperatur eine Amplitudenerhöhung. STEGEMAN (1979) kam aufgrund von Simulationsmodellen zusammengesetzter Nervenaktionspotentiale zum Schluß, daß die Amplitudenerhöhung bei Temperaturerniedrigung durch einen additiven Effekt von Amplitudenerniedrigung und Verlängerung der Dauer der Einzelfaserpotentiale zustande kommt. Dieser Effekt kann auch durch unterschiedliche Temperatur-RK der Einzelfasern zustande kommen: Bei einer kritischen Temperatur hat eine maximale Anzahl von Neuriten infolge unterschiedlicher Temperaturkoeffizienten gleiche NLG-Werte. Wird ein Nerv bei dieser Temperatur stimuliert, so treten bei einer maximalen Anzahl von Nervenfasern gleichzeitig Impulse auf. Dadurch kann die Amplitude des Summenpotentials ein Maximum erreichen.

Die Amplitudenzunahme des motorischen Summationspotentials bei sinkender Temperatur kann Folge der Temperaturabhängigkeit der Freisetzung von Acetylcholinquanten in der Endplattenregion sein, wie sie von BOYD und MARTIN (1956) beschrieben wurden.

<u>Altersbedingte NLG-Veränderungen</u> (Kap. 15.4): Die quantitativen Schätzungen von alters-
bedingten NLG-Veränderungen sind wesentlich von der Auswahl der untersuchten Population
abhängig. Geht man davon aus, daß die Lebenserwartung vom biologischen Alterungsprozeß
bestimmt wird und somit individuell verschieden ist, so sollte die Schätzung des Alterseinflusses an einer bezüglich der Lebenserwartung heterogenen Population erfolgen. Die
Subpopulationen der verschiedenen Altersgruppen haben dann jeweils andere mittlere Le-
benserwartungen. Derartige für klinische Zwecke geeignete Schätzungen geben aber ein
verzerrtes Bild über die individuellen Unterschiede der Alterungsprozesse an den Nerven. Die eigenen Untersuchungen erlauben vergleichende Aussagen über die Alterungsvorgänge an verschiedenen Nerven. Die Altersabhängigkeit der verschiedenen NLG-Größen der
untersuchten Nerven unterscheidet sich erheblich. Lokale Faktoren können dabei eine Rolle spielen: So zeigt der wenig geschützte N. peronaeus für motorische und sensible Fasern etwa gleich stark ausgeprägte, gleichmäßige Abnahmen der NLG-Größen mit zunehmendem Alter. Die motorische NLG des (geschützt verlaufenden) N. tibialis zeigt keine
sichere Altersabhängigkeit. Die Meßgrößen NLG S2 haben eine stärkere Altersabhängigkeit
als die der NLG S1; dies deutet darauf hin, daß die Alterungsprozesse bei dünnkalibrigen Nervenfasern deutlicher als bei dickkalibrigen ausgeprägt sind. Das Fehlen einer
signifikanten Altersabhängigkeit der distalen motorischen NLG des N. ulnaris, des N.
medianus und des N. peronaeus spricht dafür, daß die Impulsfortpflanzung im Bereich der
terminalen Endaufzweigungen und die Impulsübertragung an den Endplatten bis ins höhere
Alter wenig oder gar nicht vom Alterungsprozeß betroffen sind. Die deutliche Abnahme
der Amplituden der Nervenaktionspotentiale und der motorischen Summationspotentiale mit
zunehmendem Alter können als Ausdruck eines zunehmenden Faserverlustes gedeutet werden.
Das Fehlen einer wesentlichen Altersabhängigkeit der Dauer der Nervenaktionspotentiale
könnte Folge eines vermehrten Ausfalls dünnkalibriger Neuriten sein.
Folgende Angriffspunkte des Alterungsprozesses am Nerv scheinen vorzuliegen: 1. Der
Zelltod durch einen Zusammenbruch der Zellorganellen infolge von Steuerungsfehlern
durch die genetische Substanz selbst (Fehlerkatastrophentheorie nach ORGEL 1964, BURNET
1978); 2. vaskuläre Veränderungen im peripheren Nerven, die zu ischämiebedingten Veränderungen führen; 3. exogene Faktoren; äußere Gewalteinwirkungen, "Mikrotraumen" können
Veränderungen verursachen, wie sie unter Ischämie zu sehen sind.
<u>Erklärungsversuche für die negative Korrelation zwischen Körpergröße und NLG</u> (Kap. 3
und 15.5): Die Abnahme der NLG mit zunehmender Körpergröße kommt mancher Beobachtung
aus der allgemeinen Biologie nahe. Kleine Organismen verbrauchen im Vergleich zu großen
pro Zeiteinheit relativ mehr Energie, um ihre vitalen Funktionen aufrechterhalten zu
können. Die Impulsfortpflanzung ist ein an den Stoffwechsel gekoppelter Vorgang, was
sich auch aus der Temperaturabhängigkeit der NLG ergibt. Aus dieser allgemeinen Sicht
kann man bei Lebewesen mit langsam ablaufenden Stoffwechselvorgängen niedrigere NLG-Meßwerte erwarten als bei Lebewesen mit einem hohen Metabolismus.
Die möglichen morphologischen Korrelate für die negative Beziehung zwischen Körperlänge
und NLG lassen sich nur mit Hilfe von Konstruktionen erklären. Die zwei wichtigen, die

NLG sehr wesentlich beeinflussenden morphologischen Faktoren, die Faserdicke und die Abstände zwischen den Ranvier'schen Schnürringen sind wachstumsabhängig; sie sind untereinander hochkorreliert. Je dicker die Nervenfaser ist, desto weiter sind die Ranvier'-schen Schnürringe voneinander entfernt. Während in der Gewebekultur die Schwann'schen Zellen eine Ausdehnung von 150 - 300 µ aufweisen (WEISS und YOUNG 1945), erreichen sie bei Erwachsenen eine Längenausdehnung bis zu 1 mm. Die in der Gewebekultur beobachtete Ausdehnung der Schwann'schen Zellen entspricht der Entfernung der Ranvier'schen Schnürringe zur Zeit der Myelinisierung. Nach abgeschlossener Myelinisierung bleibt die Anzahl der Ranvier'schen Schnürringe konstant, während die internodalen Abstände mit weiterem Wachstum zunehmen (BOYCOTT 1904), vergleiche auch VIZOSO (1950) und THOMAS (1955). Wegen der korrelativen Beziehungen zwischen Faserdicke und den internodalen Abständen ist zu erwarten, daß die zuerst myelinisierten Fasern, die infolge des Wachstums die größten internodalen Abstände aufweisen, die dicksten Fasern sind. Da nun die NLG linear mit den Abständen der Ranvier'schen Schnürringe korreliert ist, müßte man nach LILLIE's Modellvorstellung der Impulsfortpflanzung erwarten, daß die NLG-Werte bei Individuen mit besonders starken Wachstumsvorgängen höher als bei Individuen mit langsamen Wachstumsvorgängen sind. Diese Überlegungen anhand von Einzelfaserbefunden lassen sich   n i c h t   mit den eigenen Beobachtungen in Einklang bringen. Für alle Faserpopulationen finden sich negative Korrelationen zwischen NLG und Körpergröße. Die langsamer leitenden Fasern, die dünner sind und später myelinisiert werden, lassen einen weniger deutlichen Zusammenhang zwischen Körperlänge und NLG-Größen erkennen. Die etwas niedrigeren partiellen Korrelationen der NLG S1 mit der Körpergröße gegenüber den Korrelationen der motorischen NLG-Größen können ebenfalls auf den Zeitpunkt der Myelinisierung bezogen werden (REXED 1944). Somit ergeben sich Hinweise dafür, daß das Ausmaß des Wachtsums von Nervenfasern (vergleichbare Durchmesser) nach deren Myelinisierung umgekehrt proportional zur NLG ist.

Zur Erklärung der negativen Korrelation zwischen Körpergröße und NLG wurde eine ergänzende Hypothese zur Impulsfortleitung unterbreitet. Nach diesen Überlegungen ist es wahrscheinlich, daß bei ausreichendem Längsstrom hintereinander an mehreren Internodi fast synchron Membranpotentiale entstehen. Die Befunde von TASAKI (1939, 1953) belegen diesen Sachverhalt, der sich auch aus der Annahme eines Sicherheitsfaktors für die Impulsfortpflanzung ergibt. Das am weitesten entfernte, an einem Schnürring entstandene Nervenaktionpotential löst wieder eine Serie von Depolarisationen aus. Infolge der Refraktärzeit kann ein Impuls nur von jenem Internodus an nicht erregte Schnürringe fortgeleitet werden, der am weitesten in der Stromausbreitungsrichtung liegt. Müßte für die Fortleitung des Impulses an jedem Internodus ein NAP entstehen, dann könnten die maximal gemessenen NLG-Beträge an myelinisierten Fasern nicht die bekannten Werte erreichen. Auf entsprechende Widersprüche zwischen den empirischen Befunden und den Ergebnissen aus Simulationsmodellen der Impulsfortpflanzung myelinisierter Nervenfasern wird in der Literatur hingewiesen (HARDY 1973, MOORE et al. 1978). Unter Zugrundelegung eines seriellen Impulsaufbaues zeigt die grobe Schätzung folgendes: Wenn Serien von Nervenaktionspotentialen in einer mittleren Entfernung von 6 mm in mittleren zeitlichen Abständen von 0,1 msec entlang eines Nervs auftreten, dann kann ein mittlerer Betrag einer NLG von 60 m/sec erwartet werden. Der "Sicherheitsfaktor" wirkt sich daher bei jeder Impulsfortpflanzung aus.

Die negative Korrelation zwischen Körpergröße und NLG kann durch die serielle Impulsfortpflanzung folgendermaßen erklärt werden: Bei einer Nervenfaser A treten an fünf Internodi hintereinander in geringen zeitlichen Abständen Nervenaktionspotentiale auf. Zwischen dem 4. und dem 5. Internodus reicht der Längsstrom eben noch zur Auslösung des Auftretens eines Membranpotentials am 5. Internodus aus. Bei einer Nervenfaser B sind die Schwann'schen Zellen weiter ausgedehnt. Unter der Annahme eines gleichgroßen Impulspotentials und des gleichen Spannungsabfalles wie im Fall A erreicht diese Impulsserie nicht mehr den 5. Internodus. Die nächste Impulswelle geht also bei der Nervenfaser B von dem davorliegenden, dem 4. Internodus aus. Somit kann bei der Nervenfaser B mit den längeren internodalen Abständen durch die nicht so optimale Beziehung zwischen Impulsstärke und internodaler Länge ein häufigerer Aufbau von Nervenaktionspotentialen erforderlich sein, was insgesamt zu einer langsameren Fortleitung des Impulses führt.

Die weiteren Folgerungen ergeben sich aus dem Vorhergesagten: Infolge von Wachstumsvorgängen finden sich bei größeren Personen im Mittel längere internodale Abstände als bei kleinen Personen, die serielle Impulsfortpflanzung erfolgt bei großen Personen im Mittel langsamer als bei kleinen Personen.

<u>Geschlechtsunterschiede</u> (Kap. 15.7): LAFRATTA und SMITH (1964) wiesen als erste signifikante Geschlechtsdifferenzen der motorischen NLG des N. ulnaris nach. KEMBLE (1967) und LANG und BJORQVIST (1971) fanden deutliche Geschlechtsunterschiede in den Altersregressionen. In den eigenen Untersuchungen zeigte sich, daß bei Frauen die NLG-Meßwerte und die Amplituden im Mittel höher sind als bei Männern. Insbesondere sind die neurographischen Parameter des N. ulnaris geschlechtsspezifisch verschieden: die motorische NLG des N. ulnaris am Unterarm ist bei Frauen um 4,4 m/sec höher als bei Männern. Die Amplitudenunterschiede der sensiblen Nervenaktionspotentiale des N. ulnaris und des N. medianus an der Hand betragen ca. 30 %. Sie könnten auf topischen Besonderheiten des N. ulnaris und des N. medianus am Handgelenk beruhen. Die geschlechtsspezifischen Unterschiede der NLG-Größen müssen aber andere Ursachen haben. Vergleichende morphometrische Befunde bei Männern und Frauen sind nicht bekannt. Eine spekulative Hypothese könnte lauten, daß der N. ulnaris bei Frauen aus einer größeren Anzahl von Fasern mit größeren maximalen Einzelfaserdurchmessern als bei Männern besteht, was zu höheren maximalen NLG-Meßwerten führt.

<u>Seitenunterschiede</u> (Kap. 18) der sensiblen NLG des N. medianus an der Hand: Gibt es Hinweise auf biologische Faktoren einer Seitendominanz? Nach den eigenen Untersuchungsergebnissen finden sich bei den Frauen hochsignifikante Seitendifferenzen der NLG S1 und der NLG S2 des N. medianus an der Hand; sie sind auch nach Ausgleich der Hauttemperaturdifferenzen nachweisbar. Die Mittelwerte sind auf der linken Körperseite höher als rechts. Die Seitenunterschiede sind bei jüngeren Frauen genauso deutlich zu erken-

nen wie bei älteren Frauen. Bei Männern ist ebenfalls eine Seitendifferenz zu erkennen, die nach Ausgleich der Wirkungen der Hauttemperaturen nicht mehr signifikant ist. Ursache des Seitenunterschiedes der NLG-Größen könnte eine seitendifferente Feinstruktur der sensiblen Nervenfasern des N. medianus an der Hand sein: Nimmt man an, daß der N. medianus an der linken Hand weniger stark verzweigt ist als rechts, so könnten die Nervenfasern auf der linken Körperseite dickkalibriger als rechts sein und die Impulsfortpflanzung links rascher als rechts erfolgen. Die vermehrte Aufzweigung der Nervenfasern rechts gegenüber links führt zu einer höheren Anzahl von sensiblen Nervenfasern, wodurch ein dichteres Netz von wahrnehmungsfähigen Rezeptoren erreicht werden kann. Den neurophysiologischen Befunden über Seitendifferenzen der sensiblen NLG-Größen des N. medianus an der Hand könnten somit Seitenunterschiede in der Nervenfaserstruktur zugrunde liegen, die ursächlich mit einer Seitendominanz zusammenhängen können.

Interkorrelation der NLG-Größen an benachbarten Nervensegmenten (Kap. 25): In der Längsschnittstudie fielen hohe intraindividuelle Interkorrelationen der NLG-Größen benachbarter Nervensegmente auf. Ein extremes Beispiel bot einer der 10 Probanden, der an vier Tagen hintereinander insgesamt 18mal neurographisch untersucht wurde. In den ersten drei Tagen fanden sich extrem hohe Beträge der NLG S1 und der NLG S2 des N. medianus am Oberarm und auffallend niedrige NLG-Werte am Unterarm. Die Befunde wurden dahingehend gedeutet, daß bei Vorliegen extrem hoher NLG an einem Nervensegment möglicherweise pathologische Veränderungen am benachbarten Segment vorliegen. Negative Korrelationen zwischen benachbarten Nervensegmenten konnten auch bei den übrigen Probanden nachgewiesen werden. Einflußgrößen haben auf diese Korrelation keine Wirkung. Die Beziehungen der NLG-Größen benachbarter Nervensegmente werden als Ausdruck einer funktionellen Koppelung aufgefaßt, die auf Vorgängen beruhen könnte, die entlang des Nervs ablaufen. Systematische Änderungen der NLG-Größen entlang des N. medianus traten bei den 10 Probanden innerhalb weniger Tage auf. Bei dem oben erwähten Probanden "normalisierten" sich die NLG-Meßwerte innerhalb von drei Tagen. Es liegt daher die Vermutung nahe, daß die Impulsfortleitung entlang eines Nervs von rasch transportierten Stoffwechselprodukten beeinflußt wird.

Individualtypische NLG-Muster (Kap. 24): Anhand der Längsschnittstudie konnten interindividuelle Unterschiede der NLG-Meßwerte insgesamt nachgewiesen werden. Ein kleiner Varianzanteil beruht auf Unterschieden in der zentralen Tendenz aller NLG-Meßwerte: Bei einigen Personen sind die NLG-Meßgrößen insgesamt höher als bei anderen. Ein größerer Varianzanteil geht auf individualtypische Verteilungsmuster der NLG-Meßgrößen zurück. 136 von 159 Messungen mit je 6 NLG-Meßgrößen können 10 Probanden nur aufgrund der Meßergebnisse richtig zugeordnet werden; eine weitere Verbesserung der Klassifikation erscheint durchaus möglich. Diese Befunde sprechen trotz der deutlichen Wirkungen von Einflußgrößen dafür, daß ein wesentlicher Varianzanteil der NLG-Meßgrößen individuell festgelegt ist und daher auch nicht mit den hier berücksichtigten Einflußgrößen vorausgesagt werden kann.

27.6 Erkennung von Polyneuropathien:

Neurographische Meßwerte eignen sich zur frühen Erkennung von generalisierten peripheren Nervenfunktionsstörungen. Anhand eines Satzes von neurographischen Meßwerten wird aufgrund der Anordnung der einzelnen neurographischen Meßgrößen zueinander zwischen den Patienten mit urämiebedingten, meist klinisch noch nicht manifesten Polyneuropathien und den Normalpersonen unterschieden. Es ergab sich eine Trennfähigkeit von 85 bis 90 %, während klinisch in weniger als in einem Drittel der Fälle der Verdacht auf Vorliegen einer Polyneuropathie geäußert wurde. Neurographische Messungen ermöglichen daher in Verbindung mit dem diskriminanzanalytischen Verfahren die Erkennung von Funktionsabweichungen, wenn die Veränderungen noch subklinisch sind.

ABRAMSON, D.I.; L.S.W. CHU; B. RICKERT; J.F. TALSO; S. LEE: Latency
changes in distal median nerve produced by alterations in ambient
temperatures. J. appl. Physiol. 27, 795 - 803 (1969)

ABRAMSON, D.I.; A. HLAVORA; B. RICKERT; J. TALSON; C. SCHWAB; J. FELDMAN;
L.S.W. CHU: Effect of ischemia on median and ulnar motor nerve conduction
velocity. Arch. Phys. Med. 51, 463 - 470 (1970)

ADRIAN, E.D.: On the conduction of subnormal disturbances in normal
nerve. J. Physiol.(London) 45, 389 - 412 (1912)

ADRIAN, E.D.: The "all-or-none" principle in nerve. J. Physiol.(London)
47, 460 (1914)

ADRIAN, E.D.: On the summation of propagated disturbances in nerve and
muscle. J. Physiol. (London) 44, 68 - 124 (1912)

AITCHISON, J.; J.A.C. BROWN: The lognormal distribution. Cambridge
University Press (1957)

AITCHISON, J.; I.R. DUNSMORE: Statistical prediction analysis. Cambridge
University Press (1975)

ARRIGO, A.; V. COSI; F. SAVOLDI: The conduction velocity of the human
sciatic nerve. Electroenceph. clin. Neurophysiol. 22, 23 - 25 (1962)

BAILEY, G.A.; L.H. COWLEY; R.H. CRESS; W.C. FLEMING: Conduction studies
of peroneal and tibial nerves with different instruments. Arch. Phys.
Med. Rehabil. 49, 276 - 280 (1968)

BALDOCK, G.R.; W.G. WALTER: A new electronic analyser. Electron. Eng. 18,
339 - 342 (1946)

BECKMANN, D.; H.E. RICHTER: Giessentest Haber Verlag (1972) Bern
Stuttgart Wien

BEHSE, F.; F. BUCHTHAL: Normal sensory conduction in the nerves of the
leg in man. J. Neurol. Neurosurg. Psychial. 34, 404 - 414 (1971)

BEHSE, F.; F. BUCHTHAL; A. ROSENFALCK: Sensory conduction and
quantification of biopsy findings in the sural nerve. In: K. Kunze, J.E.
Desmedt (Eds.): Studies on Neuromuscular Diseases Proc. Int. Symp. Gießen
 229 - 231 (1975)

BEMENT, S.L.; W.L. OLSON: Quantitative studies of sequential peripheral
nerve fiber diameter histograms and biophysical implications. Exp.
Neurol. 57, 828 - 848 (1977)

BERNSTEIN, J.: Untersuchungen über den Erregungsvorgang im Nerven- und
Muskelsystem. C. Winter Heidelberg (1871)

BERNSTEIN, J.: Neue Theorie der Erregungsvorgänge und elektrischen
Erscheinungen an der Nerven-Muskelfaser. Unters. a. d. Physiol. Inst. d.
Univ. Halle 27 - 103 (1888)

BERNSTEIN, J.: Untersuchungen zur Thermodynamik der bioelektrischen
Ströme. Pflüger's Arch. Ges. Physiol. 92, 521 - 562 (1902)

BHALA, R.P.; J. GOODGOLD: Motor conduction in the deep palmar branch of
the ulnar nerve. Arch. Phys. Med. Rehabil. 49, 460 - 466 (1968)

BISHOP, G.H.: Form and record of action potential of vertebrate nerve at stimulated region. Am. J. Physiol. 82, 462 - 477 (1927)

BISHOP, G.H.; P. HEINBECKER: Differentiation of axontypes in visceral nerves by means of potential record. Am. J. Physiol. 94, 170 - 200 (1930)

BJÖRKMAN, A.; C. WOHLFART: Faseranalyse der Nn. oculomotorius, trochlearis, und abducens des Menschen und des N. abducens verschiedener Tiere. Z. mikr.-anat. Forschung (Leipzig) 39, 631 - 647 (1936)

BJÖRKQUIST, S.E.; A.H. LANG; R. PUNNONEN; L. RAURAMO: Carpal tunnel syndrome in ovariectomized women. Acta. Ostet. Gynecol. Scand. 56, 127 - 130 (1977)

BJÖRKQUIST, S.E.; A.H. LANG; B. FALCK; R.VUORENNIEMI: Variability in nerve conduction velocity. Electromyogr. clin. Neurophysiol. 17, 21 - 28 (1977)

BLAIR, E.A.; J. ERLANGER: Comparison of characteristics of axon through their individual electric responses. Am. J. Physiol. 106, 524 - 564 (1933)

BLOM, S.; O. FINNSTRÖM: Sensible Nervenleitgeschwindigkeit bei neugeborenen Kindern. Z. EEGEMG 2, 16 - 21 (1971)

BOWDITCH, H.D.: Über die Eigentümlichkeiten der Reizbarkeit welche die Muskelfaser des Herzens zeigen. Ber. Königl. Sachs. Gesellsch. Wiss. 23, 652 (1871)

BOYCOTT, A.E.: On the number of nodes of Ranvier in different stages of growth of nerve fibres in the frog. J. Physiol. (London) 30, 370 - 380 (1904)

BOYD, I.A.; A.R. MARTIN: The quantal composition of the mammalian end-plate potential. J. Physiol. (London) 128, 14 - 15 (1955)

BOYD, I.A.; A.R. MARTIN: Spontaneous substhreshold activity at mammalian neuromuscular junctions. J. Physiol. (London) 132, 61 - 73 (1956)

BUCHTHAL, F.; A. ROSENFALCK: Evoked action potentials and conduction velocities in human sensory nerves. Brain Res. 1 - 119 (1966)

BUCHTHAL, F.; A. ROSENFALCK; F. BEHSE: Sensory potentials of normal and diseased nerves. In: P.J. Dyck; D.K. Thomas; E.H. Lambert (Eds.): Peripheral Neuropathy. Vol 1, 442 - 464 (1975)

BUNDESÄRZTEKAMMER: Richtlinien der Bundesärztekammer zur Durchführung der statistischen Qualitätskontrolle und von Ringversuchen im Bereich der Heilkunde, aufgestellt aufgrund des § 6 Abs. 2 Satz 2 der Verordnung über Ausnahmen von der Eichpflicht von 26. Juni 1970 (Bundesgesetzblatt I, Seite 960) im Benehmen mit der Physikalisch-Technischen Bundesanstalt und den zuständigen Behörden. Dtsch. Ärzteblatt 13, 959 - 960 (1974)

BUNDESÄRZTEKAMMER: Ausführungsbestimmungen und Erläuterungen zu den Richtlinien der Bundesärztekammer zur Durchführung der statistischen Qualitätskontrolle und von Ringversuchen im Bereich der Heilkunde. Dtsch. Ärzteblatt 13, 961 - 965 (1974)

BURKE, D.; N.F. SKUSE; A.K. LETHLEAN: Sensory conduction of the sural nerve in polyneuropathy. J. Neurol. Neurosurg. Psychiat. 37, 647 - 652 (1974)

BURNET, F.M.: Endurance of life. Cambridge University Press Melbourne University Press (1978)

CARPENDALE, M.T.F.: Conduction time in the terminal portion of the motor fibers of the ulnar, median and peroneal nerves in patients with neuropathy. Thesis (M. S. in Physical. Medicine) Univ. of Minnesota Minneapolis (1956)

CASEY, E.B.; D.M. LE QUESNE: Digital nerve action potentials in healthy subjects and in carpal tunnel and diabetic patients. J. Neurol. Neurosurg. Psychiat. 35, 612 - 623 (1972)

CHECKLES, M.S.; A.D. RUSSAKOV; D.I. PIERO: Ulnar nerve conduction velocity-effect of elbow position on measurements. Arch. Phys. Med. Rehab. 52, 362 - 365 (1971)

CHOPRA, J.S.; L.J. HURWITZ: Femoral nerve conduction in diabetes and chronic occlusion vascular disease. J. Neurol. Neurosurg. Psychiat. 31, 28 - 33 (1968)

CLARK, J.P.: The heritability of certain anthropometric characters as ascertained from measurements of twins. J. of Human Genetics 8, 45 - 54 (1956)

COLLINS, W.F.; F.E. NIELSEN; C.T. BRANDT: Relation of periphere nerve fiber size and sensation in man. Arch. Neurol. (Chicago) 3, 381 - 385 (1960)

CONRAD, B.; D. BECHINGER: Sensorische und motorische Nervenleitgeschwindigkeit und distale Latenz bei Multipler Sklerose. Arch. Psychiat. Nervenkrankh. 212, 140 - 149 (1969)

COLE, K.S.; H.J. CURTIS: Electric impedance of the squid giant axon during activity. J. Gen. Physiol. 22, 649 - 679 (1939)

COOLEY, W.W.; P.R. LOHNES: Multivariate data analysis. John Willy & Sons, Inc. New York London Sydney Toronto (1971)

COPPIN, C.M.L.; J.J.B. JACK: Internodal length and conduction velocity of cat muscle nerve fibres. J. Physiol. (London) 222, 91 P - 93 P (1972)

CORBAT, F.: Über Messungen der Leitgeschwindigkeit am peripheren Nerven und deren Verwertung in der Klinik. Dtsch. Z. Nervenheilk. 182, 652 - 657 (1961)

COTTRELL, L.: Histologic variations with age in apparently normal peripheral nerve trunks. Arch. Neurol. Psychiat. 43, 1138 - 1150 (1940)

CRAGG, B.G.; P.K. THOMAS: Changes in nerve conduction in experimental allergic neuritis. J. Neurol. Neurosurg. Psychiat. 27, 106 - 115 (1964)

CRESS, R.H.; L.S. TAYLOR; R.W. HOLDEN: Normal motor conduction velocities in the upper extremities and their relation to handedness. Arch. Phys. Med. Rehab. 44, 216 - 219 (1963)

CRUZ MARTINEZ, A.; M.C. PEREZ CONDE; M.T. FERRER: Motor conduction velocity and H-reflex in infancy and childhood. Study in newborns, twins and small-for-dates. Electromyogr. clin. Neurophysiol. 17, 493 - 505 (1977)

CRUZ MARTINEZ, A.; M.T. FERRER; M.C. PEREZ CONDE; M. BERNACER: Motor conduction velocity and H-reflex in infancy and childhood. Electromyogr. clin. Neurophysiol. 18, 11 - 27 (1978)

CURRIER, P.; R.M. NELSON: Motor nerve conductions and its relation to rate of prehension and hand dominance. Phys. Ther. 54, 962 - 965 (1974)

DAWSON, G.D.: A summation technique for detecting small signals in a large irregular background. J. Physiol. (London) 115, 2 P (1951)

DAWSON, G.D.: A summation technique for the detection of small evoked potentials. Electoenceph. Clin. Neurophysiol. 6, 65 - 84 (1954)

DAWSON, G.D.: The relative excitability and conduction velocity of sensory and motor nerve fibers in man. J. Physiol. (London) 131, 436 - 451 (1956)

DAWSON, G.D.; J.W.SCOTT: The recording of nerve action potentials through skin in man. J. Neurol. Neurosurg. Psychiat. 12, 259 - 267 (1949)

DE JONG, R.H.; W.N. HERSHEY; I.H. WAGMAN: Nerve conduction velocity during hypothermia in man. Anestesiol. 27, 805 - 810 (1966)

DEL CASTILLO, J.; B. KATZ: Quantal components of the endplate potential. J. Physiol. (London) 124, 560 - 573 (1954)

DI BENEDETTO, M.: Sensory nerve conduction in lower extremities. Arch. Phys. Med. Rehab. 51, 253 - 258 (1970)

DIXON, W.J.: Processing data for outliers. Biometrics 9, 74 - 89 (1953)

DOCUMENTA GEIGY: Wissenschaftliche Tabellen. Geigy AG, Pharma, Basel Statistik 146 - 199 (1968)

DOWNIE, A.W.; D.J. NEWELL: Sensory nerve conduction in patients with diabetes mellitus and controls. Neurol. (Minneapolis) 11, 876 - 882 (1961)

DU BOIS-REYMOND, E.: Untersuchungen über thierische Elektricität. G. Reimer (Berlin) (1848/49)

DU BOIS-REYMOND, E.: Gesamte Abhandlungen zur Muskel und Nervenphysik. 2. Band Verlag von Veit & Com. (Leipzig) (1877)

DUBOWITZ, V.: Nerve conduction velocity on premature and fullterm infants. Develop. Med. Child. Neurol. 7, 426 - 427 (1965)

DUBOWITZ, V.; G.F. WHITTAKER; B.H. BROWN; A. ROBINSON: Nerve conduction velocity. An index of neurological maturity of the newborn infant. Develop. Med. Child. Neurol. 10, 741 - 749 (1968)

DUDEL, J.; S.W. KUFFLER: The quantal nature of transmission and spontaneous miniature potentials at the crayfish neuromuscular junction. J. Physiol. (London) 155, 514 - 529 (1961)

DUNCAN; D.: Importance of diameter as factor in myelination. Science 79, 363 (1934)

DYCK, P.J.: Histologic measurements and fine structure of biopsied sural nerve: Normal and in peroneal muscular atrophy, hypertrophic neuropathy and congenital sensory neuropathy. Proc. May. Clin. 41, 742 - 774 (1966)

DYCK, P.J.; E.H. LAMBERT: Numbers and diameter of nerve fibers and compound action potential of sural nerves. Controls and hereditary neuromuscular disorders. Tr. A. N. A. (New York) 91, 214 - 217 (1966)

DYCK, P.J.; E.H. LAMBERT; P.C. NICHOLS: Quantitative measurements of sensation related to compound action potential and number and size of myelinated and unmyelinated fibers of sural nerve in health, Friedreich's Ataxia, hereditary sensory neuropathy and tabes dorsalis. In: Cobb, W.A. (Ed.): Handbook of Electroenceph. Clin. Neurophysiol. Elsevier (Amsterdam) Vol. 9, (1971)

DYCK, P.J.; E.H. LAMBERT; P.C. NICHOLS: Quantitative measurements of sensation related to compound action potential and number and size of myelinated and unmyelinated fibers of sural nerve in health, Friedreich's Ataxia, hereditary sensory neuropathy and tabes dorsalis. In: Cobb, W.A. (Ed.): Handbook of Electroenceph. Clin. Neurophysiol. Elsevier (Amsterdam) Vol. 9, (1971)

DYCK, P.J.; W.J. JOHSON; E.H. LAMBERT; P.C. O'BRIEN: Segmental demyelination secondary to axonal degeneration in uremic neuropathy. Mayo Clin. Proc. 46, 400 - 431 (1971)

ECCLES, J.C.: Wahrheit und Wirklichkeit. Springer Verlag (1975) Berlin Heidelberg New York

ECCLES, J.C.; W.S. O'CONNOR: Responses which nerve impulses evoke in mammalian striated muscle. J. Physiol. (London) 97, 44 - 102 (1939)

ECCLES, J.C.; C.S. SHERRINGON: Numbers and contraction-values of individual motor-units examined in some muscles of the limb. Proc. Roy. Soc. B. 106, 326 - 357 (1930)

EICHLER, W.: Über die Ableitung der Aktionspotentiale vom menschlichen Nerven in situ. Z. Biol. 98, 182 - 214 (1937)

EISEN, A.: Early diagnosis of ulnar nerve palsy. Neurol. (Minneapolis) 24, 256 - 262 (1974)

ELDJARN, L.: Control solutions in clinical chemistry. Z. Anal. Chem. 243, 766 - 770 (1973)

ELDJARN, L.; J.H. STROMME: Quality control in the scandinavian clinical chemical laboratories Ann. Ist Super Sanita 7, 293 - 299 (1971)

ERLANGER, J.; H.S. GASSER: Compound nature of action current of nerve as disclosed by cathode ray oscilloscope. Am. J. Physiol. 70, 624 - 666 (1927)

ERNST, K: Untersuchungen zur Frage tageszeitlicher Schwankungen der motorischen Leitgeschwindigkeit. Dtsch. Z. Nervenheilk. 189, 271 - 274 (1966)

FATT, P.; B. KATZ: Spontaneous subthreshold activity at motor nerve
endings. J. Physiol. (London) <u>117</u>, 109 - 128 (1952)

FEIBEL, A; F.J. FOCA: Sensory conduction of radial nerve.
Arch. Phys. Med. Reha. <u>55</u>, 314 - 316 (1974)

FENN, W.D.: Oxygen consumption of frog nerve during stimulation. J.
General Physiol. <u>10</u>, 767 - 779 (1927)

FEINSTEIN, A.R.: Clinical Judgement. Williams & Wilkinson (Baltimore)
(1967)

FELDMANN, U.: Persönliche Mitteilung. (1978)

FERNAND, V.S.V.; J.Z. YOUNG: The sizes of the nerve fibers of muscle
nerves. Proc. Roy. Soc. <u>139</u>, 38 - 58 (1951)

FINCHAM, R.W.; W. VAN ALLEN: Sensory nerve conduction in amyotrophic
lateral sclerosis. Neurology (Minneapolis) <u>14</u>, 31 - 33 (1964)

FINNSTRÖM, O.: Studies on maturity in newborn infants. VI: Comparison
between different methods for maturity stimulation. Acta Paediat. Scand.
<u>61</u>, 33 - 41 (1972)

FOLEY, D.H.: Considerrations of sample and feature size. IEEE Trans. Int.
Theor. Vol I, <u>T - 18</u>, pp 618 - 636 (1972)

FULLERTON, P.M.; R.W. GILLIATT: Evidence for nerve fibre branching in
chronic partial denervation. J. Physiol. (London) <u>169</u>, 107 - 108 (1963)

FULLERTON, P.M.; R.W. GILLIATT: Axon reflexes in human motor nerve
fibers. J. Neurol. Neurosurg. Psychiat. <u>28</u>, 1 - 11 (1965)

GAMBLE, H.J.; A.S. BREATHNACH: An electron microscope study of human
foetal peripheral nerves. J. Anatomy <u>99</u>, 573 - 584 (1965)

GAMSTORP, I.: Normal conduction velocity of ulnar median and peroneal
nerves in infancy, childhood and adulescence. Acta. Paediat. (Suppl.)
<u>146</u>, 68 - 76 (1963)

GAMSTORP, I.; S.A. SHELBURNE: Peripheral sensory conduction in ulnar and
median nerves of normal infants and adolescents. Acta Paediat. Scand.
<u>146</u>, 309 - 313 (1965)

GASSEL, M.M.: Sources of error in motor nerve conduction studies.
Neurol. (Minneapolis) <u>14</u>, 825 - 835 (1964)

GASSEL, M.M.; W. TROJABORG: Clinical and electrophysiological study of
the pattern of conduction times in the distribution of the sciatic nerve.
J. Neurol. Neurosurg. Psychiat. <u>27</u>, 351 - 357 (1964)

GASSER, H.S.: The relation of the shape of the action potential of nerve
to conduction velocity. Am. J. Physiol. <u>84</u>, 699 - 711 (1928)

GASSER, H.S.: Nerve activity as modified by temperature changes. Am.
J. Physiol. <u>97</u>, 254 - 270 (1931)

GASSER, H.S.; J. ERLANGER: A study of the action current of nerve with
the cathode ray oscillograph. Am. J. Physiol. <u>62</u>, 496 - 524 (1922)

GUTJAHR, L.; H. KÜNKEL; R. STARK: The usefulness of modern documentation methods in treating outpatients with epileptic seizures. In: Janz, D. (Ed.): Epileptology 274 - 282 (1976) Georg Thieme Verlag Stuttgart

GUTJAHR, L.; H. KÜNKEL; W. MACHLEIDT: Jahresrhythmen der Häufigkeit elektroencephalographischer Merkmale. Arzneim.Forsch./Drug. Res. $\underline{28}$, 1857 - 1861 (1978)

GUTJAHR, L.; P. POCKLINGTON; P. WENZLAFF: Automatische Beurteilung neurographischer Daten unter Berücksichtigung von Normwerten und Prädiktorvariablen. In: Reichertz, P.L; B. Schwarz (Eds.): Informationssysteme in der Medizinischen Versorgung F.K. Schattauer Verlag Stuttgart New York 586 - 596 (1978)

GUTJAHR, L.: The partial regression coefficients of predictor variables on NCV and other neurographic parameters. In: Pearsson, A. (Ed.): Abstracts 6th International Congress of Electromyography 1979

GUTJAHR, L.: Neurographische Normalwerte. Methodik, Ergebnisse, Folgerungen. Habilitationsarbeit. Medizinische Hochschule Hannover 1982

GUTJAHR, L.; W. MACHLEIDT: Tageszeitliche, mehrtägige und jahreszeitliche Veränderungen der Nervenleitgeschwindigkeit unter Berücksichtigung von Temperatureinflüssen. Teil I: Tagesrhythmik. Teil II: Mehrtägige und jahreszeitliche Veränderungen. EEG-EMG (1983)

HAECKEL, R.: Qualitätssicherung im medizinischen Labor. Deutscher Ärzteverlag GmbH (1975)

HAMPTON, J.R.; M.J.G. HARRISON; J.R.A. MITCHELL: Relative contributions of history taking physical examination and laboratory investigation to diagnosis and management of medical outpatients. Brit. Med. J. $\underline{2}$, 486 - 489 (1975)

HARDY, W.L.: Propagation speed in myelinated nerve. II. Theoretical dependence on external Na and on temperature Biophys. J. $\underline{13}$, 1071 - 1089 (1973)

HARTMANN, F.: Elemente des ärztlichen Erkenntnisprozesses. In: Reichertz, P.L.; G. Goos: Informatics and Medicine. An advanced course. Springer Verlag   Berlin Heidelberg New York 390 - 418 (1977)

HARVEY, M.A.M.; S.W. KUFFLER: Motor nerve function with lesions of the peripheral nerves. Arch. Neurol. Psychiat. $\underline{52}$, 315 - 322 (1944)

HARVEY, M.A.M.; R.I. MASLAND: The electromyogram in myasthenia gravis. Bull. Johns Hopkins Hosp. $\underline{69}$, 1 - 13 (1941)

HEINECKE, A.; E. HULTSCH; R. NIENHAUS; A. REISCH; F. WINGERT: Biomathematik für Mediziner. Springer Verlag (1976) Berlin Heidelberg New York

HELMHOLTZ, H.: Messungen über den zeitlichen Verlauf der Zuckung anima lischer Muskeln und die Fortpflanzungsgeschwindigkeit der Reizung in den Nerven. Arch. Anat. Physiol. u. Wiss. Med. 276 - 364 (1850)

HELMHOLTZ, H.; N. BAXT: Versuche über die Fortpflanzungsgeschwindigkeit der Reizung in den motorischen Nerven des Menschen. M.ber. Kgl. Preuss. Akad. Wissenschaften (Berlin) 228 - 234 (1868)

HELMHOLTZ, H.; N. BAXT: Neue Versuche über die Fortpflanzungsgeschwindigkeit der Reizung in motorischen Nerven des Menschen. M.ber. Kgl.
Preuss. Akad. Wissenschaften (Berlin) 184 - 191 (1870)

HENGST, M.: Einführung in die mathematische Statistik und ihre Anwendung
Bibl. Inst. Mannheim (1967)

HENRIKSEN, J.D.: Conduction velocity of nerves in normal subjects and
patients with neuromuscular disorders. Thesis (M. S. Phys. Med.)
University of Minnesota (1956)

HERMANN, L.: Allgemeine Nervenphysiologie.   In: Hermann, L. (Ed.):
Handbuch der Physiologie, 2. Band F.C.W. Vogel (Leipzig) (1879)

HEYDENREICH, F.; G. RABENDING: Statistische Eigenschaften des Elektro-
myogramms. Psychiat. Neurol. Med. Psychol. (Leipzig) 26, 400 - 408
(1974)

HILDEBRANDT, G.; P. ENGELBERTZ: Bedeutung der Tagesrhythmik für die
physikalische Therapie. Arch. Phys. Ther. (Leipzig) 5, 160 - 170 (1953)

HILL, A.V.: Chemical wave transmission in nerve. Cambridge University
Press (London) (1932)

HLAVORA, A.; D.I. ABRAMSON; B. RICKERT; J.F. TALSO: Temperature effects
on duration and amplitude of distal median nerve action potential.
J. Appl. Physiol. 28, 808 - 812 (1970)

HODES, R.; M.G. LARRABEE; W. GERMAN: The human EMG in response to nerve
stimulation and the conduction velocity of motor axons. Arch. Neurol.
Psychiat. 60, 340 - 365 (1948)

HODGKIN, A.L.: The subthreshold potentials in a crustacean nerve fibre.
Proc. Roy. Soc. Ser. B. 126, 87 - 121 (1938)
   HODGKIN, A.L.: A note on conduction velocity. J. Physiol (London) 125
221 - 224 (1954)

HODGKIN, A.L.; A.F. HUXLEY: Action potentials recorded from inside a
nerve fibre. Nature (London) 144, 710 (1939)

HODGKIN, A.L.; A.F. HUXLEY: Movements of sodium and potassium ions
during nervous acitvity. Cold. Spring Harbor Symp. Quant. Biol. 17,
43 - 52 (1952)

HODGKIN,A.L.; A.F. HUXLEY: Currents carried by sodium and potassium ions
through the membrane of the giant axon of loligo. J. Physiol. (London)
116, 449 - 472 (1952)

HODGKIN, A.L.; A.F. HUXLEY: The components of membrane conductance in
the giant axon of loligo. J. Physiol. (London) 116, 473 - 496 (1952)

HODGKIN, A.L.; A.F. HUXLEY: A quantitative description of membrane
current and its application to conduction and excitation in nerve.
J. Physiol. (London) 117, 500 - 544 (1952)

HODGKIN, A.L.; R.D. KEYNES: Active transport of cations in giant axons
from sepia and loligo. J. Physiol. (London) 128, 28 - 60 (1955)

HELMHOLTZ, H.; N. BAXT: Neue Versuche über die Fortpflanzungsgeschwindigkeit der Reizung in motorischen Nerven des Menschen. M.ber. Kgl.
Preuss. Akad. Wissenschaften (Berlin) 184 - 191 (1870)

HENGST, M.: Einführung in die mathematische Statistik und ihre Anwendung.
Bibl. Inst. Mannheim (1967)

HENRIKSEN, J.D.: Conduction velocity of nerves in normal subjects and
patients with neuromuscular disorders. Thesis (M. S. Phys. Med.)
University of Minnesota (1956)

HERMANN, L.: Allgemeine Nervenphysiologie.   In: Hermann, L. (Ed.):
Handbuch der Physiologie, 2. Band F.C.W. Vogel (Leipzig) (1879)

HEYDENREICH, F.; G. RABENDING: Statistische Eigenschaften des Elektro-
myogramms. Psychiat. Neurol. Med. Psychol. (Leipzig) 26, 400 - 408
(1974)

HILDEBRANDT, G.; P. ENGELBERTZ: Bedeutung der Tagesrhythmik für die
physikalische Therapie. Arch. Phys. Ther. (Leipzig) 5, 160 - 170 (1953)

HILL, A.V.: Chemical wave transmission in nerve. Cambridge University
Press (London) (1932)

HLAVORA, A.; D.I. ABRAMSON; B. RICKERT; J.F. TALSO: Temperature effects
on duration and amplitude of distal median nerve action potential.
J. Appl. Physiol. 28, 808 - 812 (1970)

HODES, R.; M.G. LARRABEE; W. GERMAN: The human EMG in response to nerve
stimulation and the conduction velocity of motor axons. Arch. Neurol.
Psychiat. 60, 340 - 365 (1948)

HODGKIN, A.L.: The subthreshold potentials in a crustacean nerve fibre.
Proc. Roy. Soc. Ser. B. 126, 87 - 121 (1938)

HODGKIN, A.L.: A note on conduction velocity. J. Physiol (London) 125,
221 - 224 (1954)

HODGKIN, A.L.; A.F. HUXLEY: Action potentials recorded from inside a
nerve fibre. Nature (London) 144, 710 (1939)

HODGKIN, A.L.; A.F. HUXLEY: Movements of sodium and potassium ions
during nervous acitvity. Cold. Spring Harbor Symp. Quant. Biol. 17,
43 - 52 (1952)

HODGKIN,A.L.; A.F. HUXLEY: Currents carried by sodium and potassium ions
through the membrane of the giant axon of loligo. J. Physiol. (London)
116, 449 - 472 (1952)

HODGKIN, A.L.; A.F. HUXLEY: The components of membrane conductance in
the giant axon of loligo. J. Physiol. (London) 116, 473 - 496 (1952)

HODGKIN, A.L.; A.F. HUXLEY: A quantitative description of membrane
current and its application to conduction and excitation in nerve.
J. Physiol. (London) 117, 500 - 544 (1952)

HODGKIN, A.L.; R.D. KEYNES: Active transport of cations in giant axons
from sepia and loligo. J. Physiol. (London) 128, 28 - 60 (1955)

HODGKIN, A.L.: Relation between conduction velocity and electrical resistance outside nerve fibers. J. Physiol. (London) 94, 560 - 570 (1939)

HODGKIN, A.L.; B. KATZ: The effect of temperature on the electrical activity of the giant axon of the squid. J. Physiol. (London) 109, 240 - 249 (1949)

HODGKIN, A.L.; A.F. HUXLEY; B. KATZ: Ionic currents underlying activity in giant axon of the squid. Arch. Sci. Physiol. 3, 129 - 150 (1949)

HODGKIN, A.L.; A.F. HUXLEY; B. KATZ: Measurement of currentvoltage relations in the membrane of the giant axon of loligo. J. Physiol. (London) 116, 424 - 448 (1952)

HOGARTH, R.B.: Cognitive processes and the assessment of subjective probability distributions. J. Amer. Statist. Ass. 70, 271 - 294 (1975)

HONET;J.C.; R.H. JEBSEN; E.B. PERRIN: Variability in nerve conduction velocity determinations in normal persons. Arch. Phys. Med. Rehab. 49, 650 - 654 (1968)

HOPF, H.C.: Untersuchungen über die Unterschiede in der Leitgeschwindigkeit motorischer Nervenfasern beim Menschen. Dtsch. Z. Nervenheilk. 183, 579 - 588 (1962)

HOPF, H.C.: Über die Veränderung der Leitfunktion peripherer motorischer Nervenfasern durch Diphenylhydantoin. Dtsch. Z. Nervenheilk. 193, 41 - 56 (1968)

HOPF, H.C.: EMG Kurs. 17. Jahrestagung der Deutschen EEG-Gesellschaft (München) 1972

HOPF, H.C.: Impulsleitung im peripheren Nerven. In: Hopf, H.C.; A. Struppler (Eds.) Elektromyographie Lehrbuch und Atlas Thieme Verlag (1974)

HOPF, H.C.; W. HENSE: Anomalien der motorischen Innervation an der Hand. Z. EEGEMG 5, 220 - 224 (1974)

HOPF, H.C.; W. HENSE: Innervationsanomalien an der Hand. Z. EEG - EMG 102 (1975)

HOPF, H.C.; R. LÖSER; P. BECKER; A. PRILL; E. VOLLES: Elektrophysiolologische Verlaufskontrollen zum Nachweis von Leitfunktionsstörungen peripherer Nerven bei Polyneuropathien mit Leitzeiten im "Normbereich". Z. Neurol. 202, 281 - 294 (1972)

HUNT, C.C.: Relation of function to diameter in afferent fibers of muscle nerves. J. Gen. Physiol. 38, 117 - 131 (1954)

HURSH, J.B.: Conduction velocity and diameter of fibres. Am. J. Physiol. 127, 131 - 139 (1939)

HUXLEY, A.F.; R. STÄMPFLI: Evidence for saltatory conduction in peripheral myelinated nerve fibers. J. Physiol. (London) 108, 315 - 339 (1949)

JACOBITZ, K.; P. BÖRNER: Ein allgemeines System zur Synthese medizinischer Berichte aus Markierungsbögen. Meth. Inf. Med. 11, 163 -172 (1972)

JEBSEN; R.H.; H. TENCKHOFF: Comparison of motor and sensory nerve conduction velocity in early uremic polyneuropathy. Arch. Phys. Med. 50, 124 - 126 (1969)

JOHNSON, E.W.; K.J. OLSEN: Clinical value of motor nerve conduction velocity determination. J. Amer. Med. Ass. 172, 2030 - 2036 (1960)

KAESER, H.E.: Diagnostische Probleme beim Karpaltunnelsyndrom. Dtsch. Z. Nervenheilk. 185, 453 (1963)

KAESER, H.E.: Nerve conduction velocity measurements. In: Vinken,P.; G.W. Bruyn (Eds.) Handbook Clin. Neurology 5, 116 - 196 (1970)

KAESER, H.E.: Das sensible Nervenaktionspotential und seine klinische Bedeutung. Dtsch. Nervenheilk. 188, 289 - 299 (1966)

KATZ, B.: Electric excitation of nerve. London Oxford University Press (1939)

KATZ, B.: Subthreshold potentials in medullated nerve. J. Physiol. (London) 106, 66 - 79 (1947)

KATZ, B.: Action potentials from sensory nerve ending. J. Physiol. (London) 111, 248 - 260 (1950)

KATZ, B.: Nerv, Muskel und Synapse. Einführung in die Elektrophysiologie (1971) Thieme Verlag Stuttgart

KEMBLE, F.: Electrodiagnosis of polyneuropathy. Electromyogr. Clin. Neurophysiol. 7, 187 - 202 (1967)

KEMBLE, F.: Conduction in the normal adult median nerve: the different effect of aging in men and women. Electromyogr. Clin. Neurophysiol. 7, 275 - 288 (1967)

KEMBLE, F.; O.A. PEIRIS: General observations on sensory conduction in the normal adult median nerve. Electromyogr. Clin. Neurophysiol. 7, 127 - 140 (1967)

KEYNES, R.D.; P.R. LEWIS: The sodium and potassium content of cephalopod nerve fibres. J. Physiol. (London) 114, 151 - 182 (1951)

KOMINAMI, N.; H.R. TYLER: Variations in motor nerve conduction velocity in normal and uremic patients. Arch. Int. Med. 128, 235 - 239 (1971)

KOPEC, J.; I. HAUSMANOWA-PETRUSEWICZ: On-line computer application in clinical quantitative electromyography. Electromyogr. Clin. Neurophysiol. 16, 49 - 64 (1976)

KROGNESS, K.: The cubital ratio method. Electromyogr. Clin. Neurophysiol. 18, 213 - 216 (1978)

KÜNKEL, H.: Quantitative EEG-Analyse und klinische Diagnostik, Stand und Perspektiven. In: Schneider, B.; R. Schönenberger (Eds.): Datenverarbeitung im Gesundheitswesen. Springer Verlag Berlin Heidelberg New York 92 - 103 (1976)

KUFFLER; S.W.: Physiology of neuromuscular junctions; electrical aspects. Federation Proc. 7, 437 - 446 (1948)

KUUSELA, V.; A.H. LANG: Elimination of systematic variance in laboratory measurements and the p-value; a method for reporting laboratory results. In: Barber, B; F. Grémy; K. Überla; G. Wagner (Eds.): Medical Informatics Berlin 1979 Springer Verlag Berlin Heidelberg New York (1979)

KUUSELA, V.; A.H. LANG: A compact laboratory computer system for processing of nerve conduction velocity data. In: Persson, A. (Ed.): Abstracts 6th International Congress of Electromyography Acta Neurol. Scand. (Suppl.) 73, 322 (1979)

KYRAL, V.: Changes of conduction velocity in the fastest motor fibres of nerve ulnaris caused by aging. Electroenceph. Clin. Neurophysiol. 22, 289 (1967)

LAFRATTA, C.W.; R.E. CANESTRARI: A comparison of sensory and motor nerve conduction velocities as related to age. Arch. Phys. Med. Rehabil. 47, 286 - 290 (1966)

LAFRATTA, C.W.; O.H. SMITH: A study of the relationship of motor nerve conduction velocity in the adult to age sex and handedness. Arch. Phys. Med. Rehabil. 45, 407 - 412 (1964)

LAFRATTA, C.W.; A.W. ZALIS: Age Effects on sural nerve conduction velocity. Arch. Phys. Med. Rehabil. 54, 475 - 477 (1963)

LAL, S.K.; V. ANATHARAMAN: Conduction velocity in the fastest motor fibers of ulnar nerve. Indian J. Physiol. Pharmakol. 18, 35 - 38 (1974)

LANG, A.H.; S.E. BJÖRQVIST: Die Nervenleitgeschwindigkeit peripherer Nerven beeinflussende konstitutionelle Faktoren beim Menschen. EEG-EMG 2, 162 - 170 (1971)

LANG, A.H.; J. FORSTRÖM; S.E. BJÖRQVIST; V. KUUSELA: Statistical variation of nerve conduction velocity; an analysis in normal subjects and uremic patients. J. Neurol. Sci. 33, 229 - 241 (1977)

LASCELLES, R.G.; R.K. THOMAS: Changes due to age in intermodal length in the sural nerve in man. J. Neurol. Neurosurg. Psychiat. 29, 40 - 44 (1966)

LEHMANN, H.J.: Das quantitative Verhalten der Nervensegmente und die Theorie der saltatorischen Erregungsleitung. Z. Zellforschung 36, 273 - 283 (1951)

LEHMANN, H.J.; D.P. PRETSCHNER: Experimentelle Untersuchung zum Engpaß-Syndrom peripherer Nerven. Dtsch. Z. Nervenheilk. 188, 308 - 330 (1966)

LENMAN, J.A.R.; A.E. RITCHIE: Clinical electromyography. Philadelphia Lippincott (1970)

LE QUESNE, R.M.; E.B. CASEY: Recovery of conduction velocity distal to a compressive lesion. J. Neurol. Neurosurg. Psychiat. 37, 1346 - 1351 (1974)

LIBERSON, W.T.: Sensory conduction velocity in normal individuals and in patients with peripheral polyneuritis. Arch. Phys. Med. Rehabil. 44, 313 - 320 (1963)

LIBERSON, W.T.; M. GRATZER; A. ZAUS; B. GRABINSKI: Comparison of
conduction velocities of motor and sensory fibers determined by
different methods. Arch. Phys. Med. Rehabil. **47**, 17 - 23 (1966)

LILEY, A.W.; K.A.K. NORTH: An electrical investigation of effects of
repetitive stimulation on mammalian neuromuscular junction. J. Neurophysiol. **16**, 509 - 527 (1953)

LILLIE, R.S.: The conditions determining the rate of conduction in irritable tissues and especially in nerve. Am. J. Physiol. **34**, 414 - 445
(1914)

LILLIE, R.S.: The recovery of transmissivity in passive iron wires as a
model of recovery processes in irritable systems. J. Gen. Physiol. **3**,
107 - 143 (1920)

LILLIE, R.S.: Factors affecting transmission and recovery in the passive
iron nerve model. J. Gen. Physiol. **7**, 473 - 507 (1925)

LLOYD, D.P.C.: Conduction and synaptic transmission of reflex response
to stretch in spinal cats. J. Neurophysiol. **6**, 317 - 326 (1943)

LOVELACE, R.E.; S.J. MYERS; L. ZABLOW: Sensory conduction in peroneal
and posterior tibial nerves using averaging techniques. J. Neurol.
Neurosug. Psychiat. **36**, 942 - 950 (1973)

LORENTE DE NO, R.: Analysis of the distribution of the action currents
of nerve in volume conductors. Stud. Rockefeller Inst. Med. Res. **132**,
(1947)

LOWITZSCH, K.; H.C. HOPF: Refraktärperiode und Übermittlung frequenter
Reizserien in gemischten peripheren Nerven des Menschen. J. Neurol. Sci.
17, 255 - 270 (1972)

LOWITZSCH, K.; H.C. HOPF: Refraktärperioden und frequente Impulsfortleitung im gemischten N. ulnaris des Menschen bei Polyneuropathien. Z.
Neurol. **205**, 123 - 144 (1973)

LOWITZSCH, K.; H.C. HOPF; J. GALLAND: Charges of sensory conduction
velocity and refractory periods with decreasing tissue temperature in
man. J. Neurol. (Berlin) **216**, 181 - 187 (1977)

LUCAS, K.: The temperaturecoefficient of the rate of conduction in
nerve. J. Physiol. (London) **37**, 112 - 121 (1908)

LUCAS, K.: The conduction of the nervous impulse. London Longmans
(1917)

LUCCI, R.M.: The effect of age on motor nerve conduction velocity.
J. Amer. Phys. Ther. Ass. **49**, 973 - 976 (1969)

LUDIN. H.P.: Praktische Elektromyographie. F. Enke Verlag Stuttgart
(1976)

LUDIN, H.P.; F. BEYELER: Temperature dependence of normal sensory nerve
action potentials. J. Neurol. (Berlin) **216**, 173 - 180 (1977)

LUDIN, H.P.; J. LÜTSCHG; F. VALSANGIACOMO: Vergleichende Untersuchungen orthodromer und antidromer sensibler Nervenleitgeschwindigkeiten. 1. Befunde bei Normalen und beim Karpaltunnelsyndrom. Z. EEG-EMG 8, 173 - 179 (1977)

LUDIN, H.P.; W. TACKMANN: Sensible Neurographie. G. Tieme Verlag Stuttgart (1979)

LUNDBERG, A.: Potassium and differential thermosensitivity of membrane potential, spike and negative afterpotential in mammalian A and C fibres. Acta. Physiol. Scand. 15, 1 - 67 (1948)

MANKOVSKIJ, N.B.; N.A. TIMKO: Zur Frage einiger altersabhängiger Besonderheiten des funktionellen Zustandes des neuro-muskulären Apparates. Z. Altersforsch. (Dresden) 27, 191 - 200 (1973)

MATTEUCCI, C.: Sur un phénomène physiologique produite par les muscles en contraction. Compt. Rend. Acad. Sc. (Paris) 4, 797 (1842)

MAVOR, H.; J.B. ATCHESON: Posterior tibial nerve conduction. Arch. Neurol. (Chicago) 14, 661 - 669 (1966)

MAVOR, H.; J. LIBMAN: Motor nerve conduction velocity measurement as a diagnostic tool. Neurol. (Minneapolis) 12, 733 - 744 (1962)

MAWDSLEY, C.; R.F. MAYER: Nerve conduction in alcoholic polyneuropathy. Brain 88, 335 - 356 (1966)

MAYER, R.F.: Nerve conduction studies in man. Neurol. (Minneapolis) 13, 1021 - 1030 (1963)

MAYNARD, F.M.; W.C. STOLOV: Experimental error in determination of nerve conduction velocity. Arch. Phys. Med. Rehabil. 53, 362 - 372 (1972)

MC QUILLEN, M.P.; F.J. GORIN: Serial ulnar nerve conduction velocity measurements in normal subjects. J. Neurol. Neurosurg. Psychiat. 32, 144 - 148 (1969)

MELVIN, J.L.; D.H. HARRIS; E.W. JOHNSON: Sensory and motor conduction velocities in the ulnar and median nerves. Arch. Phys. Med. Rehabil. 47, 511 - 519 (1966)

MEYER, J.R.; J.P. HEGMANN: Environmental modification of sciatic nerve conduction velocity in rana pipiens. Am. J. Physiol. 220, 1383 - 1387 (1971)

MEYER, J.R.; J.P. HEGMANN; H. DINGLE: Environmental modification of rana pipiens sciatic nerve function. Am. J. Physiol. 227, 854 - 859 (1974)

MILLER, L.K.: Temperature dependent characteristics of peripheral nerves exposed to different thermical conditions in the same animal. Canadian J. Zoology 48, 75 - 81 (1970)

MÖHR, J.: Some aspects of medical documentation. In: Reichertz, R.L.; G. Goos (Eds.) Informatics and Medicine 3, 207 - 249 (1977) Springer Verlag Berlin Heidelberg New York

MOORE, J.W.; R.W. JOYNER; M.H. BRILL; S.D. WAXMAN; M. NAJAR-JOA: Simulations of conduction in uniform myelinated fibers. Biophys. J. 21, 147 - 160 (1978)

MÜLLER, J.: Von dem Bedürfnis der Physiologie nach einer philosophischen Naturbetrachtung. In: von Uexküll,J. Der Sinn des Lebens Ernst Klett Verlag Stuttgart (1977)

MÜLLER, J.: Handbuch der Physiologie des Menschen. J. Hölscher (1840)

NAEVE, P.: Tabellen zur Ermittlung varianzminimaler Schätzwerte für Mittelwert und Varianz der Lognormal-Verteilung. In: Jöhnk, M.D.; P. Naeve; O. Nunner: Drei Arbeiten zur Beta und Gammaverteilung, logarithmischen Normalverteilung des Spearmanschen Rangkorrelations-Koeffizienten. Physica-Verlag (Würzburg) 17 - 39 (1968)

NERNST, W.: Die elektromotorische Wirksamkeit der Jonen. Z. Physik. Chem. (Leipzig) 4, 129 - 181 (1889)

NERNST, W.: Zur Theorie des elektrischen Reizes. Arch. Ges. Physiol. (Bonn) 122, 275 - 314 (1908)

NEUNDÖRFER, B.; C. ADLER: Vergleich elektroneurographischer Untersuchungen mit Oberflächen und Nadelelektroden. EEGEMG 3, 153 - 158 (1972)

NIE, N.H.; C.H. HULL; J.G. JENKINS; K. STEINBRENNER; D.H. BENT: SPSS: Statistical Package for the Social Sciences. II. ed. 1975 Mc Graw-Hill, Book Comp.

NIELSEN, V.K.: Sensory and motor nerve conduction in the median nerve in normal subjects. Acta. Med. Scand. 194, 435 - 443 (1973)

NORRIS, A.H.; N.W. Shock; J.H. WAGMAN: Age changes in the maximal conduction velocity of motor fibers in human ulnar nerves. J. Appl. Physiol. 5, 589 - 593 (1953)

OSTERHOUT, W.J.V.; S.E. HILL: Salt bridges and negative variations. J. Gen. Physiol. 13, 547 - 552 (1930)

PAINTAL, A.S.: Effects of temperature on conduction in single vagal and saphenous medullated nerve fibres of the cat. J. Physiol.(London) 180, 20 - 49 (1965)

PAINTAL, A.S.: Block of conduction in mammalian myelinated nerve fibres by low temperatures. J. Physiol. (London) 180, 1 - 19 (1965)

PAINTAL, A.S.: The influence of diameter of medullated nerves fibres of cat on the rising and falling phases of the spike and its recovery. J. Physiol. (London) 184, 791 - 811 (1966)

PARKER, G.H.: Carbon dioxyde excreted in 1 minute by 1 centimeter of nerve fiber. J. Gen. Physiol. 9, 191 - 195 (1925)

PAYAN, J.: Electrophysiologic localization of ulnar nerve lesions. J. Neurol. Neurosurg. Psychiat. 32, 208 - 220 (1969)

PEARSON, E.S.; H.O. HARTLEY: Biometrika tables for statisticans. Cambridge Univerity Press (1954)

PENNES, H.H.: Analysis of tissue and arterial blood temperature in the forearm. J. Appl. Physiol. 1, 93 - 122 (1948)

PLENERT, W.; W. HEINE: Normalwerte. 3. Aufl. Verlag Volk & Gesundheit (Berlin 1969)

POCKLINGTON, P.R.: AMAPA General OMR form evaluation program. Meth. Inform. Med. 12, 211 - 222 (1973)

POCKLINGTON, P.R.: The necessity for, requirements of, and basic design of a general Data Interpretation and Evaluation System (DIES). In: Anderson, J.; J.M. Forsythe (Eds.): Medinfo 1974 North Holland Publishing Co. (Amsterdam) 44 - 418 (1975)

POCKLINGTON, P.R.; L. GUTJAHR; H. KÜNKEL; P. NIETHARDT; P.L. REICHERTZ: System support for the routine requirements of clinical neurophysiology In: Anderson, J. (Ed.): Medical Informatics Europe 1978 Springer-Verlag Berlin Heidelberg New York

PODIVINSKY, F.: Factors influencing the measurements of conduction velocity in the human peripheral nerve. J. Neurol. Sci. 5, 493 - 505 (1967)

POLONI, A.E.; E. SALA: The conduction velocity of the ulnar and median nerves stimulated through a twin needle electrode. Electroenceph. Clin. Neurophysiol. 22, 17 - 19 (1962)

PRELLWITZ, W.; S. KAPP; K.H. SCHICKTANZ; D. MÜLLER; U. GROTH: Multivariate klinische Plausibilitätsprüfung. In: Beiträge der Mainzer Mitarbeiter des Sonderforschungsbereiches 36 der Deutschen Forschungsgemeinschaft 1973

RAINER; W.G.; J. MAYER; TH.R. SADLER; D. DIRKS: Effects of graduated compression on nerve conduction velocity. Arch. Surg. 107, 719 - 712 (1973)

RAMERMAN, W.G.; J.C. HONET; R.H. JEBSEN: Serial determination of nerve conduction velocity in the rat. Arch. Phys. Med. 49, 205 - 209 (1968)

RANVIER, L.: Traité technique d'histologie. Sava (Paris 1875)

REXED, B.: Contributions to knowledge of postnatal development of peripheral nervous system in man; study of bases and scope of systematic investigations into fibre size in peripheral nerves. Acta. Psychiat. Scand. Suppl. 33 (1944)

REICHERTZ, P.L.: Medical School of Hannover Hospital Computer System (Hannover) In: Collen, M.F. (Ed.): Hospital Computer Systems (New York) 598 - 661 (1974)

REICHERTZ, P.L.: Informationssysteme in der Medizin. IBM 32 (1975)

ROSENBERG, H.; T. SUGIMOTO: Über die physikochemischen Bedingungen der Erregungsleitung in Nerven. Biochem. Z. 156, 262 - 268 (1925)

ROWNTREE, T.: Anomalous innervation of the hand muscles. J. Bone Jt. Surg. 31, 505 - 510 (1949)

RUSHTON, W.A.H.: Graphical solution of differential equation with application to Hill's treatment of nerve excitation. Proc. Roy. Soc. (London) 123, 382 - 395 (1937)

RUSHTON, W.A.H.: A theory of the effects of fibre size in medullated nerve. J. Physiol. (London) 115, 101 (1951)

SACHS, L.: Angewandte Statistik. 4. Aufl. 1973 Springer-Verlag Berlin
Heidelberg New York

SCHÄFER, G.: The Gottschalk-Gleser content analysis of speech: the
normative study. In: Gottschalk, L.A. (Ed.) Content analysis of verbal
behaviour further studies. New York (in press)

SCHÄFER, H.: Eine neue Methode zur Bestimmung der Leitgeschwindigkeit im
sensiblen Nerven beim Menschen. Dtsch. Z. Nervenheilk. 7, 234 - 243
(1922)

SCHUBERT, H.A.: Conduction velocities along course of ulnar nerve.
J. Appl. Physiol. 19, 423 - 426 (1964)

SCHULTE, F.J.: Nervenleitgeschwindigkeit im Kindesalter. In: Hopf, H.C.;
A Strupper (Eds.): Elektromyographie. Lehrbuch und Atlas (1974)
Thieme Verlag Stuttgart

SEITZ, D.; W. FIRNHABER; W.J. BOCK; R. LORENZ: Neurologisch-neuro-
chirurgisches Diagnosenverzeichnis. Dtsch. Ges. Neurol.; Dtsch. Ges.
Neurochir. (Eds.) (1973)

SHEWHART, W.A.: Economic control of quality of manufactured product.
7.th printing. D. van Norstrand Company Inc. Princeton, N. J. (1931)

SIMPSON, J.A.: Electrical signs in the diagnosis of carpal tunnel and
related syndromes. J. Neurol. Neurosurg. Psychiat. 19, 275 - 280 (1956)

SIMPSON, J.A.: Fact and fallacy in measurement of conduction velocity in
motor nerves. J. Neurol. Neurosurg. Psychiat. 27, 381 - 385 (1964)

SINGH, N.; F. BEHSE; F. BUCHTHAL: Electrophysiological study of peroneal
palsy. J. Neurol. Neurosurg. Psychiat. 37, 1202 - 1213 (1974)

SIWE, S.A.: Das Nervensystem In: Peter, K.; G. Wetzel; F. Heiderich
(Eds.): Handbuch der Anatomie des Kindes. J.F. Bergmann-Verlag München
(1929)

SKORPIL, V.; J. KOLMAN: Different maximum conduction velocities of
afferent and efferent fibres of tibial and fibular nerves in man.
Electroenceph. Clin. Neurophysiol. 13, 140 - 141 (1961)

SPIEGEL, M.H.; E.W. JOHNSON: Conduction velocity in the proximal and
distal segments of the motor nerve fibers of human beings. Arch. Phys.
Med. Rehabil. 43, 57 - 61 (1962)

STEGEMAN, D.F.: A model for the simulation of compound action potentials
of nerves in situ used for the explanation of temperature influences.
In: Persson, A. (Ed.) Abstracts 6th International Congress of Electromyography 1979 Acta. Neurol. Scand. Suppl. 73 Munksgaard Copenhagen
(1979)

STERZEL, R.B.; L. GUTJAHR: Die periphere Neuropathie bei chronischer
Niereninsuffizienz. Dtsch. Med. Wschr. 101, 1845 - 1852 (1976)

STÖHR, M.; F. SCHUMM; R. BALLIER: Normal sensory conduction in the
saphenous nerve in man. Electroenceph. Clin. Neurophysiol. 44, 172 - 178
(1978)

SUNDERLAND, S.: The function of nerve fibres whose structure has been disorganized. Anat. Rec. 109, 503 - 513 (1951)

SWALLOW, M.: Fiber size and content of the anterior tibial nerve of the foot. J. Neurol. Neurosurg. Psychiat. 29, 205 - 213 (1966)

TACKMANN, W.; F. HOFFMEYER: Das motorische Antwortpotential nach distaler und proximaler Stimulation: Untersuchungen an gesunden Probanden und bei Polyneuropathien. Fortschr. Neurol. Psychiat. 46, 508 - 516 (1978)

TACKMANN, W.; G. SPALKE; H.J. OGINSZUS: Quantitative histometric studies and relation of number and diameter of myelinated nerve fibres to electrophysiological parameters in normal sensory nerves of man. J. Neurol. (Berlin) 212, 71 - 84 (1976)

TASAKI, I.: The electro-saltatory transmission of the nerve impulse and the effect of narcosis upon the nerve fibre. Am. J. Physiol. 127, 211 - 227 (1939)

TASAKI, I.: Nervous transmission. Charles Thomas Springfield (1953)

TASAKI,I.: Conduction of the nervous impulse. In: Field, J.; H.W. Magoun; V.E. Hall (Eds.): Handbook of Physiology, Vol. 1: Neurophysiology Am. Physiol. Soc. Washington, D. C. (1959)

TASHIRO, S.: Carbon dioxide production from nerve fibres when resting and when stimulated; a contribution to the chemical basis of irritability. Am. J. Physiol. 32, 107 - 136 (1913)

TAUTU, P.; G. WAGNER: The process of medical diagnosis: routes of mathematical investigations. Meth. Inf. Med. 17, 1 - 10 (1978)

THOMAS, J.E.; E.H. LAMBERT: Ulnar nerve conduction velocity and H-reflem
in infants and children.

THOMAS, J.E.; E.H. LAMBERT: Das Carpaltunnel-Syndrom. Münch. Med. Wschr. 104, 123 - 127 (1962)

THOMAS, P.K.: Growth changes in the myelin sheath of peripheral nerve fibres in fishes. Proc. Roy. Soc. B. 143, 380 - 391 (1955)

THOMAS, P.K.; R.A. SEARS; R.W. GILLIATT: The range of conduction velocity in normal motor nerve fibers for the small muscles of the hand and foot. J. Neurol. Neurosurg. Psychiat. 22, 175 - 181 (1959)

TONKS, D.B.: A dual program of quality control for clinical chemistry laboratories, with a discussion of allowable limits of error. Z. Analyt. Chem. 243, 760 - 764 (1968)

TROJABORG, W.: Motor nerve conduction, electromyography and strength-duration curves. Electroenceph. Clin. Neurol. 22, 45 - 48 (1962)

TROJABORG, W.: Motor nerve conduction velocities in normal subjects with particular reference to the conduction in proximal and distal segments of median and ulnar nerve. Electroenceph. Clin. Neurophysiol. 17, 314 - 321 (1964)

TUKEY, J.W.: A survey of sampling from contaminated distributions. In:
Olkin, I. (Ed.) Contributions to probability and statistics. Stanford
Univ. Press 39, 448 - 485 (1960)

TUKEY, J.W.: The future of data analysis. Am. Math. Statist. 33, 1 - 67
(1962)

VIZOSO, A.D.: The relationship between internodal length and growth in
human nerves. J. Anat. (London) 84, 342 - 350 (1950)

VIZOSO, A.D.; J.Z. YOUNG: Internode length and fibre diameter in
developing and regenerating nerves. J. Anat. (London) 82, 110 - 134
(1948)

VOLLES, E.: Persönliche Mitteilung. (1976)

VON UEXKÜLL, J.: Der Sinn des Lebens. Ernst Klett Verlag Stuttgart
(1977)

WAGMAN, H.H.; H. LESSE: Maximum conduction velocities of motor fibers of
ulnar nerve in human subjects of various ages and sizes. J. Neurol. 15,
235 - 244 (1952)

WAGNER, A.L.; F. BUCHTHAL: Motor and sensory conduction in infancy and
childhood: reappraisal. Develop. Med. Child. Neurol. 14, 189 (1972)

WEISS, P.; H. YOUNG: Transformation of adult Schwann cells into
macrophages. Proc. Soc. Exp. Biol. (New York) 58, 273 - 275 (1945)

WERTHEIMER, H.E.; V. BEN-TOR: Physiologic and pathologic influences on
the metabolism of rat aorta. Circulat. Res. 9, 23 - 28 (1961)

WESTPHAL, A.: Die electrischen Erregbarkeitsverhältnisse des peripheren
Nerven-systems des Menschen in jugendlichem Zustand und ihre Beziehungen
zu dem anatomischen Bau desselben. Arch. Psychiat. 26, 1 - 98 (1894)

WEYER, G.: Konzepte der Reliabilität und Validität von Messungen. In:
Beiträge der Mainzer Mitarbeiter des Sonderforschungsbereiches 36 der
Deutschen Forschungsgemeinschaft Mainz 1973

WIESENDANGER, M; A. BISCHOFF: Elektromyographische Veränderungen bei
der diabetischen Polyneuropathie. Bull. Schweiz. Akad. Med. Wiss. 18,
233 - 246 (1962)

WOOTTON, I.D.P.: International biochemical trial 1954. Clin. Chem. 2,
296 - 301 (1956)

WYRICK, W.; A. DUNCAN: Within-day trends of motor latency and nerve
conduction velocity in males and females. Am. J. Phys. Med. 49,
307 - 315 (1970)

XAVIER DE CASTRO, J.H.; M.L. ACOSTA; R.E.P. SICA; N. GUERCIO: Sensory
and motor nerve conduction velocity in long-term Diphenylhydantoin
therapy. Arquivos Neuropsiquiatria (Sao Paulo) 30, 215 - 220 (1972)

YAP, C.B.; T. HIROTA: Sciatic nerve motor conduction velocity study.
J. Neurol. Neurosurg. Psychiat. 30, 233 - 239 (1967)

YOUDEN, W.J.: Graphical diagnosis of interlaboratory test results.
Industrial quality control 15, 1 - 15 (1956)

YOUNG, J.Z.: History of the shape of a nervous fibre. In: Essays on
Growth and Form. Oxford Clarendon Press (1945)

ZYSNO, E.A.; H.E. REICHENMILLER: Änderung der Nervenleitgeschwindigkeit
unter exogener Temperatureinwirkung. Arch. Phys. Ther. (Leipzig) 20,
465 - 469 (1968)